国家“十二五”规划重点图书
中国地质调查局
青藏高原1:25万区域地质调查成果系列

中华人民共和国

区域地质调查报告

比例尺 1:250 000

革吉县幅

(I44C004003)

项目名称:西藏1:25万革吉县幅区域地质调查
项目编号:I44C004003
项目负责:汪友明 尹显科
报告编写:汪友明 尹显科 徐韬 游丽君
李宗凡 刘啸虎 彭培好
编写单位:四川省地质调查院
单位负责:岳昌桐(院长)
王全伟(总工程师)

中国地质大学出版社
ZHONGGUO DIZHI DAXUE CHUBANSHE

内容简介

1∶25 万革吉县幅位于西藏自治区西部冈底斯山脉冈仁波齐主峰北坡，狮泉河上游；行政区划上隶属于西藏自治区阿里地区革吉县、日土县。地理坐标：北纬 32°00′—33°00′，东经 81°00′— 82°30′。

《1∶25 万革吉县幅区域地质调查报告》是中国地质调查局“西藏 1∶25 万革吉县幅区域地质调查—遥感应用试点图幅”项目的主要调查成果，采用遥感技术与地面调查相结合的方法，建立并完善了测区地层序列和构造格架。

新建中新统雄巴组、始新统—渐新统邦巴组两个岩石地层单位，修订沙木罗组为含火山岩岩石地层单位，并将其上覆阿翁错、脚娃一带的下白垩统含中基性—中酸性火山岩地层重新启用去申拉组名称，以代表冈底斯北缘火山-岩浆弧岩石地层，完善了测区地层序列；发现纳屋错、聂尔错两条蛇绿岩带和始新世—渐新世碱性火山岩及雄巴火山口群，圈定岩体 15 个，查明岩浆岩的岩石类型、岩石组合、岩石系列特征及其时空分布规律，探讨其形成环境，丰富了测区及青藏高原区岩浆岩研究资料；识别、划分了纳屋错构造混杂岩带，丰富了班公错-怒江结合带的构造内容，查明测区构造格局和空间展布规律，总结各构造单元的建造和构造变形特征，进行构造层次、构造序列、大地构造相的综合分析，重塑了测区构造演化历史。新发现金、铜矿化线索 9 处，编制了土地利用现状图、草地三化分布图。研究、总结了青藏高原空白区区域地质调查遥感工作方法，提高了地质填图的效率和精度，为同类地区中比例尺区调提供了示范和经验。

图书在版编目(CIP)数据

中华人民共和国区域地质调查报告·革吉县幅(I44C004003)：比例尺 1∶250 000/汪友明等著. —武汉：中国地质大学出版社，2013.12

ISBN 978-7-5625-3040-4

Ⅰ.①中…
Ⅱ.①汪…
Ⅲ.①区域地质-地质调查-调查报告-中国 ②盆地-地质调查-调查报告-西藏
Ⅳ.①P562

中国版本图书馆 CIP 数据核字(2013)第 006172 号

中华人民共和国区域地质调查报告
革吉县幅(I44C004003)　比例尺 1∶250 000　　　**汪友明　等著**

责任编辑：马新兵　　　责任校对：戴　莹

出版发行：中国地质大学出版社(武汉市洪山区鲁磨路 388 号)　　　邮政编码：430074
电　话：(027)67883511　　　传真：67883580　　　E-mail：cbb @ cug.edu.cn
经　销：全国新华书店　　　http://www.cugp.cn

开本：880 毫米×1 230 毫米 1/16　　　字数：463 千字　印张：14　图版：10　附件：1
版次：2013 年 12 月第 1 版　　　印次：2013 年 12 月第 1 次印刷
印刷：武汉市籍缘印刷厂　　　印数：1—1 500 册

ISBN 978-7-5625-3040-4　　　定价：470.00 元

前　言

青藏高原包括西藏自治区、青海省及新疆维吾尔自治区南部、甘肃省南部、四川省西部和云南省西北部，面积达 260 万 km^2，是我国藏民族聚居地区，平均海拔 4 500m 以上，被誉为地球第三极。青藏高原是全球最年轻、最高的高原，记录着地球演化最新历史，是研究岩石圈形成演化过程和动力学的理想区域，是“打开地球动力学大门的金钥匙”。

青藏高原蕴藏着丰富的矿产资源，是我国重要的战略资源后备基地。青藏高原是地球表面的一道天然屏障，影响着中国乃至全球的气候变化。青藏高原也是我国主要大江大河和一些重要国际河流的发源地，孕育着中华民族的繁生和发展。开展青藏高原地质调查与研究，对于推动地球科学研究、保障我国资源战略储备、促进边疆经济发展、维护民族团结、巩固国防建设具有非常重要的现实意义和深远的历史意义。

1999 年国家启动了“新一轮国土资源大调查”专项，按照温家宝总理“新一轮国土资源大调查要围绕填补和更新一批基础地质图件”的指示精神，中国地质调查局组织开展了青藏高原空白区 1∶25 万区域地质调查攻坚战，历时 6 年多，投入 3 亿多，调集 25 个来自全国省(自治区)地质调查院、研究所、大专院校等单位组成的精干区域地质调查队伍，每年近千名地质工作者，奋战在世界屋脊，徒步遍及雪域高原，实测完成了全部空白区 158 万 km^2 共 112 个图幅的区域地质调查工作，实现了我国陆域中比例尺区域地质调查的全面覆盖，在中国地质工作历史上树立了新的丰碑。

西藏 1∶25 万 I44C004003(革吉县)幅区域地质调查项目，由四川省地质调查院承担，工作区位于藏北羌塘高原湖盆区。目的是通过对调查区进行全面的区域地质调查，编制地质图、地质报告，总结遥感调查技术方法，为高寒山区开展 1∶25 万区域地质遥感调查提供示范。

I44C004003(革吉县)幅地质调查工作时间为 2001—2003 年，累计完成地质填图面积为 15 635km^2，实测剖面 146km，地质路线 1 625.4km，采集种类样品 1 124 件，全面完成了设计工作量。主要成果有：①系统总结了遥感技术应用、工作方法流程，提高了填图效率和精度，为今后同类地区中比例尺区域地质调查提供了示范和经验；②新建中新统雄巴组、始新统—渐新统邦巴组两个岩石地层单位，为研究新生代地质和青藏高原隆升提供了重要的基础地质资料；③新发现两条蛇绿岩带，为班公错-怒江结合带空间展布踪迹和形成演化提供了新资料和重要线索。

2004 年 10 月，中国地质调查局组织专家对项目进行最终成果验收，评审认为，成果报告资料齐全，工作量达到(或超过)设计规定，技术手段、方法、测试样品质量符合有关规范、规定。报告内容齐全、丰富，所总结的遥感调查技术方法及工作经验，为加大区域地质调查中遥感技术方法的应用奠定了基础，经评审委员会认真评议，一致建议项目报告通过评审，革吉县幅成果报告被评为优秀级。

地质报告由汪友明、尹显科、徐韬、游丽君、李宗凡、刘啸虎、彭培好编写，汪友明、李宗凡统纂定稿。专题报告由汪友明、尹显科、徐韬、游丽君编写。

参加项目工作的主要人员有汪友明、尹显科、徐韬、游丽君、袁佩新、郝雪峰、李宗凡、刘啸虎、勾永东、谢云喜，参加部分工作的有何扬(2001 年前期项目副负责)、黄洁、朱科、易同富、李小渝、李云泉、谢启新、吴传智、周幼云、王明光、徐天德等。

项目工作中，得到了刘纪选、翟刚毅、王全海、王大可、贺尚荣、潘桂棠、夏代祥、骆耀南、廖光宇、王全伟、胡世华、阚泽忠、江元生等领导和专家的指导和帮助，同时还得到中国地质调查局、西南项目办、中国地调局拉萨工作站、四川省地矿局、成都理工大学等的大力支持，在此表示衷心的感谢。

为了充分发挥青藏高原 1∶25 万区域地质调查成果的作用，全面向社会提供使用，中国地质调查局组织开展了青藏高原 1∶25 万地质图的公开出版工作，由中国地质调查局成都地质调查中心与项目完成单位共同完成。出版编辑工作得到了国家测绘局孔金辉、翟义青及陈克强、王保良等一批专家的指导和帮助，在此表示诚挚的谢意。

鉴于本次区调成果出版工作时间紧、参加单位较多、项目组织协调任务重以及工作经验和水平所限，成果出版中可能存在不足与疏漏之处，敬请读者批评指正。

"青藏高原 1∶25 万区调成果总结"项目组

2010 年 9 月

目　　录

第一章　绪　论……………………………………………………………………（1）
第一节　目的任务……………………………………………………………………（1）
一、任务来源 ………………………………………………………………………（1）
二、目的任务 ………………………………………………………………………（1）
第二节　测区自然地理条件…………………………………………………………（1）
第三节　前人工作程度………………………………………………………………（2）
一、地质调查研究史 ………………………………………………………………（2）
二、对前人工作的评估 ……………………………………………………………（3）
第四节　工作完成情况………………………………………………………………（4）
一、工作概况 ………………………………………………………………………（4）
二、主要实物工作量 ………………………………………………………………（5）
三、地质体控制程度 ………………………………………………………………（6）
四、质量评述 ………………………………………………………………………（6）
五、组织与分工 ……………………………………………………………………（7）
六、提交成果 ………………………………………………………………………（7）
第二章　地　层……………………………………………………………………（8）
第一节　地层区划及地层序列………………………………………………………（8）
一、地层区划 ………………………………………………………………………（8）
二、岩石地层序列…………………………………………………………………（10）
第二节　岩石地层 …………………………………………………………………（12）
一、三叠纪—侏罗纪地层…………………………………………………………（12）
二、白垩纪地层……………………………………………………………………（20）
三、古近纪地层……………………………………………………………………（34）
四、新近纪地层……………………………………………………………………（39）
五、第四纪地层……………………………………………………………………（42）
第三节　生物地层及年代地层 ……………………………………………………（45）
一、三叠纪地层……………………………………………………………………（45）
二、侏罗纪地层……………………………………………………………………（45）
三、白垩纪地层……………………………………………………………………（46）
四、古近纪地层……………………………………………………………………（48）
五、新近纪地层……………………………………………………………………（49）

六、第四纪地层……(49)
第四节　沉积相及沉积环境分析 ………………………………………………………………………………………………(49)
一、三叠纪—侏罗纪地层………………………………………………………………………………………………………(49)
二、白垩纪地层……(52)
三、古近纪地层……(55)
四、新近纪地层……(56)
第五节　层序地层 ……(56)
一、层序地层的划分及层序界面的识别………………………………………………………………………………(56)
二、层序地层单位特征……(58)
三、海平面变化及层序地层格架…………………………………………………………………………………………(59)
第三章　岩浆岩 ……(61)
第一节　蛇绿岩 ………(62)
一、岩石学特征……(62)
二、岩石化学特征……(64)
三、稀土元素特征……(68)
四、微量元素特征……(69)
五、蛇绿岩的成因与构造环境分析………………………………………………………………………………………(73)
第二节　中酸性侵入岩 ……(75)
一、昂龙岗日-盐湖岩浆岩带 ……………………………………………………………………………………………(75)
二、革吉-雄巴岩浆岩带 ……………………………………………………………………………………………………(94)
三、就位机制 ……(101)
四、构造环境分析 ……(102)
第三节　脉　岩……(104)
一、地质特征 ……(105)
二、脉岩的侵位时间与期次 …………………………………………………………………………………………………(106)
第四节　火山岩………(107)
一、概述 ………(107)
二、昂龙岗日-盐湖火山岩带………………………………………………………………………………………………(107)
三、革吉-雄巴火山岩带……(115)
四、主要造岩矿物特征 ……(125)
五、岩浆起源及成因分析 ……………………………………………………………………………………………………(126)
六、火山构造………(127)
第四章　变质岩………(129)
第一节　区域变质作用及其岩石……………………………………………………………………………………………(130)
一、俯冲带变质作用及其岩石 ……………………………………………………………………………………………(130)
二、区域动力变质作用及其岩石 …………………………………………………………………………………………(133)
第二节　碎裂(动力)变质作用及其岩石…………………………………………………………………………………(137)

一、碎裂岩带 …………………………………………………………………………………………（137）
二、糜棱岩带 …………………………………………………………………………………………（138）
第三节 接触变质作用及其岩石…………………………………………………………………（139）
一、热接触变质作用及其岩石 ……………………………………………………………………（140）
二、接触交代变质作用及其岩石 …………………………………………………………………（143）
第四节 气-液变质作用 ……………………………………………………………………………（143）
第五节 变质期次与变质作用类型分析…………………………………………………………（144）
第五章 构 造…………………………………………………………………………………………（145）
第一节 概 述…………………………………………………………………………………………（145）
一、构造层划分 ………………………………………………………………………………………（145）
二、构造单元划分 ……………………………………………………………………………………（148）
第二节 构造单元特征………………………………………………………………………………（149）
一、班公错-怒江结合带……………………………………………………………………………（149）
二、冈底斯-念青唐古拉微陆块……………………………………………………………………（153）
三、羌南-保山微陆块………………………………………………………………………………（163）
第三节 构造变形相及变形序列……………………………………………………………………（164）
一、构造变形相 ………………………………………………………………………………………（164）
二、构造变形序列 ……………………………………………………………………………………（164）
第四节 大地构造相鉴别和划分……………………………………………………………………（167）
一、大地构造相鉴别及其意义 ……………………………………………………………………（167）
二、大地构造相划分及其特征 ……………………………………………………………………（168）
第五节 新构造活动与高原隆升……………………………………………………………………（172）
一、新构造活动 ………………………………………………………………………………………（173）
二、新构造活动与高原隆升 ………………………………………………………………………（176）
第六节 地质发展史…………………………………………………………………………………（177）
一、稳定—次稳定陆壳形成阶段 …………………………………………………………………（177）
二、裂解拉张阶段 ……………………………………………………………………………………（177）
三、挤压会聚阶段 ……………………………………………………………………………………（179）
四、碰撞造山阶段 ……………………………………………………………………………………（179）
五、高原隆升阶段 ……………………………………………………………………………………（180）
第六章 遥感地质及资源环境…………………………………………………………………（181）
第一节 区调遥感工作方法…………………………………………………………………………（181）
一、遥感工作程序和内容 …………………………………………………………………………（181）
二、遥感地质调查方法 ……………………………………………………………………………（185）
三、主要提交的遥感地质资料 ……………………………………………………………………（190）
第二节 遥感地质特征………………………………………………………………………………（190）
一、解译标志 …………………………………………………………………………………………（190）

二、岩石地层单元影像特征 …………………………………………………………………………… (191)
三、岩浆岩影像特征 …………………………………………………………………………………… (194)
四、接触变质带影像特征 ……………………………………………………………………………… (196)
五、构造影像特征 ……………………………………………………………………………………… (196)
第三节　遥感解译主要成果……………………………………………………………………………… (198)
第四节　土地资源………………………………………………………………………………………… (200)
一、草地 ………………………………………………………………………………………………… (200)
二、城镇居民用地及交通用地 ………………………………………………………………………… (201)
三、水域 ………………………………………………………………………………………………… (201)
四、未利用地 …………………………………………………………………………………………… (201)
第五节　草地资源………………………………………………………………………………………… (202)
一、草地资源类型 ……………………………………………………………………………………… (202)
二、草地资源的生态地理分布 ………………………………………………………………………… (204)
第六节　生态环境评价…………………………………………………………………………………… (205)
一、草地退化 …………………………………………………………………………………………… (205)
二、草地沙漠化和荒漠化 ……………………………………………………………………………… (206)
结束语…………………………………………………………………………………………………… (207)
一、主要成果 …………………………………………………………………………………………… (207)
二、存在问题 …………………………………………………………………………………………… (209)
参考文献………………………………………………………………………………………………… (211)
图版说明及图版………………………………………………………………………………………… (213)
附件　1∶25万革吉县幅(I44C004003)地质图及说明书

第一章 绪 论

第一节 目的任务

一、任务来源

(1)在我国西部的边远、高山、高寒、荒漠地区,气候恶劣,地形条件差,交通不便,人迹罕至,中比例尺区域地质调查还是空白。西部大开发急需加快空白区中比例尺区域地质调查步伐,为我国地质事业、经济可持续发展、西部大开发及时提供基础资料,用常规区调方法要在短期内完成这些地区的中比例尺区域地质调查任务,相当困难。

(2)在西部空白区,特别是边远、高山、高寒、荒漠地区,如何在保证质量、精度及区调基本要求的前提下,充分发挥遥感技术等新技术方法的优势,缩短 1∶25 万区域地质调查工作周期,节约经费,合理减轻野外工作强度,多快好省地完成基础地质调查工作,目前尚无较系统、完善的区调遥感工作方法。

因此,为开展 1∶25 万革吉县幅区域地质调查,研究总结区域地质调查遥感工作方法,中国地质调查局以"中地调函[2001]13 号"文下达了"西藏 1∶25 万革吉县幅区域地质调查——遥感应用试点图幅"项目,项目由四川省地质调查院承担。

二、目的任务

根据中国地质调查局下达的项目任务书(中地调函[2001]13 号),"西藏 1∶25 万革吉县幅区域地质调查——遥感应用试点图幅"总体目标任务为:开展西藏革吉县幅 1∶25 万区域地质及矿产遥感调查;编制地质图、地质报告;总结遥感调查技术方法及工作经验,为高寒山区开展 1∶25 万区域地质遥感调查提供示范。

第二节 测区自然地理条件

测区位于西藏自治区西部冈底斯山脉冈仁波齐主峰北坡,狮泉河上游;行政区划上隶属于西藏自治区阿里地区革吉县、日土县。地理坐标:北纬 32°00′—33°00′,东经 81°00′—82°30′(图 1-1)。

测区属羌塘高原湖盆区。区内最高海拔 6 674m(昂龙岗日),最低海拔 4 326m,平均海拔大于 5 000m;地貌类型为高山、极高山区,属丘状高原高山宽谷地带,湖漫滩、湖成阶地发育。

测区气候干燥,降雨稀少,昼夜温差大。年平均气温-2℃,最热月平均气温 13.5℃,极端最高气温 20℃;年降水量 70~100mm,最大降水量 136.6mm,年蒸发量 2 274~2 420mm。河流主要有狮泉河、响曲,支流流程短、具季节性。湖泊为咸水湖、碱水湖。咸水湖主要有扎仓茶卡、纳屋错、阿翁错;碱水湖主要有吓拉错、叉茶卡、夏布错、亚美错、聂尔错、色卡执。区内淡水除冰川、狮泉河、响曲河水外,支流主要为冰雪消融形成的季节性淡水。

测区南部有拉萨至阿里简易公路通过,革吉县与下辖乡镇有乡间公路相连,革吉县距拉萨 1 300km。在冻土层未解冻之前,可低速行驶汽车;但在 6 月底以后,冻土层解冻,易造成严重陷车,汽车行驶困难,总体上交通条件极差,工作十分困难。

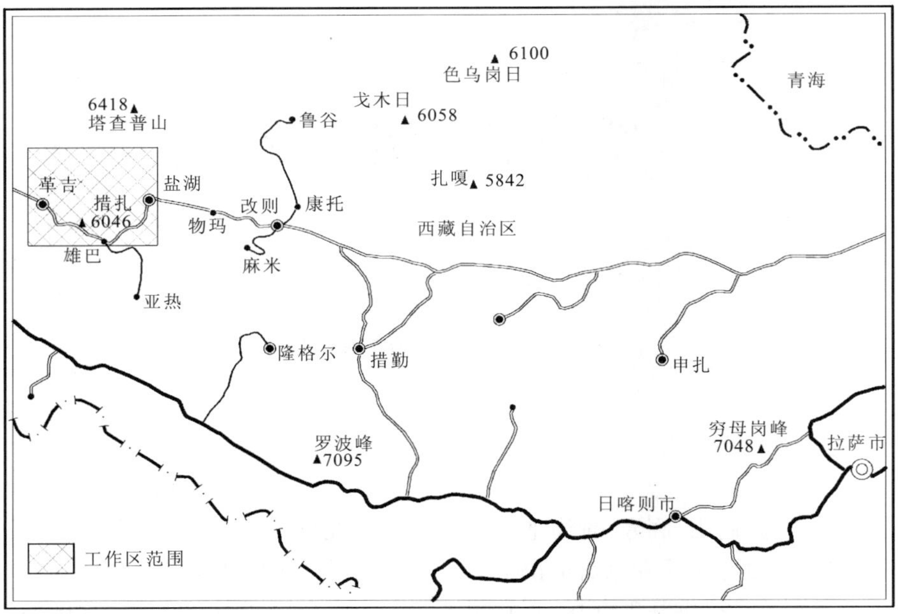

图 1-1　测区交通位置示意图

第三节　前人工作程度

一、地质调查研究史

测区地质调查工作起步较晚，20 世纪 70 年代以前为空白区。

基础地质工作始于 20 世纪 70 年代中期至 80 年代初，中国科学院沿新-藏公路进行了路线调查。1975—1986 年，西藏地矿局进行了“1∶100 万日土幅区域地质矿产调查”；1987—1989 年，完成了《西藏自治区区域地质志》编写；1992—1994 年，完成了《西藏自治区岩石地层》编写。所有这些工作所形成的系统资料（表 1-1），为测区地层层序的厘定、总体地质构造格架的建立及岩浆活动期次的划分，以及本次区域地质调查工作奠定了基础。

表 1-1　地质调查研究情况表

序号	调查时间	调查内容或成果名称	作者单位或姓名
1	1976—1982	新-藏公路沿线地质调查	中国科学院
2	1984	西藏阿里地区的中酸性侵入岩	郭铁鹰等
3	1975—1986	1∶100 万日土幅区域地质矿产调查	西藏地矿局区域地质调查队
4	1987—1989	西藏自治区区域地质志	西藏地矿局
5	1991	阿里地质	郭铁鹰、梁定益
6	1991	西藏阿里古生物	杨遵仪、聂泽同
7	1992—1994	西藏自治区岩石地层	西藏地矿局
8	1991	西藏阿里地区矿产分布图说明书	西藏阿里地区计经委、成都地矿所
9	1980—1985	青藏高原新生代构造演化	成都地矿所
10	1986	青藏高原湖泊退缩及其气候意义	陈志明，《海洋与湖泊》
11	1986	青藏高原新生代火山岩岩石特征	向天秀，《高原地质文集》1 期
12	1987	西藏阿里地区全新世早期介形虫及其古环境	李友桂等，《高原地质文集》(3)
13	1987	藏北地区中生代地层及其板块构造含义	王乃文，《高原地质文集》(8)
14	1993	青藏高原湖泊涨缩的新构造运动意义	陈兆恩、林秋雁，《地震》
15	1988—1998	青藏高原研究丛书	孙鸿烈、郑度

二、对前人工作的评估

1. 地层划分及填图

1975—1986 年开展的 1：100 万日土幅区调将测区划分为羌塘地层分区、木嘎岗日地层分区、冈底斯地层区，初步建立了区域地层系统、地层区划及填图单位。较详细地划分了白垩系，填图单位一般划分到组或群，基本查明了测区中侏罗统—新近系的分布及接触关系，并大致查明了岩性组合及其变化规律，部分地层内获得了较丰富的化石依据，初步查明了构造轮廓；对原白垩系玉多组（$K_{1-2}y$）、上侏罗统沙木罗组（J_3s）均有实测剖面，控制程度较高。

地质填图中地形图用 1：50 万水系图替代，调绘和制图精度存在较大偏差。仅有 2 条地质路线控制，线距 80～100km，路线控制程度低。

玉多组时代跨度大，它包括了多尼组、郎山组、竟柱山组；将邦巴地区的古近纪碱性火山岩和雄巴地区的新近纪钙碱性火山岩统归入白垩系唯恩组，实属不当。

2. 岩浆岩

1：100 万日土幅将测区划分为昂龙岗日酸性岩浆岩带、冈底斯中酸性杂岩带，圈定了丁字、盐湖等岩体，初步确定了岩体的形成时代为燕山晚期。采集了少量的岩石化学、微量元素样品。

对岩体的圈定不够详尽，未作详细的侵入期次划分和岩浆成因、构造环境的深入分析，岩矿测试不配套、样品少。

3. 火山岩

基本查明测区部分火山岩的层位和时代，对火山岩的岩石成分、空间分布规律及其与构造的成因联系进行了分析，将区内火山喷发时代定为早白垩世。

对测区部分火山岩岩石类型、层位、时代尚需重新厘定。如原下白垩统唯恩组（K_1w）地层中的玄武岩在革吉县东日阿—塔尔、南色尔一带应为古近纪碱性火山岩，雄巴地区的火山岩应为新近纪陆相钙碱性火山岩。未对火山岩进行详细的火山机构、火山岩相、喷发期次、韵律、旋回等方面的深入研究。

4. 变质岩

初步划分了区域变质带及变质相，确定受变质地层为晚白垩世之前的地层，并在班公错-怒江结合带发现了“硬玉＋石英”高压变质矿物组合。但面上资料甚少，研究程度较低。

5. 构造

区域上，运用板块构造观点划分了构造带，确立了班公错-怒江、狮泉河-古昌两条结合带穿越测区。但测区内未发现蛇绿岩残片，两大结合带的内部结构、形成演化，以及班公错-怒江结合带与狮泉河-古昌结合带之间的关系未予阐明。

6. 矿产

测区以往矿产工作程度较低，仅发现盐类矿产，除盐湖硼砂矿做过详细工作外，其余矿种仅进行过踏勘工作。

7. 遥感

在 1：100 万日土幅编图过程中，应用 1：50 万卫星假彩色像片（MSS），对地质体空间形态及界线进行了圈定。但 MSS 卫片分辨率低（80m），无详细的遥感解译资料；应用过程中，未将遥感调查工作贯穿于区调始终。

8. 样品控制

1∶100 万日土幅区域地质调查中，除沙木罗组等地层薄片、化石样品控制较好外，其余样品控制程度甚低。对丁字、盐湖、邦巴等花岗岩类采集了 6 件岩石化学、3 件微量元素、1 件同位素年龄样；对盐湖、聂尔错、雄巴等地的火山岩采集了 6 件岩石化学样。20 世纪 80 年代末至 90 年代初，郭铁鹰等在阿里地区进行地质考察研究时，于测区西部补采了一定数量的样品，大大提高了样品的控制程度。

第四节　工作完成情况

通过 3 年的野外地质调查、遥感解译、资料综合整理，已完成(部分超额完成)项目任务书和设计书规定的工作，广泛收集了测区地质资料，形成了对测区地质构造的新认识，总结了区调遥感工作方法，取得了较大进展和成果。

一、工作概况

1. 设计阶段(2001 年 1—10 月)

(1)系统收集了测区地质矿产、遥感等方面的成果资料，收集了美国陆地卫星(Landsat-7)ETM 数据 3 景。

(2)开展了计算机图像校正与镶嵌，制作了 1∶25 万革吉县幅遥感影像图、9 幅 1∶10 万分幅遥感影像图。

(3)完成了测区 1∶25 万遥感影像解译及遥感地质初译、1∶25 万生态环境遥感初译，对 1∶10 万纳屋错、盐湖幅进行了遥感地质初译，初步建立了解译标志，进行了遥感地质可解译程度分区，完成了 11 个遥感子区专题图像处理。

(4)编制测区地质草图、遥感地质初译图，提出了测区存在的主要地质问题，进行了地质踏勘和试验区地质填图，完成填图面积 3 000km^2。

(5)2001 年 10 月通过设计评审，评为优秀设计。

2. 调查阶段(2001 年 10 月—2003 年 6 月)

(1)2001 年 10 月—2002 年 4 月，完成测区 1∶10 万遥感地质初步解译，为野外地质调查提供了基础资料，明确了野外工作重点。

(2)2002 年 4—7 月，开展野外地质调查，完成剖面测制、遥感解译检查验证、地质填图，以及重要地质窗口的解剖工作。

(3)2002 年 7—12 月，完成测区 1∶10 万遥感地质详细解译、剖面编制和资料整理工作。

(4)2003 年 1—6 月，进一步整理完善各种地质、遥感解译资料；编制测区 1∶10 万实际材料图和 1∶25 万地质草图；编写了革吉县幅野外资料验收工作总结。

3. 资料综合整理和报告编制(2003 年 7—12 月)

(1)2003 年 7 月，通过野外资料验收，质量达优秀。

(2)2003 年 7 月，根据野外验收专家组的意见，对部分剖面小结进行了进一步整理和编写，补送同位素年龄样 17 件。

(3)2003 年 7—12 月，编写完成《1∶250 000 革吉县幅区域地质调查报告》(送审稿)、《青藏高原空白区 1∶250 000 区域地质调查遥感工作方法》专题报告(送审稿)。

(4)2003 年 12 月，四川省地质调查院进行了初审。

4. 专家评审

2004 年 10 月，通过了中国地质调查局专家评审，报告为优秀成果。

二、主要实物工作量

经过 3 年的野外地质调查、遥感解译、资料整理，全面完成了任务书、设计书工作量。超额完成地质路线调查，岩石化学、稀土、微量测试分析，年龄测试，计算机图像处理等工作；增加了矿产检查，遥感图像子区处理、遥感标志剖面解译，生态环境、草地三化等项工作（表 1-2）。

表 1-2　项目完成工作量一览表

序号	项　　目	单 位	设计工作量	完成工作量	完成率(%)	备注
1	1：25 万地质填测	km^2	15 635.26	15 635.26	100	
2	1：5 000 地层实测剖面	km	40～60	40.75	100	
3	1：500 第四系实测剖面	km	3～5	2.25	100	
4	1：10 000 岩体剖面	km	20～30	33.5	111.67	
5	1：10 000 地质剖面	km	50	73.83	147.66	
6	地质观察路线	km	1 000～1 500	1 625.4	108.36	
7	岩石薄片样	件	800	674	84.25	采集 1 120 件
8	光片样	件	8	10	125	
9	硅酸盐样	件	40	56	140	
10	稀土样	件	40	56	140	
11	微量样	件	40	56	140	
12	岩矿简项样	件	40	34	85	
13	ESR 年龄样	件	15	15	100	
14	同位素年龄样	件	18	29		调整分析方法
15	电子探针	件	15	20	133.33	
16	组构分析	件	20	19	95	
17	化石	件	150	120	80	
18	粒度分析	件	15	30	200	
19	人工重砂	件		5		
20	矿点检查	处		2		
21	TM 数据	景		3		
22	中巴资源卫星数据	景		2		
23	1：10 万遥感地质解译	km^2	15 635.26	15 635.26	100	
24	遥感子区专题图像处理	个		26		
25	遥感地质数字化剖面	条(km)		5(230)		
26	遥感地质标志剖面	条(km)		13(602.8)		
27	遥感地质解译路线	km	2 500～3 000	3 224.90		
28	遥感地质解译点	个		751		
29	航卫片计算机处理	机时	340	500		
30	1：25 万土地利用现状遥感解译	km^2		15 635.26		
31	1：25 万草地三化遥感解译	km^2		15 635.26		

三、地质体控制程度

1. 地层单元剖面控制

测区地层单元一般均有剖面控制，牛堡组、去申拉组、东巧蛇绿岩群有 2 条剖面控制。但下白垩统捷嘎组因在测区分布极少，地表覆盖严重，未进行剖面测制，引用邻区前人剖面代替。

2. 地质路线控制

测区地质调查路线 1 600 余千米，并针对不同的地质体及遥感可解译程度、难进入程度进行了合理有效的地质路线调查，稀密有度，对蛇绿岩、雄巴火山岩、邦巴碱性火山岩进行了加密地质路线控制，达到了解决地质问题、减少野外工作量的目的。

3. 遥感解译控制

遥感解译线距约 5km，有效地控制了地质体，避免了地质体的遗漏，准确解译勾绘了地质界线，提高了调查精度和质量。

4. 主要样品控制

对测区岩浆岩进行了较为有效的岩石化学、稀土、微量元素和同位素年龄样控制和配套分析测试（表 1－3），前三者为设计工作量的 140%，年龄样为设计的 130%。

表 1－3　测区岩浆岩样品控制情况

<table>
<tr><th>地质体</th><th>岩石类型</th><th>岩石化学</th><th>稀土</th><th>微量</th><th>同位素</th><th>地质体</th><th>岩石类型</th><th>岩石化学</th><th>稀土</th><th>微量</th><th>同位素</th></tr>
<tr><td rowspan="4">东巧蛇绿岩群</td><td>变质橄榄岩</td><td>4</td><td>4</td><td>4</td><td>1</td><td rowspan="3">阿翁错花岗闪长岩体</td><td>闪长岩</td><td>2</td><td>2</td><td>2</td><td>1</td></tr>
<tr><td>层状堆晶岩</td><td>4</td><td>4</td><td>4</td><td>1</td><td>花岗闪长岩</td><td>3</td><td>3</td><td>3</td><td>2</td></tr>
<tr><td>辉长岩</td><td>1</td><td>1</td><td>1</td><td>2</td><td>花岗斑岩</td><td>1</td><td>1</td><td>1</td><td>1</td></tr>
<tr><td>玄武岩</td><td>4</td><td>4</td><td>4</td><td>2</td><td colspan="2">邦巴花岗岩体，花岗岩</td><td>1</td><td>1</td><td>1</td><td>1</td></tr>
<tr><td rowspan="2">狮泉河蛇绿岩群</td><td>层状堆晶岩</td><td>1</td><td>1</td><td>1</td><td>1</td><td colspan="2">二长花岗岩</td><td>3</td><td>3</td><td>3</td><td></td></tr>
<tr><td>辉长岩</td><td>1</td><td>1</td><td>1</td><td></td><td colspan="2">雄巴组火山岩</td><td>3</td><td>3</td><td>3</td><td>3</td></tr>
<tr><td rowspan="4">盐湖花岗岩体</td><td>花岗斑岩</td><td>1</td><td>1</td><td>1</td><td>1</td><td colspan="2">邦巴组火山岩</td><td>9</td><td>9</td><td>9</td><td>3</td></tr>
<tr><td>黑云母花岗岩</td><td>3</td><td>3</td><td>3</td><td>3</td><td>沙木罗组</td><td>玄武岩</td><td>1</td><td>1</td><td>1</td><td></td></tr>
<tr><td>二长花岗岩</td><td>2</td><td>2</td><td>2</td><td>1</td><td>多尼组</td><td>安山岩</td><td>1</td><td>1</td><td>1</td><td></td></tr>
<tr><td>花岗闪长岩</td><td>1</td><td>1</td><td>1</td><td>1</td><td>去申拉组</td><td>玄武安山岩</td><td>1</td><td>1</td><td>1</td><td>1</td></tr>
<tr><td>昂龙岗日花岗闪长岩体</td><td>黑云母花岗岩</td><td>1</td><td>1</td><td>1</td><td>1</td><td colspan="2">第四系（纳屋错、阿翁错）</td><td></td><td></td><td></td><td>14</td></tr>
<tr><td>帕阿花岗闪长岩体</td><td>花岗闪长岩</td><td>2</td><td>2</td><td>2</td><td>1</td><td>断裂</td><td>构造角砾岩</td><td></td><td></td><td></td><td>1</td></tr>
</table>

四、质量评述

建立“地调院-项目组-专业组”三级质量管理体系。实行项目负责人制及各级负责人制，由下向上负责，搞好质量管理与监控。工作过程中，严格按设计书和区调、遥感相关规范和要求执行和实施，自觉接受上级主管部门和专家的指导、监督、检查和管理。坚持开展经常性、阶段性、年度性的质量检查工作，做到100%的自检、互检，项目组抽检 30%；野外抽检剖面和地质路线 30%；年度检查由四川省地调院按期组织完成。夏代祥、胡世华、江元生等专家亲临野外现场指导、检查工作。

岩矿测试由贵阳地球化学研究所、中国地质大学（北京）实验测试中心、成都岩矿测试中心、成都理工大学、成都地质矿产研究所等单位完成。

项目组编制的《西藏1∶25万革吉县幅区域地质调查——遥感应用试点图幅设计书》为优秀设计书，野外资料验收达优秀，《西藏1∶25万革吉县幅区域地质调查报告》为优秀报告。地层剖面GPS测试QC小组获四川省地矿局2001年优秀QC小组一等奖，“遥感技术在高寒山区1∶25万区域地质调查中的应用研究”获四川省地质学会1998—2002年度优秀论文二等奖。总结编制的《青藏高原空白区区域地质调查遥感工作方法》已在青藏高原空白区2003年新开图幅中得到应用。

五、组织与分工

项目由四川省地质调查院负责，项目组由汪友明、尹显科负责组织、实施。项目组由区调、遥感、GIS等专业的中、高级技术人员组成，主要工作人员有汪友明、尹显科、徐韬、游丽君、袁佩新、郝雪峰、李宗凡、刘啸虎、勾永东、谢云喜，参加部分工作的还有何扬(2001年前期项目副负责)、黄洁、朱科、易同富、李小渝、李云泉、谢启新、吴传智、周幼云、王明光、徐天德等。

地质报告由汪友明、李宗凡统纂定稿。地质报告各章节编写分工为：第一章由汪友明负责；第二章由刘啸虎负责；第三章由尹显科负责；第四章由徐韬负责；第五章由李宗凡负责；第六章由汪友明、彭培好、游丽君负责；结束语由汪友明负责。专题报告由汪友明、尹显科、徐韬、游丽君编写。

项目工作中，得到了刘纪选、翟刚毅、王全海、王大可、贺尚荣、潘桂棠、夏代祥、骆耀南、廖光宇、王全伟、胡世华、阚泽忠、江元生等领导和专家的指导和帮助，同时还得到中国地调局拉萨工作站、西南项目办、四川省地矿局、成都理工大学等的大力支持，在此表示衷心的感谢。

六、提交成果

1. 原本档案资料

(1)各类文、图、表、卡、测试鉴定报告等原本档案资料
(2)实物标本
(3)TM743、741图像各1套
(4)遥感解译图及解译记录表
(5)遥感数字化剖面图及统计分析资料

2. 研究成果

(1)1∶25万革吉县幅区域地质调查报告
(2)青藏高原空白区1∶25万区域地质调查遥感工作方法

3. 图件

(1)1∶25万革吉县幅区域地质图(电子图及纸质图)
(2)1∶25万革吉县幅区域地质图作者原图
(3)1∶25万革吉县幅区域地质图编稿原图
(4)1∶25万革吉县幅土地利用现状图
(5)1∶25万革吉县幅草地三化分布图

4. 光盘

地质图空间数据库ARC/INFO格式数据光盘、报告文字数据各一套。

第二章　地　层

测区地层隶属于藏滇地层大区的羌南-保山地层区和冈底斯-腾冲地层区。自晚三叠世以来，沉积了以碎屑岩、碳酸盐岩为主体的地层体，总体呈北西向—东西向展布。由于地处班公错-怒江结合带及其两侧，微板块内地层总体有层有序，结合带内地层有层无序。

第一节　地层区划及地层序列

测区属青藏高原造山带，由微板块与板块结合带相间构成，其中微板块内部沉积地层常具有相对较完整的地层序列，板块结合带由蛇绿岩、深水沉积及构造成因的混杂岩组成。

一、地层区划

按《全国地层区划》、《西藏自治区岩石地层》，测区Ⅰ级地层区隶属于藏滇地层大区，地层基本延展方向为北西西—南东东方向，构成了班公错-怒江结合带及由此分割的南北两个微板块的格局。

Ⅱ级地层区划主要依据不同构造单元内部的构造特征、地层层序的完整性、岩石组合及生物组合特征、火山喷发及区域变质等特征，以班公错-怒江结合带为界，由北向南划分为羌南-保山地层区、班公错-怒江结合带、冈底斯-腾冲地层区3个Ⅱ级地层区（图2-1，表2-1）。

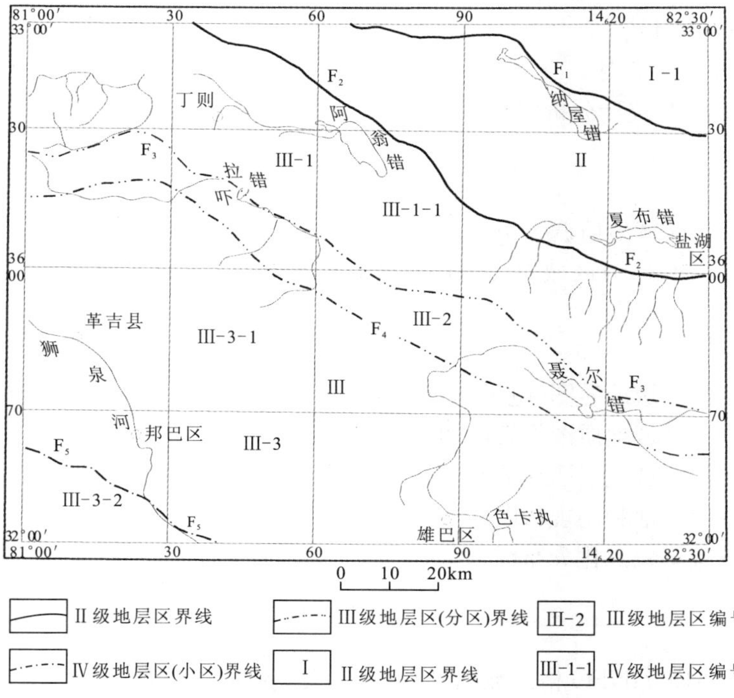

图2-1　测区地层分区简图

Ⅰ.羌南-保山地层区；Ⅱ.班公错-怒江结合带；Ⅲ.冈底斯-腾冲地层区；Ⅰ-1.多玛分区；Ⅲ-1.班戈-八宿分区；Ⅲ-2.狮泉河次级结合带；Ⅲ-3.措勤-申扎分区；Ⅲ-3-1.革吉小区；Ⅲ-3-2.捷嘎小区；F_1.纳屋错断裂带；F_2.盐湖断裂带；F_3.吓拉错断裂带；F_4.聂耳错断裂带；F_5.邦巴断裂带

表 2-1 革吉县幅地层分区特征简表

地层区划		藏滇地层大区					
		冈底斯-腾冲地层区				班公错-怒江结合带	羌南-保山地层区
		措勤-申扎分区		狮泉河（次级）结合带	班戈-八宿分区		多玛分区
		捷嘎小区	革吉小区		阿翁错小区		
地层发育总貌		仅下白垩统及古近系部分残留	下白垩统及新生界发育	上三叠统—侏罗系及上白垩统较发育	侏罗系—下白垩统较发育	侏罗系及古近系较发育	上三叠统及上白垩统局部发育
层序特征		地层层序不完整	地层层序较完整	T_3—J 局部有序，整体无序	局部较完整	T_3—J 局部有序，整体无序	地层层序不完整
岩石组合	新生界	杂色火山岩为主		紫红及杂色粗碎屑岩为主			红色碎屑岩为主
	中生界	杂色碎屑岩夹火山岩	下白垩统碳酸盐岩发育	碎屑复理石及蛇绿岩	下白垩统—上侏罗统中基性—中酸性火山岩较发育	碎屑复理石及蛇绿岩	碳酸盐岩及杂色碎屑岩
生物组合特征		圆笠虫、双壳类多见	珊瑚、圆笠虫为主		珊瑚、双壳、有孔虫	放射虫	双壳类、腕足类多见
火山作用		新生代中酸性或碱性火山岩发育		不含中酸性火山岩	中—基性火山岩	不含中酸性火山岩	
变质作用		浅变质（K_1jg）	未变质（K_1d、K_1l）	浅变质（T_3JS、T_3JN）	浅变质（J_3s、K_1q）	浅变质（T_3JD、JM）	浅变质（T_3R）

Ⅲ级地层区划依据部分地层、构造特征差异划分为 3 个地层分区。测区北东部的羌南-保山地层区分布范围有限，属多玛分区；测区中南部的冈底斯-腾冲地层区以狮泉河（次级）结合带为界，划分为班戈-八宿及措勤-申扎两个分区。

依据局部地层特征的差异，以邦巴断裂带为界，将措勤-申扎分区划分为捷嘎小区及革吉小区两个四级分区。

1. 羌南-保山地层区

分布于测区北东部，南界为纳屋错断裂带，测区仅涉及多玛地层分区。

多玛地层分区位于测区北东角，班公错-怒江结合带北侧。区内仅出露上三叠统日干配错群、上白垩统阿布山组、新近系唢纳湖组 3 个地层单元。上三叠统日干配错群以海相碎屑岩为主，浅变质，构造变形较为强烈，因构造破坏作用与上白垩统阿布山组陆相碎屑岩呈断层接触。新近系唢纳湖组不整合于上白垩统阿布山组之上，分布有限。

2. 班公错-怒江结合带

该带北界为纳屋错断裂带，南界为盐湖断裂带，呈北西西—南东东向展布。区内出露上三叠统—侏罗系东巧蛇绿岩群、侏罗系木嘎岗日岩群及古近系牛堡组 3 个地层单元，以及因构造作用呈构造岩块出露于该区的下白垩统去申拉组构造岩块、上三叠统日干配错群岩块、晚三叠世灰岩岩块及不明时代的灰岩岩块，受构造变形影响强烈，中生代地层局部有序，总体层序不清。

该区有大量晚三叠世至侏罗纪东巧蛇绿岩群岩块分布，同时，侏罗系发育一套以海相碎屑岩为主的复理石建造，二者在区内广泛分布并构成地层系统的主体，经后期构造作用，多由断层分割成大小不一的岩块。新生代沉积了古近系牛堡组山前磨拉石陆相碎屑岩，超覆不整合于构造混杂岩带之上，沉积盆地相对较小，分布零星。

3. 冈底斯-腾冲地层区

该区是测区地层主体，分布于盐湖断裂带以南的丁字、革吉、邦巴、雄巴、聂耳错一带，北界为盐湖断裂带。发育上侏罗统沙木罗组海相碎屑岩夹中基性火山碎屑岩、火山岩及碳酸盐岩，下白垩统多尼组为代表的海相碎屑岩，下白垩统郎山组为代表的海相碳酸盐岩和去申拉组碎屑岩、基—中酸性火山岩，上白垩统竞柱山组陆相碎屑岩，古近系牛堡组陆相红色碎屑岩、邦巴组碱性火山岩，新近系雄巴组钙碱性中酸性火山岩；狮泉河（次级）结合带内为狮泉河蛇绿岩群蛇绿岩和聂耳错岩群碎屑岩。

（1）班戈-八宿分区

分布于测区中部聂耳错以北—丁字及昂龙岗日一带，北界为盐湖断裂带，南界为吓拉错断裂带，延展方向与区域构造线方向一致。区内晚侏罗世至早白垩世地层发育，但连续性较差，沉积物以海相碎屑岩为主夹碳酸盐岩及中基性火山岩。出露地层单元有上侏罗统沙木罗组、下白垩统去申拉组。

（2）狮泉河（次级）结合带

分布于测区聂耳错、吓拉错一带，北界为吓拉错断裂带，南界为聂耳错断裂带。出露被构造强烈肢解的上三叠统—侏罗系狮泉河蛇绿岩群和复理石沉积的聂耳错岩群两个特殊岩石地层单位，上白垩统竞柱山组角度不整合其上，再上又被古近系牛堡组不整合覆盖。

（3）措勤-申扎分区

分布于测区南西部，北界为聂耳错断裂带。以邦巴断裂带为界可进一步划分为两个地层小区。

革吉小区位于测区中南部雄巴—邦巴—革吉一带，北界为聂耳错断裂带，南界为邦巴断裂带，延展方向与区域构造线方向基本一致。区内出露下白垩统海相地层和古近系邦巴组碱性火山岩、新近系雄巴组钙碱性火山岩。下白垩统多尼组以海相碎屑岩为主夹碳酸盐岩及火山岩，下白垩统郎山组以海相碳酸盐岩为主，二者总厚逾 3 000m。新生代地层以邦巴组及雄巴组为代表，为陆相火山盆地堆积物，堆积厚度达 4 500m 以上，不整合于下伏地层及白垩纪岩体之上，分布面积较广。

捷嘎小区位于测区西南隅，北界为邦巴断裂带。区内仅出露少量下白垩统捷嘎组海相火山岩、碎屑岩夹灰岩及古近系邦巴组陆相碱性火山岩。

二、岩石地层序列

以《西藏自治区岩石地层》为基础，以本次野外调查成果资料为依据，对测区地层进行重新厘定，共划分 16 个组（群）级地层单元，4 个段级填图单位，将第四系划分为 6 个成因类型、8 个地层单元（表 2－2），完善了岩石地层序列。

测区以中、新生代地层较发育为特征，由于所处沉积盆地的位置、沉积环境的不同，以及后期构造变形作用的影响，地层层序多不完整。

测区前三叠纪地层未出露。三叠纪地层仅有少量晚期地层分布于多玛分区的局部地段，岩性以碎屑岩为主；上三叠统—侏罗系分布于结合带中，主要为蛇绿岩和复理石碎屑岩；上侏罗统仅分布班戈-八宿分区，岩性以碎屑岩为主，夹中基性火山碎屑岩、火山岩及碳酸盐岩，富含珊瑚等化石，未见底，层序不完整。

白垩纪地层为区内层序相对较完整而分布范围较广的地层。下白垩统分布于测区盐湖断裂带以南，是测区地层主体，以海相碎屑岩及碳酸盐岩为主，局部夹火山岩，厚度达数千米。上白垩统沿狮泉河结合带及测区北东角多扎日一带分布，岩性以陆相紫红色碎屑岩为主，厚度数百米。

古近纪及新近纪地层以狮泉河结合带南界断裂——聂耳错断裂带为界，南北有明显差异。断裂带以北以陆相紫红色及杂色粗碎屑岩为主，厚度达 2 000 余米；以南以杂色火山岩及火山碎屑岩为主，出露厚度逾千米。

第四系分布较广，主要沿河湖和山麓地带分布，成因类型有湖积、冲积、冲洪积、洪积、坡积，以湖积、冲洪积为主。

表 2 - 2　革吉县幅地层划分表

系	统	冈底斯-腾冲地层区				班公错-怒江结合带	羌南-保山地层区
		措勤-申扎分区		狮泉河(次级)结合带	班戈-八宿分区		多玛分区
		捷嘎小区	革吉小区		阿翁错小区		
第四系	Qh	冲积(Qh^{al})、冲洪积(Qh^{pal})、洪积(Qh^{pl})、坡残积(Qh^{dl})、湖积(Qh^{l})、冰川(Q^{gl})					
第四系	Qp	湖积(Qp^{l})、冲洪积(Qp^{pal})					
新近系	N_2						
新近系	N_1		雄巴组 N_1x				唢纳湖组 Ns
古近系	E_3	邦巴组 $E_{2-3}b$					
古近系	E_2			牛堡组 $E_{1-2}n$		牛堡组 $E_{1-2}n$	
古近系	E_1						
白垩系	K_2			竟柱山组 K_2j			阿布山组 K_2a
白垩系	K_1	捷嘎组 K_1jg	郎山组 K_1l；多尼组 K_1d		去申拉组 K_1q		
侏罗系	J_3			聂耳错岩群 T_3JN；狮泉河蛇绿岩群 T_3JS	沙木罗组 J_3s	木嘎岗日岩群 JM；东巧蛇绿岩群 T_3JD	
侏罗系	J_2						
侏罗系	J_1						
三叠系	T_3						日干配错群 T_3R

第二节　岩石地层

一、三叠纪—侏罗纪地层

测区出露有上三叠统日干配错群、上三叠统—侏罗系东巧蛇绿岩群、上三叠统—侏罗系狮泉河蛇绿岩群、上三叠统—侏罗系聂耳错岩群、侏罗系木嘎岗日岩群、上侏罗统沙木罗组6个地层单位。

1. 日干配错群（T_3R）

日干配错群由西藏地矿局1986年创名，命名地及层型剖面位于改则县森多以东的日干配错剖面。岩性以碳酸盐岩为主夹砂页岩，偶夹基性火山岩，具复理石韵律沉积特征，浅变质。该组在区域上产双壳类、珊瑚、腕足类等。顶、底出露不全。该组厚度在区域上变化较大，薄者仅数百米，最厚于命名地可逾万米，且由北向南有增厚的趋势。

西藏羌塘地区上三叠统在1∶100万区调中统称肖茶卡群（西藏区调队，1986），代表了该地区一套晚三叠世沉积的碳酸盐岩夹碎屑岩为主的地层。由于该地区在龙木错-查桑-澜沧江断裂带两侧在岩性、厚度、上下岩系接触关系及后期变形、变质条件变化较大，西藏地矿局（1993年）将肖茶卡群一名限制在羌北地区使用，将分布于羌南地区的该套地层另命名为日干配错群。

（1）剖面列述

西藏自治区革吉县盐湖区纳屋错南东三叠系上统日干配错群实测地层剖面（图2-2）

剖面位于西藏自治区革吉县盐湖区纳屋错南东部，起点坐标：北纬32°47′28.5″，东经82°20′48.6″。剖面地层层序如下。

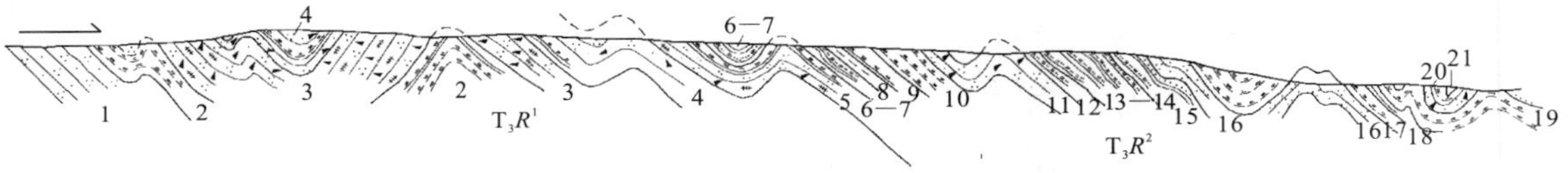

图2-2　革吉县盐湖区纳屋错南东日干配错群剖面图

上覆地层：第四系全新统坡积物（Qh^{dl}）灰黄色砾石、砂、砂土

～～～～～～～～～～角度不整合～～～～～～～～～～

日干配错群	**＞587.4m**
上段（T_3R^2）	**＞395.3m**
21. 灰色薄层状细粒岩屑石英砂岩与深灰色绢云千枚岩互层	＞4.61m
20. 深灰色薄层状细粒岩屑石英砂岩与千枚状粉砂质绢云母板岩互层。粒序层理发育	23.34m
19. 深灰色绢云千枚岩	24.57m
18. 浅灰色千枚状砂质绢云母板岩	8.30m
17. 浅绿灰色绢云千枚岩	17.24m
16. 深灰色薄层状石英砂岩与千枚状砂质绢云母板岩互层	5.99m
15. 灰至深灰色千枚状粉砂质绢云母板岩夹少量细粒岩屑石英砂岩，发育正粒序层理	51.50m
14. 深灰色强片理化绢云母千枚岩	6.59m
13. 深灰色千枚状粉砂质绢云母板岩，石英脉发育	70.26m
12. 深灰色千枚状（粉）砂质绢云母板岩，间夹薄层状岩屑石英砂岩。局部为砂岩夹千枚岩，由下往上砂岩含量变少	17.40m
11. 深灰色微层状细粒岩屑石英砂岩夹浅绿灰色千枚岩	17.70m
10. 深灰色绢云千枚岩夹千枚状砂质绢云母板岩	43.05m
9. 深灰色千枚状砂质绢云母板岩，千枚理清楚，与层理基本一致	13.38m

8. 深灰色绢云千枚岩夹千枚状砂质绢云母板岩，由下向上板岩增多 15.63m
7. 深灰色薄层状岩屑石英砂岩夹千枚状砂质绢云母板岩 11.18m
6. 深灰色千枚状砂质绢云母板岩，偶夹薄层状粉砂岩，顺板理石英脉十分发育 10.78m
5. 浅灰至深灰色中层状中—细粒岩屑石英杂砂岩、粉砂岩、千枚状砂质绢云母板岩、千枚状粉砂质绢云母板岩为主，间夹浅绿灰色绢云母千枚岩 53.81m

下段(T_3R^1) **>192.1m**

4. 浅灰色—深灰色薄层状细粒岩屑石英砂岩偶夹极少量浅绿灰色千枚状粉砂质绢云母板岩、绢云千枚岩 25.04m
3. 深灰色中厚层状中—粗粒岩屑石英杂砂岩，夹少量中薄层状岩屑石英杂砂岩 59.78m
2. 浅绿灰色薄—中厚层绢云千枚岩夹极少量薄层状中细粒岩屑石英杂砂岩，石英脉十分发育 17.65m
1. 灰至深灰色薄层状细砂岩夹浅绿灰色砂质千枚状板岩 >69.63m

（未见底）

(2)岩性特征及横向变化

岩性为浅灰—深灰色岩屑石英砂岩、粉砂岩、绢云母板岩、绢云千枚岩，局部夹少量薄层灰岩，未见顶底，厚度大于587.4m。在灰岩中见海百合茎，形成于浅海斜坡环境。时代为晚三叠世。

日干配错群在测区划分为上下两段。下段(T_3R^1)岩性以浅灰至深灰色岩屑石英杂砂岩、岩屑石英砂岩为主，夹深灰色粉砂岩、千枚状砂质绢云母板岩、千枚状粉砂质绢云母板岩和少量绿灰色粉砂岩、浅绿灰色绢云千枚岩，未见底，厚大于192.1m。上段(T_3R^2)岩性以灰色、深灰色千枚状砂质绢云母板岩、千枚状粉砂质绢云母板岩、绢云千枚岩、灰绿色绢云千枚岩等为主，夹细粒岩屑石英砂岩和少量细粒岩屑石英杂砂岩，未见顶，厚大于395.3m。

日干配错群分布于测区纳屋错断裂带以北的多扎日、脚娃一带，在多扎日地区，分布较广，上下段均有出露。在脚娃仅出露下段岩屑砂岩夹少量板岩，在纳屋错东呈构造岩块分布于班公错-怒江结合带中。由于受后期构造作用的影响，岩层受到强烈的构造变形。

(3)基本层序

日干配错群基本岩性以浅灰至深灰色岩屑石英砂岩、粉砂岩、千枚状砂质、粉砂质绢云母板岩等浅变质碎屑岩为主，并构成较频繁的不等厚韵律互层。该群基本层序可划分为3种类型(图2-3)。

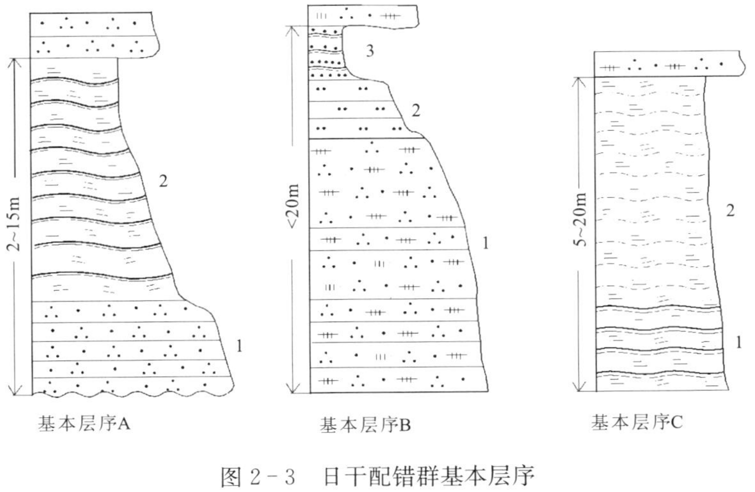

图2-3 日干配错群基本层序

基本层序A由深灰色薄层状岩屑石英砂岩-千枚状砂质绢云板岩构成二元结构层序，具下粗上细的正粒序，层序厚度一般为2～15m，在日干配错群中以该类层序最为发育。以岩屑石英砂岩为代表的下部组分也具有由粗粒到细粒结构的粒序，局部可见砂体底部存在规模不等的冲刷面或不连续界面；上部组分以板岩为主，常由于含砂质或粉砂质程度的不同构成正粒序层。该层序中砂、板岩比为1∶5～10∶1，变化较大，一般该群下段砂岩组分厚度较大，上段板岩组分所占比重陡增。

基本层序B由浅灰至深灰色中层状中、细粒岩屑石英杂砂岩-粉砂岩-千枚状砂质、粉砂质绢云板岩构成三元结构层序，层序厚度不超过 20m，三者岩比约 5∶1∶1。该层序与基本层序 A 相似，各组分特征基本相同，唯在砂-板岩组分间按粒级增加了粉砂岩过渡单元，该层序仅见于该群上段的底部。

基本层序 C 由深灰色千枚状砂质绢云母板岩-绢云千枚岩构成二元结构层序，具正粒序，二者岩性常为渐变，岩比为 1∶2～1∶3，层序厚度一般为 5～20m。这类层序在该群上段的中、上部较为发育。

2. 东巧蛇绿岩群（T_3JD）

东巧蛇绿岩群由刘世坤等 1994 年创名，其含义指沿班公错-怒江结合带分布的一套蛇绿岩。在命名地东巧一带，该群由下至上为由变质橄榄岩、堆晶杂岩（异剥橄榄岩、异剥辉石岩、橄榄岩、辉橄岩、层状辉石岩及均质辉长岩）、席状岩墙（床）群（辉绿岩、辉长岩）、枕状玄武岩及硅质岩组成的地层体。

（1）剖面列述

西藏革吉县纳屋错上三叠统—侏罗系东巧蛇绿岩群实测剖面

剖面位于革吉县纳屋错东，起点坐标：北纬 32°45′2.6″，东经 82°19′42.4″。剖面层序如下。

东巧蛇绿岩群（T_3JD）	**＞579m**
6. 深灰绿色块状玄武岩	＞32.8m
══════断层══════	
5. 角砾状—集块状玄武岩	＞186.7m
══════断层══════	
4. 灰绿色层状辉长岩	＞74.6m
══════断层══════	
3. 灰绿色角闪岩	＞100m
══════断层══════	
2. 深灰绿色辉石岩	＞150m
══════断层══════	
1. 灰绿色滑石菱镁岩	＞35m

（2）岩性特征及横向变化

东巧蛇绿岩群由变质橄榄岩、层状堆晶岩、席状岩墙群、基性熔岩、放射虫硅质岩组成，上述剖面中的第 1 层属变质橄榄岩层序，第 2、第 3 层属层状堆晶岩层序，第 5、第 6 层为基性熔岩层序；剖面之外，测区见变质橄榄岩层序的滑石菱镁岩化方辉橄榄岩、二辉橄榄岩，层状堆晶岩层序的橄榄石堆晶岩，席状岩墙群层序的辉绿岩脉体；在纳屋错南及字末牛日见放射虫硅质岩层序的硅质岩。因遭受强烈构造肢解，东巧蛇绿岩群均呈构造岩块分布于测区纳屋错构造混杂岩带中，与木嘎岗日岩群以及日干配错群、去申拉组等外来岩块呈断层接触。总体上，蛇绿岩各层序发育基本齐全，以基性熔岩最发育，其次为层状堆晶岩，其他层序分布较局限，与东巧蛇绿岩群命名地特征可以对比。测区东巧蛇绿岩群中玄武岩同位素年龄值为 166Ma（K－Ar 法），结合命名地剖面中的放射虫资料，其形成时代属晚三叠世—侏罗纪。

东巧蛇绿岩群主要分布于革吉县纳屋错—字末牛日一带，局限于班公错-怒江结合带内，呈构造岩块产出。测区玄武岩是蛇绿岩的主体组成部分，分布广；超镁铁岩零星分布，规模小；硅质岩仅见于纳屋错南和字末牛日等地，分布有限。

3. 狮泉河蛇绿岩群（T_3JS）

该群由本次区调命名，指沿狮泉河（次级）结合带分布的蛇绿岩，由超基性岩、堆晶岩、辉长岩、玄武岩组成的地层体，时代为晚三叠世—侏罗纪。测区狮泉河蛇绿岩群被构造强烈肢解为大小不等的构造岩块，散布于测区聂耳错构造混杂岩带中，仅见层状堆晶岩和基性熔岩两个层序。

（1）剖面列述

革吉县工丽-学热腊国卓路线剖面

该剖面位于革吉县盐湖区卡拉肓布一带，出露多个蛇绿岩构造岩块。剖面列述如下。

狮泉河蛇绿岩群(T_3JS) ＞**282m**

════断层════

8. 深灰色玄武质凝灰岩 ＞15m

7. 灰绿色蚀变玄武岩 ＞15m

════断层════

6. 灰绿色蚀变辉长岩 71m

5. 墨绿色辉石角闪岩 ＞20m

════断层════

4. 灰绿色玄武质凝灰岩 ＞19m

3. 灰绿色蚀变玄武岩 ＞37m

════断层════

2. 灰绿色蚀变斜长角闪岩 ＞73m

1. 墨绿色角闪辉石岩 ＞32m

════断层════

(2)岩性特征及横向变化

测区狮泉河蛇绿岩群仅见层状堆晶岩和基性熔岩两个层序。剖面中第1、第2层及第5、第6层属层状堆晶岩层序,包括超基性角闪辉石岩、辉石角闪岩和基性斜长角闪岩;剖面第3、第4层及第7、第8层属基性熔岩层序,主要为块状玄武岩和玄武质凝灰岩。除剖面所述层状堆晶岩和基性熔岩外,在测区见辉长岩、橄榄玄武岩,尚未发现变质橄榄岩、席状岩墙群和放射虫硅质岩。蛇绿岩均以构造岩块形式与聂耳错岩群或沙木罗组、去申拉组、多尼组、郎山组呈断层接触,竟柱山组角度不整合超覆其上。在其角闪辉石岩中(卡拉盲布)获同位素年龄值222.51Ma(Ar－Ar法),在辉长岩(朵仁嘎里木)中获同位素年龄值168Ma(K－Ar法),其形成时代为晚三叠世—侏罗纪。

狮泉河蛇绿岩群分布于狮泉河(次级)结合带内,呈小规模岩块产出。辉石岩仅出露于革吉县工丽、卡拉盲布二处,呈岩块产出,规模小;玄武岩分布于聂耳错北东郭纳勒、呀昌木、索麦勒等地;辉长岩仅见于朵仁嘎里木。

4. 聂耳错岩群(T_3JN)

在革吉县盐湖乡聂尔错一带,分布于狮泉河次级结合带中一套绿灰、灰黑色浅变质岩屑石英砂岩、石英砂岩、粉砂岩、粉砂质板岩不等厚韵律互层夹多层分布极不稳定的砾屑灰岩、砂屑生物屑砾屑灰岩透镜体的地层体,以往笼统被归入上侏罗统沙木罗组(J_3s)。本次区调查明,该套地层岩性组合、岩相特征、层序及构造变形明显有别于沙木罗组,故将其单独划出,并创名聂尔错岩群。

它是一套分布于狮泉河(次级)结合带中的特殊岩石地层单位,变质砂岩中粒序层、复理石印模普遍发育,砂、砾分选、磨圆均较差,岩石结构成熟度较低,浊积岩特征明显;地层局部有层有序,总体无序,与狮泉河蛇绿岩群及北侧火山岩浆孤带的沙木罗组(J_3s)、去申拉组(K_1q)和南侧弧后盆地的多尼组(K_1d)、郎山组(K_1l)正常滨-浅海沉积地层均为断层接触,上白垩统竟柱山组(K_2j)角度不整合超覆其上。它与狮泉河蛇绿岩群构造岩块,共同组成了聂尔错构造混杂岩带。

(1)剖面列述

西藏革吉县盐湖区下布实测剖面(图2－4)

剖面位于革吉县盐湖乡聂尔错以北的下布,起点坐标:北纬32°15′40″,东经82°19′30″。剖面局部层序清楚,总体难于恢复,剖面列述如下。

聂尔错岩群(T_3JN) ＞**1 292m**

11. 灰色中—薄层状变质中砂质细粒石英砂岩夹厚层状砾屑灰岩。砂、砾多为次棱角状,分选较差,砂岩显粒序层,底面发育小型重荷模。砾屑灰岩中,生物化石皆为珊瑚、腕足等化石碎片 ＞49.4m

(未见顶)

10. 褐黄色厚—中层状变质钙质砾屑细砂质中粒石英砂岩、含钙中砂质细粒石英砂层、不等粒石英

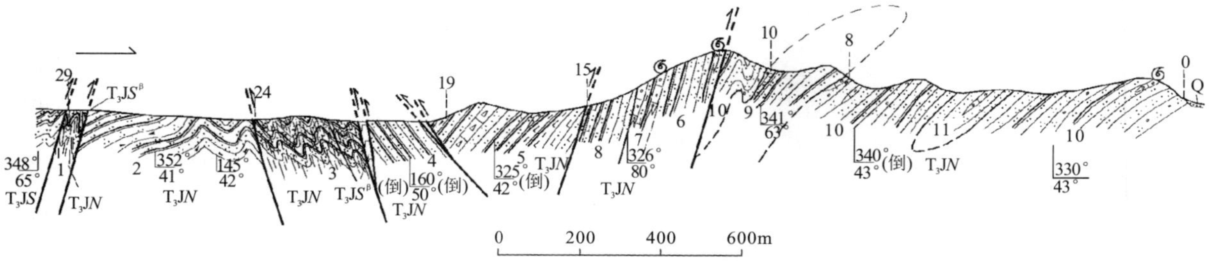

图 2-4　西藏革吉县盐湖区下布实测剖面图

砂岩，浅绿灰色薄—微薄层状变质石英砂岩、粉砂岩、粉砂质板岩不等厚韵律互层，下部夹多层透镜状砾屑灰岩、砾屑白云岩。变质砂岩普遍具粒序层，底面重荷模发育。砾屑灰岩中化石皆为碎片，主要为介屑、（鏟）等生物碎屑，砾石中见保存较好的珊瑚：*Complexastrea kachensis*　234.6m

9. 浅绿灰色薄层状变质细砂质中粒石英砂岩、细粒石英砂岩与粉砂岩、粉砂质板岩不等厚互层　>48.3m

══════断层══════

8. 浅黄褐色中层状变质细砂质中粒石英砂岩、含钙质粉砂质板岩、深灰色粉砂质板岩不等厚韵律互层　>110.4m

7. 深灰色生物屑砂屑砾屑灰岩夹钙质、粉砂质板岩。砾屑成分为泥晶灰岩、细晶灰岩、方解石硅质岩。生物碎屑以腕足、虫屑为主。砾石中含珊瑚：*Montlivaltia farstriformis*　56.3m

6. 浅绿灰色厚层块状不等粒石英砂岩与粉砂岩、粉砂质板岩不等厚韵律互层。粉砂质板岩中含深灰色砂屑生物碎屑灰岩砾块，其中含大量属种较单一的菊石：? *Cyrtopleurites* sp.，? *Coristoceras* sp.　100.1m

══════断层══════

5. 绿灰色薄—中层状变质岩屑石英砂岩、细砂质中粒石英砂岩、钙质石英粉砂岩、粉砂质板岩、粘土质板岩不等厚韵律互层夹少量砂屑灰岩、砾屑灰岩透镜体。砂岩底面重荷模发育　>270.4m

══════断层══════

4. 灰、褐黄、深灰色中层状变质砂岩、细砂质石英粉砂岩、粉砂质板岩不等厚互层，砂岩底面发育小型重荷模，为倒转层序，上、下均以断层与蚀变橄榄玄武岩构造岩块接触　>144.8m

══════断层══════

3. 绿灰色粉砂质板岩夹薄—中层状变质钙质泥质石英粉砂岩，岩石强烈揉褶，劈理十分发育　>70.1m

══════断层══════

2. 灰、绿灰色中—薄层状变质岩屑石英砂岩、石英砂岩、钙泥质石英粉砂岩、粉砂质板岩不等厚韵律互层，其中小褶皱及劈理发育，与蚀变橄榄玄武岩构造岩块断层接触　>158.2m

══════断层══════

1. 深灰色粉砂质板岩及薄层状变质岩屑石英砂岩，小型褶皱强烈，劈理密集，与沙木罗组变质砂、板岩呈断层接触　>49.5m

(2)岩性特征及横向变化

岩性以绿灰、灰黑色浅变质岩屑石英砂岩、细砂质中粒石英砂岩、中砂质细粒石英砂岩、钙泥质粉砂岩、粉砂质板岩不等厚韵律互层为主，夹多层极不稳定的生物屑砂屑砾屑灰岩，岩石结构成熟度较低，变质砂岩中普遍发育粒序层理和复理石印模，变质砂岩、板岩中化石稀缺，反映了浊积岩的特征；在聂尔错断裂带西段北侧广嘎生巴一带，竟柱山组(K_2j)角度不整合超覆其上。该套岩层变质程度较低，但构造变形强烈，局部有序，总体层序不清，未见顶、底，组成了聂尔错构造混杂岩带的基质。聂尔错岩群沿狮泉河次级结合带分布，夹于吓拉错断裂带和聂尔错断裂带间，但多被第四系掩盖，主要出露于聂尔错以东和聂尔错以西与吓拉错以东之间一带，岩性、构造特征与剖面所述基本一致。该岩群粉砂质板岩中所含砂屑生物屑灰岩砾块中菊石时代属晚三叠世，砾屑灰岩砾石中所含珊瑚时代属中—晚侏罗世，虽不足以代表该岩群形成的时代，但结合狮泉河蛇绿岩群形成时代为晚三叠世—侏罗纪推测其时代为晚三叠世—侏罗纪。

5. 木嘎岗日岩群（*JM*）

木嘎岗日岩群由文世宣(1979)命名于改则县木嘎岗日主峰木格各波日东南，原含义指沿班公错-怒江结合带分布的一套以深灰、暗绿、灰黑色泥质板岩与变质砂岩、粉砂岩夹灰岩、硅质灰岩为主的地层体，化石稀少，有少量双壳类、腕足类。顶部与牛堡组红色碎屑岩呈角度不整合接触，未见底。该群自创名以来在西藏地矿系统中广泛应用，唯郭铁鹰等(1991)在研究阿里地区地层系统时在日土地区另创日松群，并进一步划分为答波组及麻嘎藏布组两个组级单位(表2-3)。本报告沿用木嘎岗日岩群。

表2-3　木嘎岗日岩群划分沿革表

文世宣(1979)	西藏区调队1986	郭铁鹰等(1991)		西藏地矿局(1993、1997)	本书(2003)
改则地区	1:100万日土、改则幅	阿里地区		西藏	1∶25万革吉县幅
木嘎岗日岩群	木嘎岗日岩群	日松群	答波组	木嘎岗日岩群	木嘎岗日岩群
			麻嘎藏布组		

(1)剖面列述

a. 西藏革吉县盐湖乡纳屋错南侏罗系木嘎岗日岩群剖面(图2-5)

剖面位于革吉县盐湖乡纳屋错南，起点坐标：X=3 627.7，Y=1 4607.8。剖面列述(图2-5)如下。

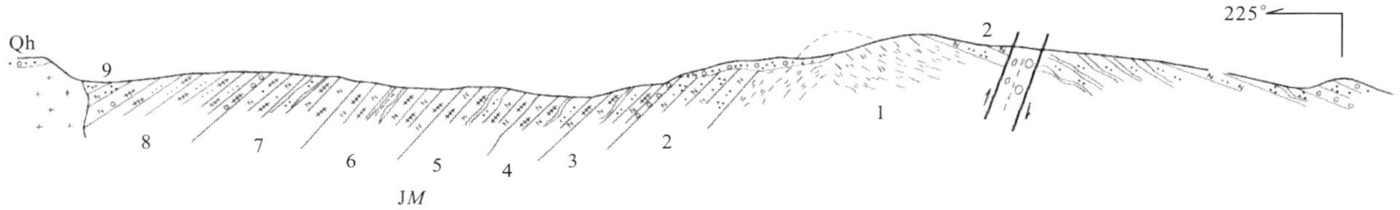

图2-5　革吉县盐湖乡纳屋错南木嘎岗日岩群剖面图

木嘎岗日岩群（*JM*）	**>1 415m**
（未见顶）	
9. 灰色中厚层状含砾粗粒长石石英砂岩与灰绿色中厚层状钙质中粒岩屑长石杂砂岩、粉砂质板岩不等厚互层(岩比1∶2∶2)。有辉长玢岩侵入	118.2m
8. 浅绿色中层状复成分细砾岩与灰绿色中厚层状中粒长石岩屑杂砂岩、粉砂质板岩不等厚互层(岩比1∶3∶3)	228.5m
7. 灰绿色中层状细粒岩屑长石砂岩与灰—深灰色粉砂质板岩互层(岩比1∶4)	225.3m
6. 灰绿色中层状变余细粒岩屑长石砂岩与灰—深灰色粉砂质板岩互层(岩比1∶6)	259.1m
5. 灰绿色中层状变余细粒岩屑长石砂岩与灰—深灰色粉砂质板岩互层(岩比1∶5)	170.3m
4. 灰绿色中层状变余细粒岩屑长石砂岩与灰—深灰色粉砂质板岩互层(岩比1∶3)	143m
3. 浅灰色中厚层状复成分变细砾岩与灰绿色中厚层状中粒岩屑长石石英杂砂岩、同色粉砂质板岩不等厚互层(岩比1∶3∶4)。发育平行层理	160.0m
2. 灰—灰绿色中厚层状中—细粒长石石英砂岩	65.2m
1. 灰—深灰黑色炭质绢云母千枚岩	>54.5m
（未见底）	

b. 西藏革吉县盐湖乡纳屋错南实测地层剖面(图2-6)

剖面位于西藏革吉县盐湖乡纳屋错南，剖面列述如下。

上覆地层：牛堡组紫红色复成分砾岩

～～～～～～～～角度不整合～～～～～～～～

木嘎岗日岩群(*JM*)	**>211.9m**
14. 灰—浅灰绿色中厚层状细砾岩与中厚层状含砾石英砂岩互层，岩比约3∶1	7.6m

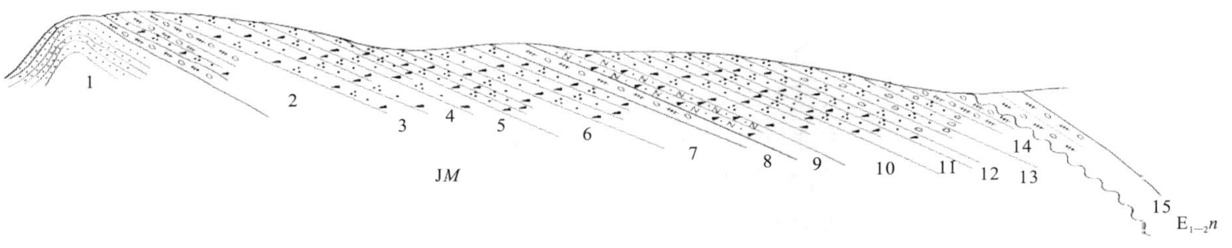

图 2-6　革吉县盐湖乡纳屋错南木嘎岗日岩群实测剖面图

13. 褐黄色中厚层状石英砂岩	4.1m
12. 灰绿色中厚层状石英砂质砾岩	2.8m
11. 灰色中厚层状含砾粗粒岩屑石英砂岩夹薄层状粉砂岩	20.3m
10. 绿灰色中厚层状中细粒岩屑石英砂岩夹含砾粗粒岩屑砂岩透镜体	24m
9. 灰色中厚层状细粒长石岩屑砂岩	22.8m
8. 浅褐黄色块状复成分粗砾岩	8.3m
7. 灰色中厚层状粗粒岩屑石英砂岩	26.8m
6. 灰色中厚层状中粗粒岩屑石英砂岩夹石英质细砾岩透镜体	20.1m
5. 灰绿色中厚层状含砾粗粒岩屑石英砂岩	7.6m
4. 褐黄色中厚层状中粗粒岩屑石英砂岩，局部夹褐红色石英质细砾岩	19.5m
3. 深灰色中厚层状中粗粒岩屑石英砂岩夹浅黄色薄层状粉砂岩，岩比约 3∶1	11m
2. 浅紫灰色块状中粒石英质砾岩夹粗粒岩屑砂岩、粉砂岩，岩比约 8∶1∶1	37.4m
1. 灰色粉砂质泥岩、粉砂岩夹钙质细粒岩屑石英砂岩	

（未见底）

(2)岩性特征及横向变化

岩性为灰—深灰色或灰绿色薄—中层状变质砂岩、粉砂岩、板岩，产遗迹化石；未见顶底，厚度大于 1 415m。其岩石类型、沉积环境较复杂，沉积厚度较大，反映近基浊积岩特点。在革吉县纳屋错，其与上覆牛堡组呈角度不整合接触，与上三叠统—侏罗系东巧蛇绿岩群呈断层接触。路线调查中见珊瑚 *Stylosmilia crassitheca* Liao et Li，*Distichophyllia norica* Frech，*Aulastracopsis* cf. *demgelisi* Prever，*Epistreptophyllum patellata* Michelin；层孔虫：*Xizangstromatopora* sp.，*Burgundia steinerae* Hudson。时代为侏罗纪。

木嘎岗日岩群沿班公错-怒江结合带自西向东展布，分布于纳屋错以南、盐湖以北。在区域上该组岩性变化较为复杂，常以变质砂岩、粉砂岩与板岩或泥、页岩构成不等厚韵律互层，并程度不等的夹有砂砾岩、硅质岩或少量碳酸盐岩。该岩群中构造极为发育，局部有序，总体层序不清，为纳屋错构造混杂岩带的基质组分。

(3)基本层序

木嘎岗日岩群基本岩性以变质岩屑长石砂岩与灰—深灰色粉砂质板岩等海相碎屑岩为主，该群基本层序可划分为两类(图 2-7)。

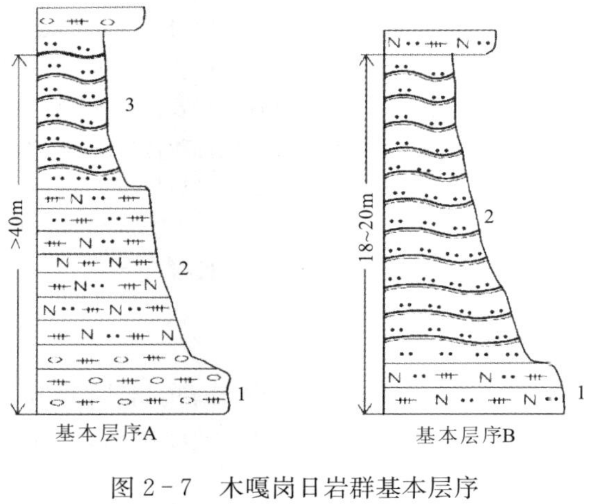

图 2-7　木嘎岗日岩群基本层序

基本层序 A 由浅绿等色中层状复成分细砾岩-灰绿色中厚层状中粒长石岩屑杂砂岩-粉砂质板岩构成三元结构层序，具有较明显的下粗上细的正粒序。该层序各类岩比为 1∶3∶3～1∶3∶4，层序厚度一般均大于 20m，并构成频繁的不等厚韵律互层。

基本层序 B 由灰绿色中层状细粒岩屑长石砂岩-灰、深灰色粉砂质板岩构成二元结构层序，具正粒序，二者常组成相互频繁交互的韵律互层。该层序各类岩比为 1∶4～1∶6，厚度 18～20m。

6. 沙木罗组 (J_3s)

沙木罗组由西藏区调队 1987 年创名，命名地及正层型位于革吉县盐湖区沙木罗。原含义指出露于阿翁错—盐湖一带的富含化石的浅海相碳酸盐岩和碎屑岩的上侏罗统地层。该组自创名始，西藏地矿局(1993，1997)均沿用该名称及定义，并于 1997 年重新厘定其含义，指一套岩性为灰白色石英砂岩、含砾粗砂岩、粉砂岩夹钙质页岩、生物碎屑灰岩的地层体。平行不整合于郎山组之下，未见底，层型剖面控制该组厚度大于 340m，用以代表班公错-怒江结合带中残余海盆沉积。

本次区调在沙木罗组命名剖面以西约 8km 实测革吉县盐湖乡下布剖面上，发现其上部夹中基性火山岩及火山碎屑岩，其上覆层位为复成分砾岩、砾屑灰岩、变质砂岩、板岩夹火山碎屑岩，应属去申拉组底部层位，不属郎山组。故本报告修定沙木罗组的含义为：平行不整合伏于去申拉组之下的一套浅变质滨-浅海相碎屑岩夹碳酸盐岩、中基性火山岩及火山碎屑岩的地层体，未见底，用以代表冈底斯微陆块北缘晚侏罗世火山-岩浆弧环境沉积，参考层型为革吉县盐湖乡下布剖面。

(1)剖面列述

a. 西藏革吉县盐湖区下布侏罗系上统沙木罗组实测剖面(图 2－8)

该剖面位于革吉县盐湖区聂尔错北侧下布，起点坐标：北纬 32°15′40″，东经 82°19′30″。剖面地层层序如下。

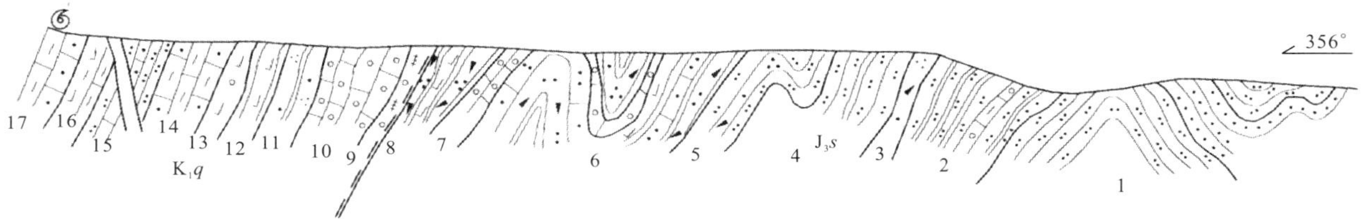

图 2－8　革吉县盐湖区聂尔错北侧下布实测地层剖面图

上覆地层：去申拉组(K_1q)复成分砾岩

┈┈┈┈┈┈平行不整合┈┈┈┈┈┈

沙木罗组(J_3s)	**>752.57m**
8. 钙质板岩、凝灰质白云质粉晶灰岩、凝灰质砂屑灰岩、含钙质细粒岩屑石英杂砂岩韵律互层，夹蚀变中基性岩屑凝灰岩，局部见蚀变玄武岩	94.68m
7. 深灰色厚—块状砾屑灰岩。磨圆度良好，略具分选性。灰岩砾石中见圆笠虫，已重结晶，生物屑以棘屑为主，见中基性火山岩屑	34.11m
6. 褐黄色薄层状劈理化沉岩屑晶屑凝灰岩与凝灰质砂屑灰岩及凝灰质砂屑豆粒灰岩互层，呈条带状	114.61m
5. 绿灰色含钙泥质岩屑石英砂岩、泥质石英粉砂岩，间夹少量薄层状细粒岩屑石英砂岩	58.05m
4. 深灰色中厚层状岩屑石英粉砂岩夹粉砂质板岩。上部中厚层状粉砂岩与粉砂质板岩韵律互层	100.7m
3. 灰色中厚层状细粒岩屑石英砂岩、岩屑石英粉砂岩、粉砂质板岩韵律互层	32.7m
2. 灰、深灰色粉砂质板岩、绿灰色钙泥质板岩夹薄层状粉砂岩、含粉砂质泥质豆粒灰岩	148.8m
1. 绿灰色强劈理化钙泥质粉砂岩夹薄层状泥质钙质岩屑石英粉砂岩	>63.25m

(未见底)

b. 革吉县沙木罗实测地层剖面

剖面位于革吉县盐湖区南部的沙木罗，由西藏地矿局区调队(1987)测制，为沙木罗组正层型剖面。该剖面起点坐标：北纬 32°18′，东经 82°25′。

该剖面在层序上仅相当于盐湖区聂尔错北侧下布剖面沙木罗组的上部，作为该组命名地的正层型剖面，层序尚欠完整。该组上覆地层曾被划为“玉多组”(西藏地矿局区调队，1987)或“郎山组”(西藏地矿局，1997)，均指平行不整合于沙木罗组之上的一套碳酸盐岩夹碎屑岩的地层，其底部常有复成分砾岩存在，本次区调查明，其中普遍含中基性火山岩及火山碎屑岩，即为本报告划分的去申拉组下部。地层层序如下。

上覆地层：去申拉组(《西藏自治区岩石地层》称郎山组)

······················平行不整合······················

沙木罗组(J_3s)　　**>340.2m**

3. 灰白色中薄层状石英砂岩及粉砂岩

产珊瑚：*Epistreptophyllum* sp.，*Heliocoenia* sp.，*H.* cf. *oribignyi*，*H. meriani*，*Latiastrea* sp.，*Stylina* sp.；菊石：Perisohinctidae　　82.8m

2. 灰白色中厚层状中粗粒石英砂岩夹青灰色薄层状生物碎屑灰岩。产双壳类：*Ostrea* sp.，*Buchia* sp.　　12.3m

1. 灰白色中层状中粒石英砂岩，灰褐色含砾粗砂岩夹钙质页岩。产双壳类、有孔虫及菊石碎片　　>254.1m

(未见底)

(2)岩性特征及横向变化

岩性以灰、绿灰色粉砂岩、粉砂质板岩为主夹岩屑石英细砂岩及豆粒灰岩，并组成韵律互层，上部夹蚀变中基性岩屑晶屑凝灰岩、砾屑灰岩、凝灰质砂屑灰岩，局部见蚀变玄武岩，未见底，厚度大于613m，与上覆去申拉组平行不整合接触。产珊瑚：*Epistreptophyllum* sp.，*Heliocoenia* sp.，*H.* cf. *orbignyi*，*H. meriani*，*Latiatrea* sp.，*Stylina* sp.；双壳类：*Ostrea* sp.，*Buchia* sp. 及有孔虫等。在沙木罗剖面附近的岗热等地该组青灰色薄层状泥灰岩夹粉砂质泥岩中见珊瑚：*Calamophyllia* sp.，*Tiaradendron* sp.，*Complexastrea* sp.，*Stylosmilia* sp.，*Dimorphastrea* sp.，*Thamnasteria* sp.，*Axosmilia* sp.，*Pseudocoenia* sp.，*Derrmoseris delogadoi*，*Thecosmilia magna*，*Stylina lobata*；层孔虫：*Parastromatopora* sp.。时代为晚侏罗世。

沙木罗组分布于测区中部吓拉错断裂带以北、盐湖断裂带以南沙木罗—滴波色利、宽长沟、扬昭一带，延展方向与狮泉河结合带基本一致。由于区内构造破坏较强烈，构造变形剧烈，层序多不完整。

(3)基本层序

沙木罗组基本岩性以砂、板岩等碎屑岩为主，仅上部夹有少量碳酸盐岩。该组地层的基本层序划分为两类(图 2-9)。

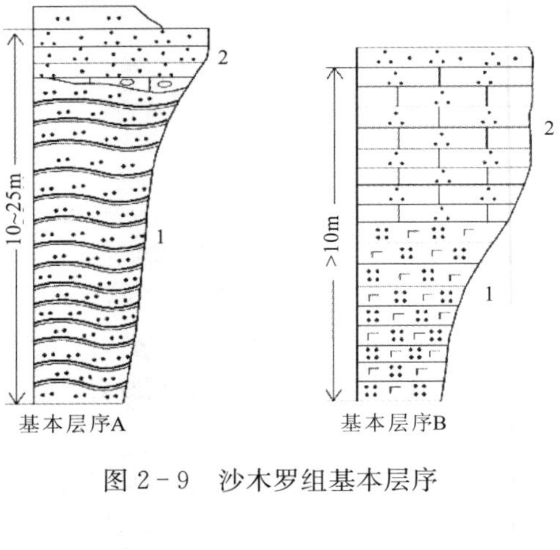

图 2-9　沙木罗组基本层序

基本层序 A 由褐、黄、绿灰等杂色粉砂质板岩、钙质板岩或中层状粉砂岩-钙质中、细粒石英砂岩构成二元结构层序，粒序为由下向上由细变粗的逆粒序，二者岩比为 17∶1～20∶1，该层序一般厚 10～25m 不等，主要发育于该组中、下部，并构成不等厚互层，局部板岩与粉砂岩常组成次级韵律层且交互频繁。该组中部出现含圆笠虫、珊瑚等生物碎屑的砾屑灰岩，处于钙质板岩-钙质砂岩韵律互层之上，构成了三元结构层序，但稳定性较差。

基本层序 B 由褐黄色薄层状岩屑晶屑凝灰岩与凝灰质砂屑灰岩构成二元结构层序，二者均呈条带状互层，岩比约为 1∶1，层序厚多为 10 余米，具逆粒序。

二、白垩纪地层

白垩纪地层是测区地层主体，出露有下白垩统捷嘎组、多尼组、郎山组、去申拉组，上白垩统竟柱山组、阿布山组。

1. 捷嘎组 (K_1jg)

捷嘎组由西藏区调队1983年创名，由原“堡尔嘎岩系”(王文彬，1957)上部分出并重新命名，命名地及正层型位于革吉县捷嘎。其含义指发育于狮泉河、措勤、申扎一带的早白垩世火山岩、碎屑岩夹灰岩的地层体。西藏地矿局(1993，1997)沿用该名称并重新厘定其定义为：杂色变质砂岩、砾岩、灰岩、变质火山岩(玄武岩、安山岩、流纹岩、熔凝灰岩)及火山碎屑岩的一套地层体，产双壳类、腹足类、圆笠虫等化石。于命名地与下伏则弄群石英砂岩整合接触，与上覆层“茶里错群”不整合接触。

(1)剖面列述

捷嘎组正层型剖面位于测区南西的革吉县捷嘎，相邻亚热幅的西北部。由于测区捷嘎组分布有限，地表掩盖严重，引用正层型剖面(西藏区调队，1989)。

上覆地层：查里错群($E_{1-2}Cl$)紫红色细砂岩

~~~~~~~~~~不整合~~~~~~~~~~

捷嘎组 (K_1jg) **>5 740m**

34. 灰白色玻质晶屑凝灰岩 40.0m
33. 紫灰色辉石黑云母安山岩 45.0m
32. 红灰绿色厚层状巨砾岩，砾石成分为安山岩，次圆—卵圆形，分选较好 71.0m
31. 紫色中层状辉石安山岩 77.5m
30. 灰色厚层状泥质生物碎屑灰岩。
    产双壳类：*Ostrea* sp.，Radiolitidae；*Orbitolina* sp.；
    腹足类：*Nerinella dayi*，*Clauconia*sp.，*G. trotteri* 305.5m
29. 绿、紫红色火山角砾岩夹9m厚的青灰色中厚层状微晶灰岩，产圆笠虫化石 61.9m
28. 灰色中厚层状微晶灰岩。
    产双壳类：*Oxytoma* sp.；腹足类：*Ampullospira* sp.；圆笠虫：*Orbitolina* sp. 10.7m
27. 紫红色凝灰质火山角砾岩，夹数层青灰、灰白色圆笠虫灰岩。
    含圆笠虫：*Orbitolina* spp. 44.7m
26. 红、灰绿色中厚层状凝灰岩、凝灰质火山角砾岩，夹圆笠虫灰岩团块 18.2m
25. 灰色中厚层状含泥质生物碎屑灰岩、隐晶质灰岩。
    产圆笠虫：*Orbitolina* sp.；双壳类：*Pleuromya* sp.，*Cardinia*sp.，*Inoceranus* sp.，*Bournonia* sp.；腹足类：*Ampullina xainzaensis*，*Confusiscala* sp.，*Tylostoma* sp.，*Pullospira* sp.，*Polyptyxis* sp.；甲壳虫(虾或蟹类)*Decapoda* 86.0m
24. 紫灰色辉石安山岩，气孔发育 120～251.0m
23. 灰绿色杏仁状玄武岩夹数层厚约2m的浅紫红色细砂岩 106～200.0m
22. 灰色中厚层状含生物碎屑隐晶质灰岩夹一层2m厚的粗砂岩 67.0m
21. 红色沉火山角砾岩 62.0m
20. 红色薄至中厚层状含生物碎屑灰岩，局部夹细砂岩及火山角砾岩。灰岩中产双壳类：*Lopha* sp.，*Ostrea* sp.，*Chama* sp.，*Neithea*(*Neitheops*) *quadricostata*，*Biradiolites* sp.；腹足类：*Nerinea* cf. *pauli*，*N.* cf. *libanolica*，*Nerinella* cf. *dayi*，*Plesioptyxis* aff. *langshanensis*，*Trochactaeon* sp.；圆笠虫：*Orbitolina* sp. 及少量海百合化石 36.3m
19. 红色薄至中层状玻屑凝灰岩 6.3m

==========断层==========

18. 绿色蚀变安山岩 209.5m
17. 灰色燧石层夹白色硅质岩条带 290.0m
16. 紫色厚层状英安岩 290.0m
15. 绿色中厚层状玄武岩及中长玄武岩 306.8m
14. 绿色薄至中层状岩屑晶屑凝灰岩，顶部有15m厚的火山集块岩，中部夹紫红色含砾粗砂岩 274.0m
13. 灰色厚层块状含生物屑隐鲕粒灰岩。产圆笠虫 *Orbitolina* sp.；腹足类 *Nerineidae* (Gen. et sp. Indet)? 430.0m
~~~~~~~~~~

12. 灰白色流纹质凝灰岩与灰绿色岩屑晶屑凝灰岩互层，偶夹薄层灰岩。夹有数层 2～3m 厚的砾岩层 219.0m
11. 灰白色岩屑晶屑凝灰岩与灰白色粘土化流纹质凝灰岩 536.0m
10. 灰白色蚀变流纹质英安岩 460.0m
9. 黑色钠长石化玄武岩 72.0m
8. 红色安山岩及黑云母玻质安山岩 175.0m
7. 灰黑色含黑云母气孔状玄武岩 240.0m
6. 土红色、灰黑色变质玄武岩 647.0m
5. 棕褐色玻质安山岩(角岩) 34.0m
4. 灰黑色气孔状玄武岩及玻质玄武岩 206.0m
3. 灰白色中厚层状大理岩 291.0m

——————整合——————

下伏地层：则弄群(K_1Z)白色中厚层状石英砂岩

(2)岩性特征及横向变化

捷嘎组分布于测区西南角消穷勒、邦地尔、那嘎尔波一带，地层出露不全，仅出露该组中下部，主要岩性为变质岩屑砂岩、凝灰岩、火山碎屑岩、玄武岩、安山岩、流纹岩、熔凝灰岩及硅质燧石岩，未见顶、底。在测区消穷勒、那赛汝勒被始一渐新统邦巴组不整合覆盖。

(3)基本层序

捷嘎组沉积岩基本层序划分为两种类型(图 2-10)。基本层序 A 由杂色凝灰质火山角砾岩、中厚层状凝灰岩或岩屑细砂岩-灰白色薄至中厚层状生物屑(圆笠虫)灰岩构成三元结构层序。三者岩比变化较大，为 1∶1∶5～2∶1∶20，厚度在 18～40m。该层序中下部碎屑岩组分具有明显的正粒序，常有不同程度的缺失。基本层序 B 由灰色中厚层状含泥质生物碎屑灰岩-泥、微晶灰岩构成二元结构层序，由生物屑构成的碎屑具有下粗上细的结构特征，二者岩比约为 1∶1，厚度多大于 40m。

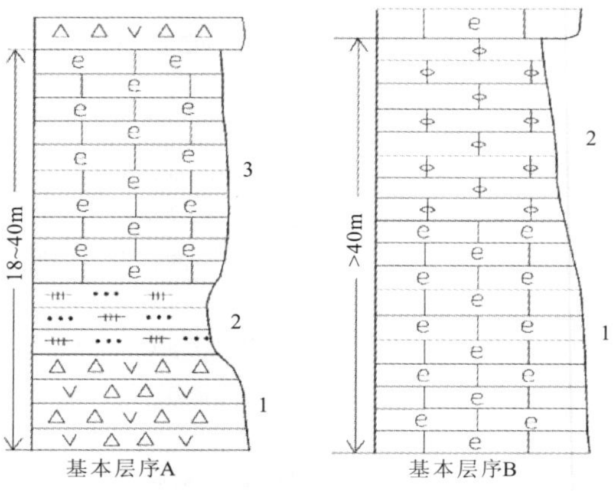

图 2-10 捷嘎组基本层序

2. 多尼组 (K_1d)

多尼组一名来源于李璞 1955 年在洛隆地区命名的“多尼煤系”，原含义泛指分布于藏东洛隆、八宿地区的一套白垩纪含煤砂泥岩为主的地层，未建立层型剖面，含义也不甚确切。直至 1974 年，由四川三区测队在命名地实测了层型剖面，明确了该套地层为组级单位及其定义。在班戈地区，韩湘涛等人(1983)曾将与其相当的含煤碎屑岩地层命名为“曲松波群”，同年，西藏区调队又将其肢解为“多巴组”与“川巴组”两个组级单位，含义未改变。郭铁鹰等(1991)将阿里地区日土、革吉一带这套杂色含煤碎屑岩地层命名为“拉梅拉组”(表 2-4)。西藏地矿局(1997)沿用了多尼组的名称及四川三区测队(1974 年)的原始含义，指发育于藏东地区的一套灰—深灰色含煤碎屑岩地层体，岩性主要为泥岩、砂岩、页岩、粉砂岩、石英砂岩、长石

表 2-4 多尼组划分沿革表

李璞 1955	全国地层会议 1964	四川三区测队 1974	韩湘涛等 1983	西藏区调队 1983	郭铁鹰等 1991	西藏地矿局 1997	本书 2003
洛隆地区			班戈地区		阿里地区	班戈-八宿地区	措勤-申扎分区革吉小区
多尼煤系	多尼组	多尼组	曲松波群	多巴组	拉梅拉组	多尼组	多尼组
				川巴组			

石英砂岩，局部含火山岩，产植物、菊石、双壳类、腹足类、珊瑚、层孔虫等化石。层型剖面上该组厚近千米，与下伏拉贡塘组为平行不整合接触，未见顶。

本报告沿用多尼组一名，以代表革吉弧后盆地下白垩统下部一套基本未变质的滨-浅海相碎屑岩夹少量中酸性火山岩及碳酸盐岩的地层体。

(1)剖面列述

西藏革吉县色尔下白垩统多尼组实测地层剖面(图 2-11)

剖面位于革吉县北西部的色尔，距革吉县城大约 20km，起点坐标：北纬 32°33′51″，东经 81°04′06″。剖面地层层序如下。

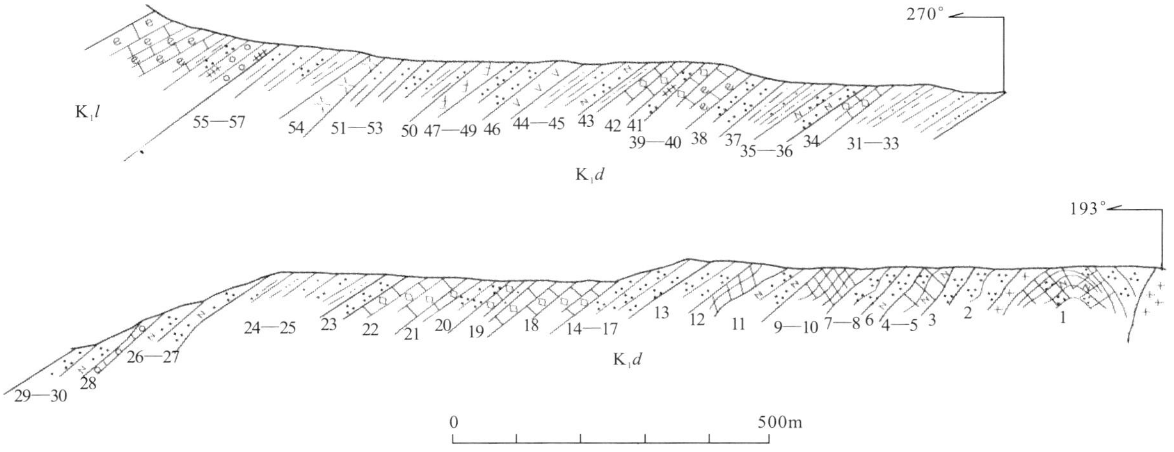

图 2-11 革吉县色尔多尼组实测剖面图

上覆地层：郎山组 (K_1l)褐黄色块状粗砾岩

——————整合——————

多尼组(K_1d)	**>1 454m**
57. 灰绿色粉砂质泥岩	44.43m
56. 灰绿色中厚层状细粒石英砂岩，底部见重荷模	14.37m
55. 灰绿色粉砂质泥岩，成层性不好	38.74m
54. 灰色流纹岩，斑状结构，基质具球结构、霏细结构、流纹结构，气孔状构造，斑晶含量约 33%	18.59m
53. 灰绿色粉砂质泥岩夹细砂岩的透镜体或条带，向上砂岩减少	18.59m
52. 灰绿色中厚层状细、中粒石英砂岩，见平行层理，底部见重荷模	18.59m
51. 灰绿色粉砂质泥岩	51.36m
50. 褐黄色蚀变安山质英安斑岩。斑状结构，基质具交织结构，斑晶含量 25%	23.96m
49. 褐黄色厚层状中—粗粒石英砂岩，见平行纹层构造。石英颗粒分选较差，磨圆度较好。底面呈波状	8.51m
48. 灰绿色粉砂质泥岩	23.97m
47. 灰绿色中厚层状细粒石英砂岩，轻微的绿帘石化	12.75m
46. 浅灰色蚀变安山岩，斑状结构，基质具交织结构，杏仁构造，斑晶含量为 20%	28.02m
45. 灰绿色粉砂质泥岩夹同色细粒石英砂岩的透镜体	50.1m
44. 褐黄色中厚层状含砾粗粒钙质长石石英砂岩，砾石向上含量明显减少，到上部，岩性变为粗粒长石石英砂岩。砾石为泥砾和石英，分选差，紫红色泥砾呈眼球状和透镜状，底界面呈波状	8.62m
43. 灰绿色粉砂质泥岩	20.47m
42. 灰绿色中层状细砂质细晶灰岩，隐见平行纹层	26.08m
41. 褐黄色中厚层状细粒钙质含岩屑石英砂岩，下部见少量不规则团块状砾石	16.47m
40. 灰白色薄层状角砾状粗晶灰岩	26.55m
39. 深灰色薄—中层状泥晶生物碎屑内碎屑灰岩。生物碎屑(有孔虫、棘屑、介屑)含量 13%	50.95m
38. 灰白色中厚层状细粒糜棱岩化石英砂岩。岩石斑点状绿帘石化，岩层底面呈波状	34.97m
37. 灰绿色粉砂质泥岩夹同色细粒石英砂岩的条带。细砂岩条带厚 20～30cm	38.93m

36. 灰绿色厚层状细粒长石石英砂岩	25.3m
35. 黄色中厚层状细粒钙质含长石石英砂岩，见板状交错层理。夹灰岩的条带和团块	24.74m
34. 灰色块状微晶灰岩，单层厚度大于 50cm，呈透镜状产出。岩石中见少许生物碎片	22.87m
33. 绿色中层状粉砂质泥岩夹同色细粒石英砂岩条带。砂岩条带厚 20～40cm	37.82m
32. 绿色中厚层状细粒石英砂岩。见平行纹层，细层呈连续、平行、直线状。底部见重荷模	6.13m
31. 绿色中厚层状粉砂质泥岩夹同色细粒石英砂岩的条带。细砂岩条带厚 30～50cm，向上变薄	72.43m
30. 灰色厚层状平行层理细粒长石石英砂岩，见平行纹层，细层厚 1～2cm。底面呈微波状	5.21m
29. 灰色粉砂质泥岩夹同色中层状细粒长石石英砂岩条带，底部为白色厚层—块状中粒石英砂岩，向上砂岩减少。底部含不规则状、眼球状泥砾	9.62m
28. 黄色中厚层状生物碎屑鲕粒灰岩，呈透镜状产出，单层厚 30～50cm	2.00m
27. 灰色中厚层状中粒钙质长石石英砂岩、灰色中层状粉砂质泥岩互层，二者比 1∶4，见平行纹层。砂岩底面见重荷模	30.20m
26. 灰色中厚层状细粒长石石英砂岩、绿色粉砂质泥岩互层，二者岩比 1∶1。底面见重荷模	33.60m
25. 灰色中层状粉质泥岩	55.67m
24. 绿色中层状粉砂岩夹同色细砂岩的条带。岩石中见水平纹层。细砂岩条带厚 20～30cm	45.88m
23. 灰色厚层状细粒石英砂岩。见平行层理	24.95m
22. 白色厚层状细晶灰岩。单层厚度大于 50cm，侧向上呈透镜状产出，向上渐变薄、尖灭	65.22m
21. 白色厚层状角砾状砂质细晶灰岩	18.67m
20. 绿色中厚层状中粒石英砂岩，呈透镜状产出	31.68m
19. 白色薄—中层状中晶灰岩夹灰绿色薄层状细粒石英砂岩条带，向上砂岩条带减少	56.43m
18. 白色块状中晶灰岩	72.74m
17. 灰色块状长英角岩，普遍具绿帘石化。原岩为粉砂质泥岩	3.71m
16. 灰色中厚层状细粒石英砂岩与同色中层状粉砂岩的互层，岩比为 1∶1～1∶3	44.21m
15. 灰色中厚层状细粒石英砂岩。成层性好，单层厚约 40cm。见平行纹层，底面呈微波状	9.49m
14. 灰色中层状变质粉砂质泥岩夹同色细粒石英砂岩的条带，向上砂岩减少	32.23m
13. 灰色中厚层状角岩化细粒石英砂岩。局部显示平行纹层。岩石角岩化、绿帘石化	25.99m
12. 灰色斑状堇青石角岩。显微鳞片变晶结构，斑点构造、千枚状构造及片理构造	35.89m
11. 灰色中厚层状角岩化细粒长石石英砂岩和同色中状变质含灰质长石石英粉砂岩的互层	24.34m
10. 灰色千枚状斑点状堇青石角岩。显微粒状鳞片变晶结构，斑点状构造、千枚状构造和片理构造	19.04m
9. 灰色中厚层状条纹状长英角岩。粒状变晶结构，条纹状构造。岩石具绿帘石化	27.10m
8. 白色中层状条纹状石英角岩。粒状变晶结构，条纹状构造。条纹呈平行状，间隔 1～3cm	4.86m
7. 灰色中厚层状长英质角岩，斑点状绿帘石化。粒状鳞片变晶结构，块状构造	17.71m
6. 灰色块状角岩化细粒长石石英砂岩。变细粒砂状结构、鳞片粒状变晶结构，块状构造	14.76m
5. 灰色中厚层状长英质角岩。岩石中见石英眼球体，大小为 8cm×3cm～8cm×2cm，含量约 3%	14.76m
4. 灰绿色长英角岩。粒状变晶结构，块状构造，板理发育	7.07m
3. 白色中层状条纹状石英角岩。粒状变晶结构，条纹状构造	14.24m
2. 灰色中厚层状石英角岩。粒状变晶结构，条纹状构造。具明显的揉褶构造	33.24m
1. 灰色条带状长英角岩。粒状变晶结构，片状构造。与早白垩世花岗闪长岩侵入接触	>18.5m

（未见底）

（2）岩性特征及横向变化

岩性为绿灰色中厚层状中、粗粒石英砂岩、钙质含岩屑石英砂岩、中、细粒长石石英砂岩、粉砂岩、粉砂质泥岩、长英角岩和堇青石角岩、角岩化细粒长石石英砂岩、条纹状石英岩和石英岩夹流纹岩、蚀变安山岩、生物碎屑灰岩、结晶灰岩条带和透镜体，未见底，厚度大于 1 454m，为滨-浅海相碎屑岩和火山岩建造，与上覆下白垩统郎山组呈整合接触。填图路线中见珊瑚：*Montlivaltia xizangensis* Liao et Li 等；在测区革吉县邦巴南山剖面（郭铁鹰等，1991）该组（原称拉梅拉组）深灰色厚层角砾状生物灰岩中见珊瑚：*Calamophylliopsis elegans*，*Cladophylliopsis pachyseptatus*，*Donacosmilia* sp.，*Protethmos* sp.；刺毛类：*Acanthochaetetes* sp.；固着蛤：*Caprina* sp.；圆笠虫：*Orbitolina* sp. 等。时代为早白垩世。

多尼组沿聂耳错断裂带以南及邦巴断裂带以北呈北西—南东向带状展布。在革吉县色尔，岩性为碎屑岩夹灰岩、少量中酸性火山岩；在革吉县雄巴乡俄朗勒、扎加果一带以碎屑岩夹灰岩为主；总体上，多尼组在测区岩性变化不大。

(3)基本层序

多尼组基本岩性以绿灰色石英砂岩、长石石英砂岩、粉砂岩、粉砂质泥岩等碎屑岩为主，夹有生物碎屑灰岩、结晶灰岩的条带和透镜体，间夹少量流纹岩、蚀变安山岩。沉积岩中可划分出四类基本层序(图 2-12)。

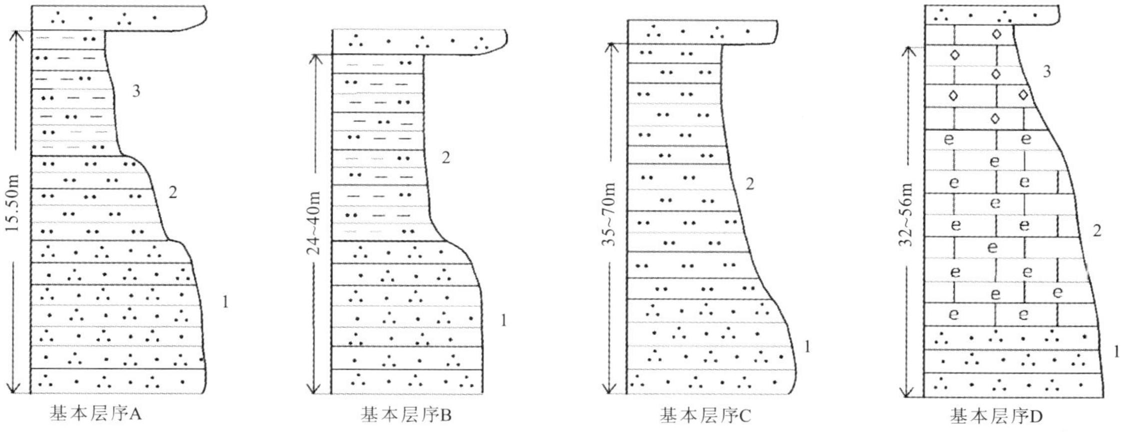

图 2-12　多尼组基本层序

基本层序 A 由中、细粒石英砂岩-粉砂岩-粉砂质泥岩构成三元结构层序，其中砂岩组分中具有较明显的下粗上细的粒序层，其砂体底界面常可见较为明显的不平整冲刷面。上部各组分同样下粗上细的粒序明显，岩性改变也常为过渡关系。该层序中各组分岩比在不同层位间均有较大变化，大体上为2∶1∶1～1∶1∶5。层序厚度一般在 15～50m。由于该组下部变质作用较为强烈，上述粒序及层序结构常发生破坏和改变。该层序中的细屑组分在不同层位中常有缺失，并演变构成基本层序 B(石英砂岩-粉砂质泥岩)或基本层序 C(石英砂岩-粉砂岩)等两类具二元结构的层序，其性质和特征与主要的三元结构层序在结构上基本相似，均具有向上变细的韵律结构，但岩比及层厚有较大变化。

基本层序 B 中石英砂岩与粉砂质泥岩岩比多在 1∶1～1∶5，层序厚 24～40m。

基本层序 C 中石英砂岩与粉砂岩岩比为 2∶1～1∶3，层序厚 35～70m。

基本层序 D 由石英砂岩或长石石英砂岩-泥晶生物屑灰岩-角砾状粗晶灰岩构成三元结构层序，其中，下部砂岩组分特征与基本层序 A 基本相似，生物屑灰岩一般为泥晶结构，生物屑含量多超过 10%。并有鲕粒等内碎屑出现，含量可达 30%以上。角砾状粗晶灰岩多为重结晶产物。该层序各类岩比约为 1∶2∶1，厚度 32～56m，最厚可近百米。

3. 郎山组 (K_1l)

郎山组由西藏第四地质队(1973)命名于班戈县郎钦山。原含义指发育于该地的一套以灰岩、生物灰岩及泥灰岩为主的地层。该组系由李璞(1955)在班戈地区所建立的“门德洛子群”上部分出。郭铁鹰等(1991)在阿里地区新创革吉组，命名地即在革吉县附近，该单位代表了该地一套厚达 4 000～5 000m 的以灰岩为主的地层，中上部夹有碎屑岩、基性火山岩、凝灰岩等岩类，其含义与郎山组基本相同。其后，西藏地矿局(1993—1997)几经修订后，重新使用郎山组一名(表 2-5)。该组经修订后的定义为：灰、深灰、灰黑色灰岩、生物灰岩和泥质灰岩为主，偶夹粉砂岩、粉砂质泥岩和细砂岩，局部夹火山岩。产圆笠虫、固着蛤等化石，与下伏多尼组整合接触，未见顶。

表 2-5　郎山组划分沿革表

李璞(1955)	西藏第四地质队(1973)	郭铁鹰等(1991)	西藏地矿局(1993—1997)	本书(2003)
班戈地区		阿里地区	班戈-八宿地区	措勤-申扎地层分区革吉小区
门德洛子群	郎山组	革吉组	郎山组	郎山组

本报告用以代表措勤-申扎地层分区革吉小区整合覆盖于多尼组碎屑岩之上的一套碳酸盐岩地层体，在嘿玛勒以西被竟柱山组(K_2j)角度不整合覆盖。

(1)剖面列述

西藏革吉县萨弄下白垩统郎山组实测地层剖面(图 2－13)

剖面位于革吉县萨弄，起点坐标：北纬 32°29′41″，东经 81°11′34″。剖面地层层序如下。

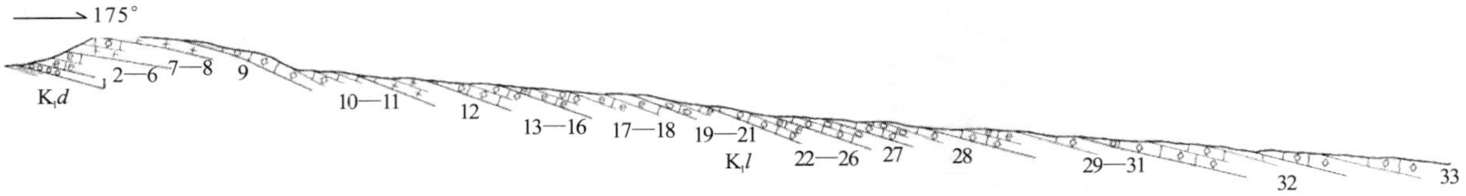

图 2－13　革吉县萨弄郎山组实测剖面图

郎山组(K_1l)　　（未见顶）　　**>759.3m**

33. 深灰色薄—中层状含生物碎屑微晶灰岩与同色含生物碎屑内碎屑泥晶灰岩互层，两者之比约 2∶1。生物碎屑含量 5%～10%，由圆笠虫、有孔虫、棘屑、介壳屑等组成　>5.9m
32. 灰白色块状结晶灰岩。灰岩中含较多的生物碎屑碎片，保存极差　91.4m
31. 深灰色薄—中层状含生物碎屑灰岩。生物碎屑为直角螺碎片和圆笠虫　1.1m
30. 灰白色巨厚层状结晶灰岩　20.9m
29. 深灰色薄—中层状亮晶内碎屑生物碎屑灰岩，产化石。含较多的生物碎屑，以有孔虫为主，属种单一，丰富度好，分异度差，另见少许圆笠虫、介壳屑(瓣鳃、腕足)　3m
28. 白色块状结晶灰岩夹灰色薄层状砾屑灰岩条带。砾屑含量 1%～2%　25.8m
27. 紫红色厚层状细砾岩与灰色中厚层状含砾粗粒石英砂岩、同色中厚层状细粒石英砂岩韵律旋回。三者之比约 1∶3∶2。基本层序为砾岩→粗砂岩→细砂岩　25.3m
26. 灰白色块状结晶灰岩　1.28m
25. 灰色中厚层状生物碎屑灰岩。含圆笠虫、介壳屑(瓣鳃、腕足)等生物碎屑　6.50m
24. 灰白色块状结晶灰岩　5.11m
23. 灰色中厚层状生物碎屑灰岩。生物碎屑中圆笠虫、有孔虫减少，介壳屑、介形虫增多　9.72m
22. 灰白色巨厚层状结晶灰岩　19.12m
21. 灰色厚层块状生物碎屑灰岩。生物碎屑为螺、圆笠虫碎片　13.27m
20. 灰色厚层—块状砾屑灰岩夹同色中厚层状生物碎屑灰岩。砾屑为灰质砾屑，呈不规则状、眼球状，大小 1～2cm，含量 1%～3%，均匀分布。生物碎屑含量 5%～7%，主要为直角螺碎片和少量圆笠虫　12.5m
19. 灰色块状生物碎屑灰岩。生物碎屑为直角螺和圆笠虫碎片，含量 2%～3%　6.45m
18. 灰色厚层状含砾结晶灰岩。生物碎屑主要为有孔虫和棘屑，含量 7%　18.25m
17. 灰色厚层块状生物碎屑灰岩。见一层厚 30～50cm 的生物富积层，生物主要为直角螺、圆笠虫碎片，含量 50%～60%　65.64m
16. 灰白色厚层状结晶灰岩　12.8m
15. 深灰色厚层块状角砾化内碎屑生物碎屑泥晶灰岩。圆笠虫生物碎屑丰富，另见少量介壳屑(瓣鳃、腕足)　4m
14. 灰白色块状含硅质微晶灰岩，底部见钙硅质团块、条带　1.5m
13. 灰色中厚层状生物碎屑微晶灰岩。生物碎屑含量 50%，以圆笠虫为主，次为棘屑、有孔虫　30.8m
12. 灰白色厚层—块状内碎屑泥晶灰岩。生物碎屑极少(3%)，主要为棘屑、藻类　82m
11. 灰色薄—中层状灰岩　24.23m
10. 深灰色中厚层状含泥砾结晶灰岩，见少量圆笠虫生物碎屑　82.7m
9. 浅灰色中厚层状生物碎屑泥晶灰岩，生物碎屑为圆笠虫(8%)、棘屑(5%)、有孔虫(3%)、介壳屑(1%，以瓣鳃为主)。产腹足类：*Trochonatica helvelica* Pict et Camp、*Trochonatica komarensis* Pecl　23.9m
8. 灰色块状结晶灰岩　70m

7. 紫红色块状圆笠虫泥晶灰岩，圆笠虫含量 25%，另见少量棘屑（5%）、有孔虫（2%）　21.18m
6. 灰色中厚层状生物碎屑灰岩　5.86m
5. 深灰色薄—中层状圆笠虫泥晶灰岩　2.71m
4. 灰色中厚层状生物碎屑灰岩，生物碎屑为圆笠虫、螺碎片，不规则杂乱分布，含量 3%～5%　25.73m
3. 深灰色薄—中层状细砂质圆笠虫灰岩，圆笠虫含量 29%，另见少量棘屑（3%）　7.92m
2. 灰色中厚层状细砂质圆笠虫灰岩，圆笠虫含量 30%，见少量棘屑（3%）　25.33m
1. 灰色厚层块状复成分砾岩，底部为厚层块状复成分粗砾岩，与下伏层接触界面波状起伏，发生 10～30cm 宽的强烈褐铁矿化。灰岩砾石中含圆笠虫、少量介壳屑等生物碎屑　8.1m

————整合————

下伏地层：多尼组（K_1d）粉砂质泥岩

（2）岩性特征及横向变化

该组岩性以碳酸盐岩为主，主要为生物碎屑微晶灰岩、生物碎屑泥晶灰岩、结晶灰岩、含砾细晶灰岩、圆笠虫泥晶灰岩、细砂质圆笠虫灰岩、内碎屑泥晶灰岩、内碎屑生物碎屑灰岩、含砾结晶灰岩、砾屑灰岩，底部发育复成分砾岩；未见顶，厚度大于 759m；与下伏多尼组呈整合接触。灰岩中可见大量有孔虫、棘屑、介壳屑（双壳类、腕足）等碎屑，其中含腹足类：*Trochonatica helvelica* ，*Trochonatica komarensis* 及圆笠虫。郭铁鹰等（1991）在测区革吉县弄瓦卓姆—天毕戈勒剖面该组（原称革吉组）灰岩中见固着蛤：*Praeradiolites hedini*，*P.* sp.，*Boutonia* sp.；圆笠虫：*Orbitolina discoidea*，*O. raoi*，*O. minuta*，*O. chitralensis*，*O. robusta*，*O. lenticularis*，*O. texana*，*O. rutogensis*；腹足类：*Nerinea* (*Adiozoptyxis*) *cylindrica*，*N.* (*A.*) *subcylindrica*；珊瑚：*Thamnaseris* cf. *frotei* 等。形成时代为早白垩世。

郎山组在测区于狮泉河结合带南西大面积分布，地层呈北西西—南东东方向展布，大体上与区域断裂带平行。

在距革吉县城北西部大约 20km 的色尔沟，郎山组底部具褐黄色块状粗砾岩，底面呈波状，局部见不厚的褐红色粘土层，与多尼组间地层产状一致，可能存在较强烈的底冲刷作用及沉积间断。

（3）基本层序

郎山组基本岩性以碳酸盐岩为主，其中以圆笠虫为代表的生物屑灰岩占较大比重。该组基本层序可划分为 3 种类型（图 2-14）。

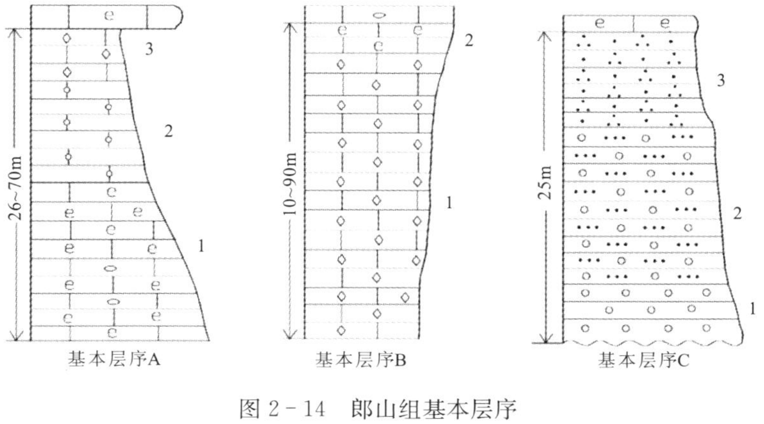

图 2-14　郎山组基本层序

基本层序 A 由中厚层块状砾屑、生物碎屑灰岩-含生物碎屑泥晶灰岩-灰色块状结晶灰岩构成三元结构层序。该层序生物碎屑灰岩组分中以圆笠虫占绝对优势的生物屑由下向上碎屑直径及数量均递减，其含量可由 30%递减至 10%以下，块状结晶灰岩多为重结晶形成。该层序厚度一般 26～70m 不等，该层序一般在该组中下部较为发育。

基本层序 B 由巨厚层状结晶灰岩与薄—中层状含生物碎屑灰岩构成二元结构层序，以具有下细上粗的逆粒序为特征。结晶灰岩多为微-泥晶灰岩重结晶形成，原始结构不明显；含生物碎屑灰岩常由圆笠虫、有孔虫、棘屑、介壳屑等构成，碎屑组分含量一般为 5%～10%，偶见砾屑，粒序不甚明显，多为泥晶结构。

该层序岩比为2∶1～20∶1，不同层位相差悬殊，其厚度为10～90m。基本层序B主要发育于该组中上部，形成较频繁的韵律互层。

基本层序C由陆源碎屑岩组成，由紫红色厚层状细砾岩-灰色中厚层状含砾粗粒石英砂岩-细粒石英砂岩构成三元结构。该层序具有下粗上细的正粒序，三者岩比约为1∶3∶2，该层序仅见于该组下部局部层位，厚度25m左右。

4. 去申拉组（K_1q）

去申拉组一名由西藏区调队1986年命名，命名地在1∶100万改则幅境内。其含义指分布于班公错-怒江结合带及其南西侧的一套时代属早白垩世的中性火山岩、火山碎屑岩夹碎屑岩的地层。其后西藏地矿局在《西藏自治区区域地质志》(1993)及《西藏自治区岩石地层》(1997)两部文献中均未使用该名称，认为该组与则弄群相当而将其废弃，并入了则弄群。西藏区调队(2003)在班戈幅区调中恢复使用去申拉组。我们认为则弄群与去申拉组岩石组合特征有所区别，所处大地构造单元亦不相同，厚度也相差甚大，恢复使用去申拉组一名，代表班公错-怒江结合带南西侧冈底斯微陆块北缘火山-岩浆弧带的早白垩世沉积较为适合。

(1)剖面列述

a. 西藏日土县脚娃下白垩统去申拉组实测地层剖面(图2-15)

剖面位于日土县阿翁错北的脚娃，起点坐标：北纬32°58′47.68″，东经81°49′18.23″。其剖面层序如下。

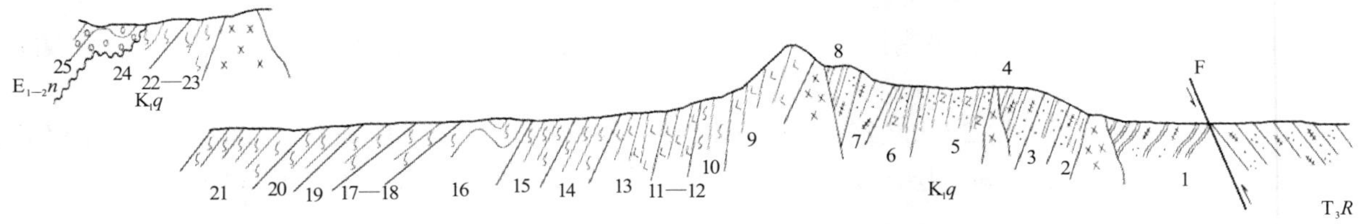

图2-15　日土县阿翁错北脚娃去申拉组实测剖面图

上覆地层：古近系牛堡组($E_{1-2}n$)棕红色巨砾岩

～～～～～～～～～～～角度不整合～～～～～～～～～～～

去申拉组(K_1q)	**>1 337m**
24. 片理化蚀变玄武安山岩	44.06m
23. 暗棕红色(风化色)块状蚀变玄武安山岩	14 .50m
22. 深灰色块状蚀变玄武安山岩	11.67m
21. 暗棕红色(风化色)块状蚀变玄武安山岩	115.03m
20. 深灰色中薄层状夹厚层块状粗斑蚀变玄武安山岩，斑状结构，基质具交织结构，块状构造	50.38m
19. 灰至深灰色中厚层状夹块状玄武安山岩，往上斑晶有增多、增大的趋势	47.15m
18. 深灰色(风化后绿灰色)蚀变块状玄武安山岩	31.72m
17. 深灰色(风化后绿灰色)厚层块状蚀变玄武安山岩	4.83m
16. 灰色、少数深灰色(风化表面浅绿灰色)蚀变块状玄武安山岩，往上斑晶有变多、变大的趋势	86.73m
15. 灰至深灰色(风化后暗棕红色)蚀变块状玄武安山岩	56.86m
14. 深灰色(风化表面浅绿灰色)蚀变块状玄武安山岩	67.27m
13. 深灰色块状玄武岩，中上部出现玄武质晶屑凝灰岩、玄武质玻基凝灰岩，顶部岩性为蚀变玄武安山岩，往上岩石基性程度逐渐减弱	61.74m
12. 浅绿灰色枕状玄武岩与灰绿色玄武质凝灰岩韵律层，下部为枕状玄武岩与中薄层状凝灰岩韵律层，岩比为2∶1；上部为中层状玄武岩与凝灰岩韵律层，岩比为5∶3	2.53m
11. 深灰色蚀变玄武岩夹浅绿灰色凝灰质角砾玄武岩，中上部分别夹一层厚约4m的凝灰质角砾玄武岩和厚约2m的深灰色中层状中细粒钙质岩屑石英砂岩，平行层理和粒序层理发育	60.30m
10. 深灰色致密块状安山玄武岩，成层性较差，底部分别夹一层厚约1.5m的凝灰质角砾玄武岩和一	

层厚约 1m 的褐铁矿化凝灰质结晶灰岩 52.13m

9. 深灰色玄武岩，沉凝灰质角砾岩与凝灰质角砾状玄武岩、玄武岩韵律互层，以凝灰质角砾玄武岩为主 87.23m

8. 灰绿色板岩、变质中细粒岩屑石英砂岩夹少量深灰色大理岩透镜体 79.11m

7. 灰至深灰色中薄层状变质细粒岩屑石英砂岩，偶夹砂质板岩和厚层状中细粒岩屑石英砂岩 56.94m

6. 黑色板岩夹薄层状变质细粒钙质长石石英杂砂岩，岩层中夹一层绿灰色硅质结核板岩和碳酸盐岩 25.95m

5. 浅黄灰色中薄层状变质中细粒钙质长石石英杂砂岩，夹灰黑色薄层状变质细粒钙质长石石英杂砂岩及碳酸盐岩薄层 95.64m

4. 黄灰色薄层状变质细粒钙质长石石英杂砂岩夹灰黑色板岩，变砂岩：板岩＝3：5 67.67m

3. 褐黄色薄层状变质细粒泥质砂岩夹少量层厚 20～35cm 的泥质板岩 52.08m

2. 浅褐黄色（风化色）薄层状泥岩夹中层状细粒钙质长石石英杂砂岩，砂岩发育交错层理。见植物印模及双壳类化石 30.35m

1. 深灰色中薄层状粉砂质板岩与浅绿灰色中薄层状变质中细粒钙质长石石英杂砂岩互层，未见底 >135.74m

b. 西藏革吉县盐湖乡下布实测地层剖面（图 2 - 8）

剖面位于革吉县盐湖乡下布，剖面层序如下。

去申拉组（K_1q） >456.34m

（未见顶）

17. 浅灰色砾屑灰岩与砂质、泥质灰岩不等厚互层，具韵律结构。珊瑚：*Stylosmili* sp. >40.11m

16. 褐黄色薄板状—中层状钙质砂岩与薄板状钙质板岩互层 28.93m

15. 浅灰、灰色条带状钙质粉砂岩、细砂岩与深灰色粉砂质豆粒灰岩条带状互层 68.75m

14. 深灰色变质砂质、泥质碎屑灰岩间夹钙质、泥质板岩 84.62m

13. 深灰色砂泥质灰岩夹钙屑砾岩，砾岩层厚 1～1.5m，砾石成分为深灰色灰岩，具一定分选性 27.41m

12. 浅褐黄色钙质板岩，岩石劈理发育，风化成碎片状 49.12m

10. 褐黄色薄层状钙质板岩与含晶屑、岩屑凝灰质细砂岩互层 57.02m

9. 深灰色砾屑灰岩、含砾灰岩及生物碎屑灰岩，局部夹 1m 左右的钙质板岩，灰岩中见较多的珊瑚、海百合茎等化石 129.29m

8. 复成分砾岩。砾石为基性火山岩、含放射虫硅质岩、粉砂岩、绢云板岩、粗晶灰岩 21.09m

············平行不整合············

下伏地层：沙木罗组（J_3s）钙质板岩、凝灰质灰岩、岩屑石英杂砂岩韵律互层

（2）岩性特征及横向变化

岩性为中基性—中酸性火山岩、碎屑岩夹灰岩。下部以杂色变质中细粒岩屑石英砂岩为主，夹有砾岩、粉砂质板岩、泥岩、碳酸盐岩及中基性火山碎屑岩，常构成不等厚韵律互层；上部以变中基性火山岩为主，主要岩性为深灰色块状玄武岩、玄武安山岩、安山岩及英安岩等，夹有少量的凝灰岩，并构成规模及岩比不等的溢流-喷发旋回。厚度大于 1 337m。在下部灰岩中见珊瑚：*Adiozptyxis* cf. *coguandiana* d'Ordigny，? *Axosmilia* sp.，*Protehmos discus* Liao et Li，*Pleurocora crassa* Reuss，*Eugyra digituta* Koby，*Eugyra Tibetana* Liao，*Dermosmilia* sp.，*Stylina* cf. *qiebulaensis* Liao，*Eohynophora bangoghuensis* He et Xiao，*Thecosmilia* sp.，*Microsolena quillai* Koby。在日土县丁字乡扬沼北西、革吉县盐湖区聂耳错北东一带，与下伏沙木罗组呈平行不整合接触，在日土县脚娃与上覆牛堡组呈角度不整合接触。火山岩中测得同位素年龄值（K - Ar 法）为 92.1Ma（年龄值偏新），结合化石和地层上下接触关系，形成时代为早白垩世。

去申拉组主要分布于日土县扬昭、古弄俄祖、革吉县聂耳错北东、纳屋错一带。在聂耳错北东一带，去申拉组以碎屑岩为主，夹灰岩，上部主要为中基性火山岩；在测区西部古弄俄祖，有大量中基性火山岩出露；在日土县脚娃，去申拉组呈构造岩块产出，岩性以中基性—中酸性火山岩、碎屑岩为主，厚度大于 1 337m，与上覆牛堡组呈角度不整合接触；在纳屋错东，去申拉组呈岩块产出，仅出露下部碎屑岩夹灰岩，出露厚度仅 212m，与东巧蛇绿岩群呈断层接触。

(3)基本层序

去申拉组下部基本岩性以碎屑岩为主,夹有厚度不等的砾屑灰岩、生物碎屑灰岩等碳酸盐岩夹层。基本层序可划分为 3 种类型(图 2-16)。

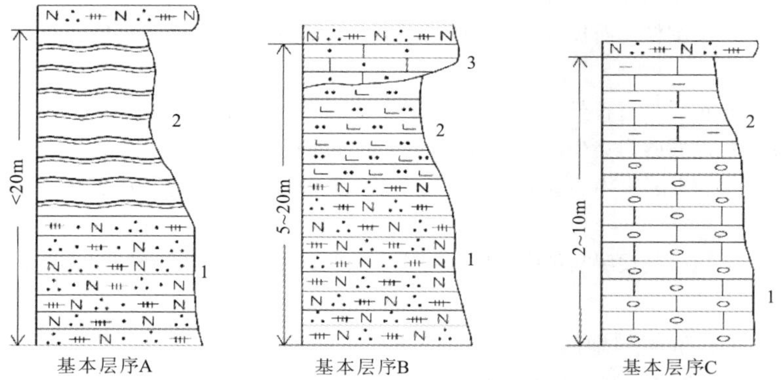

图 2-16　去申拉组基本层序

基本层序 A 由黄、灰等色薄层状细粒钙质长石石英杂砂岩与灰黑、灰绿色板岩构成向上变细的正向二元结构层序,砂岩与板岩岩比为 3∶5～2∶4,厚度一般小于 20m。

基本层序 B 由灰、灰黑等色中薄层状中细粒钙质长石石英杂砂岩与浅灰、灰色条带状钙质粉砂岩、深灰色粉砂质豆粒灰岩、大理岩组成三元结构的层序,岩石一般具有向上变细的粒序结构,厚度一般在 5～20m 不等。砂岩、粉砂岩、碳酸盐岩三者岩比约为 4∶2∶1(或 0.5)。局部层段碳酸盐岩或有缺失,或呈条带状出现。

基本层序 C 由浅灰色砾屑灰岩与砂质、泥质灰岩构成二元结构层序,二者岩比约为 2∶1,厚度一般为 2～10m。其间常夹有生物碎屑灰岩及板岩条带,组成较为复杂的复合层序,但多不稳定。

去申拉组上部基本岩性以中—基性火山岩、火山角砾岩及凝灰岩为主,常由玄武岩、玄武安山岩等不同岩类构成爆发-溢流-火山沉积岩韵律结构。以该段代表性剖面——日土县阿翁错北的脚娃剖面为例,由下向上划分出 6 个韵律。韵律Ⅰ由火山角砾岩-角砾状玄武岩-玄武岩构成的爆发-溢流相组成,厚度达 87.23m。韵律Ⅱ由角砾状玄武岩-玄武安山岩形成的溢流相组成,厚度为 52.13m。韵律Ⅲ为溢流相玄武岩,厚 45.95m。韵律Ⅳ及韵律Ⅴ均由玄武岩及凝灰岩或玄武质凝灰岩组成溢流-火山沉积岩相,厚度分别为 4.88m 及 24.7m。韵律Ⅵ由玄武岩、玄武安山岩构成,厚度大于 530m。

5. 竟柱山组 (K_2j)

竟柱山组由西藏第四地质队 1973 年创名于班戈县多巴境内的竟柱山,原含义指一套不整合伏于牛堡组红色碎屑岩之下的杂色(红、灰紫)砂砾岩、砂岩、粉砂岩及泥岩,局部夹灰岩、泥灰岩的地层,产双壳类、圆笠虫等化石,于命名地未见底。该地层自命名后由西藏地矿局(1993,1997)沿用至今。

(1)剖面列述

西藏日土县丁字乡唐杂竟柱山组实测地层剖面(图 2-17)

剖面位于日土县丁字乡唐杂,起点坐标:北纬 32°40′6.9″,东经 81°23′6.7″。剖面地层层序如下。

上覆层:牛堡组 ($E_{1-2}n$)灰、紫灰色中厚层状中—粗砾复成分砾岩

～～～～～～～～角度不整合～～～～～～～～

竟柱山组 (K_2j)	**>1 040m**
28. 紫红色中层状中粒岩屑长石砂岩	13.5m
27. 紫红色中—厚层状含生物碎屑石灰质含砾粗粒岩屑砂岩夹砾岩,生物碎屑为圆笠虫碎屑	29.9m
26. 紫红色中厚层状钙质中粒岩屑长石砂岩夹砾岩,砂岩与砾岩比为 3∶1,发育平行层理和交错层理	36.8m
25. 上部紫红色下部浅灰绿色中厚层状细粒岩屑长石砂岩,下部夹少量复成分细砾岩,具水平层理	38.6m

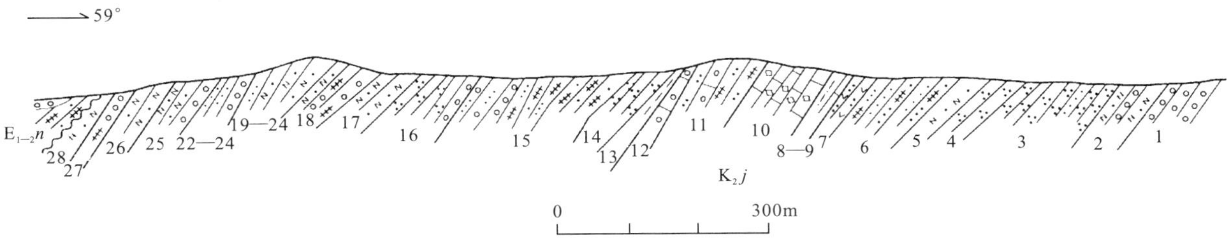

图 2-17　日土县丁字乡唐杂竟柱山组实测剖面图

24. 紫红色中层状含生物碎屑硅质含砾粗粒岩屑砂岩，生物碎屑为圆笠虫、有孔虫　10.3m
23. 灰绿色中—厚层状硅化绿帘石化英安岩　15.8m
22. 紫红色厚层状绿帘石化复成分中砾岩　6.6m
21. 紫红色中厚层状复成分细粒岩，局部夹砂岩透镜体　15.8m
20. 紫红色中厚层状钙质中—细粒岩屑长石砂岩，局部夹复成分砾岩透镜体　38.3m
19. 紫红色厚层状砾质粗粒岩屑长石砂岩与复成分细粒岩互层，具平行层理　17.5m
18. 杂色中厚层状复成分粗砾岩、含砾粗粒岩屑长石砂岩、钙质中—细粒岩屑长石砂岩互层　58.4m
17. 紫红色中厚层状钙质中—细粒岩屑长石砂岩　44.2m
16. 紫红色中厚层状细粒长石石英砂岩夹粗砂岩、砾岩透镜体　71.1m
15. 紫红色中—厚层状粗—中粗粒钙质岩屑砂岩为主，夹含砾粗砂岩，中部夹复成分细砾岩　49.6m
14. 红色、紫灰色中—薄层状细粒长石石英砂岩，具平行层理　44m
13. 灰色、绿灰色薄层状泥岩　6.6m
12. 灰色、深灰色厚层状亮晶鲕粒灰岩夹细粒砂质微晶灰岩，产圆笠虫化石　13.6m
11. 褐黄色中层状细粒岩屑砂岩、粉砂岩夹黑色薄层状砾屑灰岩　71.1m
10. 上部为深灰、灰黑色生物碎屑结晶灰岩，下部为黄灰色、灰绿色生物碎屑结晶灰岩夹褐黄色钙质砂岩。富产圆笠虫化石。腹足：*Tylostoma ferganense* Pcelincev　59.8m
9. 灰绿色、黄褐色钙质粉砂泥岩　18.1m
8. 黄灰色中厚层状粉砂质生物碎屑结晶灰岩，生物富集层富产圆笠虫化石　5.4m
7. 灰绿色、浅灰色薄层状泥岩夹薄层状钙质砂岩、粉砂岩及灰岩透镜体　28.8m
6. 上部为灰绿色块状中粒长石岩屑砂岩、粉砂岩夹生物碎屑灰岩，下部为灰绿色含红色泥砾中—粗粒长石岩屑砂岩　77.2m
5. 紫红色中厚层状细粒长石砂岩　25.6m
4. 灰绿色中层状中粗粒岩屑石英砂岩　48.7m
3. 上部为灰绿色粗粒长石石英砂岩夹含红色泥砾粗—中粒长石岩屑砂岩，下部为灰绿色厚层状钙质中—细粒长石岩屑砂岩　107.9m
2. 紫红色中厚层状中—粗粒岩屑长石砂岩与复成分中—粗砾岩互层。砂岩与砾岩之比为 1∶1　53.3m
1. 黄灰色厚层状灰质砾岩　53.6m

（未见底）

(2)岩性特征及横向变化

该组岩性以碎屑岩为主，下部夹碳酸盐岩，未见顶底，厚度大于 1 040m，底部发育复成分砾岩。上部主要以紫红色中—厚层状岩屑长石砂岩、长石石英砂岩、岩屑砂岩为主；下部夹复成分砾岩，常呈透镜体产出；中、下部发育灰—深灰色中厚层—块状生物碎屑灰岩、细晶—微晶灰岩、泥晶灰岩、鲕粒灰岩组成的碎屑岩、碳酸盐岩交互层，常含丰富的生物化石碎屑。灰岩中见腹足类 *Tylostoma ferganense*、*Adiozoptyris* cf. *coguandiana*，圆笠虫等化石。竟柱山组与下伏地层郎山组、多尼组、聂耳错岩群、去申拉组呈角度不整合接触，与上覆地层牛堡组呈角度不整合接触，时代为晚白垩世。

竟柱山组主要沿聂耳错断裂带北侧呈条带状分布，集中分布于日土县唐杂、革吉县那加木—呀昌木一带。

(3)基本层序

竟柱山组基本岩性由以紫红等杂色为主的碎屑岩组成，夹有厚度不大的碳酸盐岩，剖面具有较明显的韵律性。该组基本层序可划分为4类(图2-18)。

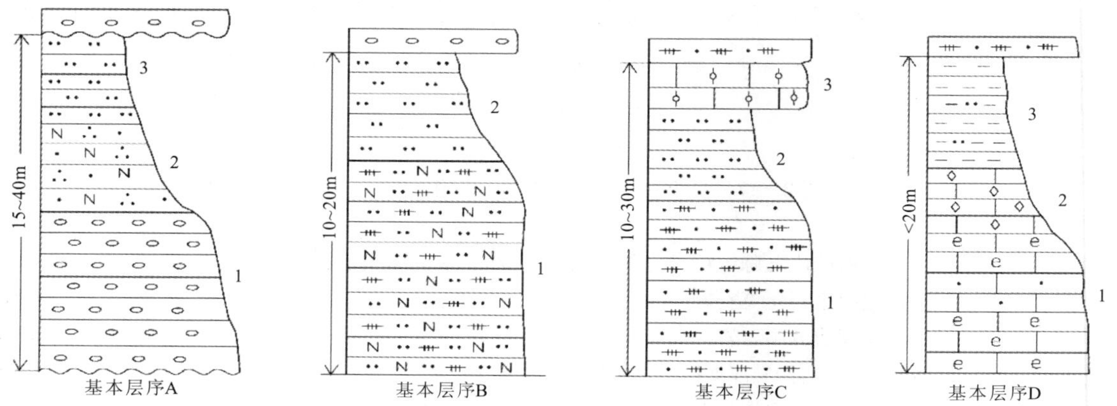

图2-18　竟柱山组基本层序

基本层序A由粗屑组分构成，岩性为暗紫、灰色中厚层状复成分细—粗砾岩与同色中厚层状含砾粗粒长石石英砂岩及同色中厚层状细粒长石石英砂岩和紫红色粉砂岩组成向上变细的韵律，具三元结构，各类岩比约为2∶1∶1，层序厚度15～40m。该层序砾岩中常有砾序层出现，构成由粗—细砾的次级韵律层，局部层位常变薄或缺失。砂岩组分有时程度不等的含有砾石，形成由含砾砂岩-砂岩组成的次级层序。

基本层序B由紫红、灰黄色等中、粗粒长石岩屑砂岩、中厚层状中—细粒岩屑杂砂岩与灰色薄层状粉砂岩构成，具有二元结构，有较明显的向上变细的韵律性。砂岩与粉砂岩岩比为2∶1～5∶1，层序厚度为10～20m，局部层序中有少量板岩出现，形成较复杂的粉砂岩-板岩组成的次级层序。

基本层序C由细粒岩屑砂岩-粉砂岩-亮晶灰岩构成具三元结构的层序，三者岩比约4∶2∶1，厚10～30m。该层序由下向上粒度由粗变细，层厚由厚变薄。其中亮晶灰岩常为具亮晶结构的砾屑灰岩、角砾状灰岩或生物屑灰岩。该碳酸盐岩常呈透镜体出现，稳定性较差，常形成结晶灰岩。粉砂岩中也有泥岩分布，形成较复杂的次级韵律。

基本层序D由黄、灰等色厚—块状亮晶生物屑、鲕粒灰岩-微、细晶灰岩-灰、绿色泥岩或粉砂质泥岩构成具三元结构的层序，三者岩比约为2∶1∶2，厚度一般小于20m。生物屑灰岩中以富含大量圆笠虫为特征，重结晶普遍。该层序中微、细晶灰岩经重结晶后常形成结晶灰岩，泥岩组分中也有少量粉砂岩存在。

6. 阿布山组(K_2a)

该组由吴瑞忠等1986年在羌塘地区建立，原称“阿布山群”，命名地位于双湖县境内的阿布山。原始含义指该地区发育的一套山间磨拉石杂色碎屑岩建造，由红色砂、砾岩为主夹泥灰岩、粉砂岩、泥质粉砂岩组成的地层。产介形类、植物及淡水软体动物化石。不整合于日干配错群灰岩之上，并被牛堡组灰紫色巨砾岩、砂砾岩不整合覆盖。西藏地矿局1993年以来将该名称广泛应用于藏北的羌塘地区，时代定义在晚白垩世(西藏地矿局，1997)。

(1)剖面列述

西藏革吉县盐湖乡上白垩统阿布山组-新近系唢纳湖组实测地层剖面(图2-19)

剖面位于革吉县盐湖区纳屋错北多扎日，起点坐标：北纬33°00′00″，东经82°23′2″。地层层序如下。

上覆地层：唢纳湖组(Ns)紫红色厚层—块状复成分细砾岩夹少量砂岩及复成分粗砾岩

~~~~~~~~~~角度不整合~~~~~~~~~~

阿布山组(K_2a)　　**>994.5m**

24. 紫红色、灰绿色中厚层状粗—中粒岩屑石英砂岩、含砾粗粒岩屑砂岩夹少量粉砂岩，紫红、灰绿色相间条带状细砂岩及含砾泥灰岩　　136.2m
~~~~~~~~~~

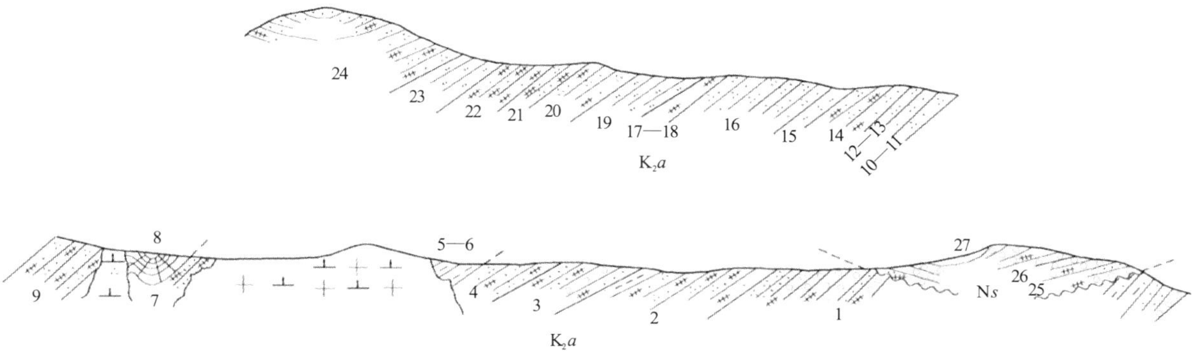

图 2-19　西藏革吉县盐湖乡阿布山组-唢纳湖组实测剖面图

23. 紫红色、灰绿色薄—中厚层状(含钙)岩屑石英粗粉砂岩夹少量泥质粉砂岩	36.0m
22. 灰绿色薄—中层状粗粒岩屑砂岩,紫红色、灰绿色薄—中厚层状中—细粒岩屑石英砂岩,上部夹薄层状粉砂岩及少量粉砂质泥岩,中部夹含砾岩屑粗砂岩,下部偶见灰岩夹层	39.1m
21. 灰白色薄—中层状细砂质中粒岩屑石英砂岩夹透镜状含砾不等粒砂质砂屑灰岩	24.8m
20. 灰绿色薄层状钙质含砾粗粒岩屑砂岩、灰绿色含钙质中粒岩屑石英砂岩夹少量粉砂岩及砾岩透镜体	85.3m
19. 深灰色、灰绿色、紫红色泥质石英粉砂岩	16.4m
18. 浅灰黑色页岩、粉砂质页岩夹灰色薄—中层状岩屑杂砂岩	7.0m
17. 灰绿色薄—中层状(含钙)粗粒岩屑石英砂岩,上部夹少量粉砂岩	17.6m
16. 浅灰白色、紫红色薄—中厚层状中—细粒石英砂岩,上部夹少量泥质粉砂岩、粉砂岩	131.4m
15. 灰绿色薄—中层状凝灰质粉砂岩夹深绿灰色细粉砂岩	31.1m
14. 浅紫—灰绿色薄—中厚层中粒岩屑石英砂岩夹少量中酸性火山凝灰岩	50m
13. 浅灰白色薄—中层状碎裂细粒石英杂砂岩	19.3m
12. 浅灰白色薄—中层状粗粒石英砂岩	19.3m
11. 灰白色夹灰绿色凝灰质粉砂岩	6.1m
10. 浅灰绿色中—粗粒石英砂岩	20.5m
9. 灰绿色薄—中层状蚀变岩屑石英砂岩夹细砂岩及泥质粉砂岩,有石英闪长岩侵位	75.8m
8. 灰绿色绿帘石石英角岩、岩屑石英砂岩夹紫红色薄—中层状中粒岩屑杂砂岩	18.1m
7. 灰绿色中层状细粒岩屑石英杂砂岩夹少量岩屑粗砂岩及透镜状硅化石榴矽卡岩	40.8m
6. 浅灰白色中厚层状蚀变泥质石英粉砂岩	12.7m
5. 褐黄色薄—中层状细粒岩屑石英砂岩夹灰白色透镜状花岗质岩屑砂砾岩	19.0m
4. 褐黄色中厚层状中粒岩屑石英砂岩夹粉砂质泥岩、含砾砂岩、细砾岩	19.4m
3. 紫红色薄—中层状岩屑砂岩夹复成分中砾岩、泥岩	61.1m
2. 灰绿色、紫红色薄—中层状细粒不等粒岩屑石英砂岩、细粒岩屑石英砂岩与泥岩互层,底部为灰绿色中粒岩屑杂砂岩夹少量泥质粉砂岩	42.3m
1. 紫红色中—厚层状中—粗砾复成分砾岩夹紫红色砂岩、泥岩(未见底)	>105.2m

(2)岩性特征及横向变化

阿布山组分布于测区北东一隅,纳屋错以北沿班公错-怒江结合带北侧呈近东西向平行构造线方向延展。

岩性以灰绿色、紫红等杂色薄—中厚层状岩屑石英砂岩、岩屑砂岩、石英砂岩、岩屑石英杂砂岩为主。下部发育复成分砾岩,上部碎屑岩夹少量砂屑灰岩,中部夹粉砂岩、泥岩、泥质粉砂岩。发育平行层理,偶见斜交层理。未见底,厚度大于994.5m,与上三叠统日干配错群呈断层接触,新近系唢纳湖组角度不整合覆于该组之上,时代为晚白垩世。

(3)基本层序

阿布山组基本岩性以杂色石英、岩屑砂岩及杂砂岩等碎屑岩为主,局部夹粉砂岩、泥岩及砂屑灰岩,底部发育复成分砾岩。该组地层的基本层序可划分为3种类型(图2-20)。

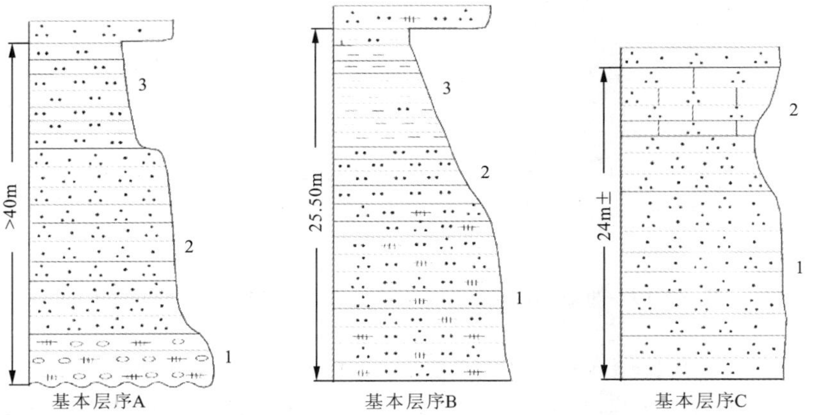

图2-20　阿布山组基本层序

基本层序A由紫红色中—厚层状中—粗砾复成分砾岩或含砾砂岩-灰绿、紫红色薄—中层状细粒岩屑石英砂岩-同色薄—中层状粉砂岩构成,以具有由下向上由粗变细的三元结构为特征,该层序下部粗屑组分常不稳定或缺失。上述三类岩比大约为1∶3∶2,厚度大于40m。

基本层序B为三元结构,由灰绿、紫红等杂色的薄—中层状细粒岩屑石英砂岩或岩屑砂岩-粉砂岩-泥岩或粉砂质泥岩构成下粗上细的韵律层。这类层序在该组中较为发育,三者岩比约为3∶1∶2,局部各组分常有不同程度的缺失,层序厚度为25～50m。

基本层序C由灰白色薄—中层状细砂质中粒岩屑石英砂岩-含砾不等粒砂质砂屑灰岩构成二元结构层序,灰岩组分一般不稳定,常呈透镜体分布。该层序两类岩比大于5∶1,厚度在24m左右,主要在该组上部较为发育。

三、古近纪地层

测区古近纪地层有牛堡组、邦巴组,前者分布于聂耳错断裂带以北,后者分布于聂耳错断裂带以南,邦巴组为新建地层单位。

1. 牛堡组($E_{1-2}n$)

牛堡组由青海石油队王文彬等1957年创名于西藏伦坡拉盆地,原称"牛堡层",所代表的地层与目前所指层位并不相当,且无层型剖面。西藏第四地质队1978年首次在伦坡拉盆地相当层位使用了牛堡组名称,并测制了层型剖面,明确了该组定义为不整合覆于竟柱山组红色碎屑岩之上,平行不整合伏于丁青湖组泥岩、砂砾岩及凝灰岩之下的一套深水湖相泥岩、页岩、细—粗碎屑岩、碳酸盐岩含油气的地层体,选层型剖面控制该组厚度大于800m。西藏地矿局1993、1997年在班戈、改则地区广泛应用了该名称及定义(表2-6)。

表2-6　牛堡组地层划分沿革表

<table>
<tr><td>王文彬等
1957</td><td>西藏第四地质队
(1978)</td><td>南古所
(1979)</td><td>西藏区调队
(1983)</td><td>西藏地矿局
(1993)</td><td>西藏地矿局
(1997)</td><td>本书
(2003)</td></tr>
<tr><td>丁青层</td><td rowspan="2">丁青组</td><td rowspan="2">伦坡拉群</td><td rowspan="2">丁青群</td><td rowspan="2">丁青湖组</td><td rowspan="2">丁青湖组</td><td rowspan="2">——</td></tr>
<tr><td>牛堡层</td></tr>
<tr><td>的欧层</td><td rowspan="2">牛堡组</td><td rowspan="2">牛堡群</td><td rowspan="2">牛堡组</td><td rowspan="2">牛堡组</td><td rowspan="2">牛堡组</td><td rowspan="2">牛堡组</td></tr>
<tr><td>宗曲口层</td></tr>
</table>

(1)剖面列述

a.西藏革吉县丁字乡阿翁错北古近系古—始新统牛堡组实测剖面(图2-21)

剖面位于西藏日土县丁字乡阿翁错北侧4927高地北0.7km,剖面起点坐标:北纬32°56′42″,东经81°31′6″。根据岩性可划分为上、下两个段级单位,剖面层序如下。

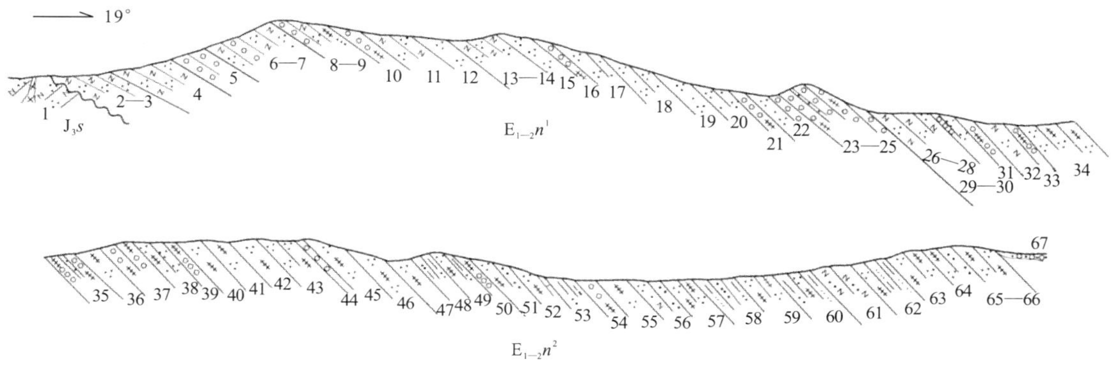

图2-21 革吉县丁字乡阿翁错北牛堡组实测剖面图

上覆层:第四系松散沉积物(Q)

~~~~~~~~~~~~不整合~~~~~~~~~~~~

牛堡组($E_{1-2}n$)

上段($E_{1-2}n^2$)	**>1 732m**
66.浅褐黄色中层粉砂质泥岩夹中—厚层状钙质中粒岩屑石英砂岩,泥岩与砂岩比约3∶1	22.8m
65.灰绿色厚层状粗粒岩屑石英砂岩夹薄中层状细粒岩屑砂岩,粗砂岩与细砂岩比约2∶1	36.1m
64.绿灰色中—厚层状中—细粒岩屑石英砂岩夹褐黄色薄层状钙质粉砂岩,岩屑砂岩与粉砂岩比为2∶1	48.5m
63.灰绿色厚层状钙质中—细粒岩屑石英砂岩	66.3m
62.灰绿色厚层泥质粉砂岩夹薄中层状中粒岩屑石英砂岩	68.4m
61.灰绿色中厚层中—细粒长石石英砂岩夹薄层状钙质粉砂岩,长石石英砂岩与粉砂岩比为3∶1	57.8m
60.灰绿色厚层泥质粉砂岩夹薄中层状中粒岩屑石英砂岩,粉砂岩与岩屑石英砂岩比约3∶1	70.9m
59.灰绿色厚层状粗粒岩屑石英砂岩	57.4m
58.灰绿色厚层状泥质粉砂岩夹薄中层状中粒岩屑砂岩,泥质粉砂岩与岩屑砂岩比为2∶1	56.8m
57.灰绿色厚层状粗粒岩屑石英砂岩,底部含砾	52.1m
56.灰绿色中厚层状钙质细粒长石石英砂岩夹薄层钙质粉砂岩,泥质粉砂岩与长石石英砂岩比约2∶1	45.6m
55.灰绿色厚层粗粒岩屑石英砂岩与中厚层状细粒岩屑石英砂岩互层,粗砂岩与细砂岩比约2∶1	47.2m
54.绿灰色中厚层状复成分细砾岩夹中厚层状钙质复成分砾质粗粒岩屑砂岩,砾岩与砂岩比约2∶1	27.0m
53.灰绿色厚层状泥质粉砂岩夹薄中层状中粒岩屑石英砂岩,泥质粉砂岩与岩屑砂岩约2∶1	42.1m
52.灰绿色中厚层状钙质细粒岩屑石英砂岩夹薄层微晶灰岩	40.4m
51.灰绿色厚层状泥质粉砂岩夹薄中层状中粒岩屑石英砂岩,泥质粉砂岩与岩屑石英砂岩比为2∶1	44.6m
50.灰绿色中—厚层状复成分细砾岩夹灰色薄—中层细粒岩屑石英砂岩,砾岩与砂岩之比为5∶1	18.7m
49.绿灰色厚层状钙质中—细粒岩屑石英砂岩夹浅褐黄色薄层状泥质粉砂岩	35.7m
48.浅灰白色中厚层状粉砂质泥岩夹条带状细粒岩屑砂岩,泥岩与砂岩比为8∶1	37.6m
47.灰绿色厚—块状含砾粗粒岩屑石英砂岩与薄—中层状钙质细粒岩屑石英砂岩及粉砂岩韵律互层	41.7m
46.灰绿色含泥粉砂岩夹薄—中层细粒岩屑石英砂岩,粉砂岩与岩屑砂岩之比为4∶1	44.6m
45.灰绿色中厚层状中粗粒岩屑石英杂砂岩夹浅灰黄色中厚层状泥岩,具大型斜层理	45.2m
44.灰绿色厚层状细—中砾复成分砾岩,局部夹砂岩透镜体	14.7m
43.灰绿色薄—中层细粒岩屑石英砂岩	61.3m
42.灰绿色厚层状含砾钙质细粒岩屑石英砂岩夹小型少量复成分细砾岩透镜体	48.4m
41.灰绿色薄中层状钙质细粒岩屑石英砂岩	45.0m
40.灰绿色中—厚层状含砾中—粗粒岩屑石英砂岩	43.1m
~~~~~~~~~~~~

39. 灰绿色中—厚层状中—细砾复成分砾岩夹灰色粗粒岩屑砂岩透镜体	18.2m
38. 黄灰色中厚层钙质中—细粒岩屑石英砂岩	50.3m
37. 灰绿色中—厚层状中砾复成分砾岩夹中—细粒岩屑砂岩透镜体	60.2m
36. 紫红色中—厚层状泥岩夹紫灰色中—厚层状钙质中粒岩屑石英砂岩，泥岩与砂岩比约 3∶1	47.3m
35. 绿灰色厚层状钙质细粒岩屑石英砂岩夹灰色薄层状中粒岩屑石英砂岩、泥岩及少量微晶灰岩	48.9m
34. 浅紫红色中厚层状泥岩夹灰绿色中—厚层状钙质细粒岩屑石英砂岩，泥岩与砂岩之比约 4∶1	97.1m
33. 灰绿色中—厚层状中—粗砾复成分砾岩	22.9m
32. 灰色厚层状钙质中粒长石石英砂岩夹紫红色中厚层状泥岩，砂岩与泥岩比约 2∶1	46.4m
31. 灰色中—厚层状细—中砾复成分砾岩夹中厚层状粗粒长石岩屑砂岩，砾岩与砂岩比约 5∶1	28.9m
30. 灰色薄—中层状钙质粗粒岩屑石英砂岩，底部含砾	20.7m
29. 浅灰色中—厚层状中粗砾复成分砾岩夹粗粒岩屑砂岩及含细砾砂岩透镜体，砾岩与砂岩比约 5∶1	22.8m
28. 灰色块状（含砾）粗粒长石石英砂岩	13.4m
27. 灰色厚层状钙质中粒长石石英砂岩夹粉砂质泥岩	35.3m
26. 浅褐红色泥质粉砂岩夹薄—中层灰色钙质细粒长石石英砂岩，泥质粉砂岩与长石石英砂岩比约 3∶1	46m

——————整合——————

下段($E_{1-2}n^1$)	**1 066.5m**
25. 褐灰色中厚层状中粗砾复成分砾岩	63.7m
24. 紫灰色中厚层状单粗粒岩屑石英砂岩	21.2m
23. 褐灰色中厚层状中粗砾复成分砾岩，具叠瓦状结构，砾石层夹黄色粗砂岩条带（宽 30～40cm）	12.2m
22. 浅紫红色中—厚层状钙质中粒岩屑石英砂岩夹少量细砾岩透镜体，发育大型斜层理	13.1m
21. 灰绿色中厚层状复成分细砾岩，夹厚层含砾粗粒岩屑砂岩	20.1m
20. 紫灰色厚层状钙质中粒岩屑石英砂岩，底部含细砾	38.6m
19. 紫灰色厚层状含砾钙质中粒岩屑石英砂岩夹薄—中厚层状细粒	47.2m
18. 紫红色厚层状钙质中粒岩屑石英砂岩与浅绿灰色薄层状细—粉砂岩屑石英砂岩互层	61.2m
17. 紫灰色厚层状粗粒岩屑石英砂岩，底部含细砾夹中—粗砾复成分砾岩透镜体	70.0m
16. 浅灰绿色块状复成分粗砾岩	19.4m
15. 紫灰色厚层状粗粒岩屑石英砂岩，局部夹稀疏细砾岩，砂岩与砾岩比为 9∶1	35.9m
14. 紫灰色厚层状钙质中粒长石石英砂岩，底部为含砾粗砂岩、复成分细砾岩	65.0m
13. 灰绿色中厚层状钙质细粒长石石英砂岩	19.0m
12. 紫红色中—厚层状含砾钙质中粗粒岩屑石英砂岩与细粒岩屑石英砂岩互层	45.4m
11. 紫灰色中—厚层状钙质细粒长石石英砂岩与中粗粒岩屑石英砂岩互层，发育斜层理	62.3m
10. 浅褐黄色块状复成分砾岩	36.7m
9. 紫红色中—厚层状钙质细粒长石石英砂岩夹浅紫红色薄层状含砾岩屑粗砂岩	41.5m
8. 灰色中层状复成分细砾岩，厚层状含砾钙质细粒岩屑石英砂岩韵律互层	36.8m
7. 灰绿色厚层状钙质细粒长石石英砂岩、厚层状中砾复成分砾岩、钙质中粒岩屑石英砂岩、中—厚层状细粒岩屑砂岩韵律互层，具二元结构	63.4m
6. 灰绿色中—厚层状钙质细粒长石石英砂岩、粉砂岩夹少量中—细砾复成分砾岩及含砾砂岩透镜体	46.0m
5. 灰绿色厚层状中砾复成分砾岩、厚层状含砾岩屑粗砂岩、岩屑粗砂岩、中—厚层状钙质细粒长石石英砂岩韵律旋回，具二元结构	62.4m
4. 灰绿色中—薄层板状钙质细粒长石石英砂岩	78.3m
3. 浅紫红色含砾中粗粒钙质岩屑石英砂岩，夹中砾复成分砾岩，砂岩与砾岩比为 5∶1	46.1m
2. 浅紫红色厚层状钙质细粒长石石英砂岩，底部发育 4～5m 厚复成分底砾岩	25.6m

～～～～～～～角度不整合～～～～～～～

下伏层：上侏罗系统沙木罗组（J_3s）深灰色中层状变质钙质细粒长石石英砂岩

b. 革吉县盐湖乡纳屋错南侏罗系木嘎岗日岩群-古近系牛堡组实测剖面（图 2－22）

剖面位于革吉县盐湖乡纳屋错，剖面地层层序如下。

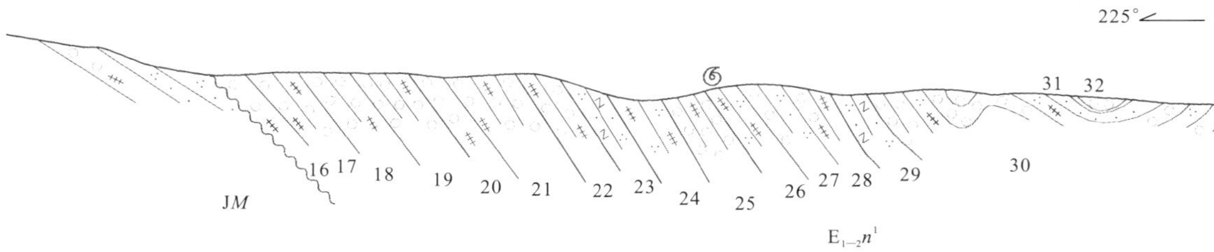

图 2-22　革吉县盐湖乡纳屋错南牛堡组实测剖面图

牛堡组 ($E_{1-2}n$)　　　>625.5m

（未见顶）

32. 浅紫红色中—厚层状中—粗砾复成分砾岩夹中—厚层状粗粒岩屑砂岩	>18.8m
31. 绿灰色片理化粉砂质板岩夹绿色薄板状粗粒岩屑石英砂岩	16.8m
30. 灰白色中—厚层状复成分细砾岩、中厚层状中—粗粒岩屑石英砂岩，砾岩与砂岩比为 3∶1	33.1m
29. 灰绿色中厚层状中—粗粒长石石英砂岩夹含砾粗砾岩屑砂岩，底部为中—细砾复成分砾岩	32.0m
28. 浅灰绿色略带红色厚—块状复成分细砾岩夹中—粗粒岩屑砂岩及少量粉砂质板岩	40.2m
27. 灰绿色厚—块状复成分巨砾岩与中厚层状粗粒石英砂岩互层	29.7m
26. 灰绿色中厚层状细粒岩屑石英砂岩夹薄层状粗粒岩屑砂岩。腹足类：*Thericium*(*Pseudoaluco*) aff. Dejaer，*Thericuim*(*chordrole ritoium*) cf. Koeneni，*Pyrazus montensis*，*Batillaria mopinata*	40.1m
25. 灰绿色中厚层状复成分细砾岩，含砾岩屑砂岩，粉砂岩，泥岩，复成分砾岩	42.2m
24. 浅灰白色中厚层状细粒岩屑石英砂岩，厚层状中—细粒岩屑石英砂岩、粉砂岩韵律互层	51.9m
23. 紫灰色薄—中层状钙质细粒长石石英砂岩、粉砂岩，底部含少量细砾，上部发育小型交错层理	25.6m
22. 紫红色中厚层状细—中砾复成分砾岩	42.6m
21. 灰绿色略带紫红色厚层块状复成分巨砾岩	55.2m
20. 褐黄色中—厚层状复成分巨砾岩	32.6m
19. 灰绿色厚层状复成分巨砾岩	46.1m
18. 褐黄色中厚层状复成分细砾岩夹透镜状复成分巨砾岩、粗砂岩	50.2m
17. 褐黄色中—厚层状中—粗砾复成分砾岩	39.2m
16. 紫红色厚层状复成分巨砾岩	27.4m

～～～～～～～～角度不整合～～～～～～～～

下伏层：木嘎岗日岩群(JM)灰、浅灰色中厚层复成分砾岩与含砾石英砂岩互层

(2)岩性特征及横向变化

岩性以紫红、灰绿及褐黄色中—厚层状复成分砾岩、岩屑石英砂岩、长石石英砂岩为主，夹粉砂岩、泥岩。下段以细—粗砾、巨砾复成分砾岩、长石石英砂岩为主，夹粉砂岩，厚度 625～1 067m；上段以紫红和灰绿色岩屑石英砂岩、长石石英砂岩为主，与复成分砾岩、含砾岩屑砂岩、粉砂岩、泥岩组成韵律层，厚度大于 1 732m，未见顶。沿狮泉河结合带分布的牛堡组未分段，厚度大于 1 300m。下段中部细粒岩屑石英砂岩中见腹足类：*Pyrazus montensis*，*Batillaria* (*Vicinocerithium*) *inopinata*，*Harrisianella* (*Teliostomopsis*) *regularicostata*，*Thericium* (*Pseudoaluco*) cf. *dejaeri*，*T.* (*Chondrocerithium*) cf. *koeneni*，*Bittium versigranulum* 等。牛堡组与下伏竟柱山组呈角度不整合接触，或以角度不整合超覆于下白垩统去申拉组、多尼组、郎山组、上侏罗统沙木罗组、侏罗系木嘎岗日岩群、上三叠统—侏罗系东巧蛇绿岩群或聂耳错岩群之上，时代为晚白垩世。

牛堡组于区内为断陷盆地沉积。主要分布于阿翁错北侧，沿班公错-怒江结合带展布，上下段出露较全，在纳屋错南仅出露下段岩性。沿狮泉河(次级)结合带聂耳错、唐杂一带零星分布，岩性变化不大。

(3)基本层序

牛堡组以碎屑岩为主，由 3 种基本层序(图 2-23)组成。

基本层序 A 一般具二元结构，由复成分砾岩-粗、细粒岩屑石英砂岩、长石石英砂岩构成向上变细的粒序，二者岩比为 2∶1～5∶1，层序厚度一般大于 40m。该层序中的岩屑石英砂岩常程度不同的含有砾

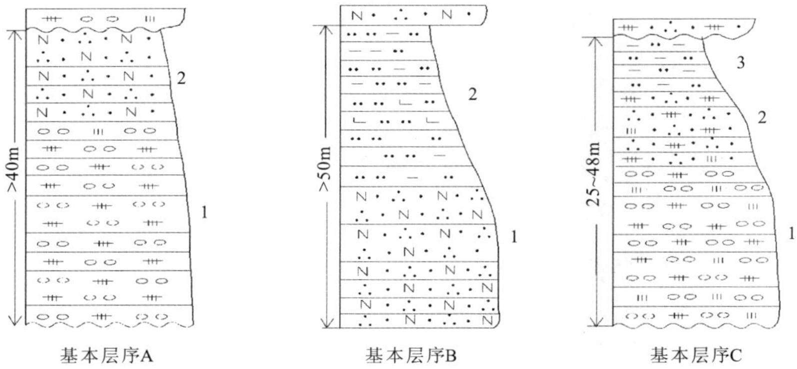

图 2-23　牛堡组基本层序

石,组成含砾砂岩与不同粒级砂岩的次级层序,粒序多较明显。

基本层序 B 由中、细粒岩屑、长石石英砂岩-钙质或泥质粉砂岩构成由下向上由粗变细的二元结构粒序层,粒序仍具下粗上细的韵律结构,二者岩比变化较大,一般为 1∶2～3∶1,层序厚度在 50m 以上。该层序中的粗屑组分中也含有少量砾石,但构成次级韵律,不多见。

基本层序 C 由复成分砾岩或含砾粗粒岩屑石英砂岩-细粒岩屑石英砂岩-粉砂岩或粉砂质泥岩构成下粗上细具有三元结构的层序。三类岩比约 4∶2∶1,层序厚度 25～48m。该层序下部的粗屑组分中常由所含砾石数量和砾级构成粒序层。

由上述 3 种基本层序构成的该组岩石组合具有较强的韵律结构,基本层序 A 类主要发育在该组下段,基本层序 B、C 两类在该组上段较为发育。在 B 类层序中,局部层位有薄层微晶灰岩出现,并与砂岩构成次级的韵律层序,二者岩比约 6∶1。由于灰岩较为罕见且分布不甚稳定,未作为基本层序单独划出。

2. 邦巴组($E_{2-3}b$)

邦巴组由四川省地质调查院遥感中心 2003 年在本次区调工作中创名,命名地及代表性剖面位于革吉县邦巴区附近。该组含义指该地区不整合于郎山组之上的一套陆相火山盆地型碱性火山岩及火山碎屑岩,时代为始新世—渐新世。

该套火山岩为一套不整合于郎山组灰岩之上的碱性火山岩。其岩性特征、岩石组合、地球化学属性(详见第三章第四节)等虽与北羌塘、可可西里及南昆仑地区分布的石坪顶组、南羌塘的鱼鳞山组钾玄岩系列和超钾质火山岩、冈底斯火山岩带的布嘎寺组(1∶25 万措勒县幅,刘登中等,2002)相似,但考虑到本区所处地层分区及同位素年龄值(30.4～33.4Ma)与布嘎寺组(15.8Ma、15.9Ma)、鱼鳞山组(N_2QY)属不同期次岩浆活动的产物以及其所处大地构造位置的差异,另新建火山岩石地层单位——邦巴组,时代为始新世—渐新世。

(1)剖面列述

革吉县邦巴北邦巴组剖面(图 2-24)

剖面位于革吉县邦巴乡北,起点坐标:北纬 32°20′15″,东经 81°26′00″。地层层序如下。

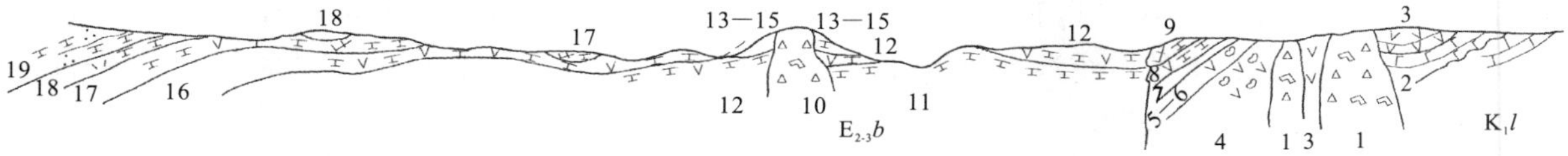

图 2-24　革吉县邦巴乡北邦巴组剖面图

邦巴组($E_{2-3}b$)　　**>2 047m**

(未见顶)

19. 灰黄色、浅灰色石英粗面岩　　140.08m

18. 粗斑酸性粗面岩　　59.75m

17. 浅灰色多斑中酸性粗面岩　365.80m
16. 深灰色、黑色中性粗面岩　80.59m
15. 白色—灰白色酸性熔结凝灰岩　59.09m
14. 灰白—白色酸性粗面岩　84.18m
13. 含角砾酸性熔结粗面岩　34.62m
12. 深灰—黑色中性粗面岩　23.02m
11. 深灰色条带状粗面岩　263.27m
10. 火山角砾岩、集块岩　＞150m
9. 中酸性粗面岩　249.05m
8. 深灰色中性粗面岩　85.10m
7. 深灰色条带状中性粗面岩夹少量基性粗面岩　39.73m
6. 浅褐色、褐红色气孔状安山岩　52.98m
5. 灰色、褐灰色含晶屑凝灰岩　32.96m
4. 褐红色气孔状安山岩　43.68m
3. 紫红色、浅红色、褐色安山岩　70.59m
2. 黑色、深灰色玄武岩　153.89m
1. 浅褐色、褐黄色、褐红色火山角砾岩　＞130m

～～～～～～～～～～角度不整合～～～～～～～～～～

下伏地层：郎山组(K_1l)灰、深灰、灰黑色灰岩、生物碎屑灰岩夹碎屑岩

(2)岩性特征及横向变化

主要岩性为火山盆地型碱性—强碱性火山岩及火山碎屑岩，岩石类型主要为石英粗面岩、粗面岩、火山角砾岩、安山岩、玄武岩、凝灰岩等，未见顶，厚度大于 2 047m。分布于措勤-申扎分区的局部地段，形成较为零星的火山盆地，其中以邦巴一带规模相对较大，出露面积大于 200km^2。该组角度不整合于多尼组、郎山组之上，在革吉县恰桑勒一带不整合于白垩纪帕阿花岗闪长岩体之上，同位素年龄值(K－Ar)为 30.4±0.8Ma、31.1±0.7Ma、33.4±0.4Ma，时代为始新世—渐新世。

四、新近纪地层

测区新近纪地层有雄巴组、唢纳湖组 2 个地层单元，前者分布于聂耳错断裂带以南的革吉县雄巴一带，后者分布于测区东北角。雄巴组为新建地层单元。

1. 雄巴组(N_1x)

雄巴组由四川省地质调查院遥感中心 2003 年在此次区调工作中创名，命名地及代表性剖面位于革吉县雄巴区附近。该组含义指该地区不整合于郎山组之上的一套陆相火山盆地型钙碱性中、酸性火山岩及火山碎屑岩，时代为中新世。

该套地层在 1∶100 万日土幅被归属于下白垩统唯恩组，1∶100 万日喀则幅曾命名为“达多群”，西藏地矿局(1993，1997)将其归并于李璞(1955)的“林子宗火山岩”，称林子宗群(表 2－7)。

测区雄巴组与典中组在岩性上类似，但二者所处的构造-沉积环境存在差异，为不同构造环境、不同期次、不同时代(雄巴组同位素年龄值为 19.0～19.9Ma)的产物，另新建岩石地层单位——雄巴组，时代为中新世。

表 2－7　雄巴组划分沿革表

西藏区调队(1983)	西藏地矿局(1993)	西藏地矿局(1997)	本书(2003)
1∶100 万日喀则幅	西藏	西藏	1∶25 万革吉县幅
达多群	林子宗群	林子宗群	雄巴组

(1)剖面列述

西藏革吉县雄巴新近系雄巴组剖面(图 2 - 25)

剖面位于革吉县雄巴区北。起点坐标:北纬 32°07′18.9″,东经 81°57′52.2″。其地层层序如下。

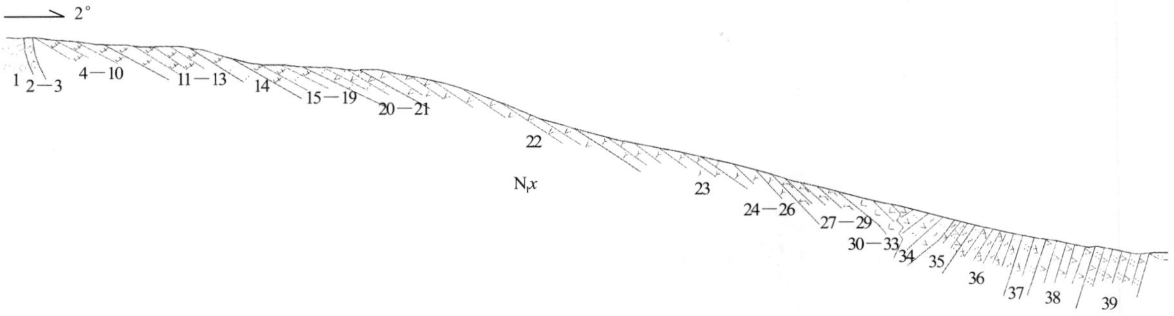

图 2 - 25　革吉县雄巴区北雄巴组剖面图

雄巴组(N_1x)　　>2 390m

(未见顶)

39. 灰黑色火山凝灰岩	>100m
38. 砖红色、紫红色安山岩	100m
37. 灰白色、浅灰色英安质凝灰岩	50m
36. 灰白色、浅灰色英安质火山熔结凝灰岩	100m
35. 黄灰色、土红色安山质火山熔结凝灰岩	50m
34. 灰黑色安山质凝灰熔岩	80m
33. 砖红色安山岩	40m
32. 灰绿色、灰黑色含凝灰质安山岩	12m
31. 砖红色英安质凝灰岩夹灰绿色安山岩	8m
30. 杂色火山混杂岩	70m
29. 深灰黑色玄武安山岩	30m
28. 砖红色安山岩	120m
27. 深灰黑色玄武安山岩	19m
26. 英安质黑曜岩	1m
25. 灰、深灰、灰黑色英安质凝灰黑曜岩	30m
24. 褐红色、砖红色英安质黑曜岩	110m
23. 灰、深灰色英安质凝灰黑曜岩	280m
22. 灰绿色安山岩	450m
21. 灰色粗粒安山质凝灰岩	125m
20. 灰色英安斑岩	5m
19. 灰色块状英安岩	10m
18. 紫红色气孔状安山质凝灰岩	30m
17. 灰色气孔状英安岩	48m
16. 紫红色英安质凝灰岩	2m
15. 深灰、灰色安山岩	20m
14. 灰色含角砾沉凝灰岩	90m
13. 灰色气孔状英安岩	140m
12. 灰色块状英安岩	50m
11. 灰色、浅灰色气孔状英安岩	40m
10. 灰色、深灰色英安岩	10m
9. 灰色块状英安岩	21m
8. 灰色气孔状英安岩	9m

7. 灰色块状英安岩	50m
6. 灰色、浅灰色气孔状英安岩	10m
5. 紫红色角砾状英安质凝灰岩	25m
4. 灰色气孔状英安岩	15m
3—2. 砖红色浮岩	30m
1. 紫红色、砖红色火山集块岩、角砾岩	20m

（未见底）

(2)岩性特征及横向变化

岩性为深灰、灰绿、紫灰等杂色火山集块岩、火山角砾岩、玄武安山岩、英安岩、流纹岩、凝灰岩及凝灰质碎屑岩为主，未见顶，厚度大于 2 390m。雄巴组角度不整合于郎山组或多尼组之上，同位素年龄值（英安岩，K－Ar 法）为 19.0±0.9Ma、19.9±0.3Ma，时代为中新世。

雄巴组主要分布于测区南部革吉县雄巴区一带，岩性以杂色火山岩及火山碎屑岩为主，其中火山岩主要为安山岩、英安岩等，火山碎屑岩以中、酸性凝灰岩多见。该组分布地区，火山机构较为发育，规模不大但成群出现。

2. 唢纳湖组（N*s*）

唢纳湖组由西藏区调队 1986 年创名于双湖县唢纳湖，原含义指一套不整合覆于雁石坪群之上的红色泥灰岩、泥岩、粉砂岩夹生物碎屑灰岩、含砾砂岩及石膏的地层。西藏地矿局（1993，1997）沿用此名称，并引入羌塘地区，定义为：红色、砖红色、土红色或鲜红色泥岩、泥质粉砂岩、砂岩、粗砂岩、含砾砂岩、砾岩，夹多层石膏层含盐岩石地层体，产淡水腹足类、双壳类等化石。底部与雁石坪群不整合接触，未见顶。本书沿用这一定义。

(1)剖面列述

西藏革吉县纳屋错北上白垩统阿布山组-新近系唢纳湖组实测地层剖面（图 2－19）

剖面位于革吉县盐湖区纳屋错北东方向。起点坐标：北纬 33°00′0″，东经 82°23′2″。剖面层序如下。

唢纳湖组（N*s*）	**＞127.20m**
（未见顶）	
27. 褐黄色、褐灰白色薄板状白云质泥灰岩夹少量紫红色泥岩、含砾泥岩	＞7.6m
26. 下部灰绿色含巨砾复成分砾岩，上部褐黄色中—细砾复成分砾岩夹紫红色含砾砂岩	＞38.1m
25. 紫红色厚层—块状复成分细砾岩夹少量砂岩及复成分粗砾岩	＞81.5m

～～～～～～角度不整合～～～～～～

下伏层：上白垩统阿布山组（K_2a）砾岩夹砂岩、泥岩

(2)岩性特征及横向变化

岩性为红色、砖红色、土红色或鲜红色泥岩、泥质粉砂岩、砂岩、粗砂岩、含砾砂岩、砾岩，为一套湖相沉积，厚度大于 127.1m，与下伏地层上白垩统阿布山组呈角度不整合接触，时代为中新世—上新世。测区内分布范围极为局限，仅见于纳屋错以北，由于第四系松散堆积物大片掩盖，地层分布零星。

(3)基本层序

唢纳湖组地层层序于区内不完整，仅出露的部分岩性以砾岩为主。基本层序较为单一，由砾岩与杂色砂岩或含砾砂岩构成向上变细的不等厚二元结构，二者横向稳定性较差，岩比为 2∶1～5∶1，层序厚度 40m 左右（图 2－26）。

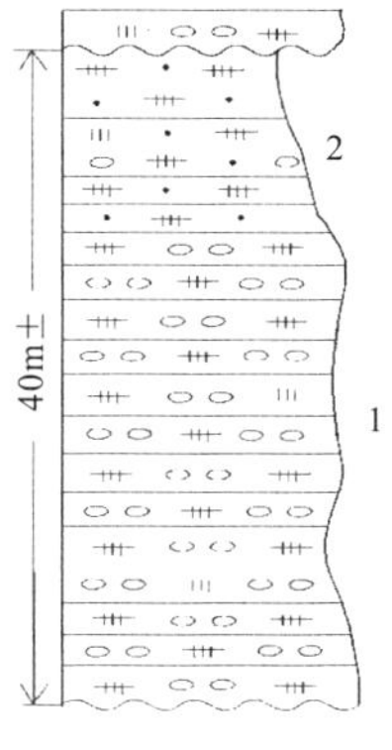

图 2－26　唢纳湖组基本层序

五、第四纪地层

第四系在测区分布较为广泛，占测区面积的30％左右，主要沿河湖、山麓分布，主要成因类型有湖积、冲积、冲洪积、洪积、坡积等。湖积主要分布于测区几个大型盐湖及其周边地区，如阿翁错、纳屋错、聂尔错等湖泊；现代河流冲洪积物分布于森格藏布（狮泉河）、扎哥拉哥藏布、响曲等河流两岸。

1. 湖积物

测区第四纪湖积物发育，分布广，主要分布于纳屋错、扎仓茶卡、阿翁错、叉茶卡、亚美错、聂耳错等湖泊周边地区。受高原地理条件及气候控制，测区北部分布广泛的现代盐湖，规模大，沉积物较为发育。其中以阿翁错、纳屋错最具代表性，前者面积约75km^2，后者面积达110km^2以上。形成时代为中晚更新世和全新世。

（1）革吉县盐湖区扎仓茶卡南岸阶地剖面（图2－27）

该剖面位于革吉县盐湖区区政府所在地西北6km的扎仓茶卡南岸，湖积阶地及沉积物保存较为完整，由西藏地矿局区测队（1987）测制，其剖面层序如下。

全新统（Qh^l）

第一级阶地湖积层

3. 灰、灰黄色粉砂和粘土　＞1m

2. 灰黄色砂砾层　0.1m

1. 灰色砂砾层夹粘土，细砂层　＞0.3m

第二级阶地风积层

5. 黄色砂土，局部夹砂砾　0.1～0.6m

～～～～～～～～～不整合～～～～～～～～～

更新统（Qp^l）

4. 浅灰色钙质砂砾层，半胶结　4m

3. 浅灰色粉砂粘土和粘土互层　3m

2. 浅灰色钙质砾石粗砂层，具交错层理　7m

1. 浅灰色钙质粗砂砾石层　＞6m

第三级阶地（基座阶地）

在花岗岩体基座面上残留砂砾石及粗砂层，砾石成分为花岗岩、灰岩及石英砂岩，砾径4～15cm，多数磨圆度好，具定向排列。厚度不详。

（2）革吉县盐湖区纳屋错东南岸湖积物剖面（图2－28）

在纳屋错东南岸观测到第四系部分湖积物剖面，沉积物由砾石、砂和含盐粘土构成三元结构层序，具有较强的韵律结构，其柱状剖面如下。

第四系湖积层（Qh^l）　（未见顶）　＞4.82m

11. 灰白、白色含盐粘土层，成粉末状　＞0.33m

10. 砂石层，成分为长石、石英和砂岩岩屑，充填物为含盐粘土，见斜层理　0.88m

9. 砾石层，砾石由细砂岩、灰岩、板岩等组成　0.55m

8. 灰白、白色含盐粘土层　0.14m

7. 砂石层，成分为长石、石英、砂岩岩屑、含盐粘土，砂屑含量80％，粒度＜2mm，见平行纹层　0.51m

6. 砾石层，砾石由细砂岩、灰岩、板岩等组成　0.35m

5. 灰白色泥砂状含盐物和粉末状含盐粘土物　0.21m

4. 砂石层，成分为长石、石英和砂岩岩屑、含盐粘土物，砂屑含量85％，磨圆、分选差，粒度1～2m，见斜层理　0.50m

3. 砾石层，砾石成分为砂岩、灰岩、板岩，粒度＞2mm，含量50％　0.19m

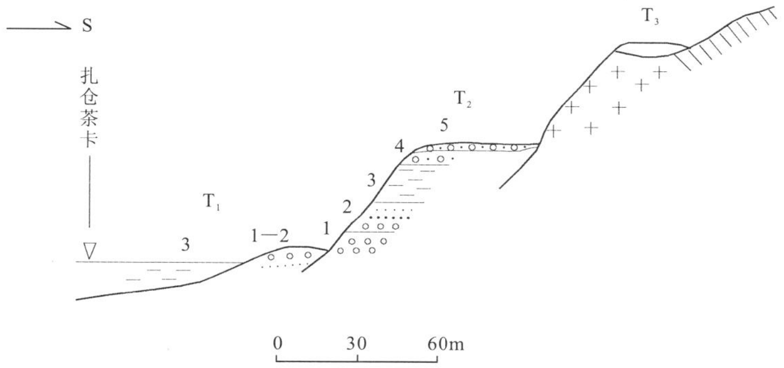

图 2-27 革吉县盐湖区扎仓茶卡南岸湖积阶地剖面示意图

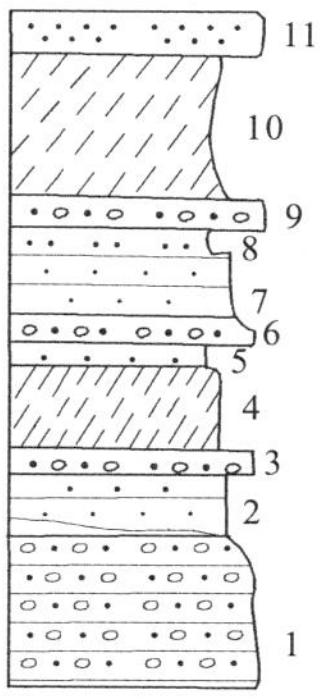

图 2-28 革吉县纳屋错南东第四系全新统湖积物剖面

2. 砂石层，砂石成分为长石、石英、砂岩、含盐粘土物，砂屑含量 80%，次圆状，分选差，粒度 1～2mm，见平行纹层 0.37m

1. 砾石层，砾石成分为砂岩、灰岩、硅质、板岩，砾石含量 50%～60%，粒度>2mm，砾石呈次棱角状，分选差，砾石由下向上逐渐变细，具正粒序 >1.04m

（未见底）

(2)革吉县盐湖区扎仓茶卡湖积物层序

革吉县盐湖区以北的扎仓茶卡为一规模较大的盐湖型硼矿，该地由 3 个呈北西西—南东东向排列的小型半干盐湖组成，总面积达 114km^2，湖周围为第四系松散湖积物及盐类矿产堆积，第四系地层剖面较为完整，经钻孔等山地工程揭露，其层序如下（地科院等，1965）。

全新统湖积层（Qh^l） **>16m**

（未见顶）

5. 现代盐湖沉积层，主要为芒硝和钠盐沉积 3～5m
4. 灰白色泥灰（粘土碳酸盐）-硼酸盐层 5m
3. 灰黄色含水草砂质粘土及砂砾层 8m

～～～～～～～～不整合～～～～～～～～

更新统湖积层（Qp^l） **>60m**

2. 灰色砂层及砂砾层 20～35m
1. 灰色钙质砂砾岩 40～50m

（未见底）

(3)日土县叉茶卡湖积物钻孔剖面

在阿翁错南东约 10km 的叉茶卡（夏茶卡）第四系盐湖沉积物分布于Ⅰ级阶地上，经剥蚀后仅局部残留，经钻孔揭露，其层序如下（地科院等，1965）。

第四系全新统湖积层（Qh^l） **>15.4m**

4. 碳酸盐质粘土，底部有零星硼矿分布 0～0.2m
3. 芒硝，偶夹白色粉硼和黑色板状硼矿 0～10.29m
2. 褐黑色粉砂淤泥，偶见硼砂和芒硝 0～4.91m
1. 砂质粘土，未见底

上述地层于测区内缺乏完整剖面，地层层序多不完整，以扎仓茶卡第四系地层厚度最大，达 76～103m，地层层序也相对较为完整。纳屋错东南岸湖相含盐粘土层 ESR 年龄值为 10.8～210.4 万年，阿翁错盐湖粘土层 ESR 年龄值为 19.2～154.4 万年，扎仓茶卡Ⅲ号盐湖 78CKⅢ钻孔在埋深 1.35～15.80m

的灰、灰黄及黑色淤泥层或粘土层^{14}C年龄为1 400±690～20 000±350年(中科院青藏高原综合科学考察队,1983)。

2. 冲、洪积层

日土县热帮区界哥拉河流阶地路线剖面(图2－29)

冲、洪积层地层分布较为广泛,主要沿河流分布,测区内在地貌上阶地不甚发育。据1∶100万日土幅资料(西藏地矿局区调队,1987),西邻测区的日土县热帮区界哥拉沿河流发育两级阶地,第四系剖面较为完整,其层序如下。

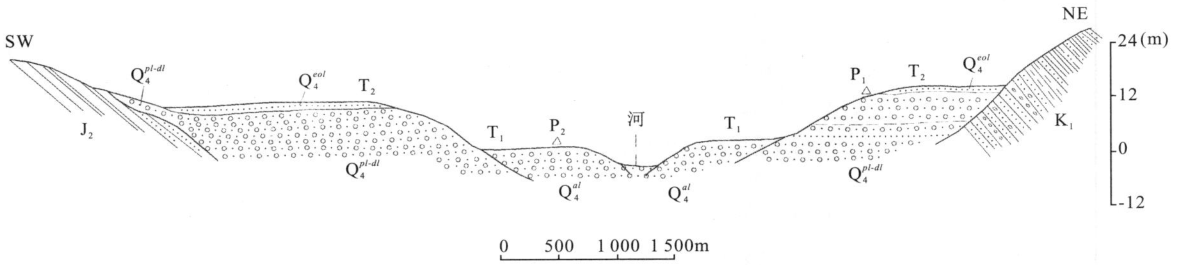

图2－29 日土县热帮区界哥拉东侧河流阶地路线剖面图

第四系冲洪积层(Qh^{pal})	**9.97～12.33m**
第一级阶地冲、洪积层	>5.6m
7. 灰色含粗砂砾石层	0.51m
6. 淡绿色灰色粘土层	0.63m
5. 褐灰色砂砾层	0.91m
4. 黄灰色含粗砂砾石层	1.30m
3. 灰色含细砾粗砂层	1.10m
2. 褐灰色砾石层	0.50m
1. 深灰色含砂砾石层	>0.70m
(未见底)	
第二级阶地冲、洪积层	4.37～6.73m
7. 风积黄色粉细砂层,局部粗砂,具风成波痕及斜层理	0～2m
6. 黄褐色与灰黑色互层状砂、砾石层夹含细粒的砂层	0.84～1.20m
5. 黄褐色扁平状棱角状砾石层和砂砾层	1.20m
4. 上部褐黄色细砂、泥层,下部灰绿色含细粒砂土层	0.40m
3. 灰绿色、褐黄色含细砾砂、泥层	0.70m
2. 黑绿色含超基性岩碎块的砂泥层	0.93m
1. 灰色粗砂、砾层,夹同色细砂粘土层	0.30m
(未见底)	

上述剖面中沉积物常组成由砾石-砂层-粘土层构成的三元结构剖面层序,韵律结构较明显。砾石层及砂土层胶结十分松散,为现代河流相沉积,呈角度不整合覆盖于前第四系地层或岩浆岩体之上。由于测区内河流均为内陆水系,规模一般较小,河流阶地一般也不发育,多呈低阶地分布,高出河面20m以上的高阶地难于见到,沉积物分布面积较大,但沉积厚度一般均较小。

第四系地层除湖积层及冲、洪积层外,局部尚见坡积层,基本岩性为灰黄色角砾、砂、砂土等坡积物组成,大小混杂,松散杂乱堆积,基本上未经胶结,坡积层角度不整合覆盖于前第四系地层之上。

第三节 生物地层及年代地层

一、三叠纪地层

测区三叠纪岩石地层为上三叠统日干配错群，出露于班公错-怒江结合带脚娃—纳屋错一带及结合带以北的多扎日地区，见珊瑚：*Thecosmilia* cf. *clathrata* Emmrich。区域上，在命名地改则县森多，见双壳、珊瑚、腕足类等门类化石，珊瑚：*Thecosmilia fenestrata*，*T. eudenticulata*，*Moutlivaltia norica*，*Margarastrea* sp.，*Thamnasteria rectimellosa*，*T.* sp. 等；腹足类：*Rhaenodesma* cf. *kipteiniana*，*Pinna* sp.，*Zygophlenra*（*Xizangospira*）*multistriata*，? *Omphaloptycha* cf. *multispiralis* 等；腕足类：*Caucasorhynchia* sp.，*Adygella* sp.，*Mentzeliopsis* sp. 等；双壳类：*Chlamys* sp.，*Halobia* sp.，*Indopecten* sp.，*Plagiostoma* ? sp. 等。在日土县多玛、改则县日干配错等地（罗建宁等，1998）见双壳类：*Plagiostoma* sp.，*Pergamidia* sp.，*Triadomegalodon ladakhensis*，*Krumbeckia* cf. *tambangensis*，*Diderocardium* sp. 等。

测区该群所见珊瑚可与区域上改则森多、日干配错等地的化石对比，属 *Thecosmilia fenestrata-Moutlivaltia norica* 组合带（表 2-8），与南欧特提斯区晚三叠世诺利克期珊瑚属种相当；双壳类可归为 *Plagiostoma-Pergamidia* 组合带，均具强烈晚三叠世诺利克期色彩。因此，日干配错群年代地层可能属上三叠统诺利克阶，但因地层不完整、化石连续性差，故将其划归上三叠统。

表 2-8 测区生物地层及年代地层划分表

年代地层		生物地层			
		珊瑚	双壳类	介形类	其他
新近系					见孢粉、腹足类
古近系				②*Cyprinotus-Candona* 组合带； ① *Cypris-Limnocythere* 组合带	孢粉： ②*Ephedripites-Quercoidites* 组合带； ①*Quercoidites-Ulmipollenites* 组合带 轮藻：*Obtusochara* 组合带
白垩系	上统		*Trigonioides* 延限带		见圆笠虫：*Orbitolina concava*
	下统	④ *Eugyra lanckoranensis-Eohydnophora bangonghuensis* 组合带； ③*Aulasmilia* aff. *Archiaci-Actinastrea retifera* 组合带； ② *Eugyra digitata-Epistreptophyllum patellata* 组合带； ①*Ellipsocoenia turbinata-Calamophylliopsis corymbosa* 组合带	*Xinocardita* sp.，*Fenestricardita fenestriata* 等	*Cypridea*，*Lycopterocypris* 等	圆笠虫： ② *Palorbitolina-Orbitolina*（*Columnorbitolina*）组合带； ①*Orbitolina prisca-O. microphaerica*（*Columnorbitolina*）组合带
侏罗系	中上统	*Epistreptophyllum giganteum-Cladophyllia dichotoma* 组合带	*Pseudolimea* cf. *duplicata*，*Plagiostoma* cf. *hellica*， *Chlamys* sp. 等		放射虫：*Cryptomphorella-Tlemicrypaocas* 组合带； 腕足类：*Wattonithyris pseudobullata* 等
	下统				
三叠系	上统	*Thecosmilia fenestrate-Moutlivaltia norica* 组合带	*Plagiostoma-Pergamidia* 组合带		腕足类：*Caucasorhynchia* sp.，*Adygella* sp. 等

二、侏罗纪地层

侏罗纪岩石地层分布范围较广泛，区内有木嘎岗日岩群、沙木罗组及聂耳错岩群 3 个地层单位，前者分布于班公错-怒江结合带，后者广布于班戈-八宿分区的阿翁错小区及狮泉河（次级）结合带。上述 3 个地层分布地理位置不同，均以海相碎屑岩为主夹碳酸盐岩，且产有相似的以珊瑚、双壳类为主的生物群。

测区木嘎岗日岩群主要见珊瑚、层孔虫等化石。珊瑚有 *Stylosimilia crassitheca*，*Distichophyllia norica*，*Aulastracopsis* cf. *demgelisi*，? *Epistreptophyllum patellata*。与区域上相当该群的"日松群"上部("答波组")(郭铁鹰，1991)所见 *Protethmos blanfordi*，*Epsitreptophyllum wrighti*，*E.* sp.，*Manlti-valtia* cf. *furstriformis* 等及木嘎岗日岩群产珊瑚 *Epsitreptophyllum diatritum*，*Stylina* cf. *kachensis*，*Mitrodendron* ? sp.，*Calamophyllia* sp.，*Thecosmilia* sp. 等(西藏地矿局，1997)同属 *Epistreptophyllum giganteum-Cladophyllia dichotoma* 组合带，与印度库奇地区的巴通期地层组分相似并可对比。区域上，在班公错沿岸至日松一带(郭铁鹰，1991)，相当该岩群的"日松群"下部("麻嘎藏布组")变质砂岩、粉砂岩中见有较丰富的放射虫，如 *Cryptomphorella* aff. *macropora*，*Tlemicrypaocapsa* aff. *ovnata*，*Sethocapsa* cf. *pyraformis*，*Lithomitra* cf. *tisensis*，*Cenodiscos rachovensis umdonata*，*Dictyocephalus melocaptus* 等，属 *Cryptomphorella-Tlemicrypaocas* 组合带，所示时限属中—晚侏罗世；在革吉境内戈勒沟相当该群中尚见有腕足类 *Wattonithyris pseudobullata*，双壳类 *Pseudolimea* cf. *duplicata*，*Plagiostoma* cf. *hellica*，*Chlamys* sp. 等(郭铁鹰，1991)；腕足类该种是欧洲巴柔阶顶部重要化石；双壳类为在欧、非诸洲及印度半岛中侏罗统巴柔—巴通阶常见化石，其时限也有包括卡洛夫阶及其以上地层的可能。测区见层孔虫：*Xizangstromatopora* sp.，*Burgundia steinerae* 等。由上述各门类反映出的综合时代特征分析，木嘎岗日岩群时代属性为中—晚侏罗世的证据是较为确凿的，由于剖面均不够完整，结合地层层序判断，也有包括整个侏罗纪的可能，故年代地层划为侏罗系。

测区沙木罗组产较为丰富的生物化石，以珊瑚、菊石、双壳类及层孔虫居多。其中，珊瑚主要分子有 *Epistreptophyllum* sp.，*Heliocoenia* cf. *orbignyi*，*H. meriani*，*Dermoseris deloguboi*，*Stylina lobata*，*Thecosmilia magna*，*Axosmilia* cf. *marcou*，*Plesiosmilia* sp. 等。这一组合面貌与郭铁鹰等(1991)在阿里地区所建立的 *Epistreptophyllum giganteum-Cladophyllia dichotoma* 组合带特征基本符合。该带与欧洲及藏北班戈地区晚牛津期珊瑚群大体可对比。该带在层型剖面上见于该组下部，结合地层层序判断，该组时限为晚侏罗世牛津期至基末里期，也可能包括整个晚侏罗世，故年代地层划归上侏罗统。

测区聂耳错岩群粉砂质板岩所夹碳酸盐岩砾块中菊石化石个体较多，有? *Cyrtopleurites* sp.，? *Choristoceras* sp. 两属，均为未定种，但化石的腹部均未保存。上述两属在藏南高喜马拉雅地区均有分布，其中 *Cyrtopleurites* 为晚三叠世重要的化石，在聂拉木地区的曲龙共巴组中也有分布，其时代为晚三叠世诺利期，这一时代属性与珊瑚等门类虽不一致，但究其产出状态似属滑塌岩块，因此并不矛盾。

东巧蛇绿岩群目前被视为班公错-怒江蛇绿岩带的一部分，属"有层无序"地层体，层序多不完整，测区未见化石。据西藏地矿局(1997)资料，该群在命名地东巧剖面见放射虫化石 *Sethocyrtis* sp.，*Dictyomitra* sp.，*Cenosphaera* sp. 等，反映东巧蛇绿岩群时代为早—中侏罗世，结合区域构造演化历程判断，其形成时代可能包括了晚三叠世—中侏罗世的漫长过程，故将其年代地层划归为上三叠统—侏罗系。狮泉河蛇绿岩群属"有层无序"地层体，其层状堆晶岩层序中的斜长角闪岩同位素年龄值为 222.51Ma(Ar－Ar 法)和辉长岩年龄值为 168Ma(Ar－Ar 法)，表明狮泉河蛇绿岩群时代属晚三叠世—侏罗纪，故将其年代地层划归为上三叠统—侏罗系。

三、白垩纪地层

白垩纪岩石地层在区内分布最为广泛，但层序完整者鲜有所见，地层常有不同程度的缺失。由于岩性及沉积环境的不同，所见生物群也有区别。

在冈底斯-腾冲地层区范围内白垩纪岩石地层最为发育，但各次级区内发育程度不同。在南部的措勤-申扎分区捷嘎小区以捷嘎组为代表，在海相火山岩所夹的碳酸盐岩中，产有双壳类、腹足类、圆笠虫等门类化石。在革吉县捷嘎附近，前人(西藏区调队，1985；罗建宁等，1998)在该组见双壳类：*Pleuromya* sp.，*Cardinia* sp.，*Lopha* sp.，*Ostrea* sp.，*Neithea*(*Neitheopis*) *quadricostata*，*Inoceramus* sp.，*Biradiolites* sp. 等。双壳类在该组下部常出现固着蛤：*Praeradiolites*，*Pachytraga*，*Agriopleura* 等。这一组合特征可与欧洲、北非、北美等地早白垩世巴列姆—阿尔比期地层中的生物组合相似，见腹足类：*Ampullina xainzaensis*，*Nerinea* cf. *pauli*，*N.* cf. *linanolica*，*Nerinella* cf. *dayi*，*Plesioptyxis* aff. *langshanensis*，

Glauconia trotteri, *G.* sp., *Canfusiscala* sp., *Trochactaeon* sp., *Tylostoma* sp. 等。该组合在中东黎巴嫩阿普第期地层中多见，也在班戈、改则等地的郎山组中可以找到。圆笠虫于该组中较为发育，已报道的主要分子有 *Orbitolina conica*, *O.* cf. *scutum*, *O.* cf. *aperta*, *Stomatoecha plummerae* 等，这些属种均为白垩纪阿尔比—赛诺曼期常见分子，在郎山组中也可见到。此外，尚见有少量珊瑚，如 *Thamnasteria*? sp., *Actinastrea* sp., *Dermosmilia* sp. 等，也多见于早白垩世。上述生物群时代属性较为明确，定为早白垩世晚期的阿普第—阿尔比期较为合理，是否延续到巴列姆期或晚白垩世赛诺曼期，尚待进一步工作证实，故将捷嘎组年代地层划归下白垩统。

在措勤-申扎分区的革吉小区内岩石地层以多尼组及郎山组为代表。其中下部的多尼组碎屑岩中所夹灰岩中仅发现了少量化石，如珊瑚：*Montlivaltia xizangensis*, *Calamophylliopsis elegans*, *Cladophylliopsis pachyseptatus*, *Donacosmilia* sp., *Protethmos* sp.；刺毛类：*Acanthochaetetes* sp.；双壳类：*Caprina* sp.；圆笠虫：*Orbitolina* sp. 等。化石保存不好，多为碎片，常组成生物屑灰岩的造岩成分，其中除珊瑚总貌具早白垩世色彩外，其他门类时代属性较为模糊。据区域资料，该组在班戈地区见有菊石、双壳类、腹足类、介形类、珊瑚、层孔虫及植物化石，保存条件也不理想。较重要的要数双壳类中的：*Xinocardita* sp., *Fenestricardita fenestriata*, *Volsella* cf. *imbricata*, *Chlamys* (*Radulopecten*) cf. *inaequicostata*, *Astarte* sp., *Trigonia* sp. 等，这一双壳类组合常见于特提斯区早白垩世阿普第期地层中。另据罗建宁等(1998)引用中国石油大学资料(1996)，与革吉县幅东邻的改则县境内，该组上部（相当原“多巴组”）灰岩及泥岩中见有丰富的有孔虫生物群，圆笠虫是主要组分，重要的分子有 *Orbitolina bangoinica*, *O. aliensis*, *O. burmanica*, *O.* (*Palorbitolina*) *discoidea*, *O.* (*P.*) *complanata*, *O.* (*P.*) *umbellata*, *O.* (*P.*) *cumplanata*, *O.* (*Columnorbitolina*) *ruiogensis*, *O.* (*C.*) *pengboensis*, *O.* (*C.*) *rutogensis*, *O.* (*C.*) *parva*, *O.* (*C.*) *scitula*, *O.* (*C.*) *tibetica*, *O.* (*C.*) *minuscula*, *O.* (*C.*) *microphaerica*, *O.* (*C.*) *thunzhunensis*, *O.* (*C.*) *lepida*, *O.* (*C.*) *orientala*, *O.* (*Eorbitolina*) *robusta*, *O.* (*E.*) *prisca* 等。与这一以 *Orbitolina* 及其亚属多种伴生的还有少量其他门类，如珊瑚：*Astraraea* cf. *aliensis*, *Acanthochaetetes* aff. *seunesi*, *Epitreptohyllum* cf. *aberrans*；腕足类：*Platythyris xainzaensis*；腹足类：*Nerinella* sp.；层孔虫：*Xizangstromatopora naquensis*, *Actinostromina* cf. *grossa* 等。上述生物组合中圆笠虫占有较大比重，由西藏地矿局(1993)经综合区域资料划分了两个有孔虫组合带，下部称 *Orbitolina prisca*-*O. microphaerica* 组合带，上部称 *Palorbitolina*-*Orbitolina* (*Columnorbitolina*)组合带，上述有孔虫化石群与这两个组合基本相当，其时代经与印度、巴基斯坦等相邻地区对比，属早白垩世晚期的巴列姆—阿普第期较为可信，其他门类时代属性亦与早白垩世面貌相近。多尼组下部（相当“原川巴组”）于区内化石罕见，在区域上属含煤岩系，生物组合以陆相植物及孢粉为主，以蕨类、苏铁、本内苏铁及松柏类植物的孢粉为主，总貌与欧洲“威尔登植物群”面貌相似。该组海相夹层中有少量菊石、双壳类、珊瑚等门类出现，时代面貌也具早白垩世色彩。为此，多尼组的地质时代属早白垩世较为合理，故将其年代地层划归下白垩统。

郎山组以海相碳酸盐岩为主，测区内见有数量不多的化石，且保存条件较差，多数构成造岩的主要成分，可鉴定的生物个体主要有腹足类：*Trochonatica helvelica*, *Trochonatica komarensis*；固着蛤：*Praeradiolites hedini*, *P.* sp., *Boutonia* sp.；圆笠虫：*Orbitolina discoidea*, *O. raoi*, *O. minuta*, *O. chitralensis*, *O. robusta*, *O. lenticularis*, *O. texana*, *O. rutogensis*；双壳类：*Nerinea* (*Adiozoptyxis*) *cylindrica*, *N.* (*A.*) *subcylindrica*；珊瑚：*Thamnaseris* cf. *frotei* 等（郭铁鹰等，1991）。该组在区域上含有较为丰富的珊瑚、双壳类、圆笠虫、藻类等造礁生物群，并形成规模不等的礁体。据郭铁鹰等 1991 年资料，在阿里地区所创名的“革吉组”岩性以碳酸盐岩为主，仅就珊瑚一个门类的研究结果分析，其总貌与欧洲及北美 Urgonia 早白垩世礁相珊瑚群较为相似。由上而下建立了 4 个生物组合带：①*Ellipsocoenia turbinate*-*Calamophylliopsis corymbosa* 组合带；②*Eugyra digitata*-*Epistreptophyllum patellata* 组合带；③*Aulasmilia* aff. *archiaci*-*Actinastrea retifera* 组合带；④*Eugyra lanckoranensis*-*Eohydnophora bangonghuensis* 组合带。

以上 4 个组合带中，第一组合带以群体珊瑚为主，其中重要分子多见于欧洲及北美巴列姆—早阿普第期地层中。第二组合带多以大型单体和群体珊瑚为主，总貌与欧洲阿普第中期组分相似。第三组合带以大型单体珊瑚为主，伴有少量复体珊瑚，其主要分子多见于欧洲、北美及东非等地的阿普第中晚期至阿尔比期地层中。第四组合带以小型群体珊瑚为特征，主要分子在东欧(波兰、罗马尼亚等地)阿尔比阶常见。以上4个珊瑚组合的时代特征较明确，基本上局限在早白垩世中、晚期。与第4组合带珊瑚共生的还有大量圆笠虫，如 *Orbitolina lenticularis*，*O. discoidea*，*O. texana*，*O. minuta*，*O. parva* 等，该组合与产于多尼组中成分有质的区别，均为阿普第期至阿尔比期分子，可与美国得克萨斯、特立尼达和多巴哥及缅甸同期地层化石面貌相比较(罗建宁等，1998)。此外，该组中也常见有固着蛤类(如 *Praeradiolites hedini*)、腹足类 *Itieria* (*Brouzetia*)-*Laevinerina* 组合和大型的 *Adiozoptyxis* 组合，均为特提斯海域广义造礁生物的重要组分，其时代属性属早白垩世，将其年代地层划归下白垩统。

去申拉组下部以杂色碎屑岩为主夹碳酸盐岩、火山碎屑岩，生物化石以珊瑚为主要门类。测区所见的主要分子有 *Axosilia* sp.，*Adiozoptyxis* cf. *coguandiana*，*Protehmos discus*，*Pleurocora crassa*，*Eugyra digituta*，*E.* cf. *tibetana*，*Dermosmilia* sp.，*Stylina* cf. *qiebulaensis*，*Eohydnophora bangonghuensis*，*Thecosmilia* sp.，*Microsolena quillai* 等。

区域上仅见有少量珊瑚化石，如 *Axosilia bangoiensis*，*Montlivaltia bangoiensis*，*Leptophyllia tricentra* 等。该生物组合多地方种，但总貌与郎山组尚可比较，一些生物组分为郭铁鹰等1991年在阿里地区早白垩世地层中所建的4个珊瑚组合带中的代表性分子，如 *Eohydnophora bangonghuensis*，*Eugyra digituta* 等，组合总貌大体可与第2—4组合带相当，代表时限也均限于早白垩世，故将去申拉组年代地层划归下白垩统。

竟柱山组主要发育在狮泉河(次级)结合带，以杂色碎屑岩为主，测区内化石仅见少量腹足类，如 *Tylostoma ferganense*，其时代属性为晚白垩世早期。据郭铁鹰等(1991)及西藏地矿局(1997)在班公错南岸相当本组的地层中(郭铁鹰等称"欧利下组")，见有双壳类及圆笠虫，双壳类重要的分子有 *Trigonioides* (*Trigonioides*) *sinensis*，*T.* (*Diverstrigonioides*) *bangongwensis*，*T.* (*D.*) *xizangensis* 诸种，可归纳为 *Trigonioides* 带，并有圆笠虫 *Orbitolina concava* 共生。这一类三角蚌及圆笠虫时代均属晚白垩世早期(赛诺曼—土仑期)，与郭铁鹰等(1991)建立的 *Trigonioides* 带特征吻合，故将该组年代地层划归上白垩统。

阿布山组为一套陆相杂色碎屑岩地层，测区内未见化石。区域上，该组含有以植物孢粉为主的化石(吴瑞忠等，1986)，主要分子有 *Cupressinocladus* sp.，*Classopollis annulatas*，*C.* sp.，*Tsugaepollenites* sp.，*Salviniaspora* sp.，*Taxodiaceaepollenites* sp.，*Ginkgoretectina* sp.，*Lycopodiumsporites* sp. 等，这一孢粉组合时限较长，可能由白垩纪延续至古近纪，西藏地矿局(1997)结合地层层序，区域上该组可伏于古近系牛堡组之下，判断其时代为晚白垩世，年代地层划归上白垩统，本书从之。

四、古近纪地层

古近纪岩石地层分布范围较为局限，且岩性岩相及生物特征各异。

牛堡组以陆相红色碎屑岩为主，分布于测区北部的班公错-怒江结合带和中部狮泉河(次级)结合带。测区内仅见腹足类化石，但区域上含有较为丰富的介形类、轮藻及孢粉化石，尤其在班戈及伦坡拉盆地。据报道(西藏地矿局，1997；罗建宁等，1998)，介形类可划分为两个组合带，由上向下为：①*Cypris*-*Limnocythere* 组合带，该带中重要分子如 *Cypris ecaryi*，*Limnocythere hubeiensis* 等；②*Cyprinotus*-*Candona* 组合带，该带中主要分子如 *Cyprinotus nefandus*，*Candona ebersini*，*C.* cf. *rostrata*，*Candoniella albicans* 等。

以上两个组合带出现在牛堡组中、上部，其中 *Cypris*-*Limnocythere* 组合带中以 *Cypris ecaryi*，*Limnocythere hubeiensis* 等具代表性，*Cyprinotus*-*Candona* 组合带主要分子如 *Cyprinotus nefandus*，*Candona* cf. *ebersini*，*C.* cf. *rostrata*，*Candoniella albicans* 等较重要。总貌及代表性分子与湖北新沟嘴组、广东三水盆地及四川盆地始新统介形类组分相似并可对比。

除介形类外，植物孢粉也可建两个与上述介形类相对应的组合带，由上向下为 *Ephedripites*-*Quercoidites* 组合带、*Quercoidites*-*Ulmipollenites* 组合带。以上两组合带化石属种众多，其特征均以被子花粉为主，裸子花粉次之，蕨类罕见。上述组合特征与江西清江、江汉及四川盆地早始新世地层中组分对比，时代属性也倾向于始新世。

轮藻常集中该组上部产出，可称 *Obtusochara* 组合带，主要组分有 *Obtusochara jingzhongensis*，*O. lanpingensis*，*Charites jinjiachangensis*，*Grambastichara polongensis*，*Sphaerochara granulifera* 等。这一以钝头轮藻为代表的组合常与介形类及孢粉上部组合共生，其特征与中国南方古新—始新统所见组分相同。

此外，牛堡组在纳屋错南侧见少量腹足类化石，如 *Pyrazus montensis*，*tillaria* (*Vicinocerithium*) *inopinata*，*Harrisianella* (*Teliostomopsis*) *regularicostata*，*Thericium* (*Pseudoaluco*) cf. *dejaeri*，*T.* (*Chondrocerithium*) cf. *koeneni*，*Bittium versigranulum* 等。这一组合类似新疆等地古近纪晚期陆相淡水腹足类群，未发现有价值的其他门类生物化石，时代判断尚缺乏可靠依据。

以上各门类产出的层位均在牛堡组中、上部，该组下部碎屑岩较粗，在区域上仅见有少量介形类如 *Limnocythere* sp.，*Eucypris* sp. 等，时代仍倾向于古近纪，故牛堡组时限在古新—始新世是可信的，其年代地层划归古新统—始新统。

邦巴组为一套火山盆地型碱性—强碱性火山岩及火山碎屑岩，以中性、中酸性粗面岩及中基性火山岩为主的地层体，零星分布于狮泉河结合带以南地域。该组不整合覆于多尼组、郎山组或捷嘎组之上，产状及区域分布特征各异。其同位素年龄值为 30～33Ma(K－Ar 法)，时代为古近纪晚始新世—早渐新世，大体相当于乌兰戈楚期至乌兰布拉格期，故将其年代地层划归始新统—渐新统。

五、新近纪地层

新近纪岩石地层于区内分布更为零星，以陆相杂色粗碎屑岩为主的唢纳湖组主要分布于多玛分区内。区域上，藏北独泉湖该组见淡水腹足类 *Planorbis youngi*，*Lymnaea* sp.，*Gyraulus* sp. 等及双壳类 *Sphaerium* sp.，*S.* aff. *nitidum* 等(西藏地矿局，1997)，基本面貌可与新疆、川西等地中新统对比，并认为唢纳湖组时代也可能属中新—上新世，结合层序判断，上述两组时限确定在新近纪尚属合理，故将该组年代地层划归新近系。

在南部雄巴一带，以火山岩及火山碎屑岩为主的雄巴组常不整合覆于多尼组或郎山组之上，其同位素年龄值为 19～20Ma(K－Ar 法)，时代为新近纪中新世早、中期，其年代地层应属中新统。

六、第四纪地层

第四系于区内主要沿河流及湖泊沿岸分布，沉积物多为松散堆积，目前尚未发现生物化石。在区内主要湖区沉积物中，更新统湖积物年龄值为 19.2～154.4 万年(石英电子自旋共振法)，中国科学院在扎仓茶卡埋深 15.80m 湖积层处测得年龄值为 20 000±350 年(^{14}C，中科院，1983)，按中国地质年代表(第三届全国地层会议，2000)对比，区内更新统湖积层沉积年代均属晚更新世，大体相当于萨拉乌苏期(Qp^3)。

中国科学院(1983)在扎仓茶卡对钻孔中埋深 1.35m 处的湖积层中的淤泥层所测得的^{14}C 年龄值最小值为 1 400±690 年，表明其形成时代为全新世(第三届全国地层会议，2000)，年代地层属全新统。

第四节 沉积相及沉积环境分析

一、三叠纪—侏罗纪地层

1. 日干配错群

日干配错群岩石组合以碎屑岩为主，颗粒相对较粗，结构与成分成熟度相对均较低，韵律结构明显。

通过对该组以砂岩为主的岩类粒度分析(表 2－9)结果表明：碎屑岩明显偏细，粒序层粒度分布区间变化较大，粒度中值与平均值相差悬殊。Ⅰ类砂体粒度区间一般在 2～5Φ，Ⅱ类在 2.5～4.75Φ，均为细砂级颗粒占绝对优势，含量达 90%以上，粉砂级颗粒一般小于 10%，主要粒级相对较集中，呈单众数分布。

表 2－9　日干配错群粒度分析值

类型	样品号	中值 Φ	平均值 Φ	标准偏差	偏度	尖度
Ⅰ类	Ⅱ－b_1	2.903 9	2.981 5	0.475 5	0.218 7	0.960 7
Ⅱ类	Ⅱ－b_2	3.336 2	3.336 7	0.271 8	2.604 2	0.155 1

由概率曲线(图 2－30)特征分析,两类曲线的斜率中等略偏陡,均以跃移总体为主,角度一般大于 50°。Ⅰ类砂体略偏粗,可见牵引总体,粗截点在 2.25Φ。Ⅱ类砂体偏细,牵引总体及悬浮总体均不发育。标准偏差按福克分类均属分选中等,偏度均为正偏,两类粒度相差明显,尖度属较尖锐级。以上粒度特征与中等能量的牵引流特征相一致。

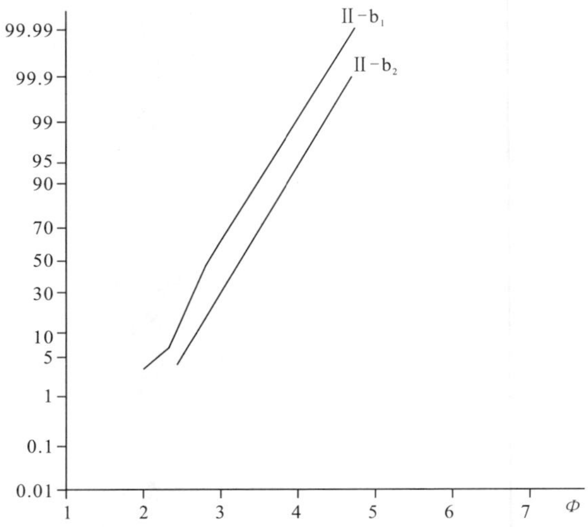

图 2－30　日干配错群粒度正态频率分布曲线

日干配错群岩石宏观特征表现为:以碎屑岩为主的沉积物中粉砂及泥粒级的细屑组分占有较大比重,该群上部泥粒级沉积物数量大增,韵律结构较发育,交替较为频繁,岩石单层厚度较小,微细的粒序层及水平层理发育,该群基本层序表现出了具有复理石的特征。

该群在区内化石罕见,在区域上该群出现的生物组合以营深水浮游生活的放射虫最为特征,对沉积环境有较强的指示意义。同时也见有珊瑚、腕足类、双壳类等以营底栖固着生活的生物种群,虽然数量不多,但明确反映了盐度、日照均正常的浅海环境。

综合以上特征,日干配错群沉积环境应属开阔海近波基面的近滨-滨外带环境,水动力条件一般较弱。

2. 木嘎岗日岩群

木嘎岗日岩群岩石组合中碎屑岩占有绝对优势,长石石英砂岩或岩屑石英砂岩岩比较高,颗粒相对较粗,结构与成分成熟度相对均不高,细层间下粗上细的正粒序较为常见,韵律结构明显。

通过对该组以砂岩为主的岩类粒度分析(表 2－10),在同一基本层序中,存在由粒序形成的两种统计数据相近的类型,碎屑岩明显偏细,粒序层粒度分布区间变化不大,粒度中值与平均值也较为接近。Ⅰ类砂体粒度区间一般在 2～5Φ,Ⅱ类在 2.5～6Φ,均为细砂级颗粒占有优势,粉砂级颗粒Ⅱ类远大于Ⅰ类,主要粒级相对较集中,呈单众数分布。

表 2－10　木嘎岗日岩群粒度分析值

类型	样品号	中值 Φ	平均值 Φ	标准偏差	偏度	尖度
Ⅰ类	2422－11b_2	3.060 4	3.041 1	0.536 7	0.022 3	0.908 6
Ⅱ类	2422－11b_3	3.522 3	3.566 3	0.456 4	0.115 8	1.029 1

由概率曲线特征(图 2－31)分析,两类曲线的斜率中等,均以跃移总体为主,角度为 50°～62°之间。Ⅰ类砂体略偏粗,牵引总体不发育,悬浮总体较发育,细截点位于 5Φ。Ⅱ类砂体偏细,牵引总体及悬浮总体均不发育。标准偏差按福克分类均属分选中等,偏度均为正偏,尖度属较尖锐级。以上粒度特征符合一般中—低等能量的牵引流特征。

木嘎岗日岩群岩石宏观特征表现为:沉积物以碎屑岩为主,其中粉砂及泥粒级的细屑组分占有较大比重,成分成熟度及结构成熟度中等偏低,韵律结构较强,交替较为频繁,岩石单层厚度较小,层理不甚发育,该群基本层序表现出了具有复理石的特征。该群在区内化石罕见,在区域上该群出现的生物组合以营深水浮游生活的放射虫最为特征,对沉积环境有较强的指示意义。同时也见有珊瑚、腕足类、双壳类等以营底栖固着生活的生物种群，虽然数量不多，但明确反映了盐度、日照均正常的浅海环境。综合以上特征，木嘎岗日岩群沉积环境应属开阔海近波基面的近滨带至波基面以下的滨外带及大陆斜坡环境，以洋流为主的水动力条件一般较弱。

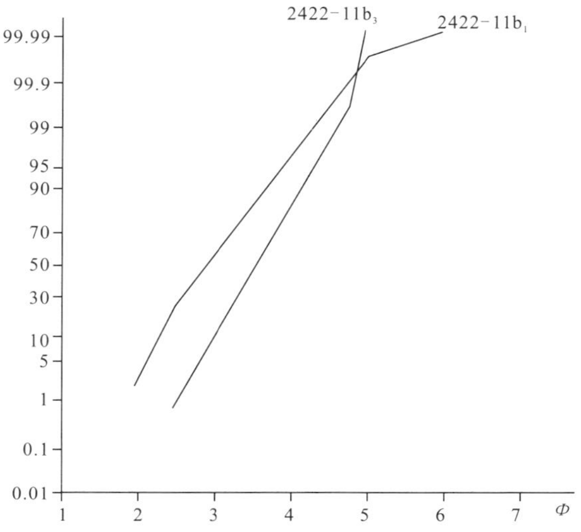

图 2-31 木嘎岗日岩群粒度正态频率分布曲线

3. 聂尔错岩群

聂尔错岩群岩石组合中碎屑岩占绝对优势，浅变质岩屑石英砂岩、细砂质中粒石英砂岩、中砂质细粒石英砂岩、不等粒石英砂岩岩比较高，颗粒相对较粗，岩石成分成熟度较高但结构成熟度较低。在不同段落，碎屑岩沉积物中粉砂及泥粒级的细碎屑亦占较大比重，韵律结构发育，交替频繁，岩石单层厚度较小，微细粒序层及水平层理，基本层序表现出了复理石特征。

该群变质砂岩、粉砂岩、板岩的韵律层中某些段落出现极不稳定的砂屑砾屑碳酸盐岩（碳酸盐岩砾岩或角砾岩），碎屑岩及碎屑碳酸盐岩中砂、砾多为次棱角状，分选、磨圆均较差。不含正常浅海沉积之碳酸盐岩，无中基性—中酸性火山岩或火山碎屑岩出现。在粉砂质板岩中尚见砂屑生物屑灰岩砾块，似属滑塌产物，具有指相意义。变质砂岩中广泛发育粒序层，底面具有复理石印模。

综合上述内容分析，聂尔错岩群沉积环境主要应属波基面以下的滨外带及裂谷斜坡带。

4. 沙木罗组

沙木罗组岩石组合中细碎屑岩占有绝对优势，泥质石英粉砂岩、岩屑石英粉砂岩岩比较高，颗粒相对较细，结构与成分成熟度相对较高，细层间下粗上细的正粒序较为常见，韵律结构明显。

通过对该组以砂岩为主的岩类粒度分析（表 2-11），沙木罗组中碎屑岩粒度分布区间变化不大，粒度中值与平均值也较为接近。Ⅰ类砂体粒度区间一般为 1.75～4.75Φ，Ⅱ类为 1.75～5Φ，均为中—细砂级颗粒占有优势，主要粒级相对较分散，呈多众数分布。

表 2-11 沙木罗组粒度分析值

类型	样品号	中值 Φ	平均值 Φ	标准偏差	偏度	尖度
Ⅰ类	$Nxp5b_1$	2.392 2	2.442 6	0.762 0	−0.115 6	2.228 3
Ⅱ类	$Nxp4b_1$	2.875 6	2.895 6	0.572 9	0.017 5	1.211 8

由概率曲线特征分析（图 2-32），两类曲线的斜率均偏陡，均以跃移总体为主，Ⅰ类砂体偏粗，牵引总体及悬浮总体均不甚发育。Ⅱ类砂体偏细，未见牵引总体，悬浮总体可见，细截点在 4.5Φ。标准偏差按福克分类均属分选中等，偏度为正偏或微负偏，尖度属很尖锐级。以上粒度特征符合海滩冲洗带的主要特征。

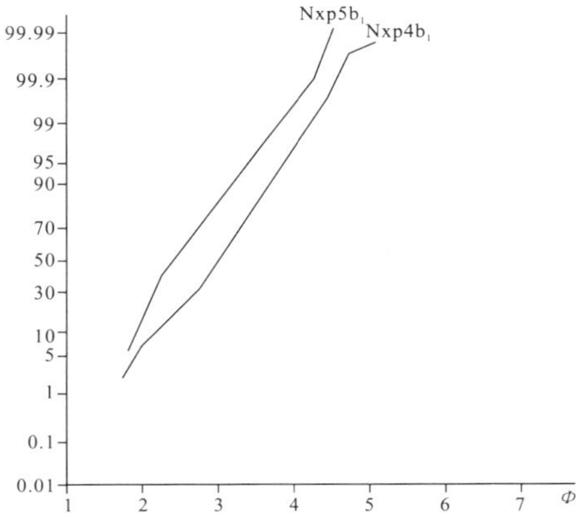

图 2-32 沙木罗组粒度正态频率分布曲线

沙木罗组岩石宏观特征表现为：该组沉积物以碎屑岩为主夹碳酸盐岩、火山碎屑岩，成分成熟度及结构成熟度中等偏高，韵律结构较强。该组中碳酸盐岩含量也较多，多具有砾屑、砂屑及生物屑等内碎屑结构，亮晶胶结，在层间均与碎屑岩形成互层。以上特征均表现了水动力条件较强，且强烈冲刷的特点。

该组中出现的生物组合在区内和区域上均较发育，珊瑚、菊石、双壳类、有孔虫、棘皮动物等多门类生物常见，生物个体常可保存为完好的化石，但多形成生物碎屑并构成沉积物的内源组分。由上述生物群生态特征判断，大部分均属盐度正常的浅海底栖生物种群，部分为浮游种群，如有孔虫等。

综合以上特征，沙木罗组沉积环境应属开阔海波基面以上的前滨—近滨带。

二、白垩纪地层

1. 捷嘎组

捷嘎组中碎屑岩物源以火山物质为主，分选程度低，成分及结构成熟度均较低，层理等沉积构造不发育，具有在水动力条件较弱的条件下，沉积物快速堆积的特征。层间夹有大量基性至酸性火山岩，尤其在该组下部富集，反映出沉积物中火山物质的近源特点。碳酸盐岩的发育也表现出火山物源的周期性供给停滞，由生物内源替代的特征。碳酸盐岩中颗粒结构局部层位中较发育，圆笠虫等碎屑构成主要的造岩物种，也说明水动力条件有间歇性增强的趋势。该组中所见生物有有孔虫、双壳类、腹足类、甲壳虫等门类，均为浅水营底栖固着生活的海相种群。综合上述特征，捷嘎组沉积环境与开阔海后滨—前滨条件较吻合。

2. 多尼组

多尼组沉积岩岩石组合中碎屑岩占有优势，长石石英砂岩或岩屑石英砂岩岩比较高，颗粒相对较粗，结构与成分成熟度相对均不高，细层间下粗上细的正粒序较为常见，韵律结构明显。通过对该组以砂岩为主的岩类粒度分析(表 2-12)，多尼组中碎屑岩粒度分布区间变化较大，可划分出 3 种类型。

表 2-12　多尼组粒度分析值

类型	样品号	中值 Φ	平均值 Φ	标准偏差	偏度	尖度
Ⅰ类	$Dp29b_1$	1.981 6	1.989 9	0.830 6	0.000 7	1.099 5
Ⅱ类	$Dp36b_1$	3.145 8	3.187 5	0.135 6	−1.901 7	−0.389 6
Ⅲ类	$Dp51b_1$	3.873 5	3.881 0	0.918 4	−0.322 9	3.292 8

Ⅰ类砂体粒级较粗，粒度中值接近 2Φ，粒度区间一般为 0.25～4.5Φ，属中至细砂级，主要粒级相对较分散，呈多众数分布。

Ⅱ、Ⅲ类砂体粒级较细，粒度中值为 3.2～3.9Φ，粒度分布曲线形态较相似，以跃移总体为主，主曲线斜率均较陡，缺失牵引总体及悬浮总体。粒度区间为 2.5～6Φ，属细至粉砂级，主要粒级相对仍较分散，呈多众数分布。标准偏差按福克分类均属中等分选，偏度为负偏，尖度变化较大，属较尖锐—很尖锐级。以上粒度特征符合海滩冲洗带的主要特征。

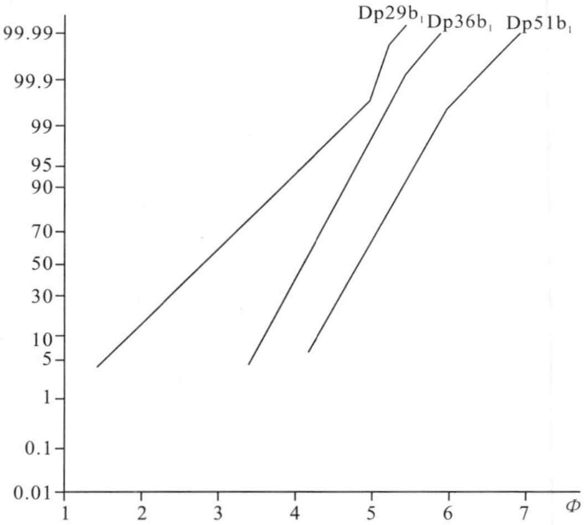

图 2-33　多尼组粒度正态频率分布曲线

概率曲线(图 2-33)特征以跃移总体为主，曲线斜率较缓，45°左右。具有牵引总体及悬浮总体，粗截点位于 0.5Φ，细截点位于 4.25Φ，曲线形态与河流边滩砂体特征相类似。标准偏差按福克分类均属中等分选，偏度为正偏，尖度属较尖锐级。

多尼组岩石宏观特征表现为：该组沉积物以碎屑岩为主，成分成熟度及结构成熟度中等偏高。该组中碳酸盐岩含量也较多，多具有砂、砾屑、生物屑及鲕粒等内碎屑结构，亮晶胶结多见，碎屑岩与碳酸盐岩中可见规模不大的板状、槽状交错层理及水平层理，偶见平行层理。可见小型不规则的底冲刷面，局部层面见有重荷模构造。表明水动力条件较强，且强烈冲刷的特点，沉积物堆积速度也较高。

该组的生物组合在碳酸盐岩中较为发育，区内见有少量圆笠虫、腹足类化石，偶见珊瑚，化石保存不好，多为碎片并构成造岩组分。区域上发育菊石、双壳类、腹足类、介形类、珊瑚、层孔虫等门类生物，个体常保存较为完好，其生态特征多数属盐度正常的营底栖固着生活的生物种群。

综合以上特征，多尼组沉积环境主要应属开阔海域的前滨—近滨带，局部（以Ⅰ类砂体为代表）可能存在近岸河流影响，形成河口砂堤或砂坝。该组上部夹有中、酸性火山岩，表现出沉积区位置处于火山活动较频繁海域的特点。

3. 郎山组

郎山组岩石组合中碳酸盐岩占有绝对优势，主要以生物碎屑灰岩及含生物屑微、泥晶灰岩为主，以生物屑为主要颗粒的内碎屑灰岩生物屑含量可达30%～50%，局部构成生物屑砾石（砾屑），亮晶胶结为主，由不同粒级生物屑形成的粒序较为发育。该组岩石宏观特征表现为：以颗粒结构为主的碳酸盐岩沉积物结构成熟度中等偏高，韵律结构较强。以上特征均表现了水动力条件较强，且强烈冲刷的特点。该组生物组合见有腹足类、圆笠虫、棘屑、有孔虫、双壳类等，保存条件较差。在区域上该组发育数量较大的珊瑚、双壳类、圆笠虫、藻类等生物群，珊瑚等门类可形成规模不等的礁体。由上述生物群生态特征判断，均属盐度正常的浅海营固着生活的底栖生物种群，浮游类型较为罕见。该组中含有少量陆源碎屑岩，多为砾岩及粗粒级石英砂岩，岩石的成分及结构成熟度均较高，具有近源高分选性的特征。

综合以上特征，郎山组沉积环境应属开阔海波基面以上的前滨—近滨带，该带具有较强的波浪冲洗条件，并可形成平行岸线分布的由生物砂或陆源砂组成的席状砂体。

4. 去申拉组

去申拉组下部岩石组合中碎屑岩占有优势，长石石英砂岩或岩屑石英砂岩岩比较高，颗粒相对较细，结构与成分成熟度相对均不高，通过对该组以砂岩为主的岩类粒度分析（表2-13），去申拉组中碎屑岩粒度分布区间变化较大，粒度中值与平均值相差近1Φ，由两种类型组成。Ⅰ类砂体粒度区间一般为1.5～4.25Φ，以中—细砂级颗粒占有优势，Ⅱ类为2.25～5Φ，以细—粉砂级颗粒占有优势，这两类主要粒级相对较分散，呈多众数分布。

表2-13 去申拉组粒度分析值

类型	样品号	中值Φ	平均值Φ	标准偏差	偏度	尖度
Ⅰ类	$Ⅲ_3-10b_1$	2.465 2	2.485 3	0.501 9	0.030 2	1.004 9
Ⅱ类	$Ⅲ_3-7b_2$	3.457 9	3.473 8	0.409 2	0.081 2	1.085 3

由概率曲线特征（图2-34）分析，两类曲线的斜率均偏陡，均以跃移总体为主，Ⅰ类砂体较粗，牵引总体及悬浮总体均不甚发育，粗细截点不明显。Ⅱ类砂体较细，可见较发育的牵引总体和悬浮总体，粗截点在2.5Φ，细截点在4.5Φ。标准偏差按福克分类均属分选中等，偏度均为正偏，尖度较尖锐。以上粒度特征符合低至中等能量海滩冲洗带的主要特征。去申拉组下部宏观特征表现为：该组碎屑岩沉积物一般粒度偏细，岩屑等近源组分含量较高，成分成熟度偏低，结构成熟度中等偏高。碎屑岩中砾岩等粗屑组分仍较发育，砂岩中水平层理可见。该组中碳酸盐岩含量较少，见有具亮晶结构的生物屑、砾屑及豆粒等内碎屑颗粒。

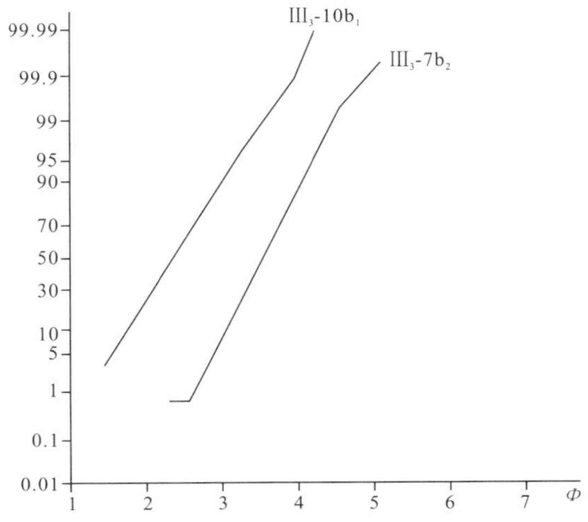

图2-34 去申拉组粒度正态频率分布曲线

以上特征表现了强弱交替的水动力条件。该组在区内及区域上均可见有少量珊瑚化石，具有较强的指相意义，指示了正常盐度的浅水环境。

综合以上特征，去申拉组沉积环境与开阔海滩后—前滨砾滩—沿岸砂坝环境模式较为相近。该组上部为大量中—基性火山岩，表现为沉积区处于火山活动极为频繁的海域。

5. 竟柱山组

竟柱山组岩石组合中碎屑岩占有优势，长石石英砂岩或岩屑石英砂岩岩比较高，颗粒相对较粗，结构与成分成熟度相对均不高，细层间下粗上细的正粒序较为常见，韵律结构明显。通过对该组以砂岩为主的岩类粒度分析（表 2－14），竟柱山组中碎屑岩粒度分布区间变化不大，粒度中值与平均值也较为接近，可划分出 3 种类型。Ⅰ类砂体粒度区间一般为 1～4.25Φ，Ⅱ类为 1.5～4.5Φ，这两类中—细砂级颗粒占有优势，主要粒级相对较分散，呈单众数分布。Ⅲ类为 2.5～5Φ，以细砂级颗粒为主，粒级相对较集中。

表 2－14　竟柱山组粒度分析值

类型	样品号	中值 Φ	平均值 Φ	标准偏差	偏度	尖度
Ⅰ类	X_2－29b_1	2.325 5	2.319 2	0.461 4	0.097 8	0.931 9
Ⅱ类	X_2－20b_1	2.097 0	2.884 4	0.481 0	－0.022 9	0.947 5
Ⅲ类	X_2－15b_1	3.309 1	3.318 8	0.438 5	0.015 0	1.051 9

由概率曲线特征（图 2－35）分析，三类曲线的斜率均偏陡，均以跃移总体为主，Ⅰ、Ⅱ类砂体较粗，牵引总体不甚发育，粗截点在 1.5～2Φ 之间，缺失悬浮总体。Ⅲ类砂体较细，未见牵引总体，悬浮总体可见，细截点在 4.75Φ。标准偏差按福克分类均属分选中等，偏度为正偏或微负偏，尖度较尖锐。以上粒度特征符合海滩冲洗带的主要特征。

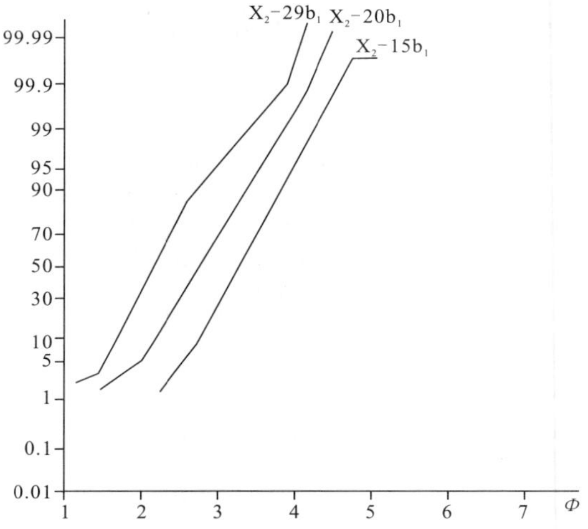

图 2－35　竟柱山组粒度正态频率分布曲

竟柱山组岩石宏观特征表现为：该组以粗屑沉积物为主，岩屑等近源组分含量较高，成分成熟度偏低，结构成熟度中等偏高，韵律结构较强。碎屑岩中发育水平层理，局部有平行层理出现，该组中碳酸盐岩含量也较多，且具有亮晶结构的生物屑、鲕粒等内碎屑灰岩，颗粒含量多超过 30%。以上特征均表现了较强的水动力条件。该组中出现的生物组合以含有孔虫为特点，其中，圆笠虫为最常见，该门类属海相种群。区域上该组发育双壳类及腹足类，双壳类中的类三角蚌（*Trigonioides*）属淡水类型，具有陆相种群的特点。

综合以上特征，竟柱山组沉积环境具有海陆交互的性质，粒度分布特征及沉积物性质与河流入海口一带的滨岸带类似，与后—前滨砾滩—沿岸砂坝环境模式较为相近，部分层段特别在该组上部，粗屑组分陡增，成分及结构成熟度有大幅降低的趋势，岩性特征反映出沉积速率加快的特点。该组剖面整体表现出由下向上岩石粒级增大，成熟度下降，结合海、陆相指相生物的分布特点，该组总体环境应与建设性三角洲特征相符。

6. 阿布山组

阿布山组地层岩石组合为碎屑岩，岩屑石英砂岩或岩屑砂岩占有较高岩比，颗粒相对较粗，结构与成分成熟度相对均不高，常可见细层中发育下粗上细的正粒序。粉砂岩及泥岩含量相对较少，多与粗屑组分构成韵律结构。通过对该组以砂岩为主的岩类粒度分析（表 2－15），阿布山组中碎屑岩粒度分布区间变化较大，粒度中值与平均值也相差悬殊，可划分出 3 种类型。

表 2-15 阿布山组粒度分析值

类型	样品号	中值 Φ	平均值 Φ	标准偏差	偏度	尖度
Ⅰ类	Ndp17-b_1	2.490 1	2.521 7	0.489 4	0.115 9	0.111 1
Ⅱ类	Ndp25-b_1	3.406 0	3.435 2	0.387 2	0.139 4	0.967 5
Ⅲ类	Ndp30-b_1	1.399 5	1.421 9	0.543 8	0.077 2	1.005 4

Ⅰ类砂体粒度区间一般为 2.5～5Φ，Ⅱ类为 1.5～4.25Φ，这两类细砂级颗粒占有优势，主要粒级相对较集中，呈单众数分布。Ⅲ类为 0～3.5Φ，以中砂级颗粒为主，粒级相对较分散。由概率曲线（图 2-36）特征分析，三类曲线的斜率均为中等偏陡，均以跃移总体为主，牵引及悬浮总体均不发育，粗细截点不明显。标准偏差按福克分类均属分选中等，偏度均为正偏，尖度较尖锐。以上粒度特征与河流环境中的河口沙坝较为接近。

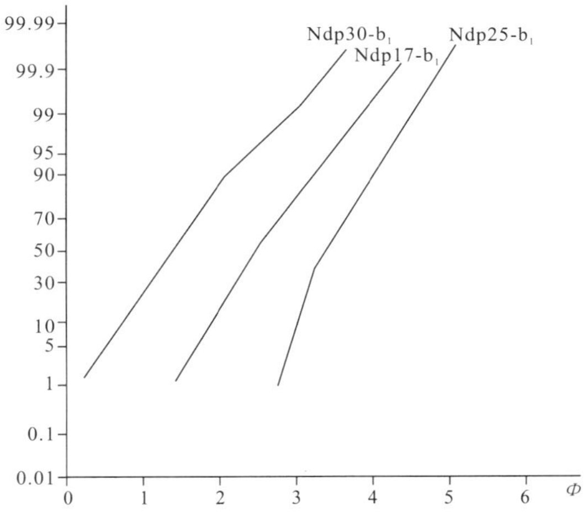

图 2-36 阿布山组粒度正态频率分布曲线

阿布山组岩石宏观特征表现为：该组砂岩中发育水平层理及板状交错层理，局部可能存在平行层理。该组下部复成分砾岩较为发育，但不甚稳定，多呈透镜状产出，部分砂岩中程度不等的含有砾石，且不稳定。砾岩中同样可见砾石具下粗上细排列的粒序。碎屑岩中陆源碎屑成分较为复杂，与源区的酸性火山岩关系较为密切。岩石颗粒的分选和磨圆度一般，成分成熟度及结构成熟度均较低。该组在区内化石罕见，在区域上见有以植物孢粉为主的生物群，生物组合也间接反映了陆相的环境特征。

综上所述，阿布山组沉积环境以陆相的河流相为主，沉积物宏、微观特征反映出近源曲流河近湖盆的河口沙坝相特征。该组中出现的砾岩及不甚发育的碳酸盐岩相对反映了在河口环境下，发洪期大量粗屑洪积物的快速堆积与间歇期陆源枯竭，由内源替代的交替现象。

三、古近纪地层

牛堡组岩石组合以碎屑岩为主，复成分砾岩及岩屑石英砂岩占有较大优势，沉积物普遍较粗，岩石的结构与成分成熟度相对较低。通过对该组以砂岩为主的岩类粒度分析（表 2-16），颗粒明显偏粗，主要粒级相对较集中，呈单众数分布，大体可划分出 3 种类型。Ⅰ类砂体粒度区间一般为 1～4Φ，粒级相对较分散，属中—细粒级。Ⅱ类砂体粒度区间为 2～4.75Φ，Ⅲ类砂体粒度区间为 2.5～4.75Φ，这两类砂体均为细砂级颗粒占有绝对优势，占颗粒总量的 84%～95%，粒度中值在 2～3.5Φ 之间。

表 2-16 牛堡组粒度分析值

类型	样品号	中值 Φ	平均值 Φ	标准偏差	偏度	尖度
Ⅰ类	Np22-b_1	2.199 0	2.223 7	0.532 2	0.103 1	0.973 1
Ⅱ类	Np18-b_1	2.868 5	2.882 8	0.432 2	0.256 3	0.602 8
Ⅲ类	Np18-b_2	3.539 4	3.553 4	0.448 9	0.031 0	1.031 9

由概率曲线特征分析（图 2-37），三类曲线的斜率均为中等偏陡，均以跃移总体为主，牵引及悬浮总体均不发育，砂体粒度偏粗，粒度分布特征反映出搬运介质能量较高的特点。标准偏差按福克分类均属分选中等偏差，偏度均为正偏，尖度较尖锐，以上粒度分布特征与能量中等偏低的牵引流基本一致。

在宏观特征上牛堡组由岩石粒序形成的沉积韵律结构较明显，成分及结构成熟度均不高。粗屑组分中发育规模较大的板状交错层理及水平层理，局部出现平行层理，表现出较强的以牵引流为主的水动力条件特征。该组于区内生物化石罕见，仅局部见到少量保存较差的腹足类。在区域上该组含有较为丰富的以介形类、轮藻及孢粉为代表的化石群，该种群生态环境为较典型的陆相淡水生物群，具有较强的指相意义。以上宏观特征结合岩石粒度分布特征判断，牛堡组沉积环境与河流相关系密切。该组基本层序特征表现出与曲流河下部河道-漫岸沉积基本吻合的冲积环境模式，大量以含砾岩类为代表的粗屑物质的存在，反映了洪积物间歇性快速堆积的特点，属河流发洪期的产物。

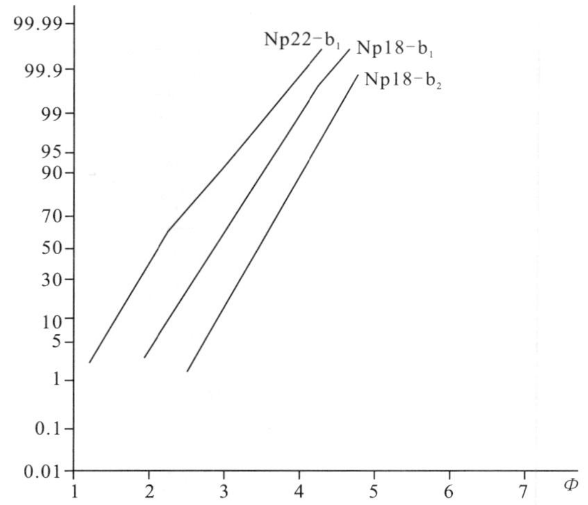

图 2-37 牛堡组粒度正态频率分布曲线

四、新近纪地层

唢纳湖组出露部分以粗碎屑岩为主，砾岩中砾石成分复杂，大小混杂堆积，排列无定向性，基底式-孔隙式胶结，块状构造。砂岩中也程度不同地含有砾石，分选性一般均较差。碳酸盐岩中葡萄状灰岩呈薄板状，具少量孔洞构造，与藻类成因有关的层纹构造发育，层纹形态呈极不规则波状，另灰岩中发育壳层层纹，圈层构造、鸟眼构造发育。

综上所述，由剖面所测控的该组地层主要部分沉积物为粗屑物质，岩石成分及结构成熟度均极低，具有垂向加积并快速堆积的特点，与泥石流沉积相似。结合下伏地层特征分析，该组基本沉积环境应属河流在发洪期的洪积扇堆积，且多属扇顶部位。该组上部出现的一套厚度不大的褐黄、浅灰白色灰岩、白云岩夹泥岩、白云质泥灰岩多属在干旱条件下河流憩水期沉积，其出现部位可能于洪积扇的扇缘，为发洪间歇期产物。

第五节 层序地层

一、层序地层的划分及层序界面的识别

层序地层的划分主要是依据海平面上升或下降过程中所形成的不连续界面来确定的。测区具 3 个一级层序界面（图 2-38）。一是日干配错群顶部不连续界面，该界面形成于晚三叠世末，在测区中由于断层破坏表现不全，但区域上为一控制地层层序发育及沉积环境变迁的区域性角度不整合面，该面性质为海岸线上超、海平面上升且大于盆地沉降速率的条件下形成的界面，属Ⅱ型层序界面。二是木嘎岗日岩群顶部的不连续界面，形成于中侏罗世末，在区域上仍为一控制地层层序发育及沉积环境变迁的区域性角度不整合面，该面性质具有海平面下降且大于盆地沉降速率的情况下形成的界面，属Ⅰ型层序界面。三是牛堡组底界的不整合界面，该界面形成于古近纪初，其性质是控制沉积环境的区域性不整合面，为海平面下降迅速，且远大于盆地沉降速率，沉积物对沉积盆地快速充填的情况下形成的界面，沉积环境由海相转化为陆相，该界面性质属Ⅰ型层序界面。

依据上述 3 个一级层序界面，测区划分出 4 个一级地层层序。

1. 层序Ⅰ(SQⅠ)

由日干配错群组成，层序顶界面对应Ⅱ型层序界面，其底界面不详。该层序特征属高水位体系域，层序内地层相对整合，沉积性质属加积及进积准层序为主，该层序形成时代为前侏罗纪。区域上见晚三叠世地层被上覆的早—中侏罗世木嘎岗日岩群向该群上超。

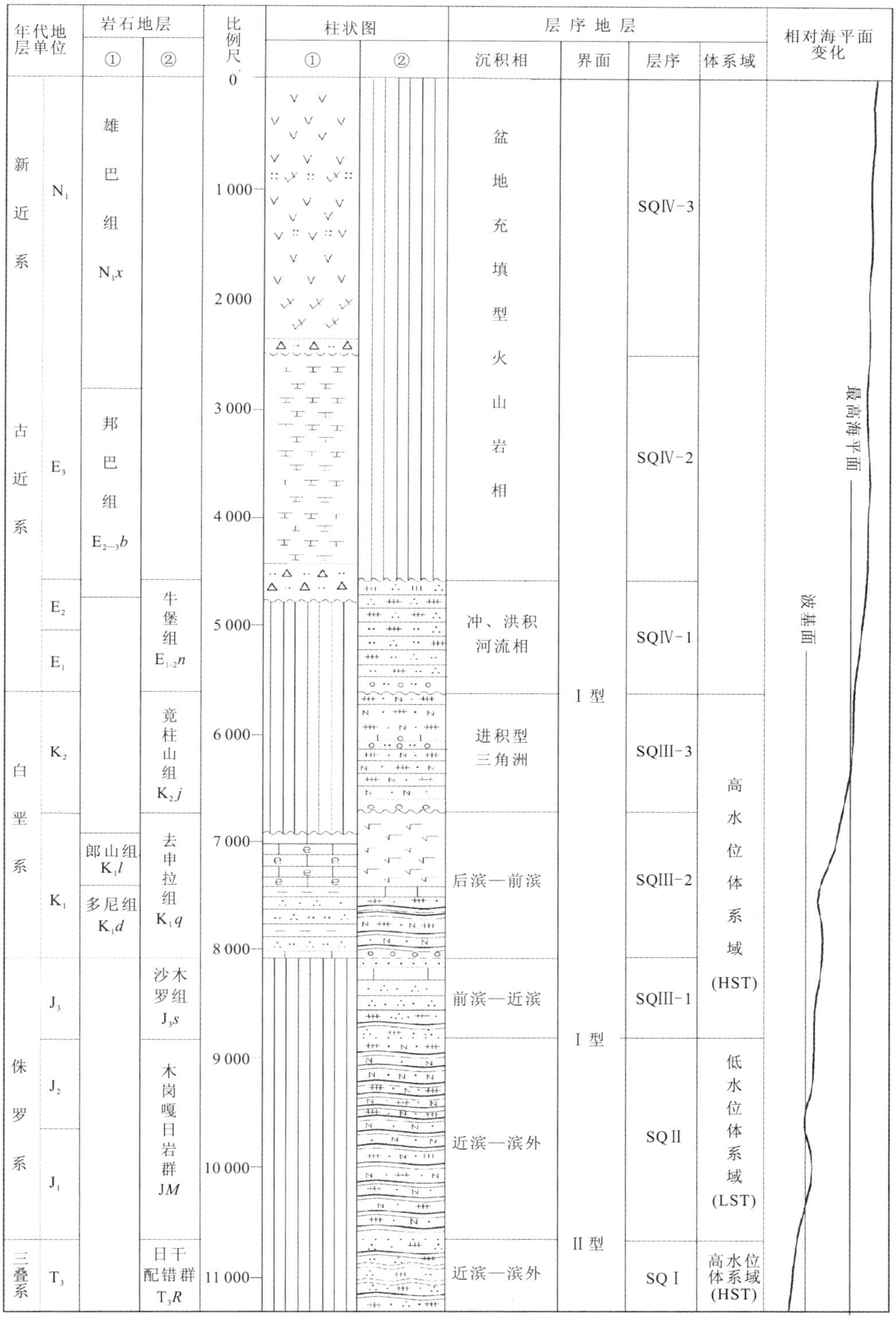

图 2-38 测区层序地层单位综合划分示意图

2. 层序Ⅱ(SQⅡ)

由木嘎岗日岩群组成，层序底界面对应Ⅱ型层序界面，其顶界面对应Ⅰ型层序界面。该层序特征属低水位体系域，沉积性质以加积准层序为主。该层序分布于班公错-怒江结合带中，形成时代为早—中侏罗世，并为上覆的晚侏罗世地层上超。

3. 层序Ⅲ(SQⅢ)

由沙木罗组、捷嘎组、多尼组、郎山组、去申拉组及竟柱山组6个组级单位组成，其顶、底界面均对应Ⅰ型层序界面，时代属晚侏罗世—白垩纪。该层序特征属高水位体系域，沉积性质以退积型准层序为主。该界面由于断层破坏测区内未直接观察到，在邻区可见为角度不整合界面。该层序中尚可识别两个二级层序界面，其一为沙木罗组与去申拉组之间的平行不整合界面，形成时代在早白垩世早期；其二为去申拉组与竟柱山组之间的不连续界面，形成时代在晚白垩世早期。以上两个界面性质较相近，并可据此划分出3个二级地层层序。

层序Ⅲ-1(SQⅢ-1)：该层序由沙木罗组组成，沉积物以碎屑岩为主，属高水位体系域中的一组加积准层序组。

层序Ⅲ-2(SQⅢ-2)：该层序由去申拉组或多尼组、郎山组组成，沉积物以碎屑岩及碳酸盐岩为主，仍属高水位体系域中的一组进积型准层序组。

层序Ⅲ-3(SQⅢ-3)：该层序由竟柱山组组成，仍属高水位体系域中的一组退积型准层序组。

4. 层序Ⅳ(SQⅣ)

为陆相地层层序，其底界面对应Ⅰ型层序界面。该层序在测区内的形成时代极不平衡，在班公错-怒江结合带北侧存在两个层序界面，此两界面均为高角度不整合界面，形成时代有较大差别。其一为阿布山组底界面，该界面形成于晚白垩世早期；其二在阿布山组与唢纳湖组之间的角度不整合界面，其形成时代在新近纪早期，班公错-怒江结合带南侧在层序中以牛堡组底界面为代表，形成于古近纪早期。此外，在该区由于发育陆相火山岩系列，尚可划分出两个火山岩层序界面。其一为邦巴组底界面，形成于渐新世早期；其二为雄巴组底界面，形成于中新世。这两个界面均与下伏沉积岩地层形成高角度不整合，并据此可划分出3个二级地层层序。

层序Ⅳ-1(SQⅣ-1)：该层序由牛堡组组成，为一套冲—洪积沉积体系。

层序Ⅳ-2(SQⅣ-2)：该层序由邦巴组组成，为一套火山盆地型偏碱性中酸性火山岩及火山碎屑岩系列。

层序Ⅳ-3(SQⅣ-3)：该层序由雄巴组组成，为一套粗面质火山岩及火山碎屑的岩石系列。

二、层序地层单位特征

1. 层序Ⅰ(SQⅠ)

由日干配错群组成的层序Ⅰ属高水位体系域，沉积物为变质的浅灰至深灰色岩屑石英砂岩、深灰色粉砂岩、千枚状砂质、粉砂质绢云母板岩和绢云千枚岩，多组成频繁的具韵律性的互层。地层连续性较好。沉积环境属大陆斜坡以上开阔海波基面附近的近滨—滨外带环境，水动力条件一般较弱，沉积物多以垂向加积的方式沉积。繁盛以双壳类、珊瑚、腕足类等为主的浅水类型生物群。该环境为海平面上升过程中，上升速度变慢，物源物质增加所形成。

2. 层序Ⅱ(SQⅡ)

由木嘎岗日岩群组成的层序Ⅱ属低水位体系域，沉积物为成熟度较低的砂岩、粉砂岩与板岩或泥、页岩构成的不等厚韵律互层，并程度不等地夹有砂砾岩、硅质岩或少量碳酸盐岩，总体特征是沉积物粒度较细，韵律结构发育，具有复理石的特征。该层序中地层连续性好，沉积环境属开阔海近波基面的近滨带至波基面以下的滨外带及大陆斜坡环境，生物组合除仍发育珊瑚、腕足类、双壳类等以营底栖固着生活的生物种群以外，出现了以营深水浮游生活的放射虫最为特征。以洋流为主的水动力条件一般较弱，沉积方式以垂向加积为主，侧向加积次之。

3. 层序Ⅲ(SQⅢ)

构成该层序高水位体系域的次级层序中，由沙木罗组组成的层序Ⅲ-1(SQⅢ-1)主要由成熟度较高的陆源碎屑物质所组成，该层序基本沉积环境应属开阔海波基面以上的前滨—近滨带，水动力条件一般较弱，沉积方式以垂向加积为主，侧向加积次之。发育的生物类型以浅海底栖生物种群为主，如珊瑚、双壳类、有孔虫等。上述环境的特点反映出在高水位体系域中，海平面上升至最高位置之前的层序特征。由多尼组及郎山组组成的层序Ⅲ-2(SQⅢ-2)沉积物中陆源碎屑物质逐渐减少，渐由碳酸盐岩所取代，由沉积物反映出的海水水动力条件也逐步增强，生物组合中如珊瑚、腕足类、双壳类等以营底栖固着生活的生物种群相当繁盛，沉积环境主要属开阔海域的前滨—近滨带，火山活动也趋于频繁。由竟柱山组组成的层序Ⅲ-3(SQⅢ-3)沉积物中，陆源碎屑物大量增加，碳酸盐岩大幅减少，陆源粗屑物质大量进入盆地，沉积物具有快速堆积的特点。生物群既有圆笠虫等海相种群也同时存在淡水类型的双壳类及腹足类。在水动力条件具有海浪与河流的双重作用下，该层序沉积环境属进积型(建设型)三角洲，具有海陆交互的性质。

4. 层序Ⅳ(SQⅣ)

该层序由陆相地层组成，在海平面下降速率远高于沉积盆地下降速率的条件下，促成了大规模海退，沉积盆地接受大量来自陆源的沉积物，沉积环境演变为陆相的冲、洪积环境。组成层序Ⅳ-1(SQⅣ-1)的地层为牛堡组，其底界面为一区域性角度不整合面，沉积物由巨厚的陆源碎屑岩组成，以复成分砾岩、长石石英砂岩、岩屑石英砂岩等为主，局部夹有泥质粉砂岩、粉砂质泥岩等，并有少量碳酸盐及蒸发盐类(如石膏等)出现，成分及结构度均较低，以曲流河下部河道-漫岸沉积为主。生物组合出现以淡水种群为主，介形类生物最具代表性，数量不多的植物孢粉也具有指示环境的意义。牛堡组沉积之后，测区内大范围沉积作用已告结束，在测区南部，狮泉河断裂带以南地区，火山活动强烈，由充填于盆地内的两套火山岩组成层序Ⅳ-2(SQⅣ-2)及层序Ⅳ-3(SQⅣ-3)两个火山岩层序。其中，层序Ⅳ-2(SQⅣ-2)由邦巴组组成，为一套陆相火山盆地型碱性—强碱性火山岩及火山碎屑岩系列，岩石类型主要为石英粗面岩、粗面岩及凝灰岩等为主。层序Ⅳ-3(SQⅣ-3)由雄巴组组成，以一套杂色火山岩及火山碎屑岩为主，岩石类型主要为安山岩、英安岩等，火山碎屑岩以中、酸性凝灰岩多见。上述两套火山岩系厚度巨大，分布范围也具有局限性。

三、海平面变化及层序地层格架

通过层序地层单位的划分，可进一步了解测区内海平面变化特征并确立层序地层格架(图2-39)。

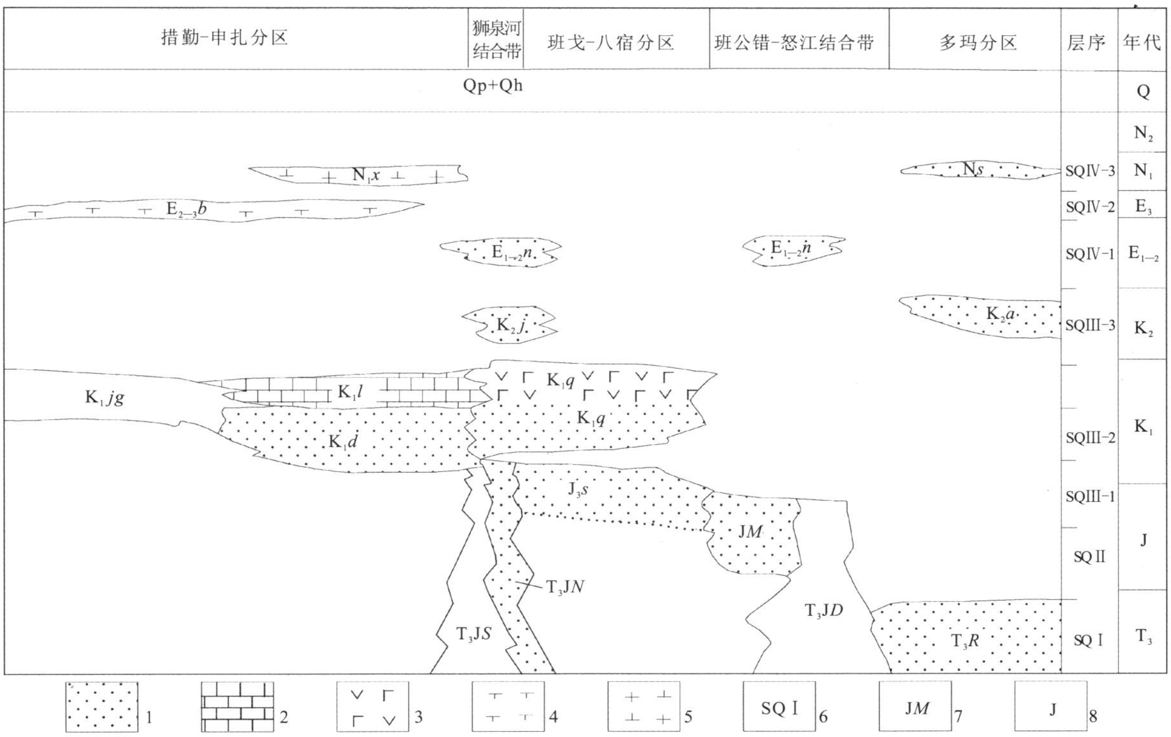

图2-39　地层格架纵剖面示意图

1.碎屑岩；2.碳酸盐岩；3.基性火山岩；4.中性火山岩；5.酸性火山岩；6.序号；7.岩石地层单位；8.年代地层单位

1. 层序Ⅰ(SQⅠ)

形成于晚三叠世，这一时期海平面下降速率小于沉积盆地的下降速率，海水深度逐步加深，沉积环境为开阔海的近滨及滨外带，多在波基面附近及以下，水动力条件相对较弱，能量偏低。由于在测区内地层出露不完整，该层序的起始界面性质尚无法判断，层序的顶界面为Ⅱ型界面，该层序形成于海平面逐步上升期，性质应为海平面高水位期间的沉积，属高水位体系域。

2. 层序Ⅱ(SQⅡ)

形成于早—中侏罗世，这一时期海平面下降速率仍小于沉积盆地的下降速率，并逐步缓慢上升，沉积环境为仍开阔海的近滨及滨外带，多在波基面以下及附近，水动力条件相对仍较弱。该层序界面性质为Ⅱ型界面，该层序形成于海平面下降后的缓慢上升期，性质应属低水位体系域。

3. 层序Ⅲ(SQⅢ)

形成于晚侏罗世至白垩纪末，这一时期沉积盆地的下降速率逐步降低，海平面下降速率增高，海水深度逐步变浅，波浪作用等水动力条件增强，沉积环境多在波基面以上，向开阔海的冲洗带过渡，沉积环境由早期的前滨—近滨带演变为晚期的后滨—进积型三角洲，由该层序中的4个次级层序的叠加关系也反映出这一演变特征。该层序界面性质为Ⅱ型界面，性质为高水位体系域，为较为典型的进积型层序组合。

4. 层序Ⅳ(SQⅣ)

由新生代的古新世至中新世，为陆相地层层序序列，其底界面对应Ⅰ型层序界面。该层序属海平面快速下降并退出测区，其后由河流下切及火山活动加剧，冲、洪积物及火山喷出物快速堆积，使盆地迅速充填的沉积层序。沉积环境经历了由早期的下部河道-漫岸沉积演变为晚期的充填型火山盆地。这两种不同环境分别发育于狮泉河(次级)结合带两侧的不同时期。

第三章　岩浆岩

测区岩浆岩分布较广，约占全区总面积的37%，形成于印支期、燕山期及喜马拉雅期，类型有蛇绿岩、中酸性侵入岩、中新生代火山岩。蛇绿岩分布于测区北东部的班公错-怒江结合带与狮泉河（次级）结合带中；中酸性侵入岩主要分布于班公错-怒江结合带南侧的昂龙岗日—阿翁错—盐湖一带和中南部的革吉—帕阿—雄巴与邦巴一带，新生代侵入岩集中分布于邦巴以南；中生代火山岩主要赋存于去申拉组、多尼组、捷嘎组、沙木罗组地层中；新生代火山岩在测区十分发育，主要分布于测区南部的邦巴—雄巴一带（图3-1）。

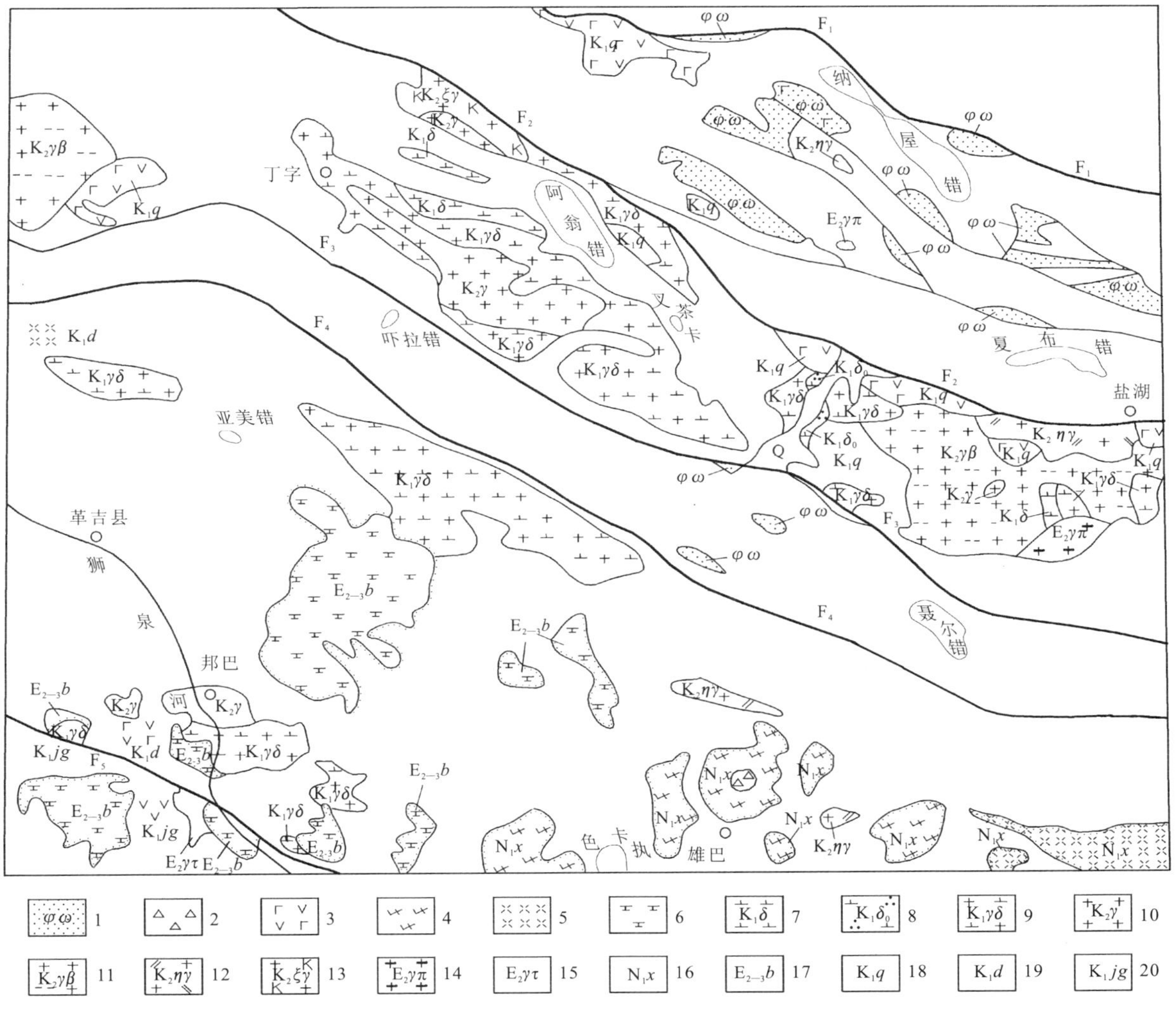

图3-1　革吉县幅岩浆岩分布略图

1.蛇绿岩；2.火山角砾岩；3.安山玄武岩；4.英安岩；5.流纹岩；6.粗面岩；7.早白垩世闪长岩；8.早白垩世石英闪长岩；9.早白垩世花岗闪长岩；10.晚白垩世花岗岩；11.晚白垩世黑云母花岗岩；12.晚白垩世二长花岗岩；13.晚白垩世钾长花岗岩；14.古近纪花岗斑岩；15.古近纪白花岗岩；16.中新统雄巴组；17.始—渐新统邦巴组；18.下白垩统去申拉组；19.下白垩统多尼组；20.下白垩统捷嘎组；F_1.纳屋错断裂带；F_2.盐湖断裂带；F_3.吓拉错断裂带；F_4.聂耳错断裂带；F_5.邦巴断裂带

第一节　蛇绿岩

测区蛇绿岩是班公错-怒江蛇绿混杂岩带与狮泉河-古昌蛇绿混杂岩带的组成部分，分布于测区北东的纳屋错一字末牛日与测区中部的聂耳错一带。沿班公错-怒江结合带分布的蛇绿岩出露较全，其组成单元如变质橄榄岩、层状堆晶岩、席状岩墙群、大洋拉斑玄武岩等均有一定程度出露；沿狮泉河结合带分布的蛇绿岩仅出露有限的辉石岩和少量的大洋拉斑玄武岩。

由于班公错-怒江结合带和狮泉河-古昌结合带内构造十分发育，大小断裂纵横交错，蛇绿岩受到强烈构造肢解，蛇绿岩组成单元彼此孤立或呈断层接触，测区内很难找到一个理想的完整连续剖面。

一、岩石学特征

测区蛇绿岩虽受到强烈构造肢解，蛇绿岩组成单元彼此孤立或呈断层接触，但蛇绿岩组成单元如变质橄榄岩、层状堆晶岩、席状岩墙群、大洋拉斑玄武岩等均有不同程度和规模出露(图 3－2、图 3－3)。

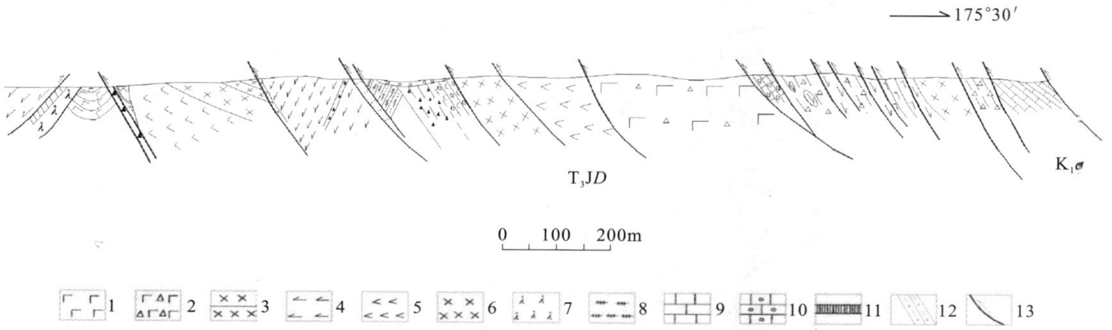

图 3－2　测区纳屋错东巧蛇绿岩群实测剖面图

1. 块状玄武岩；2. 角砾状玄武岩；3. 层状堆晶岩；4. 蛇纹岩；5. 辉长岩；6. 辉石岩；7. 玢岩；8. 复理石沉积岩；9. 块状灰岩；10. 生物灰岩；11. 硅质岩；12. 构造破碎带；13. 推覆构造

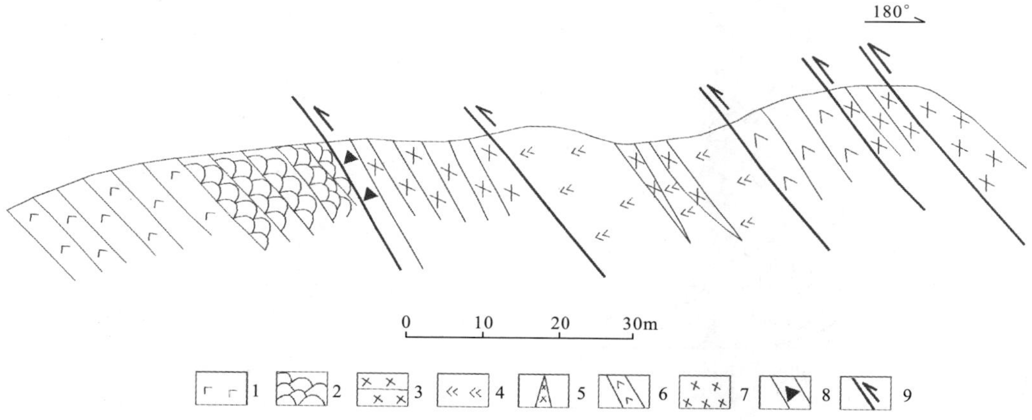

图 3－3　D5020 点蛇绿岩组成单元剖面图

1. 块状玄武岩；2. 枕状玄武岩；3. 层状堆晶岩；4. 变质橄榄岩；5. 席状岩墙；6. 辉长岩；7. 辉石岩；8. 构造破碎带；9. 推覆断裂

1. 橄榄岩

变质橄榄岩在测区分布有限，呈孤立的构造透镜体产出，与围岩均呈断层接触，出露厚度一般 40～120m。岩石强烈滑石菱镁岩化、碳酸盐化。主要岩石类型有滑石菱镁岩化方辉橄榄岩、二辉橄榄岩和滑石菱镁岩。

蛇纹石化方辉橄榄岩：测区新鲜方辉橄榄岩很少见到，基本上全部蛇纹石化，岩石常呈灰绿色，片状或板片状构造，显微纤维状变晶结构。矿物成分以蛇纹石、绢云母等为主，呈小片状或纤维状集合体，岩石遭受强烈蚀变，橄榄石已全部蚀变为纤维状蛇纹石、小片状绢云母。

二辉橄榄岩：常见矿物组合为橄榄石、斜方辉石，含少量铬尖晶石和磁铁矿等。岩石中常见网络结构、假斑结构、变晶结构、熔蚀残余结构等。橄榄石常见拉长、波状消光和扫折带，多数蚀变为蛇纹石、滑石、菱镁石等；斜方辉石一般熔蚀残余结构发育，并具轻微的波状消光，多数蚀变为蛇纹石、次闪石等。

滑石菱镁岩：测区滑石菱镁岩为方辉橄榄岩经滑石菱镁岩化后形成，岩石常呈银灰色或灰绿色，片状或板片状构造，显微纤维状变晶结构。矿物成分以滑石、菱镁石、绢云母、碳酸盐等为主，岩石遭受强烈构造、蚀变作用后，呈小片状集合体。

2. 层状堆晶岩

在测区多处均见具堆积层序的层状堆晶岩，出露厚度 60～150m，分异作用较差。堆晶岩主要由橄榄石、单斜辉石和斜长石组成，含少量烙尖晶石和磁铁矿，上述 3 种矿物以不同比例组合形成一系列岩石，出现在堆晶杂岩的不同层位（图 3-4）。

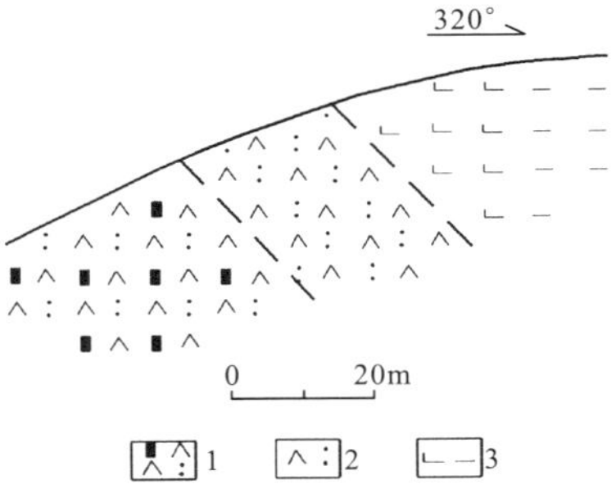

图 3-4 层状堆晶岩的堆积层序素描图
1. 橄榄石堆晶岩；2. 次闪石单辉橄榄堆晶岩；3. 斜长石堆晶岩

最下部为橄榄石堆晶岩，具典型堆晶结构，前堆积矿物橄榄石含量 60%～80%，自形程度较高，粒径 2～3mm；后堆积矿物单斜辉石均呈细长条状，大小约 0.3mm×2mm，呈放射状或近平行排列，其间被暗色矿物蚀变而成的蛇纹石、绿泥石充填，形成似鬣刺结构。

中部为次闪石化单辉橄榄堆晶岩，具堆晶结构。单斜辉石含量 30%～50%，呈浅紫色，部分颗粒蚀变为次闪石；自形橄榄石含量 40%～60%，均已蚀变为蛇纹石。

上部为斜长石堆晶岩，具堆晶结构，堆积矿物为斜长石和少量橄榄石，含量约 50%，后堆积矿物为单斜辉石和斜长石。

3. 席状岩墙群

席状岩墙由侵入或“生根”于斜辉橄榄岩中的辉长岩及少量辉绿岩组成，如纳屋错蛇绿岩地区，见蚀变辉长岩墙与层状堆积岩（斜辉橄榄岩）共生，向上呈岩墙状侵入于蚀变基性火山岩中（图 3-5）。岩石具变余辉长、辉绿结构，主要矿物为基性斜长石、单斜辉石、绿泥石、方解石和白钛石等。单斜辉石大多较新鲜，少数蚀变为次闪石。

4. 基性熔岩

测区基性熔岩十分发育，出露面积约 120km²，出露厚度为 300～500m，基性熔岩由块状熔岩与枕状熔岩及玄武熔结角砾岩组成（图 3-6）。

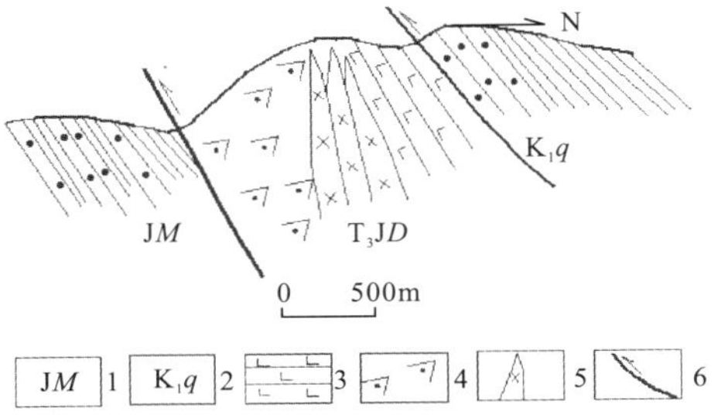

图 3-5 纳屋错蛇绿岩中席状岩墙素描图
1. 木嘎岗日岩群；2. 去申拉组；3. 基性熔岩；4. 斜辉橄榄岩；5. 席状岩墙；6. 推覆断裂

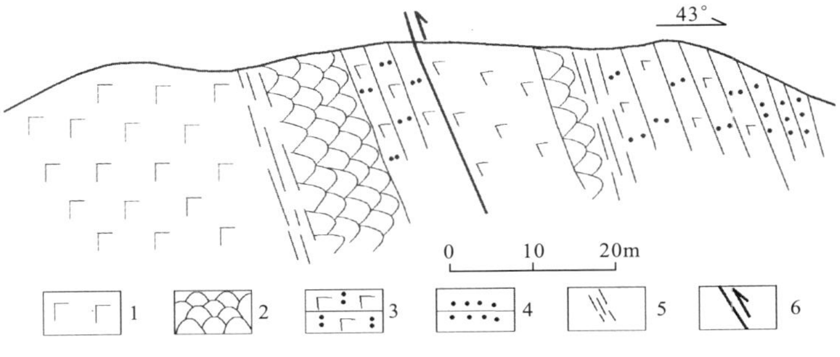

图 3-6 纳屋错蛇绿岩基性熔岩露头素描图
1. 块状熔岩；2. 枕状熔岩；3. 玄武质凝灰岩；4. 砂岩；5. 劈理带；6. 断层

基性熔岩蚀变强烈，部分地段具细碧岩化，岩石具斑状结构，基质具间粒结构、间隐结构、粗玄结构、玻基结构。矿物为单斜辉石和斜长石，少量橄榄石。单斜辉石斑晶自形程度较高，有时可见生长双晶、环带和砂钟构造；斜长石斑晶为板状晶体，聚片双晶发育，普遍钠长石化。枕状熔岩的枕状构造十分发育，枕状体大者长轴30～50cm，短轴20cm，一般15～20cm，气孔发育，气孔内为碳酸盐矿物、绿泥石等充填，枕状体具环状冷凝边，石枕呈下平上凸状，放射状收缩节理发育，并具定向排列特征，为高地熔岩喷发，熔岩经过斜坡滚动，于洼地就位形成；块状熔岩为块状构造，为相对低洼平坦环境喷发—就位；枕状熔岩具明显的枕状构造。

5. 硅质岩

测区硅质岩被构造强烈支解，出露厚度极小，与蛇绿岩各单元间的关系不清，仅在测区盐湖北及字末牛日见到为断层所挟持的出露厚度仅80～100m的硅质岩，水平层理明显，岩石具显微晶质结构，重结晶严重，尚未发现放射虫。

二、岩石化学特征

1. 变质橄榄岩

测区变质橄榄岩岩石化学特征（表3-2）与班公错-怒江结合带东段变质橄榄岩相比较（表3-1），MnO与东段相近，TiO_2、Al_2O_3、Fe_2O_3、CaO、K_2O、Na_2O、P_2O_5等都明显高于东段，仅FeO、MgO等略低于东段；测区变质橄榄岩岩石化学特征与世界典型蛇绿岩中的变质橄榄岩比较（表3-1），SiO_2、FeO、MnO基本相近，而TiO_2、Al_2O_3、Fe_2O_3、CaO、Na_2O、Ka_2O等明显高于世界典型蛇绿岩中的变质橄榄岩，仅MgO、P_2O_5略低于世界典型蛇绿岩中的变质橄榄岩。

表3-1　测区与班-怒带东段、世界典型变橄榄岩比较表

项目	SiO_2	TiO_2	Al_2O_3	Fe_2O_3	FeO	MnO	MgO	CaO	Na_2O	K_2O	P_2O_5
测区(A)	42.4	0.50	6.74	5.26	4.81	0.15	31.79	8.25	0.82	1.08	0.09
班-怒带东段(B)	38.99	0.02	0.47	1.28	5.62	0.09	40.82	0.69	0.11	0.08	0.08
比值(A/B)	1.09	25.00	14.34	4.11	0.86	1.67	0.78	11.96	7.45	13.50	1.13
世界典型变橄榄岩(C)	41.86	0.03	0.72	2.76	5.59	0.12	47.49	0.64	0.1	0.06	0.25
比值(A/C)	1.01	16.67	9.36	1.91	0.86	1.25	0.67	12.89	8.20	18.00	0.36

样品$1503hj_1$与$D1018GS_2$，由于强烈的变形变质作用，岩石强烈的滑石菱镁岩化、绢云母化和强烈片理化，致使岩石中MgO大量流失（MgO仅5.57%～5.59%），相对的CaO、Na_2O、K_2O的含量增高。

测区变质橄榄岩属超镁铁质、贫碱质、低铝质到铝质、贫钙质变质橄榄岩（图3-7、图3-8、图3-9、图3-10）。

2. 层状堆晶岩

测区层状堆晶岩化学成分变化范围较宽（表3-2），但从下往上化学成分具有规律性变化，即MgO逐渐减少，CaO、Na_2O+K_2O逐渐增加，说明层状堆晶岩由下向上橄榄石逐渐变少、斜长石逐渐增加的矿物组合特征的变化。

测区层状堆晶岩与班公错-怒江结合带东段的岩石化学成分相比较（表3-3），SiO_2、FeO较为接近，仅由于岩石的蚀变导致MgO明显偏低，TiO_2、Al_2O_3、Fe_2O_3、MnO、CaO、Na_2O、K_2O、P_2O_5高出数倍到数十倍，尤其是测区的CaO、Na_2O、K_2O明显偏高，说明测区层状堆晶岩受到强烈的碳酸盐化、钾长石化及钠长石化。

表 3-2　蛇绿岩岩石化学分析结果表

产地	层位	序号	样品号	岩石名称	SiO_2	TiO_2	Al_2O_3	Fe_2O_3	FeO	MnO	MgO	CaO	Na_2O	K_2O	P_2O_5	烧失量	总量
测区蛇绿岩	变质橄榄岩	1	$D3003GS_1$	变质橄榄岩	36.28	0.11	4.1	7.32	6.24	0.16	31.53	2.88	0.031	0.053	0.029	11.12	99.85
		2	$1503hj_1$	滑石菱镁岩	37.91	0.49	4.67	4.82	4.11	0.17	5.57	18.1	0.07	1.06	0.032	22.72	99.72
		3	$D1018GS_2$	变斜方辉橄岩	51.74	1.31	13.78	5.83	4.96	0.17	5.59	8.96	2.76	3.04	0.056	1.67	99.87
		4	$Ⅲ_2-19h_1$	变斜方辉橄岩	43.67	0.1	4.4	3.08	3.92	0.11	32.04	3.07	0.42	0.18	0.25	8.32	99.56
	层状堆晶岩	5	$Ⅲ_2-4h_1$	层状辉橄岩	47.27	1.47	10.28	2.6	8.86	0.19	13.09	11.03	1.88	0.45	0.31	1.86	99.29
		6	$21-33GS_1$	层状辉长岩	48.59	2.15	6.2	3.9	8.8	0.21	17.91	10.01	1.15	0.29	0.23	0.27	99.71
		7	$D3319GS_1$	层状辉长岩	52.56	1.62	14.44	5.83	7.09	0.2	4.63	4.54	4.55	2.45	0.41	0.79	99.11
		8	$D3319GS_2$	层状辉长岩	53.15	1.62	14.31	4.11	7.78	0.17	5.75	7.19	3.9	0.32	0.16	1.18	99.64
		9	$D1018GS_3$	层状辉石岩	57.1	0.86	15.4	4.28	3.65	0.14	4.26	4.05	6.57	1.96	0.061	1.55	99.88
	席状岩墙	10	$21-33GS_2$	辉长岩	48.98	4.76	12.49	4.14	11.59	0.23	6.41	7.45	3.16	0.76	0.35	0.23	100.55
		11	$Ⅲ_2-8h_1$	辉长岩	49.55	1.25	13.48	4.79	5.66	0.16	7.83	9.71	4.09	0.29	0.19	2.31	99.31
	基性熔岩	12	$D3001GS_2$	蚀变玄武岩	53.99	1.61	14.82	6.24	5.32	0.14	4.23	4.33	3.54	1.42	0.046	3.95	99.64
		13	D2514	硅化玄武岩	71.11	0.41	13.36	2.98	3.49	0.022	0.22	1.01	3.88	5.05	0.052	1.14	102.72
		14	$D3513GS_1$	蚀变玄武岩	56.51	0.79	16.46	4.24	3.61	0.11	4.91	5.64	4.14	2.8	0.063	0.85	100.12
班公错-怒江结合带东段蛇绿岩	变质橄榄岩	15		蚀变斜方辉橄岩	39.27	0.01	0.65	1.36	5.88	0.1	40.15	0.78	0.12	0.05	0.2	11.5	100.07
		16		蚀变斜方辉橄岩	38.27	0.02	0.04	1.24	5.52	0.09	41.58	0.58	0.1	0.1	0.02	12.18	99.74
		17		蚀变斜方辉橄岩	39.43	0.04	0.73	1.25	5.45	0.09	40.72	0.7	0.12	0.1	0.02	11.45	100.10
		18		蚀变斜辉橄岩	38.9	0.05	0.62	1.29	5.63	0.09	38.56	0.47	0.1	0.1	0.05	14.13	99.99
	层状堆晶岩	19		蚀变斜辉橄岩	37.7	0.03	0.93	1.35	5.97	0.09	42.6	0.33	0.05	0.1	0.05	10.81	100.01
		20		蚀变斜辉橄岩	40.57	0.03	1.17	1.5	6.44	0.09	42.17	0.38	0.05	0.1	0.05	7.44	99.99
	席状岩墙	21		蚀变辉绿岩	39.03	1.37	10.84	2.57	9.22	0.17	15.48	9.14	0.9	0.4	0.25	10.63	100.00
	基性熔岩	22		蚀变玄武岩	47.66	1.37	13.85	2.69	8.45	0.2	7.64	8.58	3.86	0.15	0.14	5.41	100.00
世界典型蛇绿岩	变质橄榄岩	23		纯橄榄岩	40.54	0.02	0.56	2.96	5.37	0.12	49.45	0.4	0.06	0.08	0.2	0..4	99.76
	变质橄榄岩	24		方辉橄榄岩	43.18	0.04	0.88	2.56	5.8	0.11	45.52	0.88	0.13	0.04	0.3	0.5	99.94

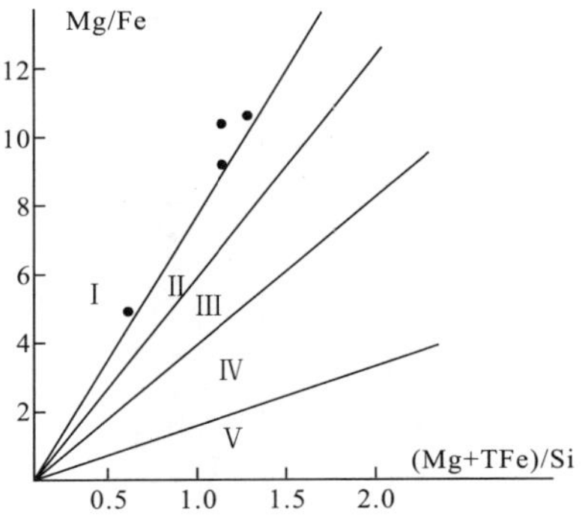

图 3-7　变质橄榄岩(Mg+TFe)/Si-Mg/Fe 变异图

Ⅰ.超镁质区；Ⅱ.镁质区；Ⅲ.铁镁质区；Ⅳ.镁铁质区；Ⅴ.铁质区

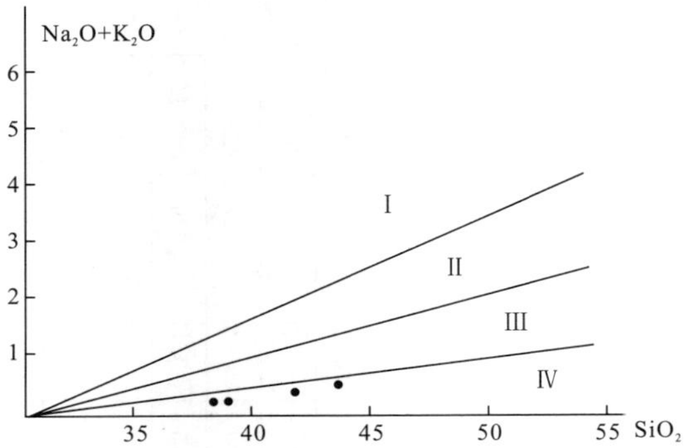

图 3-8　变质橄榄岩 SiO_2-(Na_2O+K_2O)变异图

Ⅰ.强碱质区；Ⅱ.碱质区；Ⅲ.弱碱质区；Ⅳ.贫碱质区

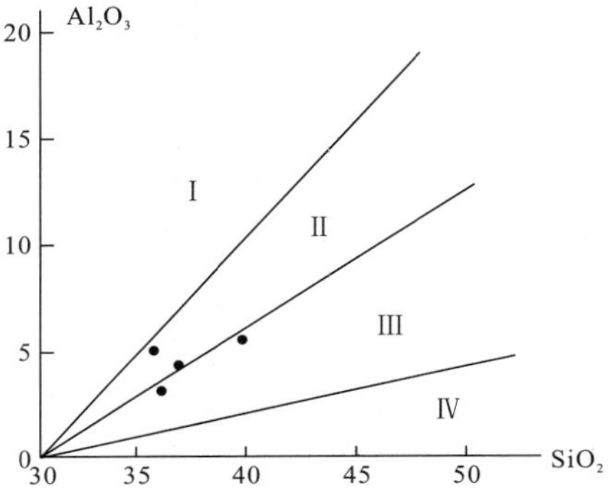

图 3-9　变质橄榄岩 SiO_2-Al_2O_3 变异图

Ⅰ.高铝质区；Ⅱ.铝质区；Ⅲ.低铝质区；Ⅳ.贫铝质区

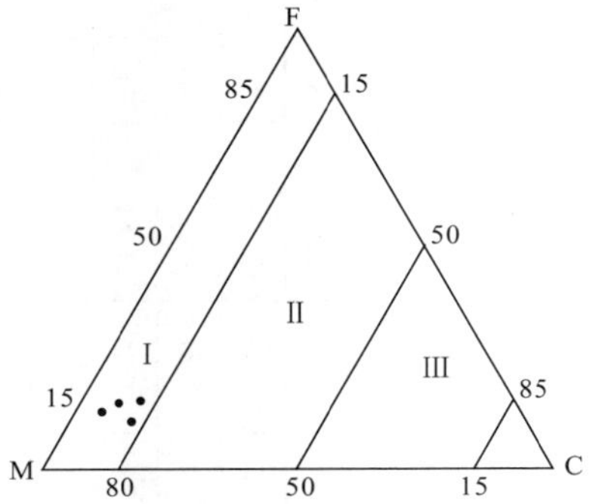

图 3-10　变质橄榄岩 FMC 变异图

Ⅰ.贫钙质区；Ⅱ.低钙质区；Ⅲ.适度钙质区

M. 镁质区；F. 铁质区；C. 钙质区

表 3-3　测区堆晶岩与班-怒带东段堆晶岩对比表

项目	SiO_2	TiO_2	Al_2O_3	Fe_2O_3	FeO	MnO	MgO	CaO	Na_2O	K_2O	P_2O_5
测区(A)	51.73	1.54	12.13	4.14	7.24	0.18	9.13	7.36	3.61	1.09	0.23
班-怒带东段(B)	39.06	0.04	0.91	1.38	6.01	0.09	41.11	0.39	0.07	0.1	0.05
比值(A/B)	1.32	38.50	13.33	3.00	1.20	2.00	0.22	18.87	51.57	10.90	4.60

测区层状堆晶岩为镁质到超镁质、贫碱质或弱碱质、低铝质到贫铝质和贫钙质层状堆晶岩(图 3-11、图 3-12、图 3-13、图 3-14)。

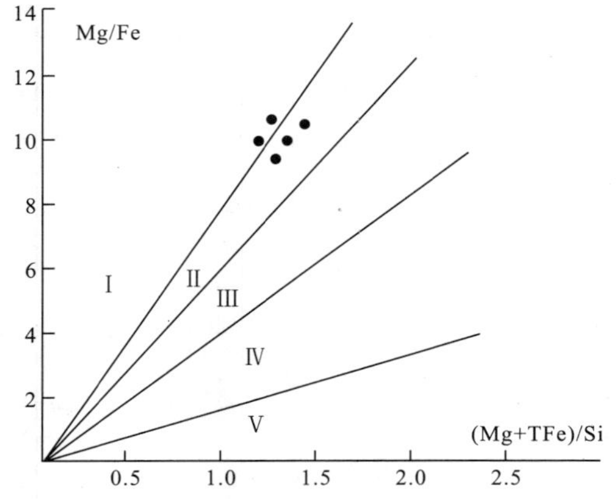

图 3-11　层状堆晶岩(Mg+TFe)/Si-Mg/Fe 变异图

Ⅰ.超镁质区；Ⅱ.镁质区；Ⅲ.铁镁质区；Ⅳ.镁铁质区；Ⅴ.铁质区

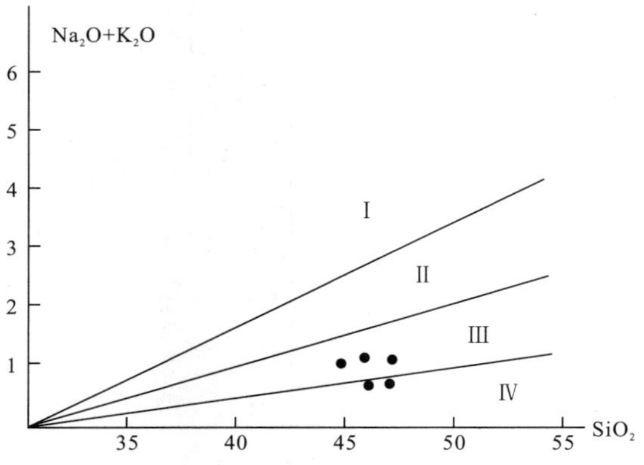

图 3-12　层状堆晶岩 SiO_2-(Na_2O+K_2O)变异图

Ⅰ.强碱质区；Ⅱ.碱质区；Ⅲ.弱碱质区；Ⅳ.贫碱质区

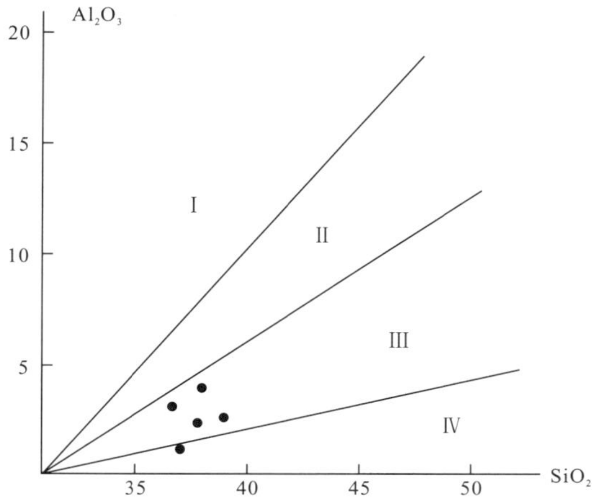

图 3-13 层状堆晶岩 SiO_2-Al_2O_3 变异图

Ⅰ.高铝质区;Ⅱ.铝质区;Ⅲ.低铝质区;Ⅳ.贫铝质区

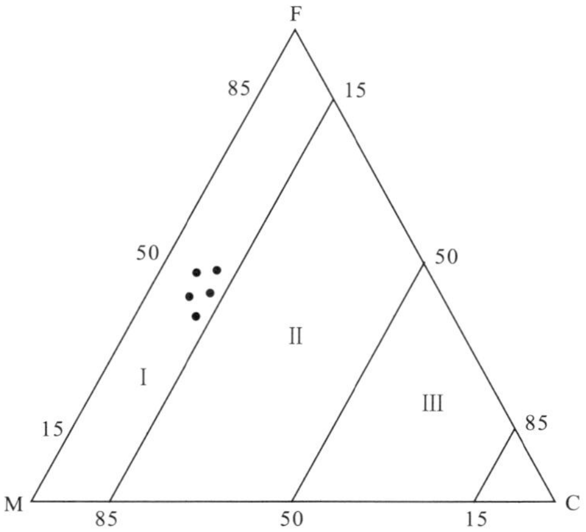

图 3-14 层状堆晶岩 FMC 变异图

Ⅰ.贫钙质区;Ⅱ.低钙质区;Ⅲ.适度钙质区

M.镁质区;F.铁质区;C.钙质区

3. 席状岩墙

测区席状岩墙岩石化学成分(表 3-2)与班公错-怒江结合带东段比较(表 3-4),除 Na_2O 较高外,其余相近,说明测区席状岩墙除具明显的钠长石化外,与班公错-怒江带东带的席状岩墙特征相似。即同属 SiO_2不饱和、低 K_2O,与洋中脊玄武岩特征十分相近,显示为洋底拉斑玄武岩特点。

表 3-4 测区与班-怒带东段席状岩墙对比表

项目	SiO_2	TiO_2	Al_2O_3	Fe_2O_3	FeO	MnO	MgO	CaO	Na_2O	K_2O	P_2O_5
测区(A)	49.27	3.01	12.99	4.47	8.63	0.2	7.12	8.58	3.63	0.53	0.27
班-怒带东段(B)	39.03	1.37	10.84	2.57	9.22	0.17	15.48	9.14	0.9	0.4	0.25
比值(A/B)	1.26	2.20	1.20	1.74	0.94	1.18	0.46	0.94	4.03	1.33	1.08

测区席状岩墙为镁质、贫碱质、铝质和低钙质席状岩墙(图 3-15、图 3-16、图 3-17、图 3-18)。

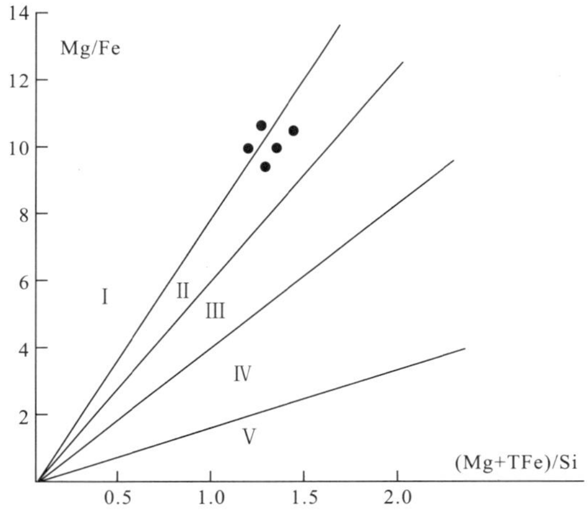

图 3-15 席状岩墙与基性熔岩

(Mg+TFe)/Si-Mg/Fe 变异图

Ⅰ.超镁质区;Ⅱ.镁质区;Ⅲ.铁镁质区;Ⅳ.镁铁质区;Ⅴ.铁质区

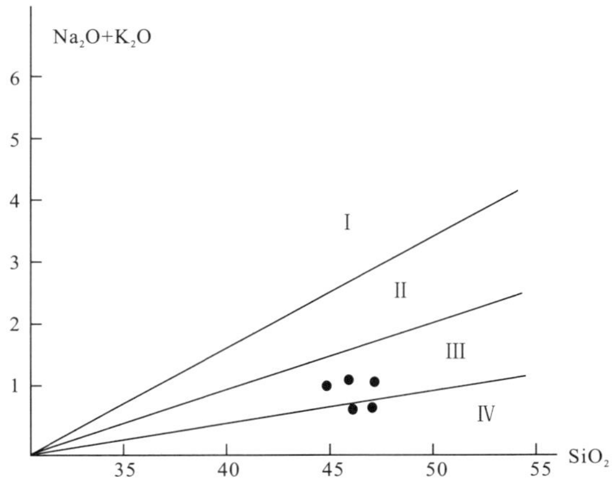

图 3-16 席状岩墙与基性熔岩

SiO_2-(Na_2O+K_2O)变异图

Ⅰ.强碱质区;Ⅱ.碱质区;Ⅲ.弱碱质区;Ⅳ.贫碱质区

4. 基性熔岩

测区基性熔岩岩石化学特征(表 3-2)与班公错-怒江结合带东段的基性熔岩相比较(表 3-5),

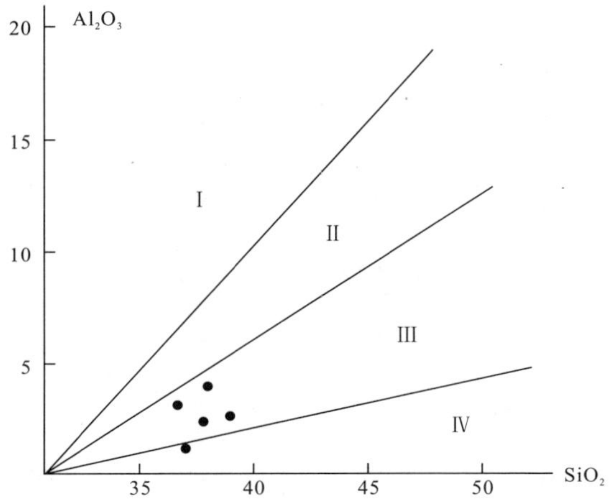

图 3-17　席状岩墙与基性熔岩 SiO_2-Al_2O_3 变异图

Ⅰ.高铝质区;Ⅱ.铝质区;Ⅲ.低铝质区;Ⅳ.贫铝质区

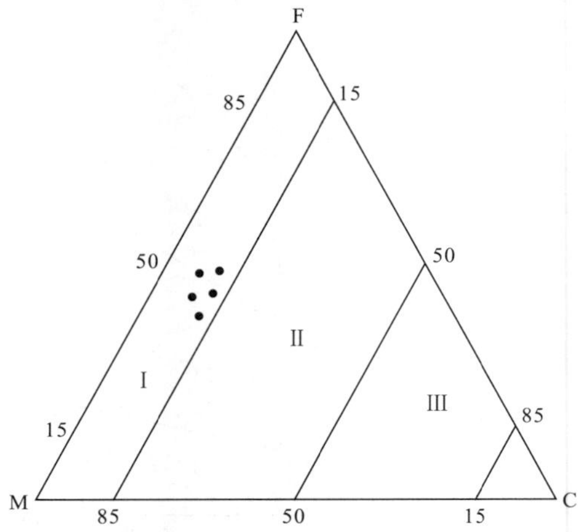

图 3-18　席状岩墙与基性熔岩 FMC 变异图

Ⅰ.贫钙质区;Ⅱ.低钙质区;Ⅲ.适度钙质区

M.镁质区;F.铁质区;C.钙质区

Al_2O_3、Na_2O、P_2O_5 较一致,SiO_2、Fe_2O_3 明显高于班-怒带东段,K_2O 则高出 20 余倍,FeO、MnO、CaO 等几乎少了一半。

表 3-5　测区与班-怒带东段基性熔岩对比表

项目	SiO_2	TiO_2	Al_2O_3	Fe_2O_3	FeO	MnO	MgO	CaO	Na_2O	K_2O	P_2O_5
测区(A)	62.89	0.83	15.28	3.78	3.72	0.09	3.37	3.49	4	3.13	0.14
班-怒带东段(B)	47.66	1.37	13.85	2.69	8.45	0.2	7.64	8.58	3.86	0.15	0.14
比值(A/B)	1.32	0.61	1.10	1.41	0.44	0.45	0.44	0.41	1.04	20.87	1.00

测区基性熔岩为铁镁质、弱碱质、低铝质和低钙质基性熔岩(图 3-15、图 3-16、图 3-17、图 3-18)。

测区蛇绿岩为拉斑系列岩石(图 3-19),从变质橄榄岩—层状堆晶岩—席状岩墙—基性熔岩,SiO_2、K_2O、Na_2O 逐渐增加,而 MgO 明显减少,其他化学特征变化不十分明显。

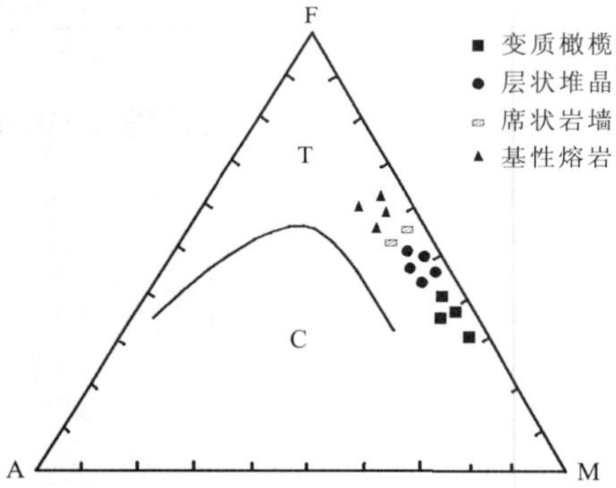

图 3-19　测区蛇绿岩 FAM 图解

T.拉斑系列;C.钙碱系列

三、稀土元素特征

1. 变质橄榄岩

∑REE 介于 7.53～175.01 之间(表 3-6),高于 Boynton 推荐的球粒陨石值和 Herman 平均球粒陨石值,∑LREE/∑HREE 介于 0.8～3.99,平均 2.74,δEu 介于 0.91～1.12,说明测区变质橄榄岩铕无亏损。

变质橄榄岩稀土配分曲线(图 3-20)为近平坦型,部分略右倾,与世界典型的蛇绿岩中变质橄榄岩稀土曲线(平缓右倾,反映为同一岩浆源经分离结晶作用形成)比较相似,说明测区变质橄榄岩为上地幔超基性岩浆直接结晶的产物,并具同源岩浆分离结晶作用。

2. 层状堆晶岩

∑REE 介于 53.11～129.84(表 3-6),明显高于 Boynton 推荐的球粒陨石值和 Herman 平均球粒陨石值,以及班公错-怒江结合带东段层状堆晶岩;∑LREE/∑HREE 介于 0.82～3.69,呈现出轻稀土略富集,重稀土轻微亏损;δEu 介于 0.91～1.05,表明测区层状堆晶岩无明显铕亏损。

层状堆晶岩稀土配分曲线(图 3-21)为平缓右倾型,与 Boynton 推荐的球粒陨石和 Herman 的球粒陨石特征相似,说明测区层状堆晶岩为玄武岩浆经分离结晶作用形成。

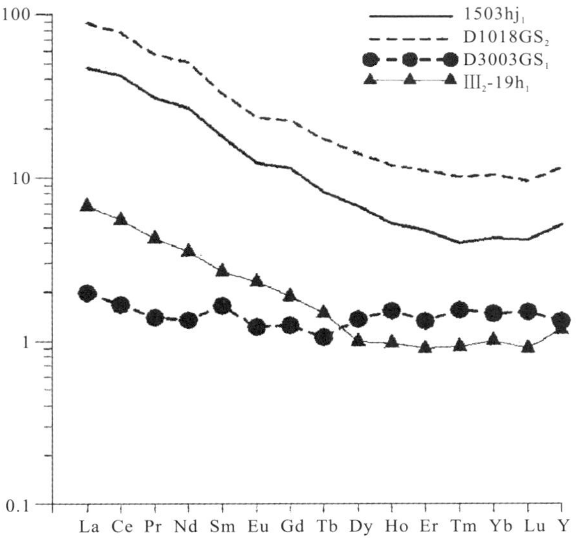

图 3-20　变质橄榄岩稀土配分曲线图

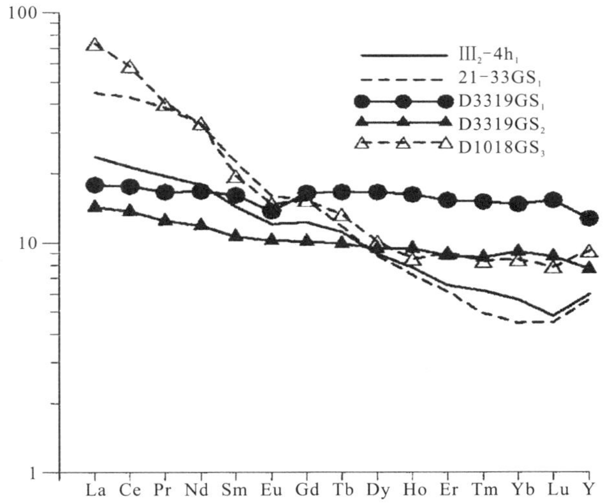

图 3-21　层状堆晶岩稀土配分曲线图

3. 席状岩墙

∑REE 介于 63.74～144.91(表 3-6),平均 104.33,略高于班公错-怒江结合带东段的席状岩墙(∑REE=92.01),但大大高于 Boynton 推荐的球粒陨石值和 Herman 平均球粒陨石值;∑LREE/∑HREE 介于 0.75～1.39,平均 1.07,轻稀土略富集;δEu 介于 0.2～0.95,总体上铕亏损不明显。测区席状岩墙稀土配分曲线(图 3-22)为平坦型,铕无明显亏损,轻稀土相对富集。

4. 基性熔岩

其∑REE 介于 50.99～136.35(表 3-6),平均 96.03,略高于班公错-怒江结合带东段的基性熔岩(∑REE=80.49),大大高于 Boynton 推荐的球粒陨石值和 Herman 平均球粒陨石值;∑LREE/∑HREE 介于 0.38～5.56,平均 2.19,高于班公错-怒江结合带东段的基性熔岩,δEu 介于 0.89～1.19,平均 1.04。测区基性熔岩的稀土配分曲线(图 3-23)为平缓右倾型,Eu 呈低谷,表明测区轻稀土相对富集,重稀土相对亏损。

综上,测区变质橄榄岩、层状堆晶岩、席状岩墙、基性熔岩的稀土总量都大大高于 Boynton 推荐的球粒陨石和 Herman 平均球粒陨石值,略高于班公错-怒江结合带东段的蛇绿岩,说明测区蛇绿岩为富稀土型蛇绿岩。

测区变质橄榄岩稀土元素特征为铕正常,为上地幔超基性岩浆直接结晶的产物,并具同源岩浆分离结晶作用的特点。层状堆晶岩、席状岩墙、基性熔岩的稀土元素特征相似,都有铕负异常,轻稀土相对富集,重稀土相对亏损,反映出它们是同一岩浆源经分离结晶作用形成的岩石。

四、微量元素特征

1. 变质橄榄岩

变质橄榄岩微量元素(表 3-7)与班公错-怒江结合带东段变质橄榄岩比较,呈现出高 Ce、Zr、Y 等,其余元素 Rb、Ba、Ta、Nb、Hf、Sm、Yb 等十分近似。

变质橄榄岩微量元素与维氏(超基性岩)比较,Cr、Ni、Cu、V等元素高出维氏一至几十倍,其余元素

表 3-6　蛇绿岩稀土元素分析结果表

产地	层位	序号	样品号	岩石名称	La	Ce	Pr	Nd	Sm	Eu	Gd	Tb	Dy	Ho	Er	Tm
测区蛇绿岩	变质橄榄岩	1	D3003GS$_1$	变质橄榄岩	0.61	1.35	0.17	0.81	0.32	0.09	0.31	0.05	0.44	0.11	0.28	0.05
		2	1503hj$_1$	滑石菱镁岩	14.58	33.88	3.77	16.10	3.51	0.91	2.86	0.39	2.16	0.38	1.01	0.13
		3	D1018GS$_2$	变斜方辉橄岩	27.41	62.67	6.92	30.50	6.41	1.73	5.36	0.82	4.53	0.86	2.32	0.33
		4	Ⅲ$_2$-19h$_1$	变斜方辉橄岩	2.09	4.50	0.52	2.13	0.52	0.17	0.42	0.07	0.32	0.07	0.19	0.03
	层状堆晶岩	5	Ⅲ$_2$-4h$_1$	层状辉橄岩	7.33	17.24	2.38	10.73	2.82	0.89	3.13	0.53	2.88	0.56	1.37	0.20
		6	21-33GS$_1$	层状辉长岩	13.91	34.62	4.71	19.64	4.39	1.18	3.79	0.56	2.84	0.52	1.29	0.16
		7	D3319GS$_1$	层状辉长岩	5.54	14.24	2.03	10.06	3.14	1.01	4.19	0.79	5.36	1.17	3.23	0.49
		8	D3319GS$_2$	层状辉长岩	4.44	11.08	1.52	7.13	2.07	0.75	2.61	0.47	3.03	0.68	1.84	0.28
		9	D1018GS$_3$	层状辉石岩	22.71	47.09	4.91	19.95	3.81	1.09	3.54	0.63	3.27	0.61	1.90	0.27
	席状岩墙	10	21-33GS$_2$	辉长岩	9.75	24.94	3.67	17.56	4.76	1.57	51.21	0.83	4.72	0.90	2.25	0.31
		11	Ⅲ$_2$-8h$_1$	辉长岩	7.66	15.44	1.97	8.71	2.50	0.79	2.92	0.54	3.20	0.67	1.85	0.29
	基性熔岩	12	D3001GS$_2$	蚀变玄武岩	10.28	26.08	3.17	15.43	4.08	1.42	4.53	0.80	5.38	1.04	3.02	0.44
		13	D2514	硅化玄武岩	1.94	5.13	0.70	4.04	1.72	0.55	2.36	0.48	3.80	0.81	2.56	0.42
		14	D3513GS$_1$	蚀变玄武岩	9.53	23.31	2.87	13.39	3.33	1.02	3.38	0.59	3.50	0.76	2.13	0.32
班公错-怒江结合带东段蛇绿岩	变质橄榄岩	15		变斜方辉橄岩	0.40	0.78	0.13	0.44	0.90	0.02	0.06	0.01	0.05	0.01	0.04	0.01
		16		变斜方辉橄岩	1.01	2.19	0.33	1.03	0.34	0.05	0.17	0.02	0.12	0.03	0.08	0.01
		17		变斜方辉橄岩	0.27	0.53	0.11	0.33	0.07	0.01	0.05	0.01	0.04	0.01	0.02	0.00
	层状堆晶岩	18		蚀变斜辉橄岩	0.18	0.45	0.05	0.21	0.03	0.01	0.02	0.01	0.02	0.00	0.01	0.00
		19		蚀变斜辉橄岩	0.21	0.45	0.06	0.23	0.05	0.01	0.06	0.01	0.04	0.01	0.02	0.01
		20		蚀变斜辉橄岩	0.18	0.45	0.05	0.20	0.04	0.00	0.02	0.01	0.01	0.00	0.01	0.00
	席状岩墙	21		蚀变辉绿岩	16.22	31.64	3.61	14.88	3.29	1.07	3.04	0.50	2.74	0.48	1.26	0.19
	基性熔岩	22		蚀变玄武岩	5.05	13.02	2.16	10.28	3.28	1.23	4.16	0.27	4.99	1.03	3.05	0.49
Boynton		23	推荐球粒陨石	均值	0.31	0.81	.12	0.60	0.20	0.07	0.26	0.05	0.32	0.07	0.21	0.03
Herrman		24	31 个球粒陨石	均值	0.32	0.94	0.12	0.60	0.20	0.07	0.31	0.05	0.31	0.07	0.21	0.03

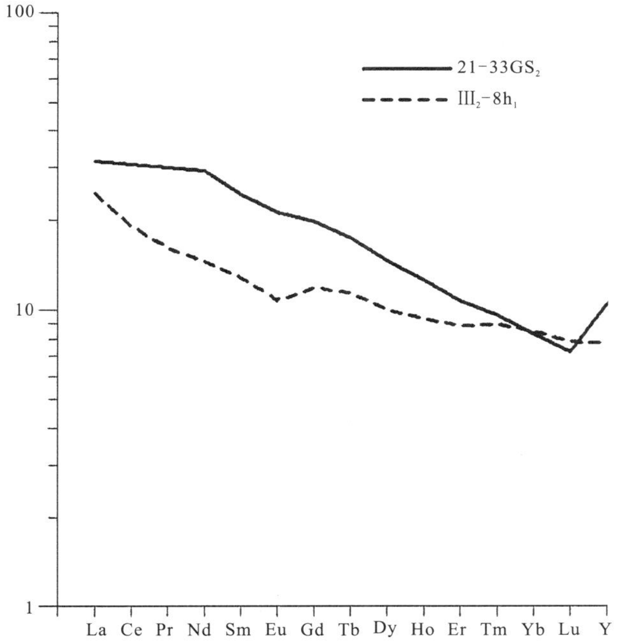

图 3-22 席状岩墙的稀土配分曲线图

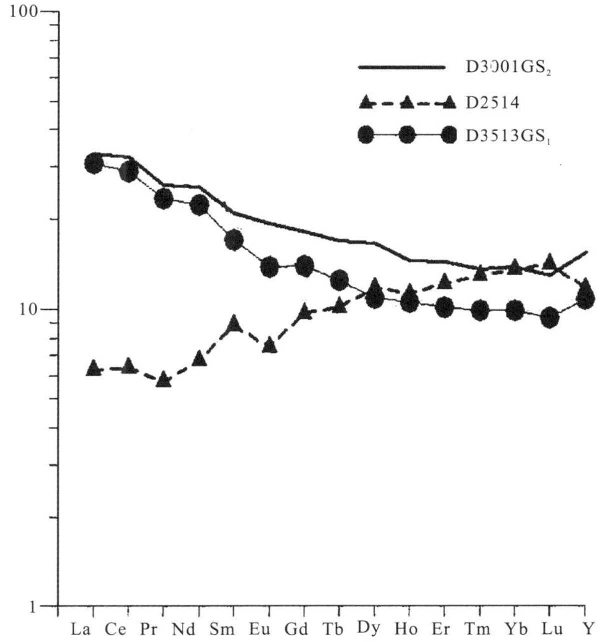

图 3-23 基性熔岩的稀土配分曲线图

Rb、Ba、Th、Ta、Nb、Ce、Zr、Hf、Sm、Y、Yb 等皆高出几倍到数十倍。

变质橄榄岩微量元素配分曲线(图 3-24)特征为 Nb、Hf 相对亏损，K_2O、Rb、Ba、Th、Ta、Ce、Zr、Sm、Y、Yb 相对富集。

2. 层状堆晶岩

测区层状堆晶岩微量元素配分曲线(图 3-25)特征为 Th、Ta、Nb、Hf、Y、Yb 等亏损，又以 Nb、Hf 最为明显；Rb、Ba、Ce、Zr 、Sm 等相对富集。绝大多数样品以亏损 K 为特征，这与世界典型蛇绿岩低 K 特点一致。

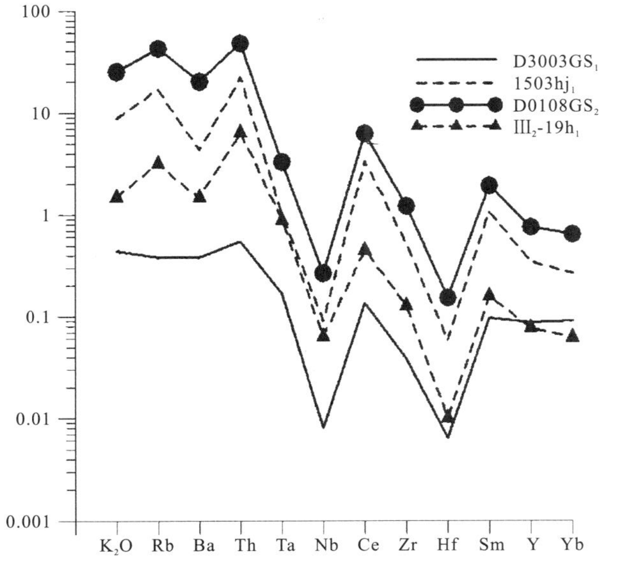

图 3-24 橄榄岩微量元素配分曲线图

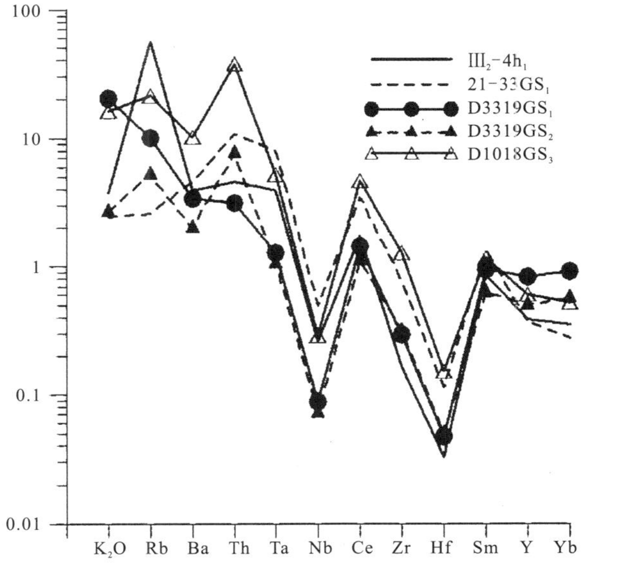

图 3-25 堆晶岩微量元素配分曲线图

3. 席状岩墙

测区席状岩墙以辉长岩为主，与班公错-怒江结合带东段席状岩墙微量元素比较，呈现出低 Ba、Th、

表 3-7　蛇绿岩微量元素分析结果表

产地	层位	序号	样品号	岩石名称	K_2O	Rb	Ba	Th	Ta	Nb	Ce	Zr	Hf	Sm	Y	Yb
测区蛇绿岩	变质橄榄岩	1	$D3003GS_1$	变质橄榄岩	0.053	0.76	7.65	0.11	0.03	0.28	1.35	3.46	0.15	0.32	2.60	0.31
		2	$1503hj_1$	滑石菱镁岩	1.06	33.69	86.35	4.43	0.18	3.17	33.88	46.14	1.39	3.51	10.26	0.90
		3	$D1018GS_2$	变斜方辉橄岩	3.04	85.11	402.09	9.50	0.60	9.27	62.67	110.88	3.66	6.41	22.67	2.18
		4	$Ⅲ_2-19h_1$	变斜方辉橄岩	0.18	6.37	29.76	1.29	0.16	2.21	4.50	11.36	0.24	0.52	2.30	0.21
	层状堆晶岩	5	$Ⅲ_2-4h_1$	层状辉橄岩	0.45	111.38	78.43	0.93	0.71	9.05	17.24	14.85	0.78	2.82	11.61	1.18
		6	$21-33GS_1$	层状辉长岩	0.29	5.22	91.33	2.17	1.44	17.46	34.62	69.30	2.73	4.39	11.00	0.94
		7	$D3319GS_1$	层状辉长岩	2.45	20.27	67.71	0.63	0.23	3.11	14.24	26.50	1.14	3.14	25.09	3.09
		8	$D3319GS_2$	层状辉长岩	0.32	10.55	39.98	1.54	0.19	2.52	11.08	28.30	1.20	2.07	14.99	1.91
		9	$D1018GS_3$	层状辉石岩	1.96	42.75	204.89	7.51	0.94	10.04	47.09	115.44	3.65	3.81	18.04	1.77
	席状岩墙	10	$21-33GS_2$	辉长岩	0.76	17.93	116.18	1.91	1.16	14.07	24.94	36.65	1.61	4.76	20.45	1.73
		11	$Ⅲ_2-8h_1$	辉长岩	0.29	3.52	59.86	0.84	0.71	9.27	15.44	43.61	1.69	2.50	15.19	1.77
	基性熔岩	12	$D3001GS_2$	蚀变玄武岩	1.42	27.14	401.18	1.63	0.65	10.87	26.08	103.40	3.28	4.08	30.10	2.90
		13	D2514	硅化玄武岩	5.05	9.55	55.59	0.42	0.06	0.74	5.13	32.87	1.52	1.72	23.17	2.84
		14	$D3513GS_1$	蚀变玄武岩	2.8	52.60	413.45	1.88	0.25	99.52	23.31	21.17	3.16	3.33	21.17	2.07
班公错-怒江结合带东段蛇绿岩	变质橄榄岩	15		变斜方辉橄岩	0.1		20.60	2.90			0.78	16.90	0.76	0.90	0.32	0.03
		16		变斜方辉橄岩	0.1		12.10	3.00			0.53	17.20	0.92	0.07	0.21	0.02
	席状岩墙	17		蚀变辉绿岩	0.4		454.60	11.00			31.64	127.60	2.83	3.29	11.97	0.99
	基性熔岩	18		蚀变玄武岩	0.15		88.20	12.10			13.02	97.00	2.27	3.28	28.04	2.98
洋中脊	据 Pearce	19	标准值	玄武岩	0.12	2.00	20.00	0.20	0.18	35.00	10.00	90.00	24.00	3.30	30.00	3.40

Ce、Zr、Hf、Sm、T、Yb 等特征，总体上测区较东段为低微量元素特征。

微量元素配分曲线(图 3-26)特征为 Nb、Hf 等相对亏损，K_2O、Rb、Th、Ba、Ta、Ce、Zr、Sm、Y、Yb 等相对富集。

4. 基性熔岩

测区基性熔岩微量元素分析值(表 3-7)及微量元素配分曲线(图 3-27)呈现出 Nb、Hf 等相对亏损，而 K_2O、Rb、Ba、Th、Ta、Ce、Zr、Sm、Y、Yb 等相对富集。

测区基性熔岩具以下明显特征：①所有基性熔岩均富集 Th，它较变质橄榄岩高 1.53 倍，较层状堆晶岩高 2.29 倍，较席状岩墙高 4.24 倍；②绝大多数基性熔岩都以 K 亏损为特征，这与洋中脊玄武岩低 K 特点一致；③Sr 有富集，也有亏损，由于 Sr 载体矿物主要是斜长石，因此 Sr 的高低反映了岩石中斜长石的多少，这一点与岩相等研究一致。

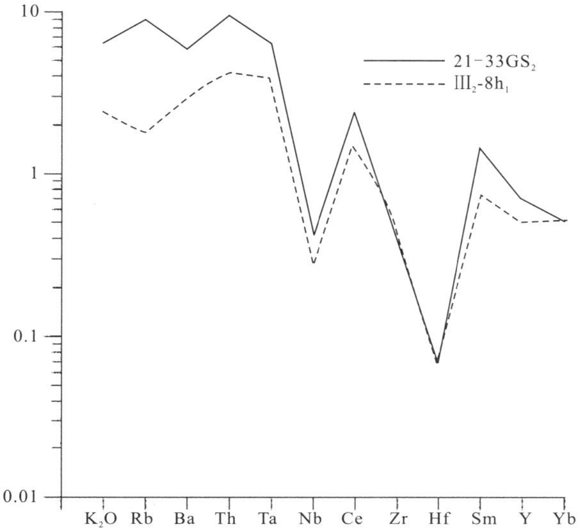

图 3-26 席状岩墙微量元素配分曲线图

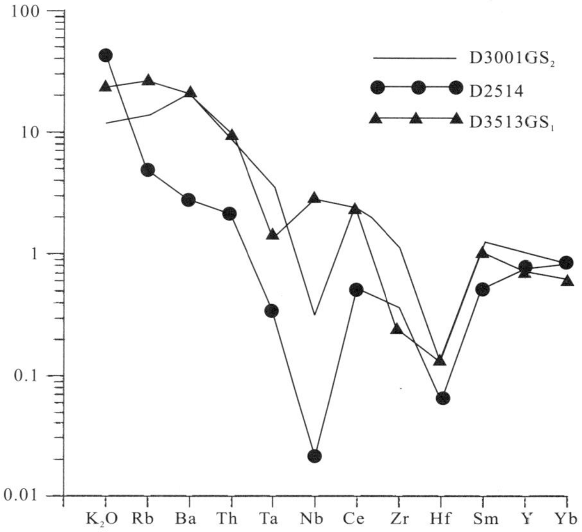

图 3-27 基性熔岩微量元素配分曲线图

五、蛇绿岩的成因与构造环境分析

班公错-怒江结合带位于青藏高原中部，分隔羌南-保山微陆块和冈底斯-念青唐古拉微陆块。班公错-怒江结合带由班公错经测区的纳屋错往东经改则、东巧和丁青等地，然后沿怒江南下，一直延伸到中南半岛缅马地区，并和 sitang valley-myitkyina 带相连；往西穿越喀喇昆仑和印巴地区与 waser 缝合带相连，在我国境内延伸 1 500 余千米。

测区蛇绿岩是班公错-怒江蛇绿混杂岩带、狮泉河蛇绿混杂岩带的一部分，分布于测区北东的纳屋错—阿翁错地区及测区聂耳错一带，蛇绿岩的组成单元如变质橄榄岩、层状堆晶岩、席状岩墙群、大洋拉斑玄武岩等出露较全。

1. 地质特征

测区蛇绿岩受到强烈构造肢解，其组成单元大多彼此孤立出现，很难找到一个完整理想的连续剖面。它与世界上典型的洋脊型蛇绿岩相比较：①堆晶岩厚度小且分异性差，缺乏分异晚期的浅色岩系；②席状岩墙群发育差；③基性熔岩的厚度不大，并以爆发相成分为主，溢流相相对较少；④在基性熔岩顶部有典型的深海沉积物。

据 Sugisaki(1976)提出的结合带中火山岩的 K_2O、Na_2O、SiO_2、Al_2O_3、Q 相对关系式，即{$Q=SiO_2-47[(Na_2O+K_2O)/Al_2O_3]$}与海洋扩张-闭合速率之间的相关图解，估算出班公错-怒江洋盆的扩张速率为 1.25cm/a，我们设定洋盆扩张持续时间为整个侏罗纪(62.4Ma)，求得班公错-怒江洋盆扩张的最大宽度为 1 560km(实际宽度可能要窄一些,因侏罗纪晚期东段已闭合),这一特征表明,班公错-怒江结合带在地质历史上并没有出现规模较大的洋盆,只是出现像日本海这样的边缘型海盆。

2. 岩石地球化学特征

测区变质橄榄岩为超镁铁质、贫碱质、低铝质到铝质、贫钙质变质橄榄岩,MgO/FeO 比值一般都高于7,铕无明显亏损,轻稀土弱富集,重稀土弱亏损,说明测区变质橄榄岩为上地幔超基性岩浆直接结晶的产物,形成环境为洋中脊或洋底环境至洋岛环境。

测区蛇绿岩为两大源岩系列,即变质橄榄岩为上地幔超基性岩浆直接结晶的产物,而层状堆晶岩-席状岩墙-基性熔岩为玄武岩浆经分异作用形成,它们的化学成分与世界上典型的大洋蛇绿岩比较,一些主成分含量有别于大洋蛇绿岩。

测区层状堆晶岩为镁质到超镁质、贫碱质或弱碱质、低铝质到贫铝质和贫钙质层状堆晶岩;席状岩墙为镁质、贫碱质、铝质和低钙质席状岩墙,具明显的钠化,属 SiO_2 不饱和的基性岩,低 K_2O,显示为洋底拉斑玄武岩特点,与洋中脊玄武岩化学特征十分相近;基性熔岩为铁镁质、弱碱质、低铝质和低钙质基性熔岩。层状堆晶岩、席状岩墙、基性熔岩的稀土元素特征相似,都有不明显的铕负异常,轻稀土相对富集,重稀土相对亏损。层状堆晶岩、席状岩墙的微量元素特征相似,呈现出 Th、Ta、Nb、Hf、Y、Yb 等亏损,又以Nb、Hf 最为明显,而 Rb、Ba、Ce、Zr、Sm 等相对富集。绝大多数样品以亏损 K 为特征,这与世界典型蛇绿岩低 K 特点一致。所有基性熔岩均富集 Th,它较变质橄榄岩高 1.53 倍,较层状堆晶岩高 2.29 倍,较席状岩墙高 4.24 倍;绝大多数基性熔都以 K 亏损为特征,这与洋中脊玄武岩低 K 特点一致。这些特征反映出它们是同一岩浆源经分离结晶作用形成的岩石,形成环境为洋岛环境。

测区蛇绿岩为拉斑系列岩石,在 $FeO^*-MgO-Al_2O_3$ 图解(图 3-28)上位于洋岛区,基性熔岩在 TiO_2-FeO^*/MgO 图解(图 3-29)上位于洋中脊或洋底与洋岛交汇区、在 $TiO_2-P_2O_5$ 图解(图 3-30)上位于洋脊玄武岩区,结合其产出地质特征和岩石地球化学特征综合分析认为:测区蛇绿岩总体上有别于大洋型蛇绿岩,而与边缘海型蛇绿岩相近,说明测区蛇绿岩为洋中脊扩张的产物,具大洋型蛇绿岩的特征,但不典型。

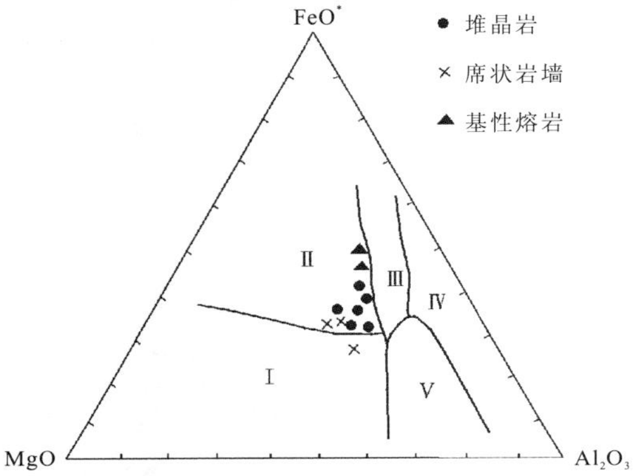

图 3-28　测区蛇绿岩 $FeO^*-MgO-Al_2O_3$ 图解

(仿 Pearce,1977)

Ⅰ.洋中脊或洋底;Ⅱ.洋岛;Ⅲ.大陆;Ⅳ.扩张性中央岛;Ⅴ.造山带

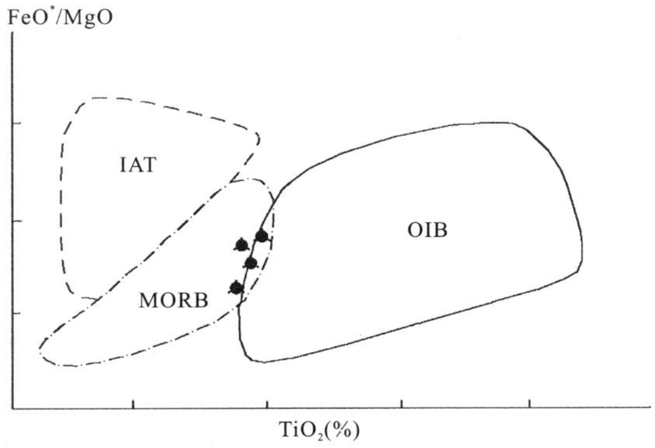

图 3-29　基性熔岩 TiO_2-FeO^*/MgO 图解

(仿 Glassily)

MORB.洋中脊或洋底;OIB.洋岛;IAT.大陆

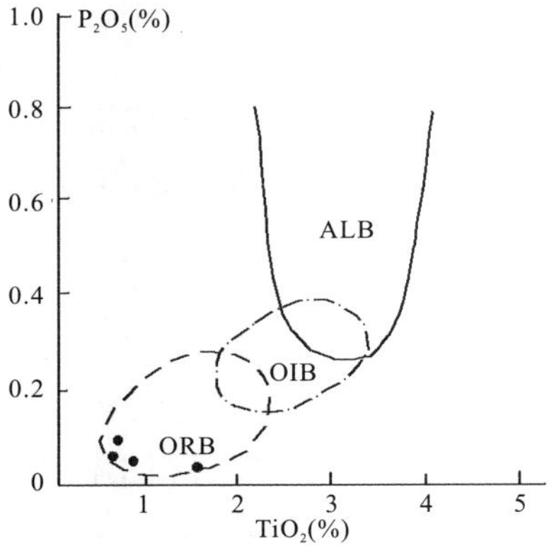

图 3-30　基性熔岩 $TiO_2-P_2O_5$ 图解

(据 Bass,1973)

ORB.洋脊玄武岩区;OIB.洋岛玄武岩区;ALB.碱性玄武岩区

第二节　中酸性侵入岩

测区中酸性岩浆侵入活动强烈且频繁，中酸性侵入岩分布范围广，约占测区总面积的1/3，属冈底斯-念青唐古拉山中酸性岩带。共有大小岩体15个，侵入体76个，其中新发现了规模不等的花岗闪长岩体、二长花岗岩体、花岗斑岩体、白云母花岗岩体等。规模较大的岩体有昂龙岗日、阿翁错、盐湖、革吉、帕阿、雄巴、邦巴等复式侵入岩体。

中酸性侵入岩形成于白垩纪—古近纪，具多期次活动的特点。白垩纪时期，测区岩浆侵入活动十分强烈，侵入围岩为上侏罗统沙木罗组、下白垩统捷嘎组、多尼组、郎山组、去申拉组，在邦巴、雄巴等地被古近纪—新近纪陆相火山岩不整合覆盖。岩石类型有闪长岩、石英闪长岩、花岗闪长岩、黑云母花岗岩、花岗岩、二长花岗岩、钾长花岗岩。古近纪岩浆活动有所减弱，形成孤立的小规模侵入体，岩石类型有白岗岩、花岗斑岩。

晚侏罗世—早白垩世时期，由于班公错-怒江洋壳向南俯冲，形成岛弧Ⅰ型闪长岩；晚白垩世时期，羌南-保山微陆块、冈底斯-念青唐古拉微陆块的碰撞拼合，形成碰撞S型花岗闪长岩、花岗岩；到古近纪，则形成碰撞期后S型花岗岩。

根据测区岩浆岩的产出特征、岩石学特征、岩石地球化学特征，以及与大地构造的关系等，以狮泉河（次级）结合带为界，将测区岩浆岩划分为昂龙岗日-盐湖岩浆岩带和革吉-雄巴岩浆岩带。

一、昂龙岗日-盐湖岩浆岩带

昂龙岗日-盐湖岩浆岩带包括班公错-怒江结合带南西侧呈NW—SE向展布的昂龙岗日岩体、阿翁错复式岩体、盐湖复式岩体。

该带北界为班公错-怒江结合带，南界为狮泉河结合带，它们都是晚侏罗世—早白垩世由于班公错-怒江洋壳南向俯冲以及北侧的羌南-保山微陆块与南侧冈底斯-念青唐古拉微陆块发生碰撞，使深部地幔物质在构造作用下与地壳物质混融，上侵形成岩浆岩，或地壳物质重熔，在构造作用下上侵形成岩浆岩，以中酸性岩为主。

根据岩体侵入接触关系、岩石学、岩石化学、岩石地球化学等特征，将昂龙岗日-盐湖岩浆岩带侵入岩划分为三期侵入序次，归为三大岩浆序列，形成于3种不同的构造环境（表3-8）。

表3-8　昂龙岗日-盐湖岩浆岩带岩浆岩序列表

时代		代号	岩石名称	结构构造	岩浆序列	构造环境	年龄值(Ma)
纪	世						
古近纪	始新世	$E_2\gamma\pi$	花岗斑岩	斑状结构，块状构造	后碰撞造山花岗岩序列	后碰撞造山伸展环境	50.4
白垩纪	晚白垩世	$K_2\zeta\gamma$	钾长花岗岩	中粒花岗结构，块状构造	同碰撞造山花岗岩序列	同碰撞环境	74.7
		$K_2\eta\gamma$	二长花岗岩	细粒花岗结构，块状构造			82
		$K_2\gamma\beta^c$	中粗粒似斑状黑云母花岗岩	似斑状结构，块状构造			
		$K_2\gamma\beta^b$	中粒似斑状黑云母花岗岩	似斑状结构，块状构造			91.1
		$K_2\gamma\beta^a$	细粒似斑状黑云母花岗岩	似斑状结构，块状构造			
		$K_2\gamma$	细粒花岗岩	细粒花岗结构，块状构造			
	早白垩世	$K_1\gamma\delta^b$	中粒花岗闪长岩	半自形中粒花岗结构，块状构造			
		$K_1\gamma\delta^a$	细粒花岗闪长岩	细粒半自形结构，块状构造			106
		$K_1\delta o$	石英闪长岩	细粒半自形花岗结构，块状构造	岩浆弧花岗岩序列	俯冲岩浆弧环境	
		$K_1\delta^b$	灰色中细粒闪长岩	半自形花岗结构，块状构造			
		$K_1\delta^a$	深灰色细粒闪长岩	细粒状结构，块状构造、片状构造、片麻状构造			

(一)地质与岩石学特征

1. 昂龙岗日岩体

昂龙岗日岩体呈椭圆状分布于测区西北角，测区内仅出露一部分，区内出露面积 72km²。大部分分布于海拔 5 000m 以上，且终年积雪，地势险要，通过遥感解译，结合地质路线对该岩体进行了边界圈定。

岩体与围岩上白垩统去申拉组呈侵入接触，围岩强烈角岩化，形成 100～300m 宽的长英角岩带，接触带附近细粒状黑云母花岗岩呈岩枝状贯入围岩中并形成细粒冷凝边(图 3－31)。形成时代为晚白垩世。

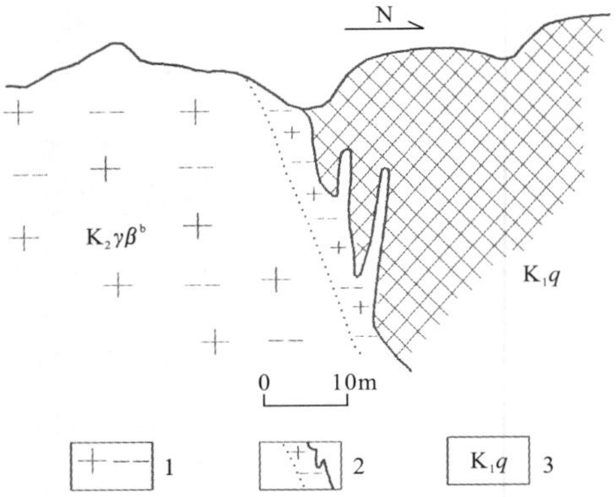

图 3－31 龙岗日黑云母花岗岩与上白垩统去申拉组侵入接触关系图

1. 黑云母花岗岩；2. 细粒冷凝边；3. 外接触带(去申拉组)长英角岩带

岩石类型为黑云母花岗岩。岩石类型为黑云母花岗岩，灰—深灰色，细粒半自形花岗结构，块状构造。岩石由钾长石、斜长石、石英、黑云母等组成，其中斜长石 20%～25%，钾长石 35%～40%，石英 20%～25%，黑云母 10%～15%，岩石蚀变较弱，偶见斜长石被鳞片状的绢云母交代。斜长石呈半自形板、柱状，粒度一般为 1～3mm，并具环带状结构，见卡钠复合双晶，局部见细而密的聚片双晶，An 为 30～50，多为中长石和更长石，后期交代形成的绢云母分布于斜长石的中心部位；钾长石多呈他形、板状，粒度 1～6mm，主要为正长石，局部见斜长石嵌生其中，形成条纹长石；石英呈他形粒状，嵌生于长石之间；黑云母呈片状，粒度较小。

2. 阿翁错复式岩体

阿翁错复式岩体分布于测区中北部，班公错-怒江结合带南侧丁字、阿翁错、叉茶卡一带，长约 210km，平均宽约 60km，出露面积 1 260km²。岩体由大小不等的 20 余个侵入体组成，主要岩类有深灰色闪长岩、灰色中粒闪长岩、浅灰色细粒花岗闪长岩、浅灰色中粒花岗闪长岩、浅肉红色细粒花岗岩、浅肉红色中粒花岗岩、灰白色花岗斑岩，以及后期贯入的辉绿岩脉等。

阿翁错复式岩体主要侵入于上侏罗统沙木罗组、上白垩统去申拉组地层中(图 3－32、图 3－33)。

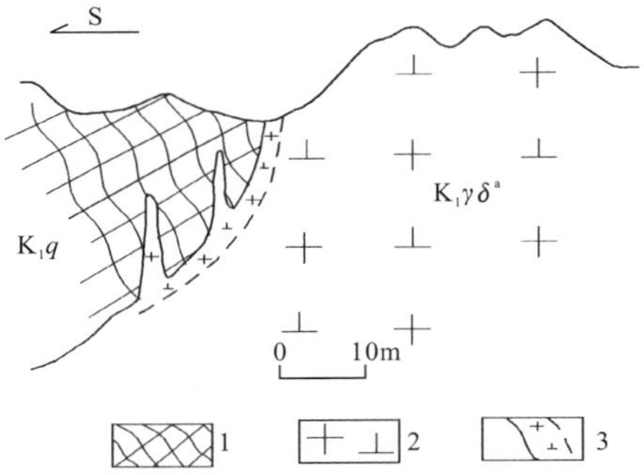

图 3－32 $K_2\gamma\delta^a$ 与去申拉组侵入接触关系图

1. 角岩；2. 花岗闪长岩；3. 细粒冷凝边

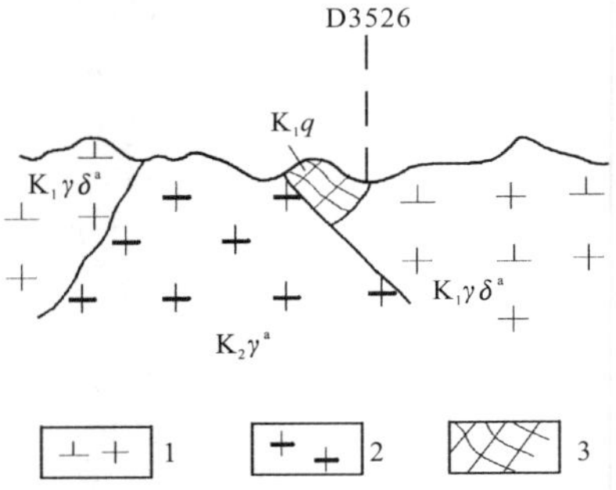

图 3－33 去申拉组残蚀成岩体顶盖图

1. 花岗闪长岩；2. 花岗岩；3. 残余顶盖

岩体边缘处出现岩枝贯入围岩中，并出现局部混染现象，岩体边缘形成宽 3～5cm 的细粒冷凝边，暗色矿物聚集成暗色条带；围岩去申拉组砂岩、板岩夹基性火山岩受强烈热接触变质为长英质角岩、黑云母角岩、角岩化基性火山岩；接触带两侧岩石劈理化发育，劈理产状与界面产状一致，受劈理化影响接触带两侧岩石矿物颗粒具定向性，排列方向与界面一致。

根据剖面测量(图 3－34)、各侵入体之间的穿插、切割关系，将阿翁错复式岩体侵入、演化序列划分为三期七次(表 3－9)。

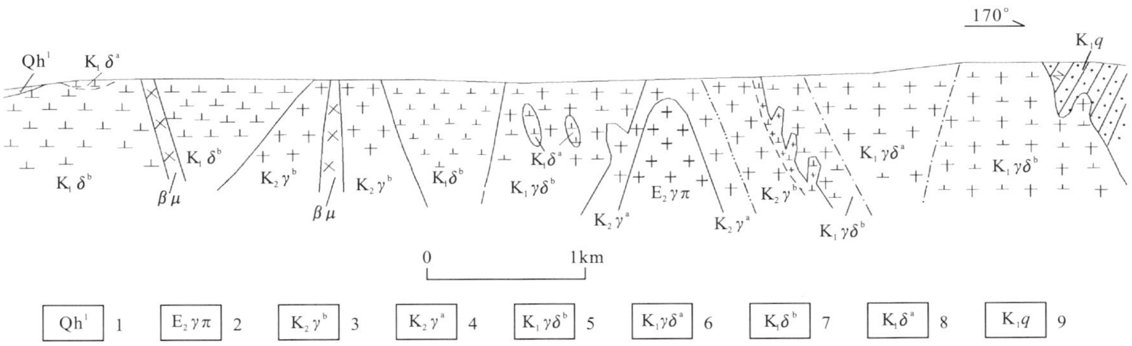

图 3－34　阿翁错复式岩体路线地质剖面图

1. 湖积物；2. 花岗斑岩；3. 中粒花岗岩；4 细粒花岗岩；5. 中粒花岗闪长岩；6. 细粒花岗闪长岩；7. 中粒闪长岩；8. 细粒闪长岩；9. 去申拉组

表 3－9　阿翁错复式岩体侵入期次划分表

期	次	岩石类型	赋存形态	接触关系
第一期	第一次	深灰色细粒闪长岩($K_1\delta^a$)	包体、小侵入体	侵入接触(脉动)
	第二次	灰色中粒闪长岩($K_1\delta^b$)	侵入体	侵入接触(超动)
第二期	第一次	浅灰色细粒花岗闪长岩($K_1\gamma\delta^a$)	侵入体	侵入接触(脉动)
	第二次	浅灰色中粒花岗闪长岩($K_1\gamma\delta^b$)	侵入体	侵入接触(超动)
	第三次	浅肉红色细粒花岗岩($K_2\gamma^a$)	侵入体	相变(涌动)
		浅肉红色中粒花岗岩($K_2\gamma^b$)	侵入体	侵入接触(脉动)
	第四次	钾长花岗岩($K_2\xi\gamma$)	小侵入体	侵入接触(超动)
第三期	第一次	花岗斑岩($E_2\gamma\pi$)	小侵入体	

(1)深灰色细粒闪长岩($K_1\delta^a$)

它为阿翁错复式岩体中最早的侵入体，由于后期侵入作用的影响，深灰色细粒闪长岩与灰色中粒闪长岩间呈脉动接触关系(图 3－35)；深灰色细粒闪长岩多以包体形式残存于花岗闪长岩体中(图 3－36)，包体呈椭圆状，长轴 10～15cm，短轴 3～5cm。

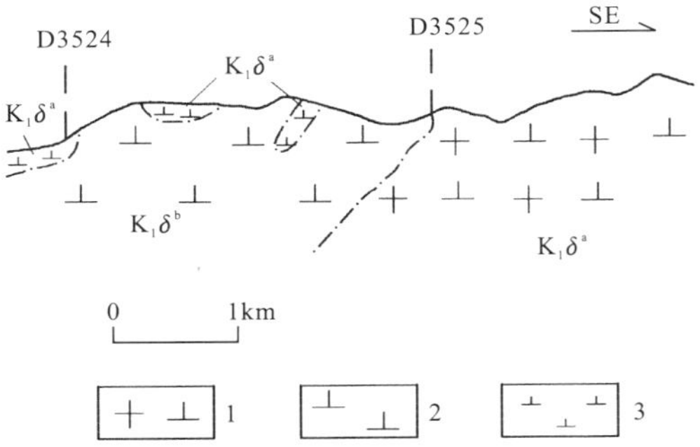

图 3－35　阿翁错复式岩体细粒闪长岩($K_1\delta^a$)与中粒闪长岩($K_1\delta^b$)间接触关系图

1. 花岗闪长岩；2. 灰色中粒闪长岩；3. 深灰色细粒闪长岩

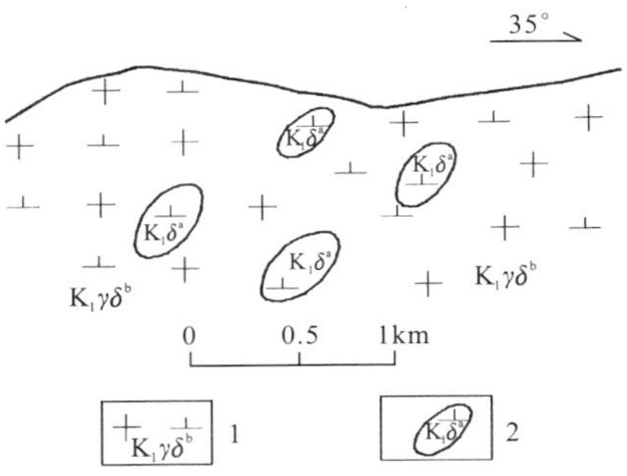

图 3－36　阿翁错复式岩体花岗闪长岩($K_1\gamma\delta^b$)中的细粒闪长岩包体($K_1\delta^a$)

1. 花岗闪长岩；2. 深灰色闪长岩

岩石为深灰色，细粒状结构，块状构造，受后期构造岩浆作用影响，部分片状、片麻状构造发育。岩石主要由半自形粒状，粒度一般为 0.3～1mm 的斜长石、普通角闪石、黑云母等矿物组成，局部斜长石粒度可达 3mm，而使岩石显似斑状结构。其中斜长石(表面分布较多的绢云母、绿黝帘石集合体)占 50%～54%，普通闪石 25%左右，次生绿黝帘石 2%左右，黑云母(已蚀变为绿泥石)5%左右，金属矿物如磁铁矿仅占 0.5%左右，副矿物如磷灰石、榍石微量。斜长石强烈蚀变，表面分布大量的绢云母鳞片和绿黝帘石集合体，局部略显残余环带，推测原来可能为中长石。部分普通角闪石次闪石化，黑云母全部蚀变为绿泥石、绿帘石。

(2)灰色中粒闪长岩($K_1\delta^b$)

分布于加姆子、阿翁错一带，岩体中见深灰色细粒闪长岩包体(图 3－35)和后期侵入的辉绿岩脉。灰色中粒闪长岩与晚期侵入的花岗闪长岩间呈超动侵入接触(图 3－37)，其接触界面处花岗闪长岩边缘出现 3～4cm 宽的冷凝边，接触面倾向闪长岩一侧、倾角 45°～50°。岩石呈灰色，半自形中粒(花岗)结构，块状构造，矿物组成为斜长石、钾长石、角闪石及少量副矿物等，其中斜长石 55%～60%、钾长石 8%～10%、角闪石 25%～30%、副矿物 3%～5%。斜长石呈半自形粒状、板柱状，粒度 2～5mm，An 为 40～45，多为环带状中长石；钾长石为他形粒状，粒径 3～4mm，聚片双晶发育；角闪石呈半自形—他形板条状，粒度 2mm×4mm；副矿物为锆石、磷灰石、磁铁矿等。

(3)浅灰色细粒花岗闪长岩($K_1\gamma\delta^a$)

分布于扎作、色荣一带，围绕浅灰色中粒花岗闪长岩呈断续环带状分布。细粒花岗闪长岩与中粒花岗闪长岩呈岩墙状接触(图 3－38)，沿 330°∠62°节理面贯入，接触界面突变，界线清楚，界面处中粒花岗闪长岩劈理发育，劈理产状与界面一致，二者间为脉动侵入接触关系。

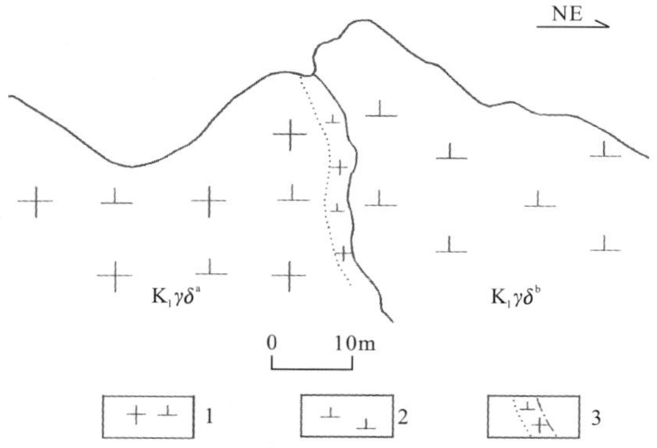

图 3－37　阿翁错复式岩体中粒闪长岩与花岗闪长岩超动接触关系图

1. 花岗闪长岩；2. 灰色中粒闪长岩；3. 冷凝边

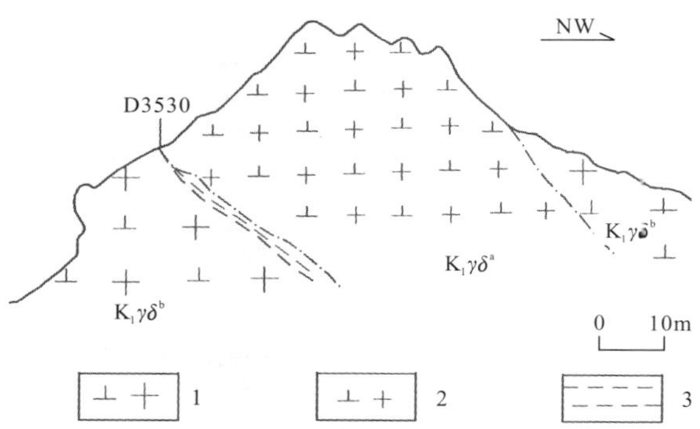

图 3－38　阿翁错复式岩体细粒花岗闪长岩与中粒花岗闪长岩脉动接触关系图

1. 中粒花岗闪长岩；2. 细粒花岗闪长岩；3. 劈理化带

岩石为浅灰色—灰白色，具细粒半自形结构，块状构造，岩石组成为斜长石(53%～60%)、钾长石(8%～10%)、角闪石(25%～30%)、石英(10%左右)、榍石(2%)。斜长石呈半自形板柱状，粒度 0.2～1.5mm，多见聚片双晶和环带构造，An 为 20～40，属中—更长石；钾长石呈他形粒状，多为正长石，见少量具格子双晶的微斜长石；角闪石呈半自形—他形的纤柱状、板条状，粒度 0.2～1.5mm，横切面上解理发育；石英呈他形粒状。岩石中见大量蚀变矿物如绢云母、褐铁矿等。

(4)浅灰色中粒花岗闪长岩($K_1\gamma\delta^b$)

分布于叉茶卡、古墓等地，为阿翁错岩体的主体部分，岩石风化后表面呈褐灰色，与细粒花岗闪长岩间为脉动侵入接触关系(图 3－38)，与花岗岩间呈超动接触关系(图 3－39)。

岩石为浅灰色—灰白色，半自形中粒花岗结构，块状构造，岩石组成为斜长石(55%～60%)、钾长石(5%～8%)、角闪石(25%～30%)，副矿物有磷灰石、榍石、磁铁矿等。斜长石呈半自形板柱状，粒度 3～5mm，多见聚片双晶和环带构造，An 为 20～35，属中—更长石；钾长石呈他形粒状，见格子双晶，多为正长石，少量微斜长石；角闪石呈半自形—他形纤柱状，一般长 5～6mm，宽 2～3mm，解理发育，副矿物榍石为极细他形粒状，一般 0.2～0.4mm；磷灰石为细短柱状，一般长 0.2mm，宽 0.15mm，磁铁矿等金属矿物呈自形—半自形粒状，一般小于 1mm。蚀变矿物主要有绢云母、绿泥石、绿帘石、褐铁矿等。

(5)浅肉红色细粒花岗岩($K_2\gamma^a$)

分布于阿翁错复式岩体南缘的跌列阿布索、孔弄勒、它布勒等地，它与浅灰色中粒花岗闪长岩呈(超动)侵入接触关系(图 3－39)。表现为花岗岩呈岩枝状侵入于花岗闪长岩中，花岗岩边缘出现 2～3cm 的细粒冷凝边，中粒花岗闪长岩中的两组节理未穿透花岗岩，接触界面倾向中粒花岗闪长岩，倾角为 60°。

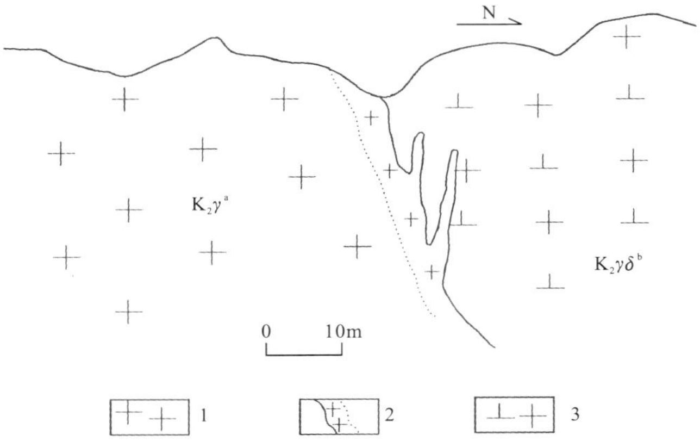

图 3-39　阿翁错复式岩体中粒花岗闪长岩与花岗岩超动接触关系图
1. 花岗岩；2. 细粒冷凝边；3. 浅灰色中粒花岗闪长岩

岩石呈浅肉红色，具细粒状结构，块状构造。岩石由粒度一般在 0.5～1.5mm 的斜长石、钾长石、石英、黑云母和少量角闪石组成，其中斜长石 55%～60%、钾长石 5%～10%、石英 35%～40%、黑云母 3%～5%、角闪石 1%～3%。斜长石 An 为 26～35，属更—中长石，半自形柱状、板柱状，卡钠双晶清楚；钾长石多为正长石，半自形柱状、板条状，微斜条纹结构，部分具卡式双晶；石英他形填隙粒状，波状消光明显；黑云母半自形片状；角闪石呈半自形—他形纤柱状。岩石蚀变表现为钾长石高岭土化，斜长石绢云母化，黑云母脱色化；副矿物为锆石-榍石-磷灰石-磁铁矿组合。

(6)浅肉红色中粒花岗岩($K_2\gamma^b$)

分布于扎都葛尔一带、浅肉红色细粒花岗岩内侧，与细粒花岗岩在成分和颜色上都没有明显的变化(图 3-40)，仅在粒度上逐渐变化，表明二者为同期次同源岩浆经分异作用形成，为涌动接触关系。

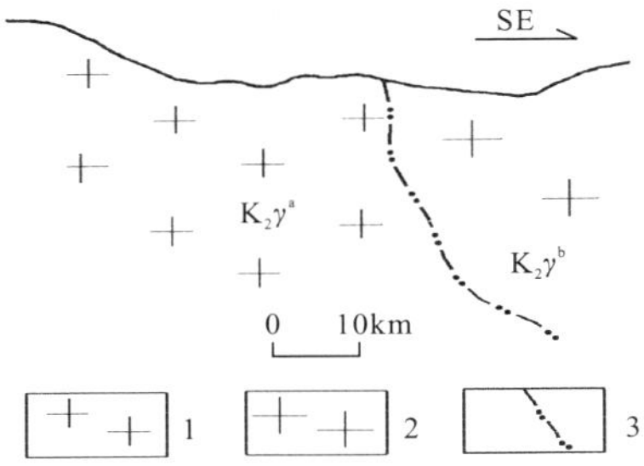

图 3-40　$K_2\gamma^a$ 与 $K_2\gamma^b$ 涌动接触关系图
1. 细粒花岗岩；2. 中粒花岗岩；3. 涌动接触界线

岩石为浅肉红色，中粒花岗结构，岩石主要由粒度一般在 2～5mm 的石英、斜长石、正长微条纹长石、黑云母等矿物组成，主要矿物特征与蚀变以及副矿物组合与浅肉红色细粒花岗岩相似。

(7)钾长花岗岩($K_2\xi\gamma$)

由两个侵入体组成，出露于阿翁错北东、北西的吓昭、泉水沟等地，平面上近似长条状，总体展布方向为北西向，与晚期北西向走滑断裂一致。侵入地层为去申拉组，围岩发生热接触变质形成角岩、堇青石角岩等。钾长花岗岩与花岗岩、花岗闪长岩呈侵入(超动)接触关系(图 3-41)。

岩石为浅肉红色，中粒花岗结构，块状构造。钾长石(50%～60%)半自形板状、柱状，微斜条纹结构，部分具卡斯巴双晶；斜长石(10%～15%)An 为 24～26，属更长石，半自形柱状，卡钠双晶清楚；石英(20%～25%)他形填隙粒状；黑云母(5%左右)半自形片状。蚀变表现为钾长石高岭土化、斜长石绢云母化、黑云母脱色化。副矿物为锆石-榍石-磷灰石-磁铁矿组合。

(8)花岗斑岩($E_2\gamma\pi$)

分布于申勒、弄嘎等地，为阿翁错复式岩体中最晚的侵入体，剖面上呈岩脉、岩墙状，平面上呈圆形或椭圆形，一般都小于 0.01km^2，最大者也仅 0.01～0.02km^2。花岗斑岩呈岩株状侵入于细粒花岗岩、中粒花岗闪长岩中，接触界线分明，与中粒花岗闪长岩、细粒花岗岩为超动侵入接触(图 3-42)。

岩石呈灰—灰白色，斑状结构，块状构造，基质具细晶结构，岩石明显由斑晶和基质两部分组成。斑晶主要由石英(5%～8%)、更长石(3%～5%)、正长条纹长石(5%～7%)、黑云母(1%左右)构成，斑晶中石英一般为 0.5～1.5mm，正长条纹长石及更长石一般在 2.5mm 左右；基质由石英(23%～25%)、更长石(35%～40%)、正长石(23%～25%)、黑云母鳞片(5%～8%)组成，粒度一般为 0.05～0.15mm。副矿物组合为磷灰石＋磁铁矿。

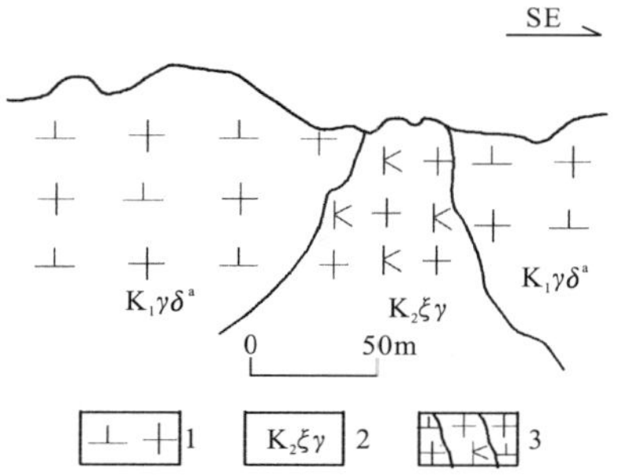

图 3-41　$K_2\xi\gamma$ 与 $K_2\gamma\delta^a$ 超动接触关系图
1. 花岗闪长岩；2. 钾长花岗岩；3.（超动）接触关系

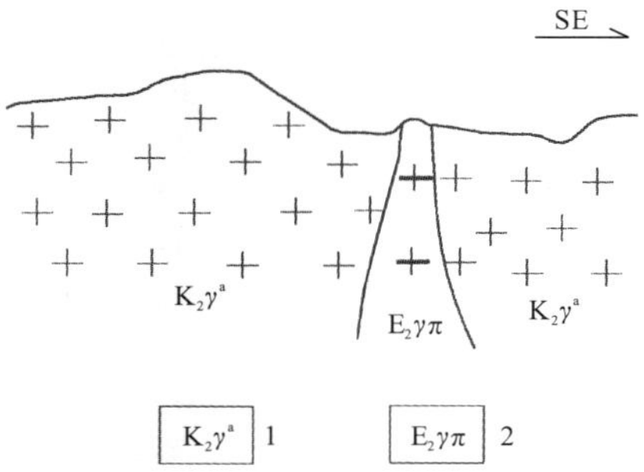

图 3-42　阿翁错复式岩体花岗斑岩与细粒花岗岩超动接触关系图
1. 花岗斑岩；2. 细粒花岗岩

3. 盐湖复式岩体

盐湖复式岩体分布于测区东部盐湖乡南侧，盐湖与聂尔错之间。总体呈北西—南东向展布，出露长约155km，宽约55km，出露面积850km^2，岩体由大小不等的20余侵入体组成。主要岩类有：灰色细粒闪长岩、浅灰色中粒花岗岩、浅灰色细粒似斑状黑云母花岗岩、紫灰色中粒似斑状黑云母花岗岩、灰色中粗粒似斑状黑云母花岗岩、灰色中粒二长花岗岩等，以及后期沿构造裂隙贯入的细晶岩脉、闪长玢岩脉和花岗斑岩等。

盐湖复式花岗岩体由大小不等的20余个侵入体组成，依据它们间的相互穿插、切割关系，将其侵入、演化序列划分为三期七次（表3-10）。

表 3-10　盐湖复式花岗岩体的侵入期次划分表

期	次	岩石类型	赋存形态	接触关系
第一期	第一次	深灰色闪长岩（$K_1\delta^a$）	残留体	侵入接触（脉动）
	第二次	灰色石英闪长岩（$K_1\delta o$）	侵入体	
第二期	第一次	灰色细粒花岗闪长岩（$K_1\gamma\delta^a$）	侵入体	侵入接触（超动）
	第二次	浅肉红色中粒花岗岩（$K_2\gamma$）	侵入体	侵入接触（脉动）
	第三次	浅灰色中粒似斑状黑云母花岗岩（$K_2\gamma\beta^a$）	侵入体	侵入接触（脉动）
		紫灰色中粒似斑状黑云母花岗岩（$K_2\gamma\beta$）	侵入体	相变（涌动）
		灰色中粗粒似斑状黑云母花岗岩（$K_2\gamma\beta^c$）	侵入体	相变（涌动）
	第四次	灰色中粒二长花岗岩（$K_2\eta\gamma$）	侵入体	侵入接触（脉动）
第三期	第一次	花岗斑岩（$E_2\gamma\pi$）	侵入体	侵入接触（超动）

盐湖复式岩体主要围岩为上白垩统去申拉组砂板岩夹中基性火山岩，岩体与围岩间呈侵入接触，如浅灰色细粒似斑状黑云母花岗岩与变质玄武岩呈侵入接触、二长花岗岩与变质玄武岩呈侵入接触（图3-43）、浅肉红色中粒花岗岩、浅灰色细粒似斑状黑云母花岗岩与去申拉组的砂岩、板岩夹中基性火山岩呈侵入接触关系（图3-44）。围岩去申拉组砂岩、板岩受强烈热接触变质，形成长英质角岩、黑云母角岩，玄武岩成为残留体顶盖（图3-45、图3-46）；花岗岩类呈岩枝状侵入围岩中，岩体边缘出现宽3～10cm的细粒冷凝边，局部地方可见围岩呈残留体或捕虏体分布于花岗岩类中，接触界面外倾，倾角30°～37°。

（1）灰色细粒闪长岩（$K_1\delta^a$）

分布于茶怎勒一带，为该区最早期的侵入体，由于后期侵入作用的影响，多以残留体形式存在，断续带状为后期侵入的细粒似斑状黑云母花岗岩等包围或切割。细粒似斑状黑云母花岗岩侵入细粒闪长岩中，细粒似斑状黑云母花岗岩边部出现宽6～10cm的细晶冷凝边，细粒闪长岩呈残留体分布于细粒似斑状黑

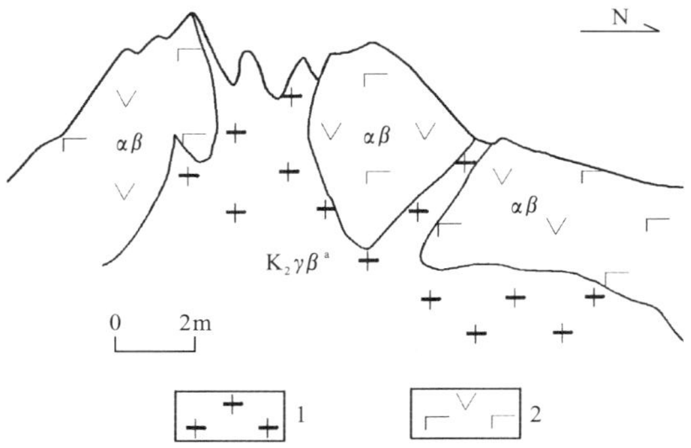

图 3-43　$K_2\gamma\beta^a$与安山玄武岩接触关系图
1. 细粒似斑状黑云母花岗岩；2. 安山玄武岩

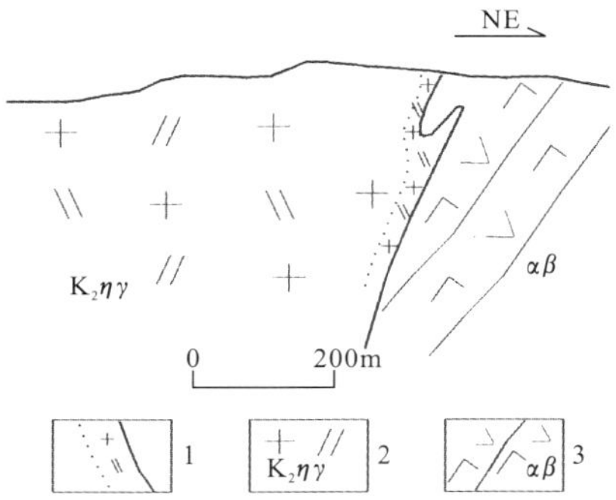

图 3-44　$K_2\eta\gamma$与安山玄武岩接触关系图
1. 细粒冷凝边；2. 二长花岗岩；3. 安山玄武岩

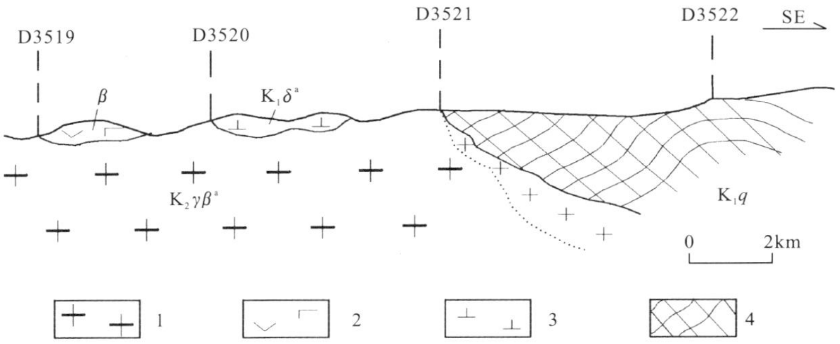

图 3-45　$K_2\gamma\beta^a$与去申拉组接触关系图
1. 细粒似斑状黑云母花岗岩；2. 安山玄武岩；3. 石英闪长岩；4. 去申拉组（角岩）

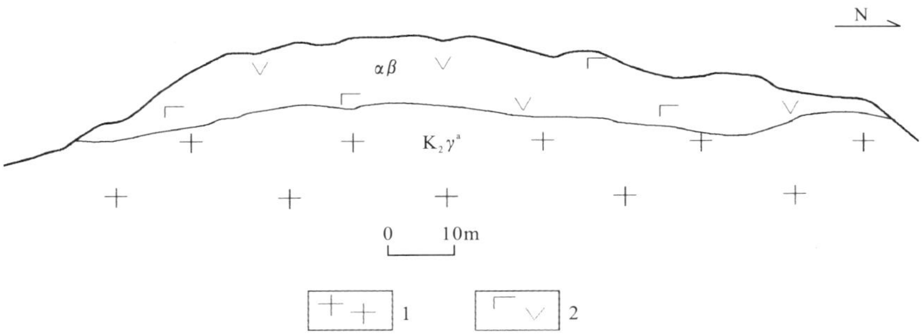

图 3-46　$K_2\gamma\beta^a$与安山玄武岩接触关系图
1. 细粒似斑状黑云母花岗岩；2. 安山玄武岩

云母花岗岩体中（图 3-47），二者岩性差异明显，岩石成分、结构截然不同，为超动侵入接触。

岩石呈深灰色，细粒结构，片状构造，由粒度为 1～3mm 的斜长石、角闪石、石英、黑云母等组成，另见少量 0.15～0.4mm 的石英，正长石不均匀分布于环带状中长石间隙中。斜长石 60%左右，Ab 为 63，An 为 37，为中长石，部分已绢云母化，表现为斜长石表面分布少量绢云母鳞片，普遍具环带状构造，$N_p/(010)=20°$，粒度 1～3mm；角闪石（20%左右）为普通角闪石，较为新鲜，解理明显，呈片状分布，一般 2～3mm；黑云母（8%左右）呈片状分布，并具脱色和绿泥石化现象；石英（5%～8%）呈他形粒状填隙于环带状中长石中，粒度较小，一般 0.15～0.4mm；正长石 2%左右，呈不规则状不均匀散布于中长石间隙中。副矿物组合为锆石＋榍石＋磁铁矿等金属矿物。

（2）石英闪长岩（$K_1\delta o$）

分布于荣勒沟、纳勒沟、工丽等地，为该区较早的侵入体，多呈小型岩株和残留体存在于花岗闪长岩

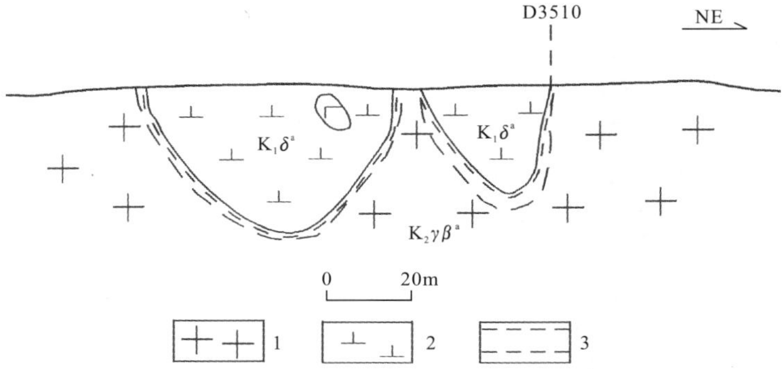

图 3-47　$K_2\gamma\beta^a$ 与 $K_1\delta^a$ 接触关系图

1. 细粒似斑状黑云母花岗岩；2. 细粒闪长岩；3. 劈理带

中，它与围岩去申拉组(K_1q)呈侵入接触，接触界面明显外倾，倾角 40°左右。围岩去申拉组(K_1q)强烈热接触变质，形成长英角岩等，见石英闪长岩细小岩枝侵入于围岩中，岩体总体上较细小，因而边缘冷凝边不明显。石英闪长岩为残留体形式分布于花岗闪长岩中，接触带附近靠花岗闪长岩一侧见 3～5cm 宽的细粒冷凝边，而靠石英闪长岩一侧见明显的热烘烤现象，二者在颜色上、成分上突变，呈明显的超动侵入关系(图 3-48)。

岩石呈灰—深灰色，细粒半自形花岗结构，块状构造，岩石由斜长石、钾长石、普通角闪石、黑云母等矿物组成。斜长石(60%～65%)，An 为 45～48，为更—中长石，半自形板柱状，双晶发育，以钠长石双晶和卡钠复合双律为主，个别具环带构造；钾长石(8%～10%)为微斜长石，他形粒状；石英 10%～15%，他形粒状，显微裂纹发育，具波状消光现象；普通角闪石 10%左右，半自形—自形细长板条状；黑云母(1%～3%)呈半自形片状。岩石蚀变较强，主要表现为斜长石绢云母化和绿泥石化。副矿物组合为锆石＋电气石＋磁铁矿等。

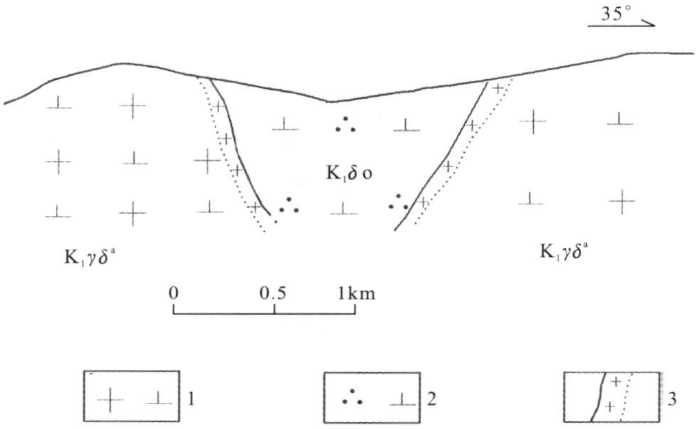

图 3-48　$K_1\delta o$ 与 $K_1\gamma\delta^a$ 接触关系图

1. 花岗闪长岩；2. 石英闪长岩；3. 冷凝边

(3)灰色—灰白色中细粒花岗闪长岩($K_1\gamma\delta^a$)

分布于邦布罗玛、卡什那、工丽等地，它与围岩去申拉组(K_1q)呈侵入接触(图 3-49)，去申拉组上段砂岩、板岩强烈热接触变质，形成长英角岩、黑云英角岩，灰岩、泥灰岩等则形成大理岩和透辉石矽卡岩等，并见花岗闪长岩呈岩枝状侵入围岩中，内接触带的岩体边缘出现宽 5～8cm 的细粒冷凝边，局部地方可见围岩呈残留体或捕虏体分布于花岗闪长岩中，接触界面外倾，倾角 40°～45°。

灰色—灰白色细粒花岗闪长岩与细粒似斑状黑云母花岗岩间为超动侵入接触关系(图 3-50)，表现为接触带附近似斑状黑云母花岗岩呈岩枝状侵入于花岗闪长岩中，似斑状黑云母花岗岩一侧见 2～3cm 的细粒冷凝边，而靠花岗闪长岩一侧有热烘烤现象，接触界面倾向花岗闪长岩，倾角 50°～60°，接触界面清晰明显，关系突变。

细粒花岗闪长岩具细粒半自形粒状结构，块状构造，由粒度为 2～5mm 的斜长石(55%～60%)、钾长石(10%～15%)、角闪石(25%～30%)、石英(10%左右)等组成。斜长石呈半自形板柱状，粒度 3～4mm，多见聚片双晶和环带构造，An 为 25～38，属中—更长石；钾长石呈他形粒状，多为正长石，见少量具格子双晶的微斜长石；角闪石呈半自形—他形的板条状，粒度 4～5mm，解理明显；石英呈他形粒状，粒度 2～3mm，呈填隙状充填于斜长石颗粒之间。副矿物组合为榍石＋磷灰石＋锆石＋磁铁矿。

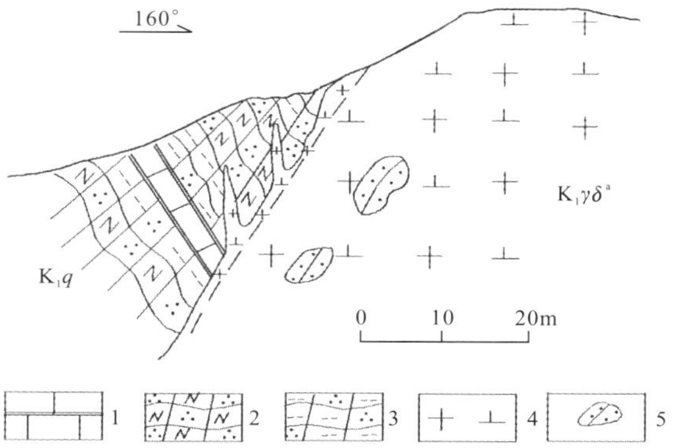

图 3-49　$K_1\gamma\delta^a$ 与 K_1q 侵入接触关系图

1. 花岗闪长岩；2. 似斑状黑云母花岗岩；3. 黑云英角岩；
4. 花岗闪长岩；5. 砂板岩捕虏体

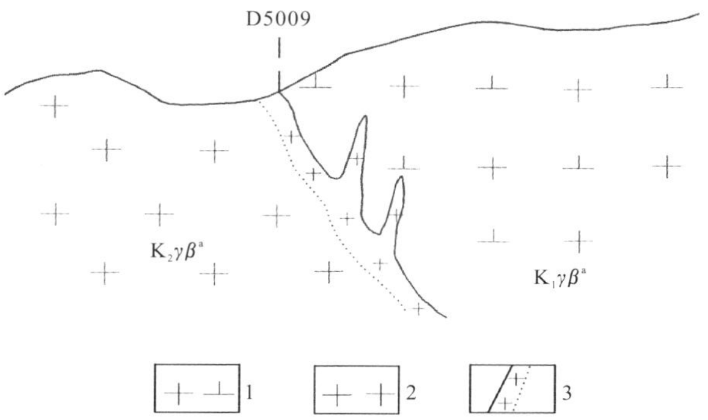

图 3-50　$K_2\gamma\delta^a$ 与 $K_2\gamma\beta^a$ 接触关系图

1. 大理岩；2. 长英角岩；3. 冷凝边

(4)浅肉红色中粒花岗岩($K_2\gamma$)

分布于盐湖、南弄沟、登玛任、扎昂登等地，为盐湖复式花岗岩体的主要岩类之一，它与细粒似斑状黑云母花岗岩间为脉动侵入接触关系(图 3-51、图 3-52)，表现为二者在岩性上、结构上差异大，界线突变，并见细粒似斑状黑云母花岗岩岩枝贯入浅肉红色中粒花岗岩中，接触带附近，靠似斑状黑云母花岗岩一侧见有冷凝边。

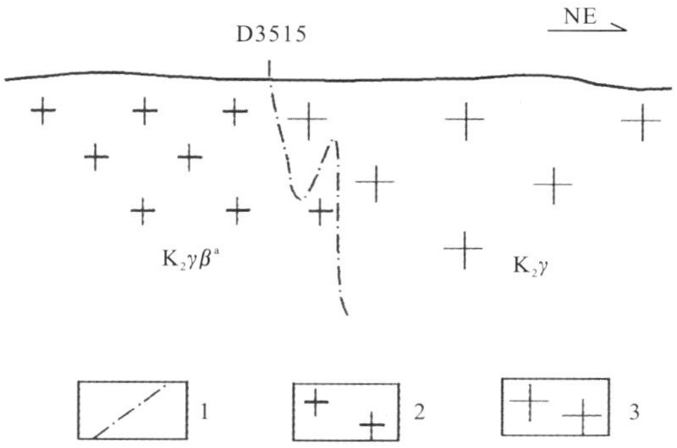

图 3-51　$K_2\gamma$ 与 $K_2\gamma\beta^a$ 接触关系图

1. 脉动接触；2. 细粒似斑状黑云母花岗岩；3. 中粒花岗岩

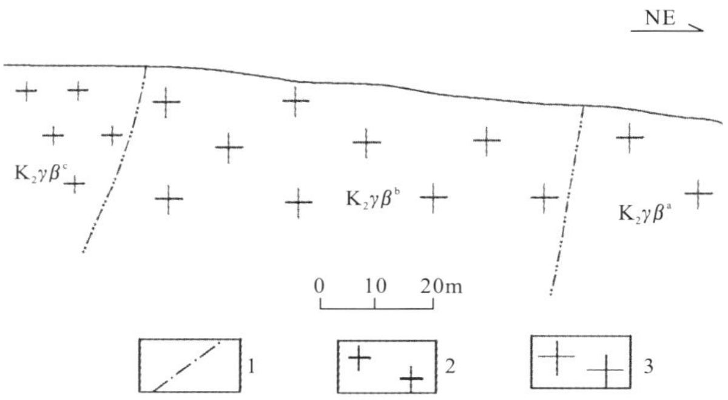

图 3-52　$K_2\gamma\beta^a$ 与 $K_2\gamma\beta^b$、$K_2\gamma\beta^c$ 接触关系图

1. 涌动接触；2. 细粒似斑状黑云母花岗岩；3. 中—粗粒似斑状黑云母花岗岩

岩石为浅肉红色，中粒花岗结构，略显似斑状结构，块状构造，由肉红色钾长石、灰白色斜长石、石英等构成，粒度 2～5mm，岩石风化表面为褐黄色，颗粒状。斜长石(40%～50%)主要为中、更长石，少量钠长石，表面分布较多的绿泥石和绢云母鳞片；钾长石(10%～15%)主要为正长微条纹长石，粒度一般为 3～5mm，呈他形粒状，板条状，具微斜条纹结构，部分具卡式双晶；石英(35%～40%)呈他形粒状，波状消光明显；黑云母(1%～3%)半自形片状；角闪石(3%～5%)呈半自形—他形纤柱状、纤维状。岩石蚀变表现为钾长石高岭土化，斜长石绢云母、绿泥石化等。副矿物为锆石＋榍石＋磷灰石＋磁铁矿等组合。

(5)浅灰色细粒似斑状黑云母花岗岩($K_2\gamma\beta^a$)

分布于葛青、次扎、罗岗、扎措等地，它为盐湖复式花岗岩体的主要岩类之一，它与中粒花岗岩间呈脉动侵入接触关系，与中粒似斑状黑云母花岗岩间呈涌动接触关系(图 3-52)，二者间无明显界线，为渐变过渡，粒度由中粒向细粒过渡，成分无大的变化，色调均匀。

岩石呈浅灰色，似斑状结构，块状构造，由斑晶和基质构成，基质具细粒花岗结构。斑晶以条纹长石(10%左右)为主体，钠长石(5%)次之；基质为石英(25%～28%)、条纹长石(40%～45%)、中更长石(10%～15%)、黑云母(1%～3%)；副矿物为磷灰石＋锆石＋磁铁矿等金属矿物。斑晶条纹长石粒度一般 2～4mm，表面分布较多绿泥石星点，卡式双晶清楚，钠长石条纹宽大，粒度一般为 1.5～2mm，多呈半自形柱状；基质粒度 0.5～1mm，其中中更长石基本新鲜，少数具绢云母化，Ab 为 70，An 为 30，黑云母也基本新鲜，呈褐色，石英呈细他形填隙粒状，条纹长石呈细板条状。

(6)紫灰色中粒似斑状黑云母花岗岩($K_2\gamma\beta^b$)

分布于前述浅灰色细粒似斑状黑云母花岗岩的内侧中央部位，出露规模不大，它与细粒似斑状黑云母花岗岩间为涌动接触关系(图3-52)，二者间无明显界线，成分上变化不大，仅粒度逐渐过渡。

岩石为灰色，略带紫色，似斑状结构，块状构造，由斑晶和基质两部分构成，斑晶占10%～15%，基质占85%～90%。斑晶由条纹长石组成，粒度一般为3～5mm，表面分布较多绿泥石等蚀变矿物，格子双晶和聚片双晶明显可见；基质具中粒花岗结构，主要由粒度一般在2～4mm的正长条纹长石(40%～45%)、中更长石(15%～20%)、石英(27%～30%)、黑云母(1%～3%)组成，其中条纹长石呈板状，格子双晶和聚片双晶发育，中更长石呈短板柱状，$N_P/(010)=14°$，Ab为70，An为30；石英呈他形粒状，一般粒度2mm左右，多数具波状消光现象；黑云母具退色化，呈2～3mm大小的片状散布于岩石中。副矿物含量少，不到1%，其组合为磷灰石＋锆石＋磁铁矿等金属矿物。岩石蚀变主要有绢云母化、绿泥、绿帘石化等。

(7)灰色中粗粒似斑状黑云母花岗岩($K_2\gamma\beta^c$)

分布于南弄沟等地，出露宽度小，它与前述细粒似斑状黑云母花岗岩、中粒似斑状黑云母花岗岩为同源岩浆经分异演化形成，它们之间为粒度上过渡，成分上变化不大，接触带附近无明显界线。

岩石多呈灰色，似斑状结构，块状构造，由斑晶和基质两部分组成，斑晶占15%～20%，基质占80%～85%。斑晶由石英(5%左右)、更长石(3%左右)、条纹长石(5%～8%)、黑云母(1%左右)组成，粒度不等；石英一般为4～5mm，条纹长石斑晶较大，多数大于7mm，一般为7～9mm；更长石斑晶一般为5～8mm。基质具粗中粒结构，主要由粒度在2～5mm的石英、更长石、正长石、黑云母鳞片等矿物组成，其中更长石$N_P/(010)=10°$，Ab为73，An为27。具弱绢云母化，副矿物组合为磷灰石＋锆石＋磁铁矿，蚀变主要有绢云母化、绿泥、绿帘石化。

(8)灰色中粒二长花岗岩($K_2\eta\gamma$)

分布于南弄沟、南日阿扎勒、色当、曲江登、桑纳弄等地，见4个大小不等的灰色中粒二长花岗岩侵入体，其中最大者520km²，最小者仅2km²。它与花岗岩类(花岗岩，似斑状黑云母花岗岩)间为脉动侵入接触关系(图3-53)，中粒二长花岗岩边部出现6～7cm的细粒冷凝边，接触界面产状外倾，产状245°∠28°，风化外貌为前者新鲜，风化微弱，后者风化呈颗粒状。

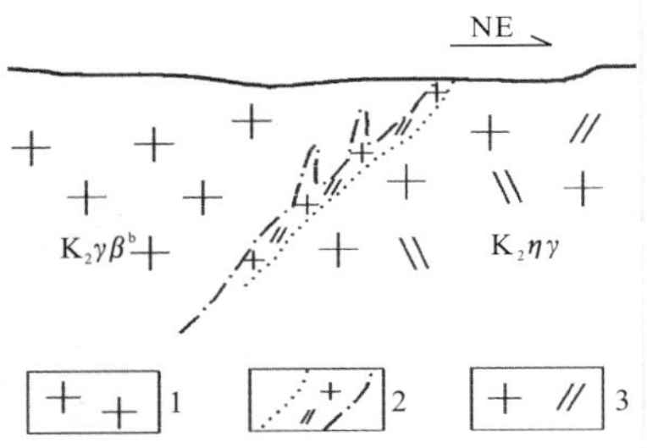

图3-53　中粒二长花岗岩与似斑状黑云母花岗岩脉动接触关系

1.中粒似斑状黑云母花岗岩；2.冷凝边；3.中粒二长花岗岩

岩石呈灰色，中粒花岗结构，块状构造，主要由粒度一般在2～4mm的石英、条纹长石、中更长石、黑云母等矿物呈花岗结构组成。其中，中更长石$N_P/(010)=10°$，Ab为74，An为26，含量30%左右，呈枝状、板条状，略显绢云母化，局部略显环带状构造，石英多为他形粒状，含量25%左右，受后期构造影响，石英颗粒具碎裂纹和波状消光现象；条纹长石呈粒状—板柱状，略具高岭土化，含量40%左右，黑云母呈片状、板片状，微具脱色现象，含量低(2%左右)，除上述矿物之外，岩石尚见有2%～3%的糖粒钠长石沿条纹长石颗粒边缘呈交代状分布，副矿物组合以磷灰石、锆石为主，未见有金属矿物。

(9)花岗斑岩($K_2\gamma\pi$)

分布于邦布下玛，它为该区最晚的侵入岩，与围岩去申拉组呈明显的侵入接触关系，与似斑状黑云母花岗岩类、二长花岗岩、闪长岩、花岗闪长岩间都为超动侵入接触关系。

岩石呈浅灰白色略带肉红色，斑状结构，明显由斑晶和基质两部分构成。斑晶主要有石英、钾长石及斜长石，其中石英斑晶含量10%左右，粒度0.5～1cm，钾长石斑晶10～15%，粒度为1～1.5cm，斜长石斑晶较少(3%～5%)，粒度1cm左右。基质为细晶结构，由粒度在0.05～0.15mm的石英(25%左右)、斜长石(35%～40%)、钾长石(25%左右)等组成。副矿物组合为锆石＋磁铁矿等。

（二）岩石化学特征

1. 昂龙岗日岩体

昂龙岗日黑云母花岗岩岩石化学成分（表 3－11）与中国花岗岩类平均值（黎彤，1962）比较：SiO_2 略高，TiO_2 低，Al_2O_3 相近，Fe_2O_3、FeO 大大低于中国花岗岩类平均值，MnO 略低，MgO、CaO、Na_2O、P_2O_5 低，K_2O 略高。

表 3－11　昂龙岗日-盐湖岩浆岩带岩石化学分析结果表

岩体	序号	样品号	岩石名称	SiO_2	TiO_2	Al_2O_3	Fe_2O_3	FeO	MnO	MgO	CaO	Na_2O	K_2O	P_2O_5
盐湖复式岩体	1	$D3515GS_1$	二长花岗岩	75.44	0.20	11.32	0.58	0.38	0.04	0.26	0.58	3.66	6.68	0.06
	2	$D3516GS_1$	二长花岗岩	72.86	0.30	13.91	0.82	0.55	0.02	0.22	1.01	3.88	5.05	0.05
	3	$D3019GS_1$	二长花岗岩	75.81	0.10	11.79	0.31	0.21	0.02	0.07	0.25	3.95	6.24	0.06
	4	$D3517GS_1$	中粗粒花岗岩	76.64	0.07	13.28	0.34	0.15	0.09	0.04	0.08	3.25	5.35	0.06
	5	$D3517GS_4$	中细粒花岗岩	78.52	0.09	12.23	0.22	0.14	0.16	0.05	0.06	2.70	4.72	0.06
	6	$D3518GS_1$	中细粒花岗岩	76.26	0.14	12.67	0.45	0.30	0.05	0.07	0.16	3.10	5.58	0.06
	7	$D3017GS_1$	花岗闪长岩	61.99	0.89	16.21	3.16	2.10	0.09	2.76	4.04	4.17	3.40	0.07
	8	$D3015GS_1$	花岗斑岩	75.92	0.11	12.45	0.32	0.22	0.03	0.14	0.39	3.82	5.92	0.05
阿翁错复式岩体	9	$D1313GS_1$	闪长岩	60.75	0.72	16.86	1.54	4.28	0.12	3.85	5.91	2.37	2.11	0.24
	10	$D3524GS_1$	闪长岩	59.86	0.89	14.89	4.29	2.86	0.11	3.13	5.11	4.01	4.12	0.09
	11	$D3524GS_2$	闪长岩	52.07	1.13	14.32	7.32	4.88	0.25	5.90	7.54	3.00	2.42	0.08
	12	$D3525GS_1$	闪长岩	51.57	0.93	11.00	6.20	4.13	0.21	10.97	8.69	2.13	2.12	0.07
	13	D5515	闪长岩	65.47	0.46	15.34	2.56	1.70	0.07	1.89	4.59	3.37	2.91	0.07
	14	$D3526GS_1$	花岗斑岩	76.30	0.13	11.53	0.28	0.18	0.04	0.07	0.48	4.17	5.64	0.06
	15	$D3526hj_4$	花岗闪长岩	71.55	0.34	12.20	1.67	1.22	0.05	0.97	1.36	3.32	5.62	0.06
昂龙岗日岩体	16	$D2301GS_1$	黑云母花岗岩	73.71	0.21	14.28	0.38	0.68	0.03	0.28	0.95	3.55	4.44	0.06
中国花岗岩类平均值（黎彤，1962）				71.27	0.25	14.25	1.24	1.62	0.08	0.8	1.62	3.79	4.03	0.16
中国闪长岩类平均值（黎彤，1962）				57.39	0.89	16.42	3.10	4.15	0.18	3.77	5.58	4.26	2.57	0.37

昂龙岗日黑云母花岗岩的固结指数为 3.00（表 3－12），说明昂龙岗日黑云母花岗岩的原始岩浆分异结晶作用时剩余的液体相对已固结相的数量高；分异指数 89.77，说明岩浆分异程度较好。CIPW 标准矿物组合为 Q＋Or＋Ab＋An＋C＋Hy，Al_2O_3＞(K_2O＋Na_2O＋CaO)（表 3－12），过铝指数 A/CNK 为 1.17，属硅铝过饱和型。

昂龙岗日黑云母花岗岩的碱度指数(Na_2O＋ K_2O)/Al_2O_3＝0.75，里特曼指数为 2.08，为钙碱性。

在硅-碱图上为亚碱性系列，在 FAM 图解（图 3－54）上为碱性系列；岩石 K_2O/Na_2O＝1.25，在 SiO_2－K_2O 图解（图 3－55）上为高钾钙碱性系列，岩石相对富钾。昂龙岗日黑云母花岗岩为高钾钙碱系列岩石。

2. 阿翁错复式岩体

（1）闪长岩

阿翁错复式岩体闪长岩岩石化学（表 3－11）与中国闪长岩类平均值（黎彤，1962）比较：SiO_2、TiO_2、FeO、MnO、K_2O 含量十分接近，Al_2O_3、Na_2O_3、P_2O_5 略低，Fe_2O_3、MgO、CaO 稍高。闪长岩的固结指数 SI＝17.00～42.94，平均为 28.06，分异指数 DI＝32.39～66.57，平均为 48.43（表 3－12），说明阿翁错复式花岗闪长岩中的闪长岩原始岩浆分异结晶作用时剩余的液体相对固结相的数量较高，岩浆分异程度一般。

表 3-12　昂龙岗日-盐湖岩浆岩带岩石 CIPW 标准矿物及主要特征参数表

岩体	序号	CIPW 标准矿物(%)																主要特征参数		
		Ap	IL	Q	Or	Ab	Hy	An	En	Wo	Di	Fs	Mt	C	SUM	DI	akal	δ	Ap	IL
盐湖复式岩体	1	0.12	0.38	32.49	39.47	21.04	0.09		0.05	1.05	2.05	0.41			99.19	93.00	1.17	3.30	0.12	0.38
	2	0.11	0.57	28.62	29.84	32.83	0.55	4.67	0.55				0.98	0.35	98.67	91.30	0.85	2.67	0.11	0.57
	3	0.13	0.19	32.50	36.87	25.91	0.07		0.03	0.36	0.73	0.04			98.80	95.28	1.12	3.16	0.13	0.19
	4	0.14	1.69	12.65	20.09	35.29	4.74	15.47	4.74	2.48	4.61		4.49		99.23	68.03	0.65	3.02	0.14	1.69
	5	0.12	0.17	44.60	27.89	22.85	0.35		0.13			0.22	0.32	2.70	98.94	95.34	0.78	1.55	0.12	0.17
	6	0.12	0.27	36.57	32.97	26.23	0.21	0.44	0.17			0.05	0.65	1.37	98.83	95.77	0.88	2.27	0.12	0.27
	7	0.14	1.69	13.03	20.09	35.29	5.38	15.47	5.38	1.73	3.22		4.49		98.87	68.41	0.65	3.02	0.14	1.69
	8	0.12	0.21	31.06	34.98	31.08				0.65	1.28				97.12	97.12	1.02	2.88	0.12	0.21
阿翁错复式岩体	9	0.52	1.37	18.60	12.47	20.06	15.21	27.75	9.59			5.62	2.23	0.51	98.72	51.13	0.37	1.13	0.52	1.37
	10	0.19	1.69	8.29	24.35	33.93	3.01	10.46	2.85	5.98	11.21	0.16	6.22		99.35	66.57	0.74	3.92	0.19	1.69
	11	0.17	2.15	3.92	14.30	25.39	9.40	18.46	8.53	7.70	14.50	0.88	10.61		98.90	43.61	0.53	3.24	0.17	2.15
	12	0.15	1.77	1.83	12.53	18.03	18.25	14.19	17.41	11.89	22.28	0.84	8.99		98.01	32.39	0.53	2.11	0.15	1.77
	13	0.16	0.87	23.01	17.20	28.52	3.57	18.14	3.30	1.73	3.26		3.71		98.43	68.72	0.57	1.76	0.16	0.87
	14	0.13	0.25	34.18	33.33	27.91				0.37	0.73				98.84	95.42	0.82	2.89	0.13	0.25
	15	0.13	0.65	27.35	33.21	28.10	1.10	1.79	0.95	1.91	3.62	0.15	2.42		98.35	88.65	0.95	2.80	0.13	0.65
昂龙岗日	16	0.13	0.40	33.49	26.24	30.04	1.34	4.32	0.70			0.64	0.55	2.05	98.57	89.77	0.75	2.08	0.13	0.40

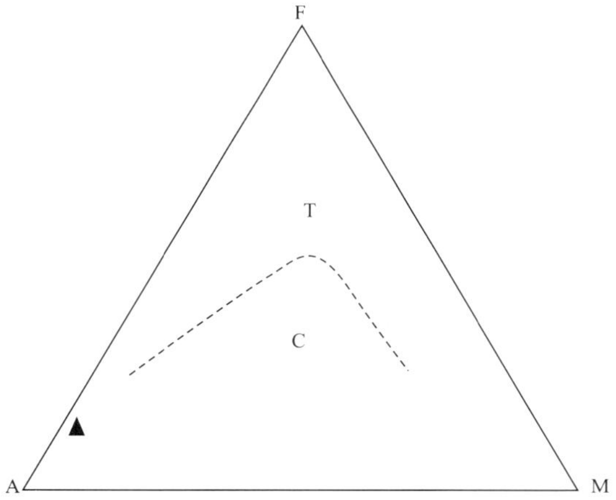

图 3-54 昂龙岗日岩体 FAM 图解
T. 拉斑系列；C. 钙碱性系列

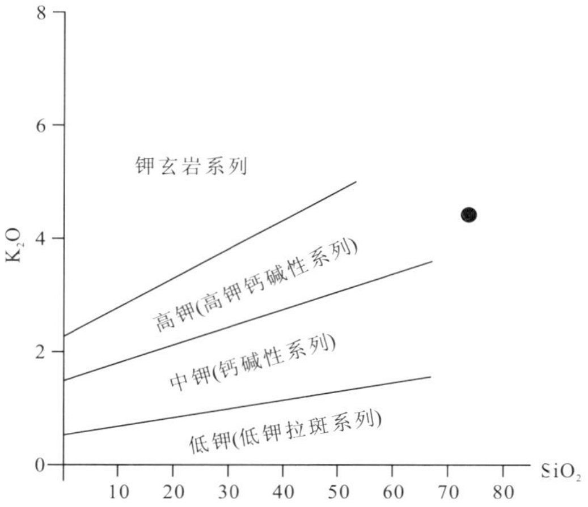

图 3-55 昂龙岗日岩体 SiO_2-K_2O 图解

岩石的 K_2O/Na_2O=0.81～1.03，平均为 0.93，说明岩石钾、钠含量较接近，弱富钠。DIPW 标准矿物组合为 Q+Or+Ab+Hy+An，个别出现透辉石与刚玉成分，普遍出现 Mt+Wo 等副矿物组合，以次铝型为主，仅个别样为过铝型。

闪长岩碱度指数$(Na_2O+K_2O)/Al_2O_3$=0.37～0.74，平均为 0.54；过铝指数 A/CNK=0.51～1.03，平均为 0.74；里特曼指数为 1.13～3.92，平均为 2.60，为钙碱性。FAM 图解（图 3-56）和 SiO_2-K_2O 图解（图 3-57）综合分析，阿翁错复式岩体闪长岩为钙碱性系列。

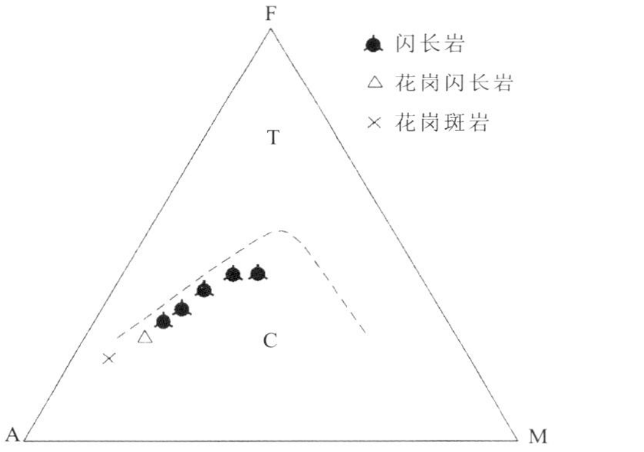

图 3-56 阿翁错复式花岗闪长岩 FAM 图解
T. 拉斑系列；C. 钙碱性系列

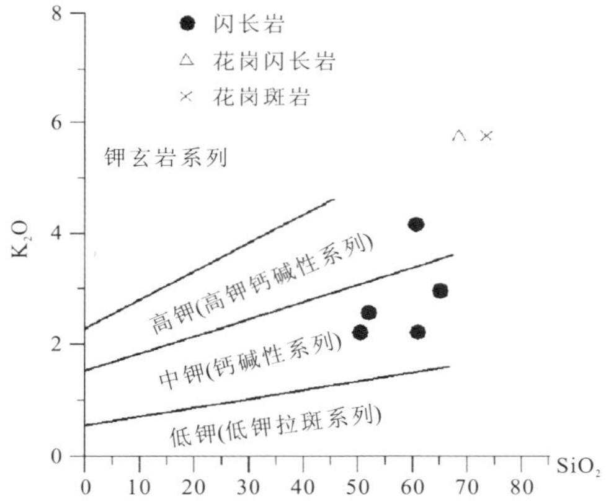

图 3-57 阿翁错复式花岗闪长岩 SiO_2-K_2O 图解

（2）花岗闪长岩

阿翁错复式岩体花岗闪长岩岩石化学特征（表 3-11）与中国闪长岩类平均值（黎彤，1962）比较：SiO_2 和 K_2O 皆高，而其他组分明显偏低。与中国花岗岩类平均值（黎彤，1962）比较：TiO_2、Fe_2O_3、MgO、CaO、K_2O 等皆高出许多，SiO_2、Al_2O_3、FeO 等稍低，而 P_2O_5、MnO 明显偏低。

阿翁错复式岩体花岗闪长岩的固结指数为 7.58～15.21，平均为 11.40，分异指数为 68.72～88.65，平均为 78.69（表 3-12），说明岩石的原始岩浆分异程度较好；K_2O/Na_2O=0.86～1.69，平均为 1.28，说明岩石总体上富钾。CIPW 标矿物组合为 Q+Or+Ab+An+Hy，所有样品皆不同程度地出现 Mt+PI+Wo 等副矿物组合。

阿翁错复式岩体花岗闪长岩类全为次铝型，碱度指数$(Na_2O+K_2O)/Al_2O_3$=0.57～0.95，平均为 0.76，过铝指数 A/CNK=0.88～0.91，平均为 0.90；里特曼指数为 1.76～2.80，平均为 2.28（表 3-12），说明岩石为钙碱性花岗闪长岩。FAM 图解（图 3-56）和 SiO_2-K_2O 图解（图 3-57）综合分析，阿翁错复式花岗闪长岩中的花岗闪长岩为钙碱性系列。

(3)花岗斑岩

阿翁错复式岩体中的晚期侵入体——花岗斑岩岩石化学(表 3-11)与中国花岗岩类平均值(黎彤,1962)比较:SiO_2、Na_2O、K_2O 等皆较高,而其余组分如 TiO_2、Al_2O_3、Fe_2O_3、MnO、MgO、CaO、P_2O_5 等明显偏低。

阿翁错复式岩体花岗斑岩的固结指数 SI=0.68,分异指数 DI=95.42(表 3-12),说明原始花岗岩浆已经充分分异,但由于侵位机制约束,因而岩石的固结程度不高;从岩石的 K_2O/Na_2O=1.35 来看,岩石明显富钾;CIPW 标准矿物组合为 Q+Or+Ab,出现有极少量的辉石组分。

阿翁错复式岩体花岗斑岩为过碱性,$(Na_2O+K_2O)/Al_2O_3$=1.12;过铝指数 A/CNK=0.84;里特曼指数为 2.89,属钙碱性花岗斑岩。

从 FAM 图解(图 3-56)和 SiO_2-K_2O 图解(图 3-57)综合分析,阿翁错复式岩体花岗斑岩为高钾钙碱性系列。

3. 盐湖复式岩体

(1)二长花岗岩

盐湖复式岩体二长花岗岩(表 3-11)与中国花岗岩类平均值(黎彤,1962)比较:SiO_2、Na_2O、K_2O 等皆较高,而其他组分如 TiO_2、Al_2O_3、Fe_2O_3、MnO、MgO、CaO、P_2O_5 等明显偏低。

二长花岗岩的固结指数 SI=2.09~2.65,平均为 2.33;分异指数 DI=91.30~95.28,平均为 93.19,说明原始花岗岩浆分异程度高,岩石的固结程度中等;岩石的 K_2O/Na_2O=1.3~1.83,平均为 1.57,表明二长花岗岩为富钾贫钠;CIPW 标准矿物组合为 Q+Or+Ab+Hy;副矿物组合为 Wo+Pi+Mt,个别还出现刚玉端元。

二长花岗岩总体为过碱岩石类型,个别为过铝类型,碱度指数$(Na_2O+K_2O)/Al_2O_3$=0.85~1.17,平均为 1.05,总体上属钙碱性岩石系列;过铝指数 A/CNK=0.8~1.03,平均为 0.9;里特曼指数为 2.67~3.3,平均为 3.04,表明二长花岗岩为钙碱性岩石类型。

从 FAM 图解(图 3-58)和 SiO_2-K_2O 图解(图 3-59)综合分析,盐湖复式岩体二长花岗岩为高钾钙碱性系列。

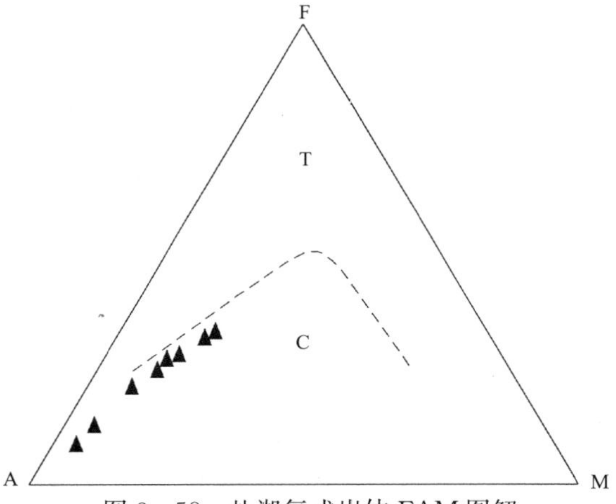

图 3-58　盐湖复式岩体 FAM 图解

T. 拉斑系列;C. 钙碱性系列

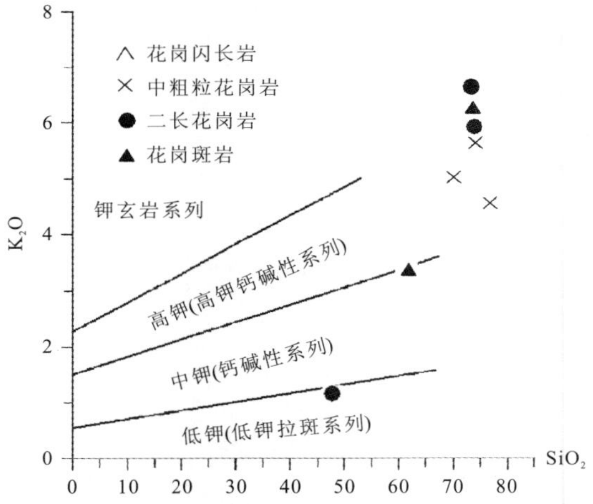

图 3-59　盐湖复式岩体 SiO_2-K_2O 图解

(2)似斑状黑云母花岗岩

盐湖复式岩体似斑状黑云母花岗岩(表 3-11)与中国花岗岩类平均值(黎彤,1962)比较:SiO_2、TiO_2、Fe_2O_3、MnO、MgO、CaO、K_2O 明显偏高,Al_2O_3、Na_2O 较为接近,FeO、P_2O_5 则明显偏低。

盐湖复式岩体似斑状黑云母花岗岩的固结指数 SI=0.64~17.70(表 3-12),平均为 6.35;分异指数 DI=68.03~95.77,平均为 86.38,说明岩石的原始岩浆已经充分分异,但固体程度中等。岩石的 K_2O/Na_2O 为 0.82~1.80,平均为 1.46,岩石富钾贫钠;CIPW 标准矿物组合为 Q+Or+Ab+An+Hy;副矿物组合为 En+Wo+Di+Mt，多数出现刚玉端元。

盐湖复式岩体似斑状黑云母花岗岩总体为过铝岩石，个别为次铝岩石；碱度指数(Na_2O+K_2O)/Al_2O_3=0.65～0.88，平均为0.77，为钙碱性岩石；过铝指数 A/CNK=0.88～1.28，平均为1.09；里特曼指数为1.55～3.02，平均为2.28，岩石为钙碱性岩石。

从 FAM 图解(图3-58)和 SiO_2-K_2O 图解(图3-59)上可知，盐湖复式岩体似斑状黑云母花岗岩为高钾钙碱系列。

(3)花岗闪长岩

盐湖复式岩体花岗闪长岩与中国花岗岩类平均值(黎彤，1962)比较：TiO_2、Al_2O_3、Fe_2O_3、FeO、MnO、CaO、Na_2O 都略高，SiO_2、MgO、K_2O、P_2O_5 明显偏低；与中国闪长岩类平均值(黎彤，1962)比较，SiO_2 和 K_2O 明显偏高，TiO_2、Al_2O_3、Fe_2O_3、Na_2O 持平，其他组合则略为偏低，说明岩石更靠近闪长岩。

花岗闪长岩的固结指数 SI=17.70，分异指数 DI=68.41，说明岩石的原始岩浆分异程度中等，但固体程度较高。另外，岩石的 K_2O/Na_2O 为0.82，说明岩石为相对贫钾富钠，CIPW 标准矿物组合为 Q+Or+Ab+Hy+An，副矿物组合为 Mt+Di+Wo。

花岗闪长岩为次铝类型，碱度指数(Na_2O+K_2O)/Al_2O_3=0.65，属钙碱性岩石；过铝指数 A/CNK=0.91；里特曼指数为3.02，表明岩石为钙碱性岩石；从 FAM 图解(图3-58)和 SiO_2-K_2O 图解(图3-59)上可知，花岗闪长岩为钙碱系列。

(4)花岗斑岩

盐湖复式岩体中的晚期侵入体——花岗斑岩与中国花岗岩类平均值(黎彤，1962)比较：SiO_2、Na_2O、K_2O 等偏高，其余组分 TiO_2、Al_2O_3、Fe_2O_3、FeO、MnO、MgO、CaO、P_2O_5 等明显偏低，但它与同一岩浆岩带的阿翁错复式岩体中的花岗斑岩相比较，其岩石化学特征十分相似。

花岗斑岩的固结指数 SI=1.34，分异指数 DI=97.12，K_2O/Na_2O=1.55，表明岩石的原始岩浆得到充分分异，但由于受侵演机制约束，因而固结程度不高，岩石具明显地富钾贫钠特征，CIPW 标准矿物组合为 Q+Or+Ab，副矿物组合为 Di+Wo+Fs。

花岗斑岩(Na_2O+K_2O)>Al_2O_3，为过碱性岩石，碱度指数(Na_2O+K_2O)/Al_2O_3=1.02，属钙碱性花岗斑岩；过铝指数 A/CNK=0.94；花岗斑岩的里特曼指数为2.88，属钙碱性岩石；FAM 图解(图3-58)和 SiO_2-K_2O 图解(图3-59)表明花岗斑岩为钙碱性系列。

(三)稀土元素特征

1. 昂龙岗日岩体

黑云母花岗岩 $\sum$REE 为 101.21×10^{-6}，$\sum$LREE/$\sum$HREE 为10.53，轻稀土明显富集，δEu 为0.66，铕轻度亏损(表3-13)。稀土配分模式(图3-60)为向右陡倾，并有 Eu、Ho、Tm 等相对弱亏损现象。

2. 阿翁错复式岩体

阿翁错复式岩体中各岩类的稀土元素分析结果列于表3-13。

闪长岩类 $\sum$REE 为 95.93×10^{-6}～256.68×10^{-6}，平均为 148.86×10^{-6}，$\sum$LREE/$\sum$HREE 为2.10～4.32，平均为3.21，反映出轻稀土微富集；δEu 为0.59～0.96，平均为0.81，说明岩石铕亏损。稀土配分曲线(图3-61)右倾，Eu 轻度亏损。

花岗闪长岩 $\sum$REE=63.95×10^{-6}，$\sum$LREE/$\sum$HREE=4.90，轻稀土富集、重稀土亏损；δEu=0.82，岩石铕轻度亏损。稀土配分曲线(图3-62)为平缓右倾，Eu 弱亏损。

花岗斑岩 $\sum$REE 为95.76，$\sum$LREE/$\sum$HREE 为3.83，轻稀土相对富集、重稀土相对亏损；δEu=0.43，铕亏损严重。其稀土配分曲线(图3-62)也是向右缓倾。

3. 盐湖复式岩体

盐湖复式岩体各类岩石稀土元素分析结果列于表3-13。

表 3-13　昂龙岗日-盐湖岩浆岩带岩石稀土元素分析结果表

岩体	序号	La	Ce	Pr	Nd	Sm	Eu	Gd	Tb	Dy	Ho	Er	Tm	Yb	Lu	Y	ΣREE	ΣLREE/ΣHREE	δEu
盐湖复式岩体	1	31.42	63.26	5.83	19.86	3.48	0.38	2.39	0.39	2.20	0.41	1.25	0.20	1.45	0.25	13.40	146.16	5.66	0.41
	2	32.05	66.62	5.91	20.30	3.37	0.58	2.31	0.37	2.14	0.42	1.32	0.20	1.43	0.21	12.55	149.76	6.15	0.64
	3	17.28	38.38	3.67	12.63	2.71	0.22	1.83	0.32	1.94	0.41	1.28	0.24	1.86	0.28	13.51	96.56	3.46	0.30
	4	17.04	43.03	4.18	14.62	3.66	0.06	3.06	0.61	4.01	0.81	2.37	0.38	2.68	0.41	23.15	120.07	2.20	0.06
	5	14.95	41.53	3.20	11.10	2.40	0.08	1.75	0.33	2.19	0.47	1.57	0.23	1.68	0.27	13.42	95.18	3.34	0.12
	6	19.13	54.46	4.11	14.51	2.98	0.27	2.19	0.39	2.47	0.48	1.47	0.24	1.81	0.27	14.20	118.96	4.06	0.33
	7	33.56	70.48	6.92	26.54	5.03	1.18	4.12	0.59	3.62	0.67	1.85	0.28	1.91	0.27	19.47	176.48	4.39	0.82
	8	20.90	46.85	3.97	13.62	2.33	0.25	1.79	0.30	1.71	0.35	1.13	0.17	1.28	0.21	10.05	104.90	5.17	0.38
阿翁错复式岩体	9	17.77	36.10	3.92	13.96	2.69	0.77	2.84	0.45	2.58	0.55	1.54	0.24	1.56	0.25	11.28	96.50	3.53	0.91
	10	27.49	62.44	6.59	28.04	5.98	1.25	4.79	0.77	4.45	0.88	2.38	0.37	2.31	0.33	23.63	171.68	3.30	0.74
	10	24.75	78.67	10.08	47.55	10.99	1.83	8.89	1.48	9.26	1.78	5.14	0.77	5.29	0.74	49.48	256.68	2.10	0.59
	12	18.29	41.78	4.59	20.76	4.45	1.10	3.81	0.58	3.75	0.73	2.09	0.29	1.88	0.30	19.13	123.50	2.79	0.85
	13	19.22	38.18	3.60	13.53	2.65	0.73	2.19	0.35	2.04	0.39	1.04	0.16	1.07	0.17	10.62	95.93	4.32	0.96
	14	16.18	39.05	3.91	13.57	2.89	0.35	2.32	0.35	2.12	0.42	1.18	0.19	1.15	0.19	11.90	95.76	3.83	0.43
	15	15.12	24.37	2.38	9.05	1.80	0.41	1.37	0.20	1.16	0.21	0.58	0.08	0.61	0.10	6.52	63.95	4.90	0.82
昂龙岗日岩体	16	22.52	45.44	4.80	16.17	2.96	0.54	2.32	0.30	1.13	0.18	0.55	0.06	0.43	0.07	3.76	101.21	10.53	0.66
推荐的球粒陨石值		0.31	0.81	0.12	0.60	0.20	0.07	0.26	0.05	0.32	0.07	0.21	0.03	0.21	0.03	1.96	5.25	0.67	1.07

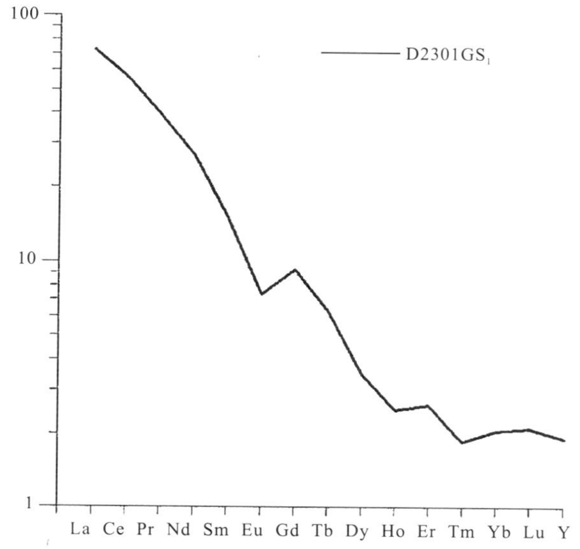

图 3-60　昂龙岗日黑云母花岗岩稀土配分模式

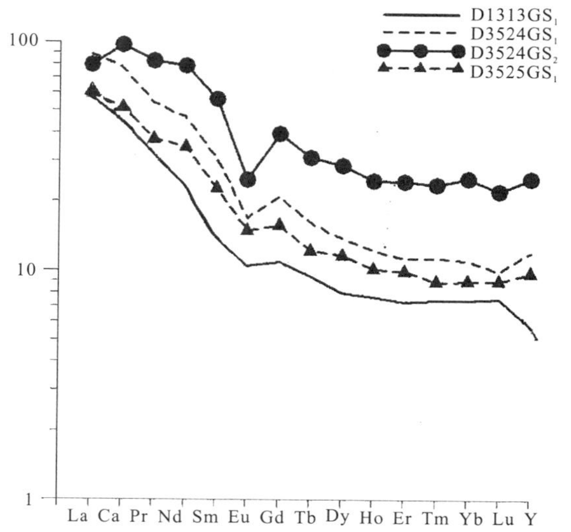

图 3-61　阿翁错闪长岩稀土配分模式

二长花岗岩∑LREE/∑HREE=3.46～6.15，平均为5.09，δEu=0.3～0.64，平均为0.45，岩石铕明显亏损，轻稀土富集，重稀土亏损。

似斑状黑云母花岗岩∑LREE/∑HREE=2.2～4.06，平均为3.20，δEu为0.06～0.33，平均为0.17，岩石铕严重亏损，轻稀土明显富集，重稀土相对亏损。

花岗闪长岩∑REE=176.48×10^{-6}，∑LREE/∑HREE=4.39，δEu=0.82，岩石轻稀土强烈富集，重稀土相对亏损，铕弱亏损。花岗斑岩∑REE=104.90，∑LREE/∑HREE=5.17，δEu=-0.38，岩石铕亏损，轻稀土强烈富集，重稀土相对亏损。

盐湖复式岩体中的各岩类的稀土元素配分曲线图(图3-63)为平缓右倾型，Eu亏损，整体上曲线为右倾大雁状。

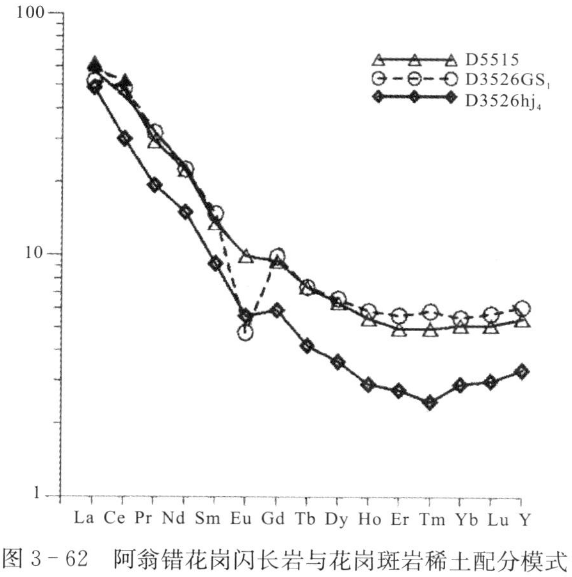

图 3-62　阿翁错花岗闪长岩与花岗斑岩稀土配分模式

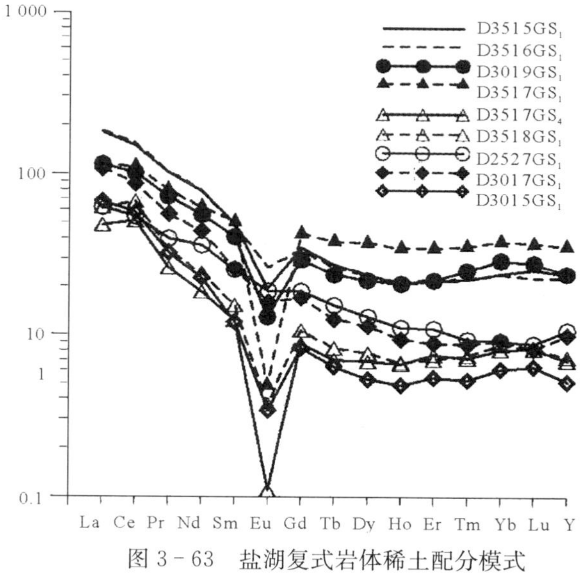

图 3-63　盐湖复式岩体稀土配分模式

(四)微量元素特征

1. 昂龙岗日岩体

昂龙岗日黑云母花岗岩微量元素特征(表3-14)与洋脊花岗岩(Pearee)比较：Nb、Ta、Zr、Hf、Sm、Y、

表 3-14　昂龙岗日-盐湖岩浆岩带岩石微量元素分析结果表

岩体	序号	样品号	岩石名称	K_2O	Rb	Ba	Th	Ta	Nb	Ce	Zr	Hf	Sm	Y	Yb
盐湖复式岩体	1	$D3515GS_1$	二长花岗岩	6.68	203.73	184.03	18.31	2.47	19.02	63.26	127.74	4.94	3.48	13.40	1.45
	2	$D3516GS_1$	二长花岗岩	5.05	163.04	383.88	14.25	1.25	18.09	66.62	141.39	4.66	3.37	12.55	1.43
	3	$D3019GS_1$	二长花岗岩	6.24	214.87	99.13	20.30	2.24	16.10	38.38	78.29	4.59	2.71	13.51	1.86
	4	$D3517GS_1$	中粗粒花岗岩	3.4	311.51	24.64	13.92	3.64	29.40	43.03	63.89	4.69	3.66	23.15	2.68
	5	$D3517GS_4$	中细粒花岗岩	4.72	315.16	71.37	14.16	3.83	19.33	41.53	59.83	4.52	2.40	13.42	1.68
	6	$D3518GS_1$	中细粒花岗岩	5.58	166.18	188.13	18.03	2.56	18.88	54.46	95.79	5.13	3.00	14.20	1.81
	7	$D3017GS_1$	花岗闪长岩	3.4	87.84	478.36	7.36	1.10	15.86	70.48	72.80	2.65	5.03	19.47	1.91
	8	$D3015GS_1$	花岗斑岩	5.92	181.86	29.32	17.39	1.84	23.09	46.85	43.92	2.37	2.33	10.05	1.28
阿翁错复式岩体	9	$D1313GS_1$	闪长岩	2.11	107.37	257.27	8.95	0.65	6.70	36.10	8.92	0.71	2.69	11.28	1.56
	10	$D3524GS_1$	闪长岩	4.12	137.59	413.05	11.01	0.94	14.09	62.44	82.71	3.28	5.98	23.63	2.31
	11	$D3524GS_2$	闪长岩	2.42	97.85	215.97	4.19	0.93	16.38	78.67	47.34	2.62	10.99	49.48	5.29
	12	$D3525GS_1$	闪长岩	2.12	74.52	153.68	5.39	0.40	6.34	41.78	75.19	2.58	4.45	19.13	1.88
	13	D5515	闪长岩	2.91	96.93	296.74	8.32	0.44	5.62	38.18	75.55	2.59	2.65	10.62	1.07
	14	$D3526GS_1$	花岗斑岩	5.64	162.93	257.13	17.54	1.26	14.09	39.05	61.04	3.28	2.89	11.90	1.15
	15	$D3526Hj_4$	花岗闪长岩	5.62	165.23	524.20	8.01	0.53	4.35	24.37	49.78	2.78	1.80	6.52	0.61
昂龙岗日岩体	16	$D2301GS_1$	中粗粒黑云母花岗岩	4.44	247.43	425.90	14.44	0.69	5.57	45.44	77.14	3.47	2.96	3.76	0.43
洋脊		Pearce	洋脊花岗岩	0.40	4.00	50.00	0.80	0.70	10.00	35.00	340.00	9.00	9.00	70.00	80.00

Yb 等元素皆明显低于洋脊花岗岩，K_2O、Rb、Ba、Th、Ce 等元素则比洋脊花岗岩高，尤其是 Rb、Ba 等，高出数十倍。微量元素配分曲线特征(图 3－64)为同碰撞花岗岩，与阿曼同碰撞花岗岩微量元素配分曲线相近似。

2. 阿翁错复式岩体

闪长岩类与洋中脊花岗岩比较：Ta、Nb、Zr、Hf、Sm、Y、Yb 等元素都低于洋中脊花岗岩，尤其是 Zr、Y、Yb 低出数倍，K_2O、Rb、Ba、Th、Ce 等元素都明显比洋中脊花岗岩高。其微量元素配分曲线特征为火山弧花岗岩的微量元素配分曲线特征，与纽芬兰火山弧花岗岩微量元素配分曲线相近似(图 3－65)。

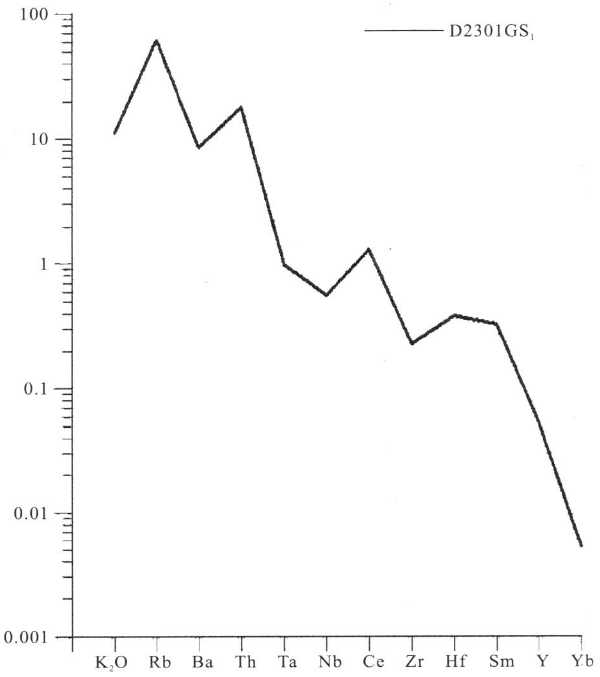

图 3－64　昂龙岗日微量元素配分模式图

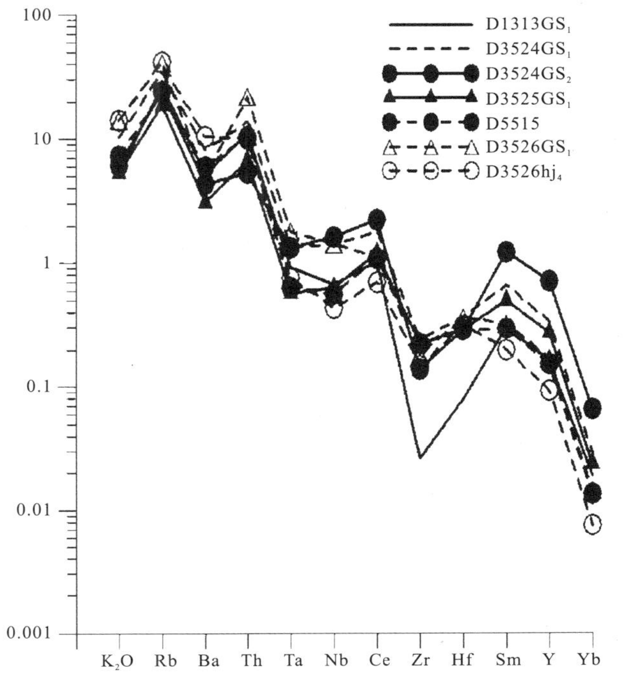

图 3－65　阿翁错复式岩体微量元素配分模式图

花岗闪长岩与洋脊花岗岩比较：K_2O、Rb、Ba、Th 等元素明显偏高，Ta、Nb、Ce、Zr、Hf、Sm、Y、Yb 等元素明显偏低。其特征为同碰撞花岗岩的微量元素配分曲线特征，与阿曼同碰撞花岗岩微量元素配分曲线相近似(图 3－65)。

花岗斑岩与洋脊花岗岩比较：K_2O、Rb、Ba、Th、Ta、Nb、Ce 等元素都明显偏高，Zr、Hf、Sm、Y、Yb 等元素则偏低。微量元素配分曲线特征同板内花岗岩的微量元素配分曲线特征相近，与 Skaergaard 板内花岗岩类似(图 3－65)。

3. 盐湖复式岩体

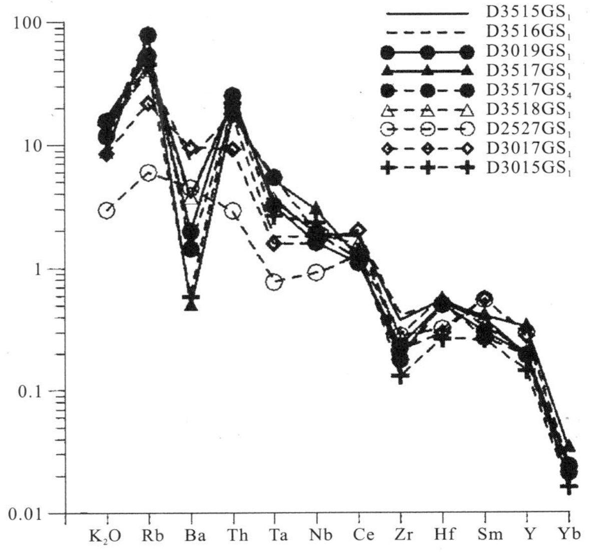

图 3－66　盐湖岩体微量元素配分模式图

二长花岗岩与洋中脊花岗岩比较：K_2O、Rb、Ba、Th、Ta、Nb、Ce 等元素明显偏高，个别高出数十倍，Zr、Hf、Sm、Y、Yb 等元素则明显低于洋中脊花岗岩。微量元素的配分模式图(图 3－66)形态反映出同碰撞花岗岩特征，与阿曼同碰撞花岗岩相近似。

似斑状黑云母花岗岩与洋中脊花岗岩比较：K_2O、Rb、Ba、Th、Ta、Nb、Ce 等元素都明显偏高，个别元素高出数十到数百倍，Zr、Hf、Sm、Y、Yb 等元素则明显低于洋中脊花岗岩。微量元素的配分模式（图 3－66）形态反映为同碰撞花岗岩，与阿曼同碰撞花岗岩具相同的微量元素配分模式。

花岗闪长岩与洋中脊花岗岩比较：K_2O、Rb、Ba、Th、Ta、Nb、Ce 等元素皆偏高，Zr、Hf、Sm、Y、Yb 等元素皆偏低。微量元素配分曲线（图 3－66）反映为同碰撞花岗岩，与阿曼同碰撞花岗岩具相同的微量元素配分模式。

花岗斑岩与洋中脊花岗岩比较：K_2O、Rb、Th、Ta、Nb、Ce 等元素皆偏高，Ba、Zr、Hf、Sm、Y、Yb 等元素皆明显偏低。微量元素配分曲线图（图 3－66）反映出碰撞期后 S 型花岗岩特征，与 skaergaard 板内花岗岩雷同，具地壳重熔型花岗岩的特点。

二、革吉-雄巴岩浆岩带

革吉-雄巴岩浆岩带包括狮泉河结合带以南的革吉花岗闪长岩体、帕阿花岗闪长岩体、雄巴二长花岗岩体、邦巴复式岩体等。

根据岩体侵入接触关系、岩石学、岩石化学、岩石地球化学等特征，将革吉-雄巴岩浆岩带侵入岩划分为三期侵入序次，归为三大岩浆序列，形成于三种不同的构造环境（表 3－15）。

表 3－15　革吉-雄巴岩浆岩带岩浆岩序列表

时代		代号	岩石名称	结构构造	岩浆序列	构造环境	年龄值（Ma）
纪	世						
古近纪	始新世	$E_2\gamma\pi$	花岗斑岩	斑状结构，块状构造	后碰撞造山花岗岩序列	后碰撞造山伸展环境	50.4
		$E_2\gamma\tau$	白岗岩	细粒花岗结构，块状构造			
白垩纪	晚白垩世	$K_2\eta\gamma$	二长花岗岩	细粒花岗结构，块状构造	同碰撞造山花岗岩序列	同碰撞环境	
		$K_2\gamma^b$	似斑状黑云母花岗岩	似斑状结构，块状构造			91.5
		$K_2\gamma^a$	细粒花岗岩	半自形细粒结构，块状结构			
	早白垩世	$K_1\gamma\delta^c$	中粗粒花岗闪长岩	中粗粒状花岗结构，块状构造			
		$K_1\gamma\delta^b$	中粒花岗闪长岩	半自形中粒花岗结构，块状构造			113、132
		$K_1\gamma\delta^a$	细粒花岗闪长岩	细粒半自形结构，块状构造			
		$K_1\delta o$	细粒石英闪长岩	细粒半自形结构，块状构造	岩浆弧花岗岩序列	俯冲岩浆弧环境	
		$K_1\delta^a$	细粒闪长岩	细粒结构，块状构造			

（一）地质与岩石学特征

1. 革吉岩体

该岩体分布于革吉县城正北约 15km 的松多勒—叉如顶嘎之间，岩体呈近东西向平行狮泉河深大断裂带展布，出露长约 18km，宽约 5km，出露面积 90km²。岩体成分单一，为单个花岗闪长岩侵入体，围岩主要是下白垩统多尼组砂岩夹页岩、灰岩。革吉花岗闪长岩体与围岩为明显的侵入接触关系（图 3－67），表现为岩体边缘出现细粒冷凝边，由岩体边缘向中部矿物颗粒具由小变大的趋势，局部地方尚见细小岩枝贯入围岩中，而围岩多尼组砂岩夹页岩则明显角岩化，碳酸盐岩则发生大理岩化。

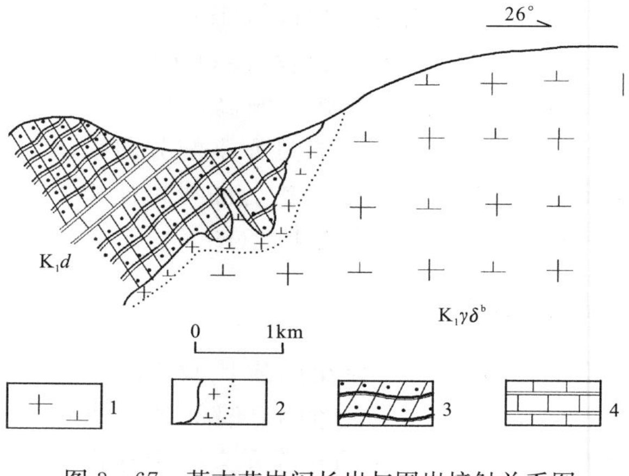

图 3－67　革吉花岗闪长岩与围岩接触关系图

1. 花岗闪长岩；2. 冷凝边；3. 角岩化砂板岩；4. 大理岩化灰岩

革吉花岗闪长岩呈灰白色，细粒半自形结构，块状构造，岩体中节理发育。岩石组成为斜长石（55%～

60%)、钾长石(5%～8%)、角闪石(25%～30%)、石英(10%～15%)、榍石(1%～2%),磷灰石偶见。其中斜长石呈半自形板柱—板片状,粒度 0.2～1mm,An=35,Ab=65,属更长石,多见聚片双晶和环带纹。钾长石呈他形粒状,颗粒细小,一般仅 0.3～0.5mm,分布于斜长石颗粒间,成分上以正长石为主。角闪石呈半自形—他形板条状,粒度一般为 0.5×15mm,镜下见其解理十分发育。石英呈他形粒状镶嵌于早期结晶的矿物间,粒度一般为 0.1～0.3mm。榍石呈楔状,半自形,颗粒介于 0.2～0.4mm 之间,偶见短条状的磷灰石等副矿物。金属矿物主要有磁黄铁矿。

2. 帕阿岩体

帕阿岩体分布于测区中部,狮泉河结合带南侧,呈长椭圆状沿 NWW—SEE 向平行狮泉河断裂带展布,出露长约 50km,平均宽约 10km,出露面积约 500km^2。岩体与围岩早白垩纪多尼组和郎山组呈明显侵入接触,多尼组碎屑岩角岩化,郎山组碳酸盐岩大理岩化,岩体边缘出现细粒冷凝边。

帕阿岩体为单个花岗闪长岩侵入体,但具明显的分带性,岩石类型有细粒花岗闪长岩、中粒花岗闪长岩、中粗粒花岗闪长岩,三者在成分和颜色上都没有明显的界线,仅在粒度上逐渐变化,为同期次同源岩浆经分异作用形成的岩石,为涌动接触关系(相变过渡关系)。

岩石呈灰白色,块状构造。细粒花岗闪长岩具半自形结构,中粒花岗闪长岩具中粒花岗结构,中粗粒花岗闪长岩具中粗粒状花岗结构。岩石均由斜长石、钾长石、角闪石、石英等组成。其中斜长石占 40%左右,An 为 24～26,为更长石,半自形板状、粒状,钠长石双晶和卡钠复合双晶发育;钾长石 10～20%,为微斜长石半自形—他形粒状,个别显卡式双晶;石英 25%～30%,他形粒状,常呈聚晶出现,显微裂隙发育,普通具波状消光;黑云母 5%～10%,半自形片状,Ng 褐红、Nm 浅红、Np 浅黄褐色;角闪石 20%～25%,自半形—他形纤柱状、板条状,横切面上解理发育;副矿物组合为磁铁矿+锆石+磷灰石。

3. 雄巴岩体

雄巴岩体位于雄巴乡正北 18km 的那嘎江脚,呈近东西向长条状条带。出露宽 2～2.5km,长度约 15km,出露面积 38km^2。

岩体为单个二长花岗岩侵入体,成分单一,分带特征不明显。岩体北部与多尼组的砂板岩呈侵入接触关系,形成宽达 1～2km 的堇青石角岩带、角岩化砂板岩带;南部与郎山组的灰岩、生物碎屑灰岩呈侵入接触关系,郎山组灰岩强烈大理化、矽卡岩化,形成由岩体向外的透辉石矽卡岩带、矽长岩化大理岩带、大理岩化灰岩带。岩石类型为二长花岗岩。

岩石呈灰白色,具中细粒花岗结构,块状构造,岩石主要由粒度在 1.5～3mm 的石英、斜长石、钾长石、黑云母等矿物组成。斜长石 $Np'\wedge(010)=10°～15°$,Ab=72,An=28,属中更长石,含量 30%～35%,多呈板条状,表面略显绢云母化;钾长石多为正长石、条纹长石、正长石格子双晶发育,条纹长石条纹发育,呈粒状—板柱状,微晶高岭土化,含量 35%～40%;石英多为他形粒状,具显微裂纹和波状消光现象,含量 25%～30%;黑云母呈片状、板片状,具明显的脱色现象,含量 2%～5%;副矿物以锆石、磷灰石为主;金属矿物极少。

4. 邦巴复式岩体

邦巴复式岩体沿邦巴深大断裂两侧分布,由多个侵入体组成。岩石类型为石英闪长岩、闪长岩体、似斑状花岗岩、花岗岩、白云母花岗岩、花岗闪长岩体。

(1)似斑状花岗岩侵入体

测区见两个似斑状花岗岩侵入体,以邦巴中粗粒似斑状花岗岩体最具代表性。

邦巴中粗粒似斑状花岗岩体在平面上呈似圆形,出露面积 52.5km^2。岩体与围岩多尼组砂板岩呈侵入接触,多尼组砂板岩系发生角岩化,形成堇青石角岩、长英质角岩、角岩化砂板岩等;并见有岩枝侵入多尼组地层中(图 3-68),岩体一侧形成宽 50～80cm 的细粒冷凝边,岩体中见大量围岩捕虏体,捕虏体呈圆球状,大小一般 30～50cm。

岩石呈灰—灰白色,中粒似斑状结构,块状构造,由斑晶(30%～35%)和基质(65%～20%)组成。斑晶主要由斜长石、石英和少量钾长石组成。其中斜长石斑晶15%～20%，粒度一般在8～10mm之间，Ab=73，An=27，属更长石；石英斑晶10%～15%，粒度一般4～5mm，多为他形粒状；钾长石斑晶约5%，为正长条纹长石，粒度也较大，一般7～9mm。基质具中粒花岗结构，主要由粒度在2～4mm之间的石英、更长石、条纹长石、黑云母等组成，副矿物组合为磷灰石＋锆石＋磁铁矿，蚀变以绢云母化为主。

(2)细粒花岗岩侵入体

测区见4个细粒花岗岩侵入体，分布于邦巴断裂以北的百弄勒、巴日玛弄巴等地，规模都较小，多呈小岩株产出，平面形态为椭圆形、似圆形，出露面积240km²。岩体与围岩多尼组砂板岩呈侵入接触(图3-69)。岩石呈灰白色，半自形细粒结构，块状结构，主要由斜长石、石英、钾长石及少量黑云母组成，粒度细小，一般在1.5～2mm之间。

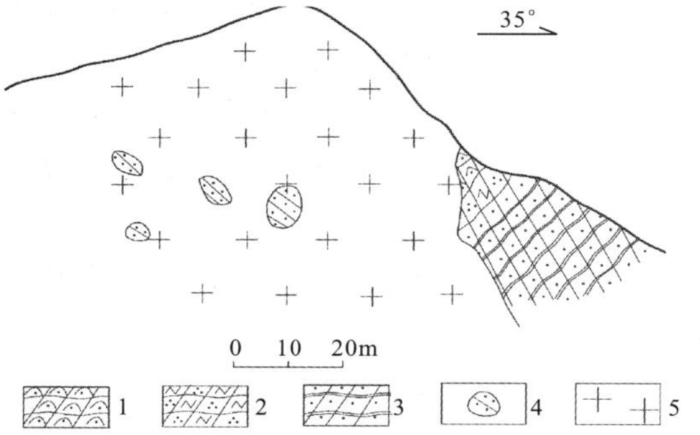

图3-68　邦巴岩体与接触带素描图

1.堇青石角岩；2.长英质角岩；3.角岩化砂板岩；4.捕虏体；5.似斑状黑云母花岗岩

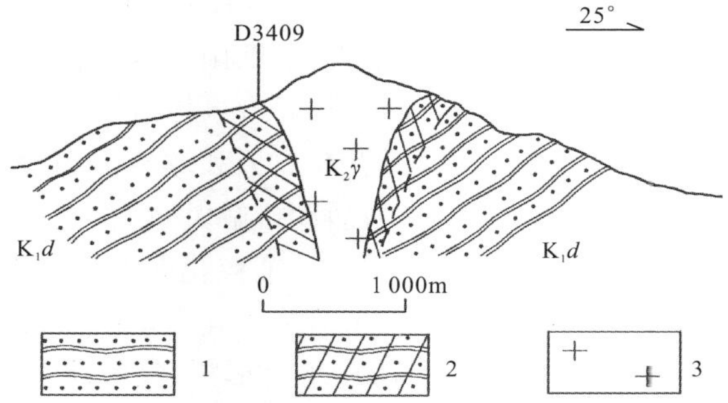

图3-69　花岗岩与多尼组接触关系图

1.砂板岩；2.角岩化砂板岩；3.细粒花岗岩

(3)花岗闪长岩侵入体

测区见8个花岗闪长岩侵入体，以邦巴区南东8km处的狮麦侵入体最具代表性。

狮麦花岗闪长岩侵入体在平面上呈浑圆状，面积约64.3km²。侵入体北部与似斑状黑云母花岗岩的接触关系为第四系冲积、冲洪积覆盖，南侧与多尼组呈侵入接触关系(图3-70)，北东角被古近系邦巴组火山岩不整合覆盖(图3-71)。

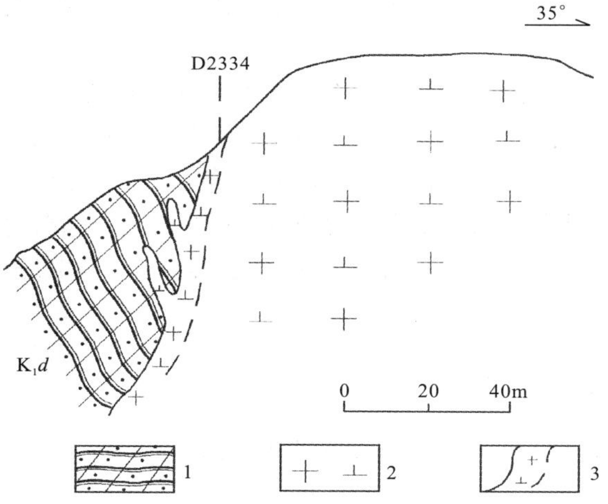

图3-70　花岗闪长岩与多尼组侵入接触关系

1.角岩化砂板岩；2.花岗闪长岩；3.冷凝边

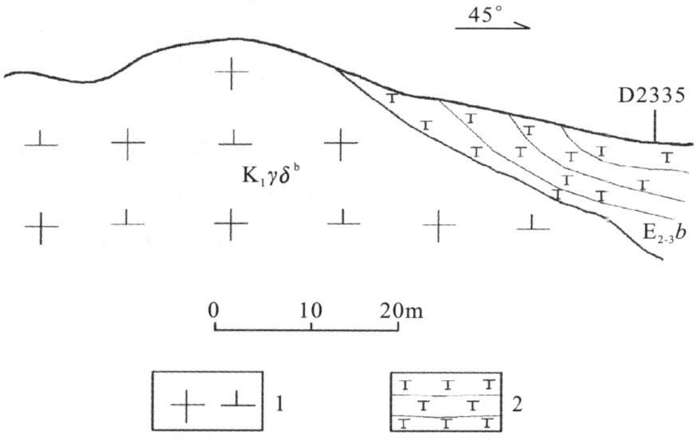

图3-71　邦巴组与花岗闪长岩不整合接触关系

1.花岗闪长岩；2.粗面岩

岩石为灰色—灰白色，具中细粒半自形粒状结构，块状构造，由粒度为2～5mm的斜长石(55%～60%)、钾长石(10%～15%)、角闪石(25%～30%)、石英(10%左右)等组成。其中斜长石呈半自形板柱状，粒度3～4mm；钾长石呈他形粒状，粒度2～3mm；角闪石呈板片状，一般达3～4mm；石英呈他形粒状，粒度2～3mm。岩石中见有磁铁矿等金属矿物。

(4)白岗岩侵入体

测区见5个大小不等的白岗岩侵入体，沿邦巴断裂分布，多为浑圆状，最大者日阿不西侵入体约12km²，其余规模都较小，出露面积为0.5～1km²。侵入体与围岩捷嘎组砂板岩夹英安岩呈侵入接触，砂板岩广泛角岩化形成长英质角岩、角岩化砂板岩，英安岩则普遍蚀变，并强烈硅化(图3-72)。

岩石呈白色微带灰色，中细粒半自形粒状，鳞片结构，块状构造，主要由粒度为3～4mm的斜长石(25%～30%)、石英(40%～45%)、钾长石(8%～10%)，以及粒度为1～2mm的白云母(15%～20%)组成。其中斜长石呈半自形板柱状，钾长石呈他形粒状，石英呈他形糖粒状，白云母呈细小鳞片状。

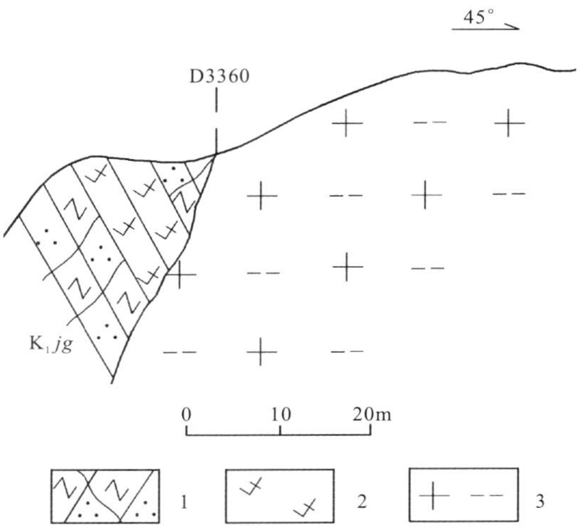

图3-72　白岗岩与捷嘎组侵入接触关系图
1.长英质角岩；2.硅化变英安岩；3.白云母花岗岩

(二)岩石化学特征

1.帕阿花岗闪长岩

帕阿花岗闪长岩(表3-16)与中国花岗岩类平均值(黎彤，1962)比较：SiO_2、Na_2O、K_2O、P_2O_5偏低，尤以SiO_2最明显，CaO、MgO、FeO偏高，其他组分相似。与中国闪长岩类平均值(黎彤，1962)比较：TiO_2、Al_2O_3、Fe_2O_3、MnO、Na_2O、K_2O、P_2O_5等略偏低，其他组分略偏高。

帕阿花岗闪长岩CIPW标准矿物组合(表3-17)为Q+Or+Ab+Hy+An+En，个别出现刚玉组分，副矿物组合为Wo+Di+Fs+Mt。固结指数为21.00～30.35，平均为25.68，分异指数为41.71～58.16，平均为49.94，说明原始岩浆分异程度和固结程度都不高；里特曼指数为1.25～1.43，平均为1.34，过铝指数A/CNK=0.84～1.01，平均为0.93，碱度指数$(K_2O+Na_2O)/Al_2O_3=0.36\sim0.43$，平均为0.4，$K_2O/Na_2O=0.99\sim1.26$，平均为1.13，以及从$SiO_2-K_2O$图解(图3-73)、FAM图解(图3-74)综合分析表明：帕阿花岗闪长岩为钙碱性次铝型—过铝型花岗岩类型。

2.邦巴似斑状黑云母花岗岩

邦巴似斑状黑云母花岗岩(表3-16)与中国花岗岩类平均值(黎彤，1962)比较：除CaO略高、Na_2O稍低外，其余组分都十分接近。

似斑状黑云母花岗岩CIPW标准矿物组合为Q+Or+Ab+An+Hy，副矿物组合为En+Wo+Di+Mt+C，固结指数为11.31，分异指数为76.29，说明邦巴似斑状黑云母花岗岩分异程度高，但固结程度低。从其主要特征参数(表3-17)及SiO_2-K_2O图解(图3-75)、FAM图解(图3-76)综合分析，邦巴似斑状黑云母花岗岩为钙碱性次铝型花岗岩。

3.雄巴二长花岗岩

雄巴二长花岗岩(表3-16)与中国花岗岩类平均值(黎彤，1962)比较：具有高TiO_2、Fe_2O_3、FeO、MgO、CaO、K_2O，低SiO_2、Al_2O_3、MnO、Na_2O、P_2O_5等特点。

雄巴二长花岗岩的CIPW标准矿物组合为Q+Or+Ab+An+Hy(表3-17)，副矿物组合为En+Wo+Di+Mt，固结指数为9.66，分异指数为76.95，说明原始岩浆岩经过充分分异上侵，但由于岩体规模较小，因而快速结晶，固结程度较低。从里特曼指数、过铝指数、碱度指数、铝饱和度指数，以及K_2O/Na_2O比值，结合FAM图解(图3-77)、SiO_2-K_2O图解(图3-78)综合分析认为雄巴二长花岗岩为钙碱性次铝型岩石。

表 3-16　革吉-雄巴岩浆岩带岩石化学成分分析结果表

岩体	序号	样品号	岩石名称	SiO_2	TiO_2	Al_2O_3	Fe_2O_3	FeO	MnO	MgO	CaO	Na_2O	K_2O	P_2O_5	烧失	总量
帕阿	1	$D1332GS_1$	花岗闪长岩	62.97	0.55	16.48	1.33	3.70	0.13	2.76	5.21	2.37	2.98	0.10	1.32	99.90
	2	$D1336GS_1$	花岗闪长岩	56.41	0.83	15.51	3.11	5.32	0.18	5.46	7.34	2.06	2.04	0.18	1.04	99.48
邦巴	3	$BP\text{-}H_1$	中粗粒花岗岩	70.49	0.37	14.41	1.38	1.45	0.10	1.16	3.54	3.39	2.88	0.16	0.73	100.06
	4	D7006Hj	花岗闪长岩	71.61	0.30	15.72	2.39	0.96	0.09	0.70	0.66	0.67	6.17	0.06	1.46	100.78
雄巴	5	D2545	二长花岗岩	67.26	0.55	13.75	4.31	1.72	0.07	1.46	3.21	2.84	4.79	0.08	1.43	101.47
中国花岗岩类平均值(黎彤,1962)				71.27	0.25	14.25	1.24	1.62	0.08	0.80	1.62	3.79	4.03	0.16		
中国闪长岩类平均值(黎彤,1962)				57.39	0.89	16.42	3.10	4.15	0.18	3.77	5.58	4.26	2.57	0.37		

表 3-17　革吉-雄巴岩浆岩带岩石 CIPW 标准矿物组合表

岩体	序号	CIPW 标准矿物(%)															主要参数					
		Ap	IL	Q	Or	Ab	Hy	An	En	En′	Wo	Di	Fs	Mt	C	SUM	A/CNK	δ	$(K_2O+Na_2O)/Al_2O_3$	K_2O/Na_2O	DI	SI
帕阿	1	0.22	1.05	20.49	17.61	20.06	11.90	25.19	6.88				5.03	1.93	0.12	98.57	1.01	1.43	0.43			
	2	0.39	1.58	12.22	12.06	17.43	16.57	27.05	11.40	2.20	3.42	6.61	5.17	4.51		98.42	0.84	1.25	0.36	1.26	58.16	21.00
邦巴	3	0.35	0.70	30.59	17.07	28.69	3.63	15.60	2.63	0.26	0.39	0.74	1.00	2.00	6.88	99.31	0.98	1.43	0.60	0.99	41.71	30.35
	4	0.13	0.57	41.81	36.46	5.67	1.74	2.90	1.74					2.50		99.32	1.78	1.64	0.49	0.85	76.29	11.31
雄巴	5	0.17	1.05	24.61	28.31	24.03	1.91	10.62	1.91	1.73	2.00	3.73		4.17		100.03	0.89	2.4	0.72	9.21	83.94	6.43

注:$(Na_2O+K_2O)/Al_2O_3 \geq 1$ 为碱性;$(Na_2O+K_2O)/Al_2O_3 = 0.9 \sim 1$ 为偏碱性;$(Na_2O+K_2O)/Al_2O_3 < 0.9$ 为钙碱性

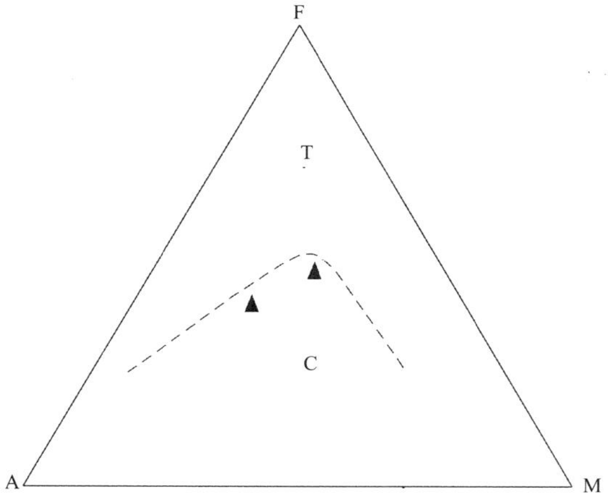

图 3-73　帕阿花岗闪长岩 FAM 图解
T. 拉斑系列；C. 钙碱性系列

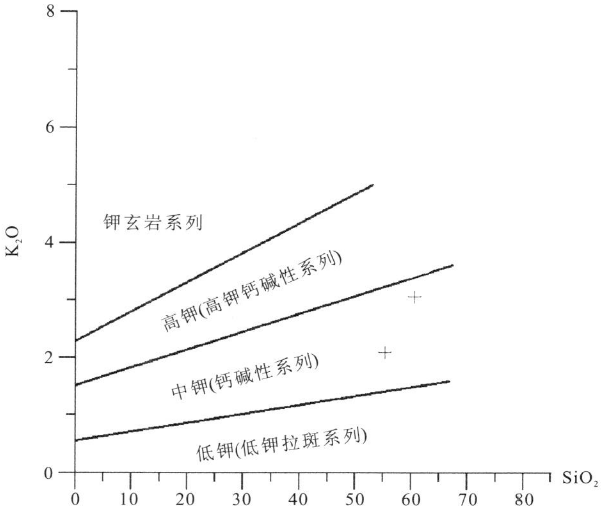

图 3-74　帕阿花岗闪长岩 SiO_2-K_2O 图解

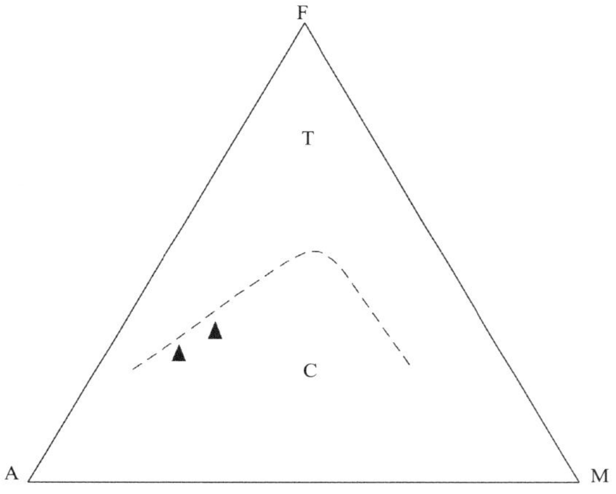

图 3-75　邦巴似斑状黑云母花岗岩 FAM 图解
T. 拉斑系列；C. 钙碱性系列

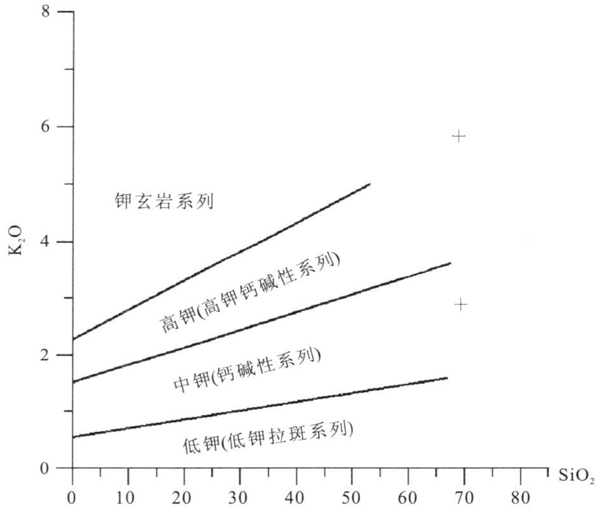

图 3-76　邦巴似斑状黑云母花岗岩 SiO_2-K_2O 图解

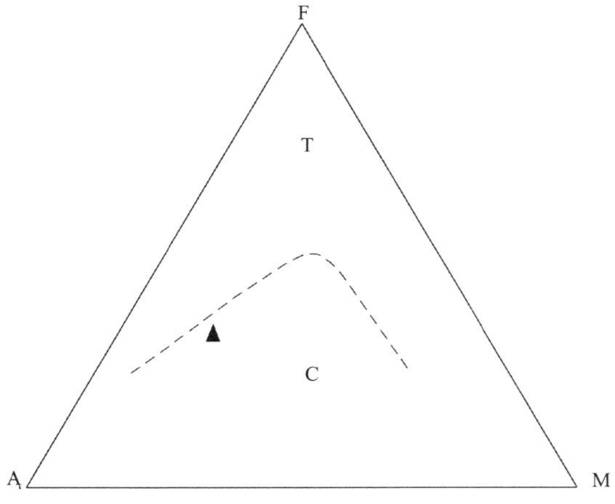

图 3-77　雄巴二长花岗岩 FAM 图解
T. 拉斑系列；C. 钙碱性系列

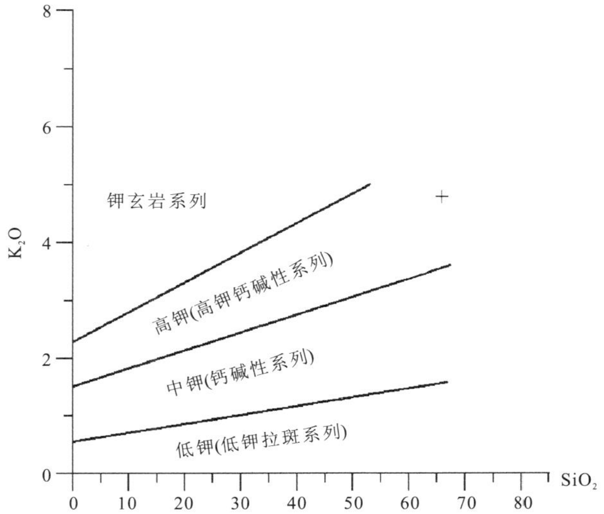

图 3-78　雄巴二长花岗岩 SiO_2-K_2O 图解

(三)稀土元素特征

革吉-雄巴岩浆岩带稀土元素分析结果列于表 3-18。

表 3-18　革吉-雄巴岩浆岩带稀土元素分析结果表

岩体	序号	样品号	岩石名称	La	Ce	Pr	Nd	Sm	Eu	Gd	Tb	Dy
帕阿	1	D1332GS₁	花岗闪长岩	16.51	35.45	3.84	13.92	2.81	0.69	3.02	0.51	2.97
	2	D1336GS₁	花岗闪长岩	16.63	35.30	4.03	15.32	3.44	0.75	3.72	0.59	3.79
邦巴	3	BP-H₁	中粗粒花岗岩	12.36	25.09	2.81	9.90	2.15	0.53	2.24	0.39	2.32
	4	D7006hj	花岗闪长岩	61.63	130.25	12.56	47.02	8.81	1.15	7.16	1.20	7.22
雄巴	5	D2545	二长花岗岩	79.85	159.70	15.45	54.82	9.04	1.13	6.81	1.15	7.43
洋脊		Pearce	洋脊花岗岩	0.31	0.81	0.12	0.60	0.20	0.07	0.26	0.05	0.32

岩体	序号	样品号	Ho	Er	Tm	Yb	Lu	Y	ΣREE	ΣLREE/ΣHREE	δEu
帕阿	1	D1332GS₁	0.62	1.86	0.28	2.00	0.34	12.99	97.80	2.98	0.77
	2	D1336GS₁	0.78	2.27	0.35	2.33	0.39	16.75	106.42	2.44	0.68
邦巴	3	BP-H₁	0.53	1.68	0.27	2.03	0.35	12.08	74.72	2.42	0.78
	4	D7006hj	1.49	4.26	0.67	4.14	0.66	43.79	332.00	3.70	0.46
雄巴	5	D2545	1.59	4.55	0.66	4.23	0.60	44.94	391.93	4.45	0.45
洋脊		Pearce	0.07	0.21	0.03	0.21	0.03	1.96			

帕阿花岗闪长岩ΣLREE/ΣHREE=2.44×10⁻⁶～2.98×10⁻⁶,平均为 2.71×10⁻⁶,轻稀土相对富集,重稀土相对亏损;δEu=0.68～0.77,平均为 0.73,铕弱亏损。稀土配分曲线(图 3-79)为平缓右倾,Eu 弱亏损。

邦巴似斑状黑云母花岗岩ΣREE为 74.72×10⁻⁶,ΣLREE/ΣHREE 为 2.42,轻稀土弱富集,重稀土微亏损。δEu=0.46,铕亏损。其稀土配分曲线(图 3-80)为平缓右倾型,Eu 弱亏损。邦巴花岗闪长岩ΣREE为 332.00×10⁻⁶,ΣLREE/ΣHREE 为 3.70,轻稀土明显富集,δEu 为 0.780,铕轻度亏损。

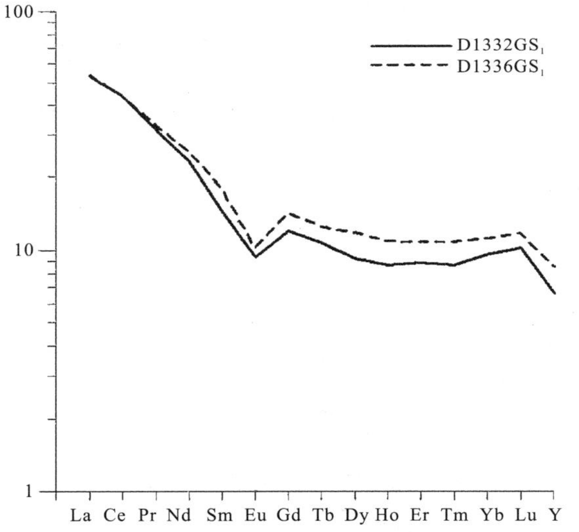

图 3-79　帕阿花岗闪长岩稀土配分曲线图

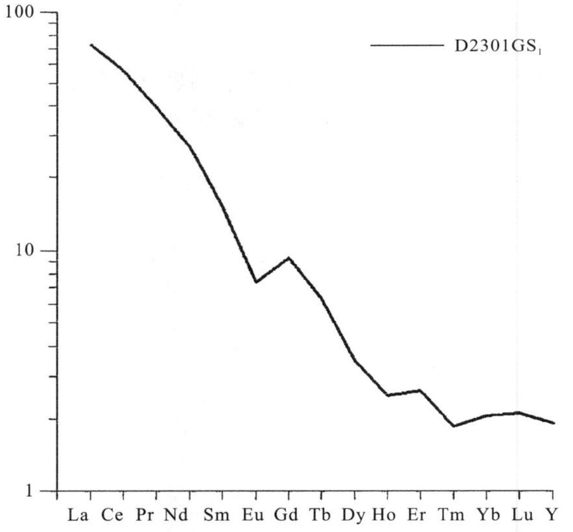

图 3-80　邦巴似斑状黑云母花岗岩稀土配分曲线图

雄巴二长花岗岩ΣREE=391.93×10⁻⁶,ΣLREE/ΣHREE=4.45×10⁻⁶,δEu=0.45,稀土配分曲线(图 3-81)为右倾,具轻稀土富集、重稀土亏损、铕亏损的特点。

(四)微量元素特征

革吉-雄巴岩浆岩带微量元素分析结果列于表3-19。

帕阿花岗闪长岩大离子亲石元素明显高出洋脊花岗岩，Ta、Nb、Ce、Zr、Hf、Sm、Y、Yb等大大偏低，特征值Yb+Ta介于$2.94\times10^{-6}\sim17.65\times10^{-6}$之间，平均为$10.30\times10^{-6}$，Yb+Nb介于$8.81\times10^{-6}\sim9.08\times10^{-6}$之间，平均为$8.95\times10^{-6}$。微量元素配分曲线(图3-82)显示为同碰撞花岗岩曲线特征，与阿曼同碰撞期花岗岩和中国西藏同碰撞期花岗岩类似。

表3-19　革吉-雄巴岩浆岩带岩石微量元素分析结果表

岩体	序号	样品号	K_2O	Rb	Ba	Th	Ta	Nb	Ce	Zr	Hf	Sm	Y	Yb
帕阿	1	$D1332GS_1$	2.98	102.06	244.95	9.10	0.94	7.08	3.55	80.54	3.54	2.81	12.99	2.00
	2	$D1336GS_1$	2.04	127.08	206.15	5.60	15.32	6.48	35.30	16.35	1.21	3.44	16.75	2.33
邦巴	3	$BP-H_1$	2.88	101.10	281.07	11.60	0.85	6.05	25.09	100.90	4.23	2.15	12.08	2.03
	4	D7006hj	6.17	254.51	615.78	30.74	1.38	16.06	130.25	177.00	6.96	8.81	43.79	4.14
雄巴	5	D2545	4.79	138.73	527.01	28.58	1.15	11.61	159.70	133.97	4.76	9.04	44.94	4.23
洋脊		Pearce	0.40	4.00	50.00	0.80	0.70	10.00	35.00	340.00	9.00	9.00	70.00	80.00

注:岩石名称同表3-18

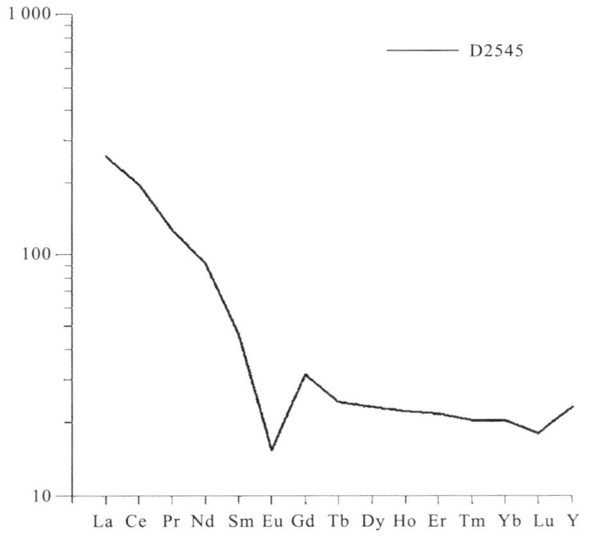

图3-81　雄巴二长花岗岩的稀土配分曲线图

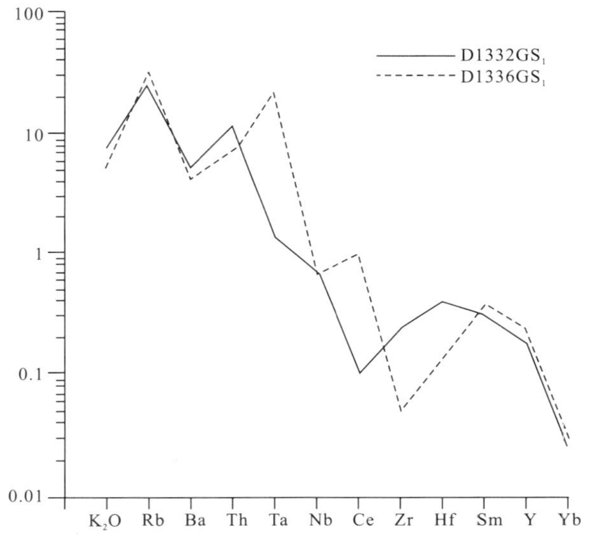

图3-82　帕阿岩体的微量元素配分曲线图

邦巴似斑状黑云母花岗岩的微量元素与洋脊花岗岩相比较：大离子系石元素K、Rb、Ba、Th、Ta、Nb、Ce等明显偏高，而Zr、Hf、Sm、Y、Yb等则不同程度偏低，表明原始岩浆具深源特征。其特征值Yb+Ta介于$5.38\times10^{-6}\sim5.52\times10^{-6}$之间，平均为$5.45\times10^{-6}$，Yb+Nb介于$15.84\times10^{-6}\sim20.20\times10^{-6}$之间，平均为$18.02\times10^{-6}$，微量元素配分曲线(图3-83)显示为同碰撞花岗岩特征，与阿曼同碰撞花岗岩、中国西藏同碰撞花岗岩相似。

雄巴二长花岗岩的微量元素与洋脊花岗岩微量元素比较：大离子素石元素K_2O、Rb、Ba、Th、Ta、Nb、Ce都偏高，Zr、Hf、Y、Yb等明显偏低。特征值Yb+Ta为5.38×10^{-6}，Yb+Nb为15.84×10^{-6}，微量元素配分曲线(图3-84)为同碰撞S型花岗岩特征，与阿曼和中国西藏同碰撞花岗岩相似。

三、就位机制

昂龙岗日-盐湖岩浆岩带位于班公错-怒江结合带以南、狮泉河结合带以北，平行班公错-怒江结合带呈带状分布；革吉-雄巴岩浆岩带位于狮泉河结合带以南，平行狮泉河深大断裂带呈带状分布。侵入体与围岩呈明显的侵入接触，发育有由矿物和暗色包体等定向排列所显示的同心环状构造，岩浆岩带走向与区

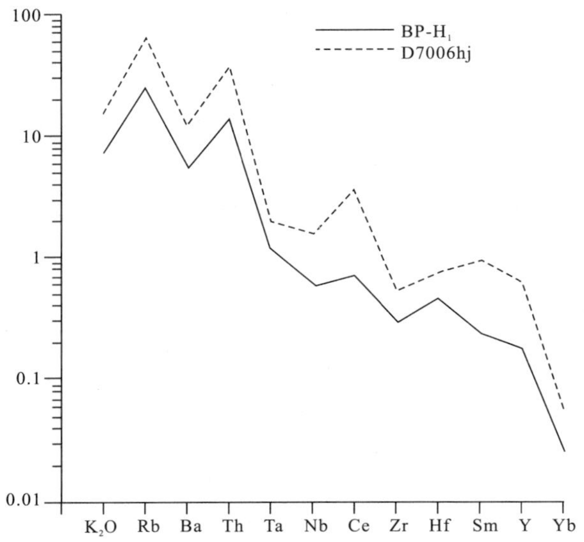

图 3-83　邦巴花岗岩的微量元素配分曲线图

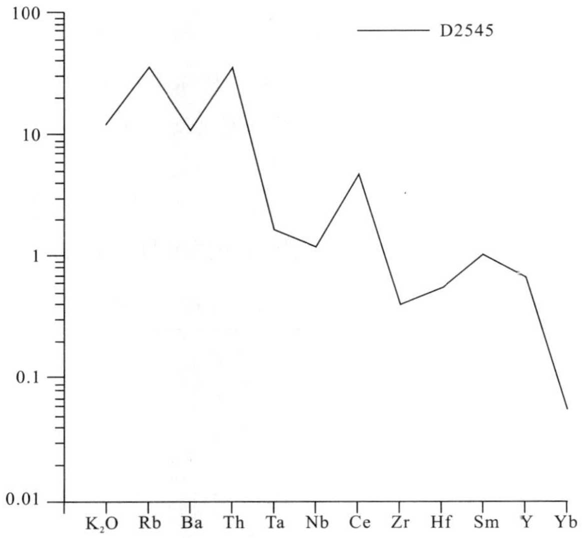

图 3-84　雄巴二长花岗岩微量元素配分曲线图

域性构造一致，并平行岩浆岩带的主轴，部分地段见围岩中发育平行接触带的劈理，岩体内部具同心环状的岩石、岩相分带特征。上述特征表明测区中酸性侵入岩就位机制为强力就位(图 3-85)。

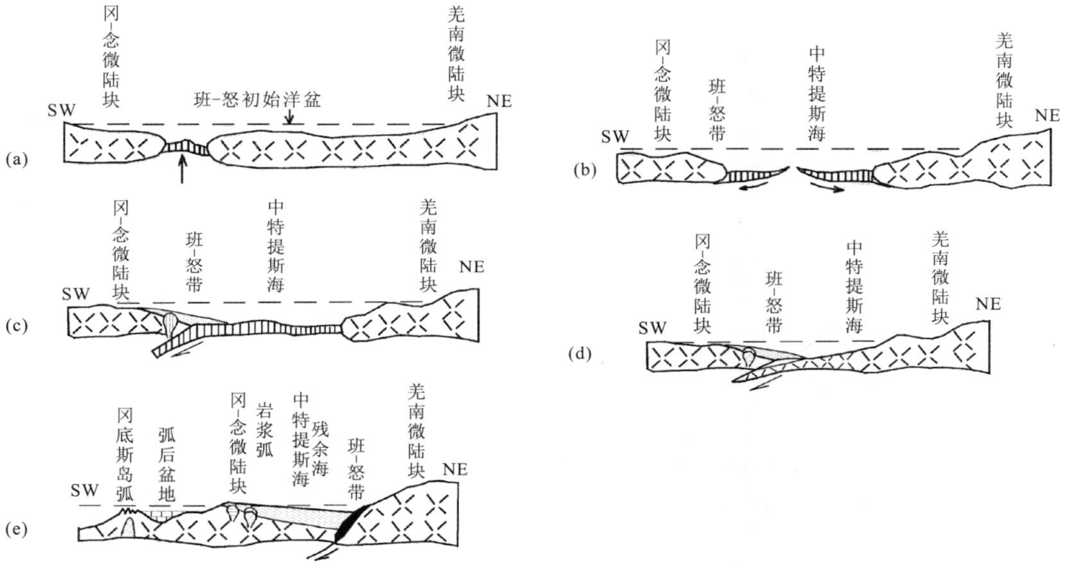

图 3-85　测区中酸性侵入岩就位模式图

四、构造环境分析

在中晚侏罗世—早白垩世，班公错-怒江洋壳向南俯冲到冈底斯-念青唐古拉微陆块之下搅动地幔，使深部地幔物质上侵混融形成Ⅰ型花岗岩；中晚期随着洋壳的进一步俯冲，北面的羌南-保山微陆块与南面的冈底斯-念青唐古拉微陆块发生碰撞，北面部分地壳俯冲到南面地壳之下，发生局部重熔，在构造作用下强力就位，形成了晚白垩世同碰撞期 S 型花岗岩；后期由于北面羌南-保山微陆块继续与南面冈底斯-念青唐古拉微陆块碰撞，进入造山期，地壳收缩，在水平挤压和垂向重力共同作用下，板内物质发生局部熔融，形成造山期后板内 S 型花岗岩浆，并在构造作用下沿断裂带上侵，形成碰撞期后 S 型花岗岩。

测区中酸性侵入岩在 ACF 图解(图 3-86、图 3-87)上，闪长岩属Ⅰ型花岗岩，花岗闪长岩、黑云母花岗岩、二长花岗岩、花岗岩、花岗斑岩、白岗岩为 S 型花岗岩。

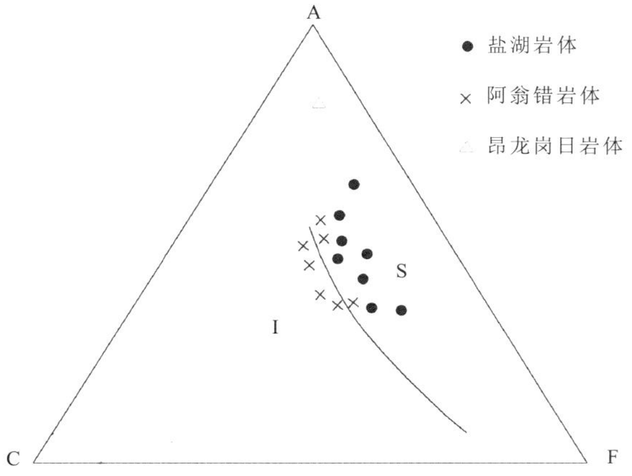

图 3-86　昂龙岗日岩浆岩带 ACF 图解

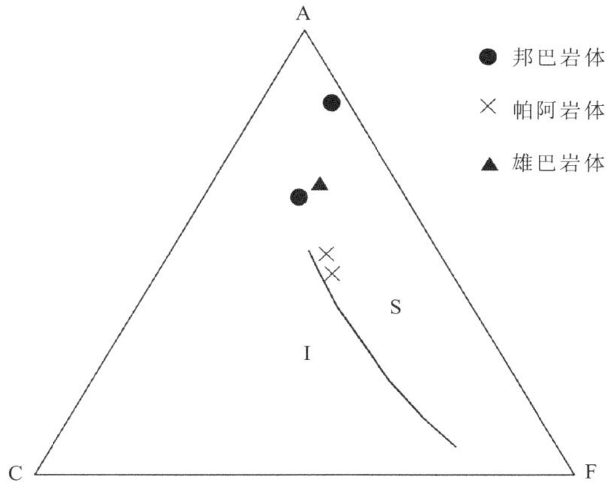

图 3-87　革吉岩浆岩带 ACF 图解

昂龙岗日-盐湖岩浆岩带在 R_1-R_2 变异图解(图 3-88)上，闪长岩类投点于板块碰撞前的花岗岩区，花岗岩类则投点于同碰撞期的花岗岩区，花岗斑岩类则投点于碰撞后抬升花岗岩区；革吉-雄巴岩浆岩带在 R_1-R_2 变异图解(图 3-88)上，同碰撞 S 型花岗岩序列的各类岩石皆投点于同碰撞花岗岩区，而碰撞期后 S 型花岗岩序列的各类岩石则投点于碰撞的抬升区。

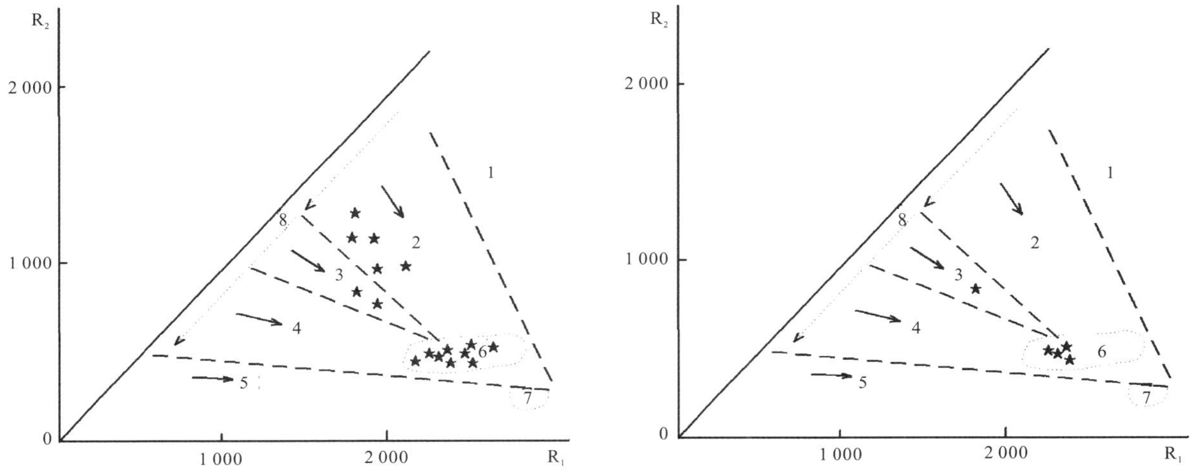

图 3-88　岩浆岩 R_1-R_2 变异图解

1. 地幔分离花岗岩；2. 板块碰撞前花岗岩；3. 碰撞后花岗岩；4. 造山晚期花岗岩；5. 非造山花岗岩；6. 同碰撞期花岗岩；7. 造山期后花岗岩；8. 贯穿造山旋回趋势；$R_1=4Si-11(Na+K)-2(Fe+Ti)$；$R_2=Al+2Mg+6Ca$

昂龙岗日-盐湖岩浆岩带在 Rb-(Yb+Nb)与 Rb-(Yb+Ta)构造判别图(图 3-89)上，闪长岩位于火山弧花岗岩区，花岗闪长岩落入同碰撞花岗岩和火山岩浆弧花岗岩交切部位，花岗岩、花岗斑岩位于同碰撞花岗岩区。

革吉-雄巴岩浆岩带在 Rb-(Yb+Nb)与 Rb-(Yb+Ta)构造判别图(图 3-90)上，同碰撞 S 型花岗岩序列的各类岩石投点于同碰撞花岗岩区，而碰撞期后 S 型花岗岩序列的各类岩石则投点于板内花岗岩区。

综上所述，昂龙岗日-盐湖岩浆岩带形成于燕山晚期，以钙碱性系列为主体，个别为碱性系列，多以富钾为特征，早期形成的闪长岩类侵入体为火山岩浆弧 I 型花岗岩，物源为幔源型；中期形成的花岗岩类侵入体为同碰撞期花岗岩 S 型花岗岩，物源为以地壳局部重熔为主；晚期形成的花岗斑岩类侵入体为碰撞期后 S 型花岗岩，物源为壳源型。昂龙岗日-盐湖岩浆岩带形成的构造环境以同碰撞期 S 型花岗岩侵入体为主，少数为火山岩浆弧 I 型花岗岩与碰撞期后 S 型花岗岩。革吉-雄巴岩浆岩带形成于燕山晚期—喜山期，以钙碱性系列为主体，多以富钾为特征，中期形成同碰撞 S 型花岗岩，物源为深部壳源型，可能混有部

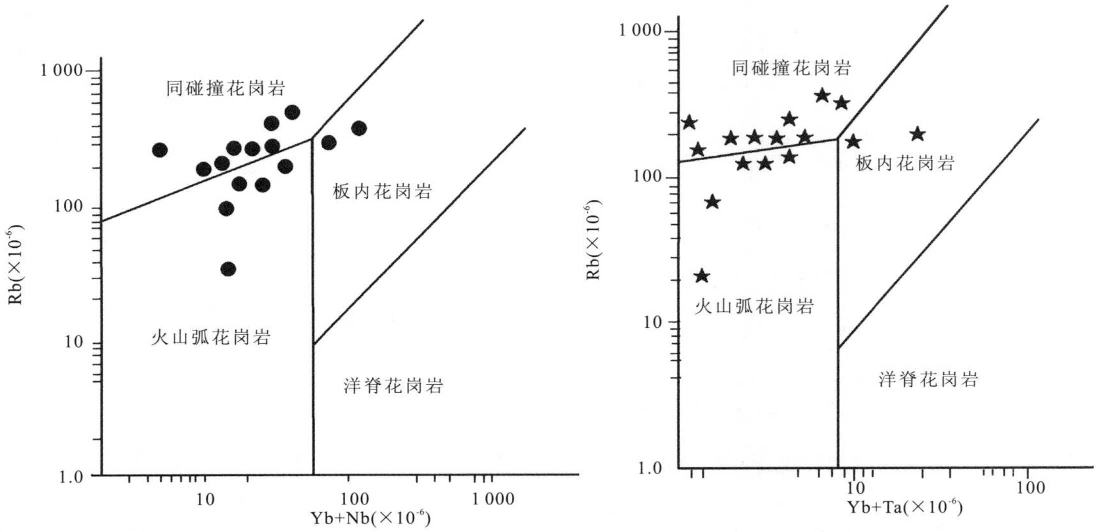

图 3-89　昂龙岗日-盐湖岩浆岩带 Rb-(Yb+Nb)与 Rb-(Yb+Ta)构造判别图

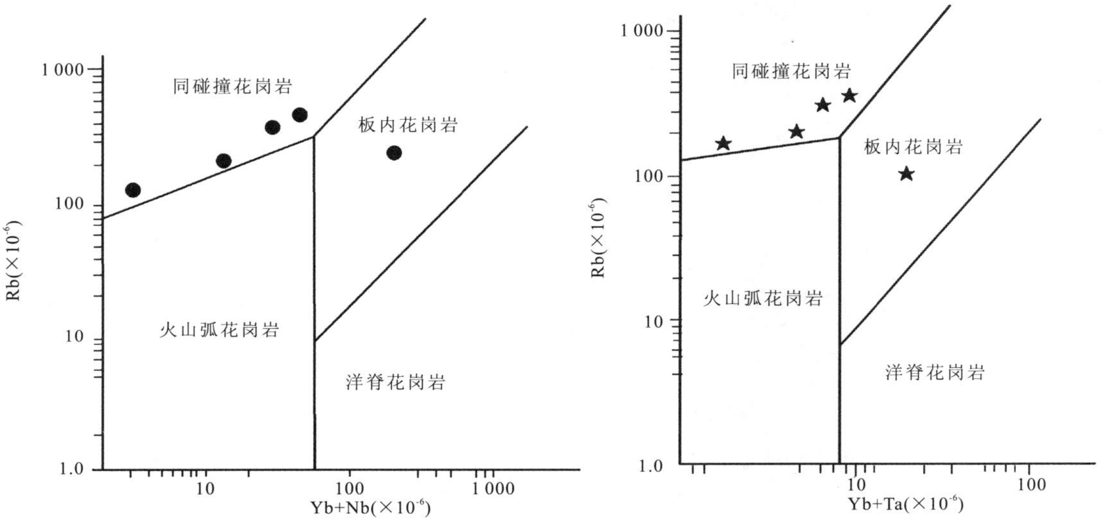

图 3-90　革吉-雄巴岩浆岩带 Rb-(Yb+Nb)与 Rb-(Yb+Ta)构造判别图

分幔源成分，晚期形成以碰撞期后花岗岩物源为典型的壳源型。

第三节　脉　岩

测区脉岩较为发育，有辉绿岩脉、辉长岩脉、闪长玢岩脉、石英闪长玢岩脉、花岗岩脉、花岗斑岩脉、花岗细晶岩脉、煌斑岩脉以及与低温热液作用有关的石英脉、碳酸岩脉等。辉绿、辉长岩脉等基性岩脉主要分布于班公错-怒江结合带、狮泉河结合带，以及一些主干断裂内，另外沿班公错-怒江结合带分布的木嘎岗日岩群中也有分布；以花岗岩脉、花岗细晶岩脉、闪长玢岩脉等为代表的中酸性岩脉主要分布于盐湖岩体、阿翁错岩体、邦巴岩体等大型岩体内，其次在沙木罗组、去申拉组、多尼组中也有分布；以煌斑岩脉为代表的碱性岩脉，主要分布于阿翁错岩体中，在古近系火山岩中也有少量分布。其他低温热液岩脉主要分布于测区的沙木罗组、日干配错群等地层与东巧蛇绿岩群中。

一、地质特征

(一)基性岩脉

1. 辉绿岩脉

辉绿岩脉主要分布于测区北部的班公错-怒江结合带中,以及沿班公错-怒江结合带分布的木嘎岗日岩群中,另外在阿翁错岩体南东的内接触带也见有辉绿岩脉。辉绿岩脉一般呈近北西向、北北西向展布,长数百米至1km,宽数米至300m不等。辉绿岩脉的岩石类型有:辉绿岩、石英辉绿岩、辉绿玢岩等,辉绿岩脉经成都地质矿产研究所分析测试中心采用钾-氩法测试,其同位素年龄值为44.9±0.9Ma、66.6±4.0Ma、50.4±3.7Ma。

岩石呈辉绿结构、含长结构、反应边结构,主要矿物为拉长石或更长石(55%～70%,wt%,下同)、辉石(12%～25%),少数岩石含钠长石(5%～8%)、石英(3%～6%)或橄榄石(5%左右)。斑状岩石中斑晶矿物为拉长石(NP/∧(010)=30°,Ab为64,An为58),含量可达60%。其中副矿物为磷灰石、钛铁矿和磁铁矿,钛磁铁矿含量达3%～4%。后期蚀变为绿泥石化、次闪石化和碳酸盐岩化。

2. 辉长岩脉

测区辉长岩脉不甚发育,仅在沿班公错-怒江结合带分布的木嘎岗日岩群和沙木罗组等地层和阿翁错岩体中见有少量辉长岩脉,一般规模都较小,长2～15m,宽0.2～2m。岩石主要由单斜辉石和斜长石等矿物组成,另有少量石英和磁铁矿。岩石具辉长结构、含长结构、斑状结构,可见气孔和杏仁构造,杏仁体主要为绿泥石。单斜辉石大多较新鲜,少数蚀变为次闪石。

(二)中性岩脉

测区中性岩脉主要为石英闪长玢岩脉、闪长玢岩脉两大类,分布较为零星,规模较小,一般仅数十米长,宽几米至十余米,测区较大的闪长玢岩脉体见于测区东部的沙木罗组中,岩脉呈小型岩瘤状产出。

闪长玢岩具斑状结构。斑晶矿物为环带状中长石和普通角闪石,含量35%～40%,斑晶中环带长石NP/∧(010)=25°～27°,Ab为55,An为45,含量25%～30%,粒度5～8mm;基质细粒半自形粒状结构,由环带状中长石(45%～50%)、角闪石(8%～10%)组成,偶含少量石英、正长石、辉石等。

石英闪长玢岩由环带状中长石和更长石、黑云母、角闪石及石英组成,偶见辉石与钾长石等。其中环带状中长石和更长石占50%～55%,黑云母占8%～10%,角闪石占15%～20%,石英占10%～15%,岩石具斑状结构,块状构造,斑晶为石英和环带状中长石和更长石。环带状中长石NP/∧(010)=20°～23°,Ab为60,An为40,占全岩总量的5%～8%;石英斑晶呈他形粒状,粒度2～4mm,多数具波状消光现象,含量占全岩的15%～20%;副矿物组合为磷灰石和磁铁矿。岩石主要蚀变为绿泥石、绿帘石化。

(三)酸性岩脉

酸性岩脉为测区分布最为广泛的脉岩类型,它们主要集中分布于盐湖岩体、阿翁错岩体、邦巴岩体中,具成群成带分布特点,主要岩类有花岗岩、花岗斑岩、花岗细晶岩、煌斑岩等。岩脉的展布方向与后期构造主轴线、强劈理化带方向一致,脉体一般长300～500m,宽数十米至百余米。

1. 花岗细晶岩脉

主要分布于测区的盐湖岩体内,其他岩体中也有分布,具成群成带集中分布的特点,多沿节理产出,长数米到数十米,宽0.3～1.5m,脉体沿节理延伸平直。岩石呈灰白色、白色、浅灰色,岩石具花岗细晶结构,块状构造,主要矿物成分为石英(25%～35%)、钠更长石(40%～45%)、钾长石(正长石、微斜长石及少量条纹长石,15%～20%)、黑云母(小于3%),副矿物组合为磁铁矿、磷灰石、锆石等,岩石蚀变主要为绢云母化,次为绿泥石化。

2. 花岗斑岩脉

为区内分布最为广泛的岩脉类型，主要集中分布于测区的盐湖岩体内和邦巴地区附近。脉体一般长300～800m，宽数十米到百余米，在盐湖岩体中花岗斑岩脉往往沿节理分布，在邦巴地区花岗斑岩脉往往沿邦巴断裂带或旁侧次断裂带分布，主要岩石类型有斜长花岗岩脉、花岗闪长斑岩脉、二长花岗斑岩脉及花岗斑岩脉等，岩石呈灰白色、浅灰色，具斑状结构，基质具细粒、微粒及显微花岗结构，局部见文象结构，块状构造。斑晶为石英、环带中长石(NP/∧(010)＝20°～25°，Ab为55～63，An为37～45)和黑云母、角闪石，偶有少量正长石，含量一般25%～40%，矿物粒度5～10mm。基质细微晶结构，组成矿物为石英(15%～25%)、正长石、更长石或环带中长石(含量不等)及少量黑云母(4%～6%)，偶有角闪石，副矿物为磷灰石、锆石及磁铁矿。受后期热液蚀变绢云母化，少数具绿泥石化。

样品经成都地质矿产研究所分析测试中心采用钾-氩法测试，其同位素年龄值为50.4±3.7Ma。

3. 花岗岩脉

花岗岩脉主要沿节理产出于区内的各个花岗岩体内和构造破碎强烈地带，一般规模局限，最长者数十米，宽仅数米，岩石呈灰白色、白色，细粒花岗结构为主，少量文象结构，块状构造，主要矿物为石英(25%～30%)、钠更长石(20%～35%)、环带状中更长石(20%～25%)、钾长石(10%～15%)、黑云母等暗色矿物(小于5%)，副矿物组合为磁铁矿、磷灰石、锆石等。岩石具微弱的绢云母化、绿泥石化。

(四)煌斑岩脉

煌斑岩脉主要分布于测区中北部的阿翁错花岗闪长岩体内，沿节理分布，展布方向有北东向、北西向，另外在测区古近系火山岩中也见有为数不多的煌斑岩脉，脉体大小不等，小者长几十米、宽几米，大者长可达1～3km，宽几十米至几百米。主要岩石类型有斜长煌斑岩、辉石黑云煌斑岩和云煌斑岩。岩石斑状结构、煌斑结构明显，斑晶矿物为黑云母、普通辉石或透辉石、普通角闪石(斜长煌斑岩)，含量一般为25%～40%，矿物粒度一般1.5～2.5cm。基质呈微晶结构—细粒半自形粒状结构，主要矿物为正长石(40%～62%)、黑云母(10%～15%)、辉石(10%～15%)等，斜长煌斑岩中为环带中长石(10%)、辉石(10%)及角闪石(20%)。岩石中含极少量磷灰石、锆石等副矿物。

(五)其他岩脉

1. 石英脉

主要见于测区东部的日干配错群、沙木罗组地层中，其余地层中也见有后期石英脉。石英脉常沿断裂破碎带和强烈变形带侵入，多成群出现，展布方向随构造带而异，往往与区内两大主要构造结合带关系密切。石英脉体一般长数米到数十米、宽0.2～3m等，脉体由85%～98%的石英组成，个别石英脉中见有黄铁矿、褐铁矿，脉体呈柱粒状结构、镶嵌粒状结构。测区石英脉为低温热液产物，未见矿化。

2. 碳酸岩脉

测区内碳酸岩脉数量较少，主要见于测区北部的东巧蛇绿群中，多为超基性岩类经蚀变作用后析出，沿断裂带或裂隙贯入，规模较小，一般长10～30m、宽1～4m，近东西向、北西向及南北向展布，岩石呈自形粒状、柱粒状结构，脉体由方解石(40%～50%)、白云石(30%～35%)、石英(10%～15%)、褐铁矿(3%～5%)等组成。

二、脉岩的侵位时间与期次

测区各类脉岩与构造及岩浆热液、低温热液聚集上侵关系密切，根据测区岩浆热事件、构造作用的时间及期次，岩浆岩、岩脉间的相互穿切关系，结合区内岩浆岩的同位素测试成果，将测区脉岩分为四期。

第一期脉岩为日干配错群中的糖粒状石英脉，它可能与班公错-怒江结合带的开启时间一致，但见该期石英脉受多期次构造作用破坏呈糖粒状，局部地段见晚期低温热液型石英脉穿切。

第二期脉岩为沿区内的主干断裂，如沿班公错-怒江结合带等分布的辉长岩脉，以及分布于日干配错群中的石英脉，它们形成于早白垩纪，也就是班公错-怒江结合带关闭、北面羌南-保山微陆块与南西冈底斯-念青唐古拉微陆块碰撞时期，其展布方向与区内主干断裂的展布方向一致，脉岩一般劈理化强烈，构造透镜化和蚀变也强烈。

第三期脉岩为区内广泛分布的酸性岩脉，它们的形成时间为晚白垩世以后，为岩浆期后热液沿早期形成的岩浆岩中的节理贯入而形成，或沿地层中的构造破碎带贯入形成，其岩类有花岗细晶岩脉、花岗斑岩脉、花岗岩脉等。

第四期脉岩为区内分布局限的煌斑岩脉和沿构造破碎带分布的石英脉等，它们属本区造山期后的产物。

第四节　火山岩

一、概述

测区火山岩出露面积广，包括中生代和新生代火山岩。中生代火山岩主要赋存于沙木罗组、去申拉组、捷嘎组和多尼组地层中；新生代邦巴组、雄巴组火山岩主要分布在测区南部革吉县邦巴—雄巴一带，为一套陆相环境喷发的火山岩，均是冈底斯火山岩带的重要组成部分。

测区发育多期火山活动，不同时代火山岩岩石类型具有显著差异。晚侏罗世火山岩分布局限，仅赋存于沙木罗组地层中，岩石类型以玄武质凝灰岩、玄武岩为主。早白垩世火山岩赋存于去申拉组、捷嘎组、多尼组地层中，岩石类型包括流纹岩、流纹质熔结凝灰岩、玄武安山岩、玄武岩和凝灰质岩屑砂岩，还有少量粒玄岩。古近纪—新近纪火山岩主要分布于测区南部邦巴—雄巴等地，岩石类型主要包括粗面岩、粗面英安岩及少量安山岩、流纹岩（普通流纹岩、钾质流纹岩），雄巴组主体为英安岩及少量安山岩、火山碎屑沉积岩、流纹质岩石；邦巴组主要为粗面岩、安山岩、钾质流纹粗面岩、高硅粗面岩。

根据火山岩序列、岩石学、岩石地球化学特征等，以狮泉河结合带为界，将测区火山岩划分为昂龙岗日-盐湖火山岩带与革吉-雄巴火山岩带。

二、昂龙岗日-盐湖火山岩带

昂龙岗日-盐湖火山岩带分布于班公错-怒江结合带以南、狮泉河结合带以北，火山岩地层主要为上侏罗统沙木罗组、下白垩统去申拉组，其中沙木罗组以浅海—滨海相碎屑沉积岩为主，夹有玄武岩、沉凝灰岩、凝灰质砂岩等；早白垩世去申拉组下部以浅海相碎屑沉积岩为主，夹有多层安山岩、安山凝灰质砂岩，上部以玄武安山岩、安山玄武岩为主。

（一）晚侏罗世火山岩

晚侏罗世火山岩赋存于上侏罗统沙木罗组地层中，以玄武岩为主。

1. 地质特征

测区沙木罗组分布于班公错-怒江结合带与狮泉河（次级）结合带挟持的狭长地带中，该套地层以浅海—滨海相碎屑岩为主，中上部夹溢流相的蚀变玄武岩、爆发落空相的蚀变中基性岩屑凝灰岩以及喷发沉积相的中基性沉岩屑晶屑凝灰岩。火山岩出露厚度不等，溢流相火山岩类出露厚度一般十余米，最薄的仅几米厚；爆发落空相和喷发沉积相出露厚度相对较大，一般达百余米。

2. 岩相类型与岩石特征

（1）溢流相

溢流相岩石为蚀变玄武岩。岩石呈灰绿色，块状构造，斑状结构，基质具“残余间粒结构”，遭受强烈蚀变。斑晶为钠更长石(为基性斜长石脱钙生成),自形板状,粒径 0.8～2mm;基质为细小的无规则分布的板条状钠更长石,其间充填绿泥石、次闪石、微粒榍石,呈残余"间粒结构"。根据绿泥石、次闪石部分保留的假象,推测是由微粒辉石蚀变分解产物。少量石英分布于钠更长石板条之间,可能是蚀变分解产物。

(2)爆发相

爆发相岩石为蚀变中基性岩屑凝灰岩。岩石呈灰绿色,残余岩屑凝灰结构,块状构造,蚀变强烈。岩石主要由粒度在 0.2～0.5mm 的中性或中基性火山岩屑、更长石晶屑、被火山物分解的绿泥石、微粒长石集合体、白钛石、方解石、白云石等呈孔隙式充填胶结组成。中基性火山岩屑多为熔蚀浑圆状、不规则状,细小的斜长石板条无规则分布其间。晶屑全部由更长石组成,较少见。

(3)喷发沉积相

喷发沉积相的岩石主要有沉岩屑晶屑凝灰岩、凝灰质白云质细粉晶灰岩、含凝灰质生物屑砂屑灰岩。

沉岩屑晶屑凝灰岩:绿灰色,岩屑晶屑凝灰结构,化学沉积物胶结,块状构造。主要由粒度一般在 0.2～0.5mm 的更长石晶屑、中基性火山岩屑、被化学沉积的方解石、白云石呈孔隙式充填胶结组成,见少量硅质岩屑、泥晶灰岩岩屑和生物碎屑,不均匀分布于岩石中。更长石晶屑、中基性火山岩屑有经搬运的痕迹。

凝灰质白云质细粉晶灰岩:主要由方解石、白云石(粒度在 0.03～0.15mm)呈细—粉晶结构组成,见中基性火山岩屑及更长石晶屑以及火山物质分解的白钛石、绿泥石、霏细状长石(总含量达 30%)不均匀分布于方解石、白云石之间。中基性火山岩屑粒度一般在 0.1～1mm 之间,形状多不规则,次棱角—次圆状,不均匀分布于岩石中。更长石粒度在 0.2mm 左右,星散可见。

含凝灰质生物屑砂屑灰岩:主要由粒度在 0.2～0.5mm 间的泥晶灰岩岩屑、生物碎屑以及中性火山岩屑、更长石晶屑等被微晶方解石胶结组成。中性火山岩屑、更长石晶屑不均匀星散分布于岩石中,岩石具含生物碎屑砂屑结构,微晶方解石胶结。

3. 岩石化学特征

昂龙岗日-盐湖火山岩带火山岩岩石化学成分见表 3－20,标准矿物组合见表 3－21。

晚侏罗世火山岩 $K_2O+Na_2O=4.18\%$,$Na_2O<K_2O$,类似于火山弧火山岩,原始岩浆具钾质系列特点;Al_2O_3 含量大于 13%,属铝饱和类型的钾质火山岩。

标准矿物组合为 An+Ab+Or+Q,An、Ab、Or 等标准分子与典型火山弧类型火山岩相似,而 Q 标准分子明显偏高,暗示岩浆起源深度较大、温度较高,原始岩浆具中—酸性特点。

沙木罗组火山岩为钙碱系列钙碱性火山岩(图 3－91、图 3－92)。

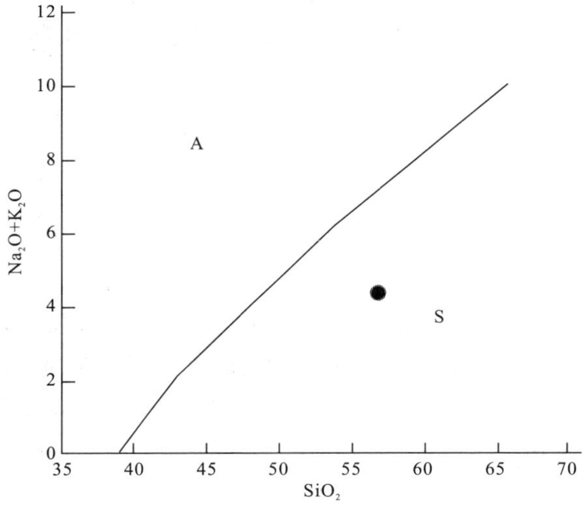

图 3－91 沙木罗组火山岩硅-碱图

A. 碱性系列;S. 亚碱性系列

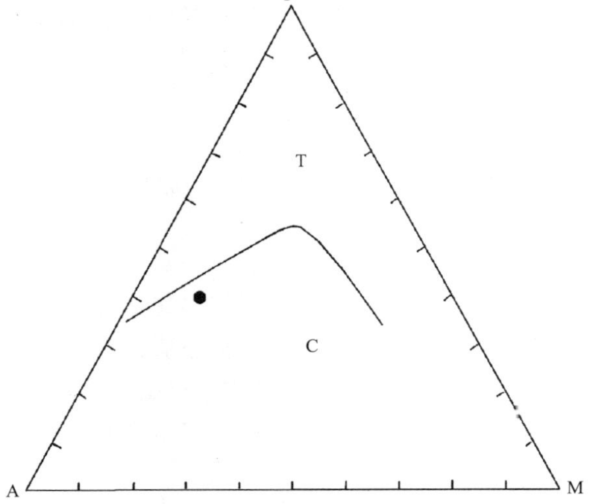

图 3－92 沙木罗组火山岩 FAM 图

T. 拉斑系列;C. 钙碱性系列

表 3-20 测区火山岩岩石化学分析结果表

岩带	层位	序号	样品号	岩石名称	SiO_2	TiO_2	AL_2O_3	Fe_2O_3	FeO	MnO	MgO	CaO	Na_2O	K_2O	P_2O_5	烧失	总量
革吉-雄巴火山岩带	多尼组	1	$DpGS_{12}$	流纹岩	73.06	0.59	12.91	0.89	3.36	0.09	1.41	1.82	2.73	1.72	0.29	0.44	99.31
		2	$DpGS_{61}$	英安岩	63.72	0.68	16.04	3.19	1.41	0.08	1.84	1.86	5.95	2.33	0.19	2.11	99.40
	雄巴组	3	15-6h	气孔状英安岩	53.47	1.03	14.06	6.83	0.16	0.13	6.61	2.65	2.01	5.05	0.68	1.99	94.67
		4	15-7h	气孔状英安岩	59.55	1.24	14.58	4.42	0.31	0.07	4.61	7.67	3.55	5.95	0.34	0.34	102.63
		5	15-15h	安山岩	58.76	1.48	12.65	4.11	1.15	0.07	5.54	4.92	2.88	5.94	0.63	0.49	98.62
	邦巴组	6	$D1043B_1$	安山质粗面岩	68.69	0.56	14.52	1.28	0.86	0.019	0.67	2.02	3.66	5.31	0.063	2.05	99.70
		7	$D1043B_3$	玻基安山粗面岩	69.05	0.58	14.42	1.31	0.87	0.025	0.64	2.44	3.76	4.98	0.058	1.64	99.77
		8	$D1044B_1$	安山质粗面岩	67.67	0.54	14.64	1.45	0.96	0.015	0.88	1.81	2.93	6.34	0.065	2.48	99.78
		9	$D1044B_3$	安山质粗面岩	69.35	0.53	12.63	1.81	1.21	0.049	1.18	2.61	4.19	5.21	0.057	0.91	99.74
		10	$D1044B_4$	安山粗面质凝灰岩	68.31	0.52	14.83	1.42	0.95	0.014	1.48	2.42	3.91	5.04	0.062	0.76	99.72
		11	18~4	安山质粗面岩	68.78	0.62	14.31	1.51	1.32	0.06	1.47	2.65	2.87	5.45	0.27	0.09	99.40
		12	$D2339GS_1$	安山质粗面岩	68.04	0.65	15.18	2.1	1.16	0.05	1.01	2.55	2.74	4.61	0.1	1.03	99.22
		13	$D2340GS_1$	安山质粗面岩	67.04	0.59	15.28	3.38	0.35	0.06	1.02	3.42	4.03	3.9	0.28	0.16	99.51
		14	$D5521B_3$	流纹质粗面岩	67.6	0.63	13.8	1.58	1.05	0.026	1.1	2.14	2.86	7.82	0.064	1.16	99.83
		15	$D5521B_5$	石英粗面岩	67.48	0.68	12.81	1.9	1.26	0.038	1.47	1.95	2.95	7.62	0.062	1.33	99.55
		16	$D2027B_2$	英安质粗面岩	66.62	0.65	14.12	1.7	1.13	0.039	1.26	1.89	2.79	7.34	0.062	2.12	99.72
昂龙岗日-盐湖火山岩带	去申拉组	17	$Ⅲ_3$-$24h_1$	玄武岩	53.52	0.86	18.66	4.78	1.68	0.18	0.85	8.25	3.89	3.08	0.37	3.11	99.23
		18	$D1020GS_1$	英安凝灰岩	64.44	0.8	14.5	2.75	1.84	0.066	2.14	3.58	3.18	5.74	0.075	0.73	99.84
	沙木罗组	19	$D2424REE_1$	玄武岩	57.52	0.71	13.83	3.58	5.35	0.12	2.52	5.57	2.69	1.49	0.23	5.79	99.40

表 3-21　测区火山岩 CIPW 标准矿物组合及主要特征参数表

岩带	层位	CIPW 标准矿物(%)													主要特征参数		
		序号	Ap	IL	Q	Or	Ab	Hy	An	En	Wo	Di	Mt	C	SUM	DI	SI	δ
革吉-雄巴火山岩带	多尼组	1	0.63	1.12	53.65	10.16	5.39	5.87	0.00	3.51	2.98	5.99	3.54	0.00	0.00	88.83	0.63	1.12
		2	0.42	1.29	14.00	13.77	50.35	4.58	7.99	4.58	0.00	0.00	0.00	0.00	0.8	97.27	0.42	1.29
	雄巴组	3	1.49	0.62	9.90	29.84	17.01	16.46	6.25	16.46					93.13	56.75	31.99	4.76
		4	0.74	0.80	0.78	35.16	30.04	1.84	6.28	11.44	11.15	20.79			102.86	65.98	24.47	5.45
		5	1.38	2.58	5.85	35.10	24.37	8.09	4.05	13.80	6.61	12.32			98.14	65.32	28.24	4.94
	邦巴组	6	0.14	1.06	22.38	31.38	30.97	0.91	7.51	1.67	0.88	1.64	1.21		97.65	84.73	5.69	3.13
		7	0.13	1.10	22.96	29.43	31.82	0.16	7.76	1.59	1.66	3.09	1.21		98.13	84.21	5.54	2.93
		8	0.14	1.03	21.46	37.46	24.80	2.02	8.07	2.19	0.20	0.38	1.58		97.29	83.72	7.01	3.48
		9	0.13	1.01	22.51	30.79	35.46		0.27	4.03	4.67	8.70	2.52		101.45	88.75	8.68	3.35
		10	0.14	1.00	19.83	29.78	33.09	2.40	8.03	3.48	1.49	2.87	1.60		97.65	84.73	11.56	3.16
		11	0.59	1.18	24.29	32.21	24.29	3.44	10.07	3.66	0.55	1.03	2.19		99.28	80.78	11.65	2.69
		12	0.22	1.23	27.77	27.24	23.19	2.52	12.00	2.52			2.02	1.29	98.18	78.20	8.69	2.16
		13	0.61	0.87	21.37	23.05	34.10	1.61	12.09	2.54	1.08	2.02			99.42	78.52	8.04	2.62
		14	0.14	1.20	16.82	46.21	24.20	0.32	1.72	3.06	3.54	6.60	1.64		98.66	87.24	7.63	4.64
		15	.014	1.29	17.28	45.03	23.47	0.37	1.32	3.66	3.87	7.23	2.10		98.21	85.78	9.67	4.56
		16	0.14	1.23	17.55	43.37	23.61	1.46	4.33	3.14	1.94	3.62	1.89		97.60	84.54	8.86	4.34
昂龙岗日-盐湖火山岩带	去申拉组	17	0.81	1.63	6.41	18.2	32.92	0.00	24.36	3.64	4.21	7.85	3.51	0.00	98.04			
		18	0.16	1.52	15.26	33.92	26.91	8.34	0.00	5.32	3.73	6.95	3.83	0.00	99.10			
	沙木罗组	19	0.50	1.35	19.48	8.81	22.76	10.21	21.26	6.07	2.03	4.02	5.19	0.00	93.58			

4. 地球化学特征

沙木罗组火山岩其∑REE 为 70.08×10^{-6}，∑LREE/∑HREE 为 1.81(表 3－22)，轻稀土微富集；δEu0.88，铕轻度亏损。稀土配分模式(图 3－93)为轻稀土相对富集的右倾型。

沙木罗组中火山岩特征值 Ba/Nb 为 86.11，Th/Nb 为 1.02。$(Yb+Ta)=2.15\times10^{-6}$，$(Yb+Nb)=3.83\times10^{-6}$，$K_2O$、Rb、Ba、Th、Ce 等丰度值(表 3－23)高出大洋中脊(MORB)，呈现峰值，而 Nb、Hf 明显出现负异常，Sm、Y、Yb 趋于正常；沙木罗组中火山岩的微量元素配分模式如图 3－94 所示。

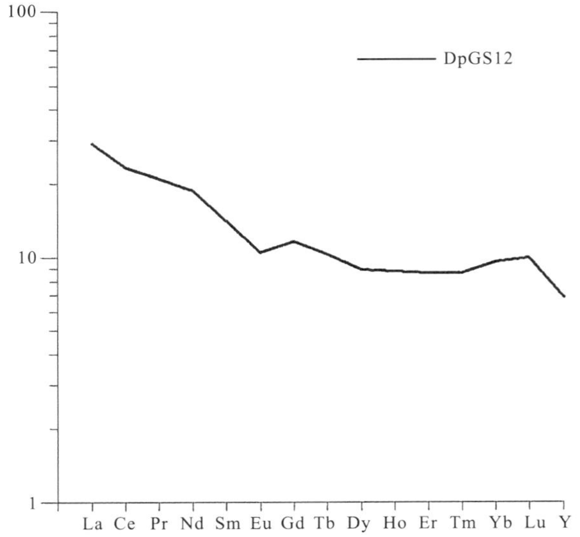

图 3－93　沙木罗组火山岩稀土元素模式图

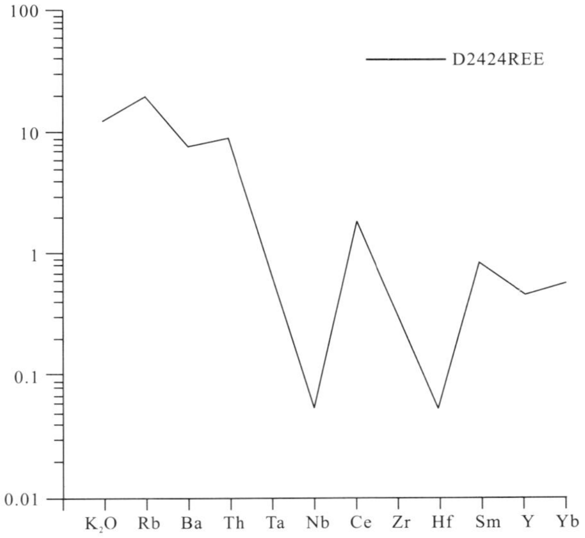

图 3－94　沙木罗组火山岩微量元素模式图

(二)早白垩世火山岩

早白垩世火山岩赋存于下白垩统去申拉组地层中，分布于测区北东部阿翁错火山岩浆弧带，在脚娃呈构造岩块夹于班公错-怒江结合带中，出露面积 150～180km²。

1. 地质特征

去申拉组下部为一套砾岩、岩屑石英砂岩，局部夹生物碎屑灰岩；上部为一套中基性—中酸性火山岩，岩石组合为火山角砾岩、角砾状玄武岩、玄武岩、玄武安山岩、安山岩、英安岩、安山质晶屑岩屑凝灰岩、凝灰质砂岩、灰褐色安山质晶屑岩屑凝灰岩与灰—浅绿色块状安山岩，厚度大于 794m。在结合带内以构造岩块与其他更老地层均呈断层接触，与上覆牛堡组地层呈角度不整合接触关系；在班公错-怒江结合带南西侧与下伏沙木罗组呈平行不整合接触，未见顶。

去申拉组火山岩具多次韵律性火山喷发的活动特点。根据岩性岩相特征可划分 6 个韵律，3 大旋回，其中 1、2 旋回发育较为完整，而第 3 旋回层仅发育喷溢相。

Ⅰ韵律层为爆发相的浅灰、灰绿色块状晶屑岩屑凝灰岩，厚 87.23m；

Ⅱ韵律层为喷溢相的灰绿色中厚层块状玄武安山岩，厚 52.13m；

Ⅲ韵律层为爆发相的灰紫色块状晶屑凝灰岩与紫红色中层状晶屑岩屑凝灰岩，厚 20.58m；

Ⅳ韵律层为喷溢相的灰绿色中厚层块状玄武安山岩，厚 30.25m；

Ⅴ韵律层为喷发-沉积相的紫红色薄—中层状安山凝灰质砂岩，厚 24.70m；

Ⅵ韵律层为喷溢相的灰绿色中厚层块状玄武安山岩，厚大于 530.2m。

表 3-22　测区火山岩稀土元素分析结果表

岩带	层位	序号	样品号	La	Ce	Pr	Nd	Sm	Eu	Gd	Tb	Dy	Ho	Er	Tm	Yb	Lu	Y	ΣREE	ΣLR/ΣHR	δEu
革吉-雄巴火山岩带	多尼组	1	$DpGS_{12}$	20.66	42.01	4.74	17.32	3.52	0.75	3.37	0.50	2.77	0.53	1.51	0.22	1.59	0.30	12.03	111.81	3.9	0.7
		2	$DpGS_{61}$	20.84	39.86	4.21	14.72	2.59	0.72	2.57	0.36	1.90	0.39	1.12	0.15	1.05	0.18	8.14	98.8	5.23	0.9
	雄巴组	3	15-6h	298.95	622.36	700.15	277.50	50.58	108.02	34.50	3.79	10.79	1.52	4.18	0.38	2.23	0.33	44.61	2159.89	20.11	2.54
		4	15-7h	157.27	337.63	39.90	166.51	27.40	4.92	16.35	1.79	5.07	0.80	2.49	0.24	1.52	0.23	13.71	775.83	17.38	0.22
		5	15-15h	103.27	247.78	31.04	126.56	25.50	4.12	14.32	1.55	4.81	0.71	2.15	0.21	1.31	0.23	15.04	578.60	13.35	0.21
	邦巴组	6	$D1043B_1$	53.29	115.33	11.84	46.88	7.56	1.48	4.34	0.53	2.45	0.42	1.09	0.14	0.96	0.14	12.43	258.86	10.51	0.25
		7	$D1043B_3$	61.82	125.31	12.81	49.31	7.97	1.53	4.58	0.51	2.39	0.44	1.08	0.15	0.95	0.13	12.22	281.21	11.52	0.24
		8	$D1044B_1$	56.51	125.18	12.86	48.99	6.73	1.30	3.62	0.43	1.94	0.31	0.77	0.13	0.78	0.11	9.21	268.85	14.55	0.25
		9	$D1044B_3$	41.72	88.33	8.96	36.04	5.85	1.18	3.48	0.44	2.12	0.34	0.85	0.15	0.91	0.14	11.21	201.72	9.27	0.25
		10	$D1044B_4$	42.38	91.01	9.20	36.85	5.98	1.30	3.90	0.45	2.08	0.36	0.96	0.14	0.85	0.13	11.10	206.67	9.35	0.26
		11	18～4	60.27	125.80	13.34	44.39	6.64	1.06	4.58	0.52	1.97	0.34	1.02	0.13	0.86	0.13	7.42	268.47	14.82	0.19
		12	$D2339GS_1$	60.12	131.19	14.23	49.82	8.23	1.00	5.85	0.71	3.00	0.57	1.53	0.22	1.45	0.21	12.48	290.61	10.17	0.14
		13	$D2340GS_1$	49.11	98.50	10.52	35.48	5.51	1.34	3.99	0.44	1.69	0.28	0.83	0.10	0.66	0.09	6.50	215.04	13.75	0.28
		14	$D5521B_3$	84.71	177.26	18.13	64.44	9.94	1.28	5.13	0.55	2.43	0.42	1.15	0.15	0.99	0.14	12.23	378.95	15.34	0.17
		15	$D5521B_5$	88.49	180.47	18.56	68.58	9.96	1.33	4.29	0.61	2.58	0.44	1.12	0.16	1.14	0.19	13.51	391.43	15.28	0.19
		16	$D2027B_2$	79.46	174.11	16.93	61.18	9.00	1.32	4.79	0.51	2.41	0.39	1.04	0.14	0.98	0.13	11.42	363.80	15.69	0.19
昂龙岗日-盐湖火山岩带	去申拉组	17	$Ⅲ_3$-$24h_1$	29.35	57.17	6.51	23.35	4.58	1.20	4.08	0.56	2.86	0.56	1.65	0.23	1.67	0.26	12.50	146.53	5.01	0.89
		18	$D1020GS_1$	68.40	144.70	14.58	53.28	8.99	1.35	6.23	0.87	4.55	0.88	2.42	0.35	2.33	0.35	25.33	334.61	6.73	0.56
	沙木罗组	19	$D2424REE_1$	9.00	18.75	2.57	11.27	2.75	0.77	2.95	0.49	2.88	0.63	1.82	0.28	2.01	0.33	13.58	70.08	1.81	0.88

表 3-23　测区火山岩微量元素分析结果表

岩带	层位	序号	样品号	岩石名称	K_2O	Rb	Ba	Th	Ta	Nb	Ce	Zr	Hf	Sm	Y	Yb
革吉-雄巴火山岩带	多尼组	1	$DpGS_{12}$	流纹岩	1.72	88.54	118.85	7.12	0.94	8.53	42.01	45.25	2.06	3.52	12.03	1.59
		2	$DpGS_{61}$	英安岩	2.33	59.12	369.96	6.01	1.06	12.40	39.86	84.18	3.16	2.59	8.14	1.05
	雄巴组	3	15-6h	气孔状英安岩	5.05	9.10	10331.60	142.73	0.75	14.57	622.36	393.82	10.70	50.58	44.61	2.23
		4	15-7h	气孔状英安岩	5.95	269.45	3012.89	138.59	1.66	21.32	337.62	328.29	14.35	27.39	13.71	1.52
		5	15-15h	安山岩	5.94	496.43	2592.87	141.36	1.79	24.47	247.77	387.65	14.36	25.48	15.83	1.31
	邦巴组	6	$D1043B_1$	安山质粗面岩	5.31	239.60	1045.39	30.20	0.59	8.15	91.01	125.66	4.86	5.98	11.10	0.96
		7	$D1043B_3$	玻基安山粗面岩	4.98	187.69	1451.89	28.36	0.52	7.47	125.31	174.05	6.41	7.97	12.22	0.95
		8	$D1044B_1$	安山质粗面岩	6.34	194.04	2247.71	28.54	0.51	6.90	125.18	155.53	5.57	6.73	9.21	0.78
		9	$D1044B_3$	安山质粗面岩	5.21	233.80	1003.57	31.83	0.58	7.92	88.33	103.58	4.02	5.85	11.21	0.91
		10	$D1044B_4$	安山粗面质凝灰岩	5.04	239.60	1045.39	30.20	0.59	8.15	91.01	125.66	4.86	5.98	11.10	0.85
		11	4—18	安山质粗面岩	5.45	416.74	659.67	38.61	1.93	15.45	125.79	54.27	2.78	6.64	7.41	0.86
		12	$D2339GS_1$	安山质粗面岩	4.61	511.83	560.40	32.08	1.20	10.93	131.19	153.53	6.30	8.23	12.48	1.45
		13	$D2340GS_1$	安山质粗面岩	3.9	347.28	1103.71	19.17	0.42	5.02	98.49	50.66	2.29	5.51	6.50	0.66
		14	$D5521B_3$	流纹质粗面岩	7.82	302.22	828.36	52.51	1.87	20.54	177.26	224.51	8.81	9.94	12.23	0.99
		15	$D5521B_5$	石英粗面岩	7.62	426.68	754.76	58.90	1.92	21.48	180.47	252.29	9.14	9.96	13.51	1.14
		16	$D2027B_2$	英安质粗面岩	7.34	393.26	968.03	53.19	1.86	20.92	174.11	186.24	6.94	9.00	11.42	0.98
昂龙岗日-盐湖火山岩带	去申拉组	17	Ⅲ$_3$-24h_1	玄武岩	3.08	95.60	549.91	10.04	0.58	7.28	57.17	99.12	3.63	4.58	12.49	1.67
		18	$D1020GS_1$	英安凝灰岩	5.74	274.11	636.45	63.26	2.07	20.06	144.70	182.56	6.61	8.99	25.33	2.33
	沙木罗组	19	$D2424REE_1$	玄武岩	1.49	39.91	156.72	1.85	0.14	1.82	18.75	26.58	1.21	2.75	13.58	2.01

2. 岩相类型与岩石特征

(1)火山管道相

沿火山通道填充的熔岩或火山碎屑岩称为火山通道相,该相是确定火山口位置的标志性岩相,属溢流相、侵出相和潜火山岩相之间的一种过渡型岩相。火山通道相岩石在不同火山活动旋回和不同火山机构不尽相同。野外工作中在去申拉组新确定了两个早白垩世火山管道相火山岩地质体,野外表现为保存良好的火山锥,火山管道由集块岩组成。

(2)溢流相

岩石类型为玄武安山岩。岩石具块状构造,少斑结构,基质似交织、似间粒结构。岩石由斑晶和基质两部分组成。斑晶以斜长石和少量蚀变暗色矿物为主,粒度一般 0.3～0.8mm;斜长石斑晶呈自形—半自形板状,具绢云母、黝帘石、绿帘石化,低正突起,负延性,发育聚片双晶与卡钠复合双晶,部分核心呈筛状熔蚀,An=54;暗色矿物辉石已全部被替代,多呈辉石假象,个别似橄榄石假象。基质由粒径 0.02～0.1mm 的斜长石、辉石、少量石英、钾长石、蚀变橄榄石组成,斜长石呈板条状、长板状微晶彼此平行、半平行排列,呈似交织结构,空隙被辉石、少量石英、钾长石、蚀变橄榄石、磁铁矿充填构成似间粒结构,斜长石 An=43,辉石为单斜辉石。副矿物为磁铁矿、磷灰石。

(3)爆发相

爆发相以含角砾安山凝灰岩为主,主要分布在去申拉组上部。岩石具块状构造,含角砾凝灰结构,主要由砂泥质和安山质火山角砾组成。砂泥质主要为玻屑及晶屑、岩屑、泥质等,粒度一般 0.1～0.7mm,少量 1～2mm;玻屑为弧面棱角状,均脱玻化为霏细及微晶状长英质,呈假象产出,析出铁质分布于边部;晶屑主要是斜长石,含少量钾长石,呈棱角状;岩屑成分主要是杂砂岩,以棱角状为主,均定向分布。角砾成分为安山质角砾,以棱角状为主,大小为 2～8mm。

(4)喷发沉积相

安山质晶屑岩屑凝灰岩:岩石具块状构造,凝灰结构,主要由凝灰物组成,正常沉积物含量较少。凝灰物主要是岩屑及晶屑,粒度一般 0.3～0.5mm,部分 0.5～2mm;岩屑为撕裂状安山岩;晶屑成分为斜长石和石英,棱角状,个别岩屑为角砾级碎屑。正常沉积物主要是砂级碎屑,次棱角—次圆状,大小一般 0.5～0.8mm。

安山凝灰质岩屑砂岩:具块状构造,凝灰砂状结构,主要由陆源砂粒和火山凝灰组成,成分为岩屑、石英、长石,呈次棱角状,部分次圆状,粒度一般 0.5～1mm,少量 1～3mm,定向分布。岩屑成分为熔结凝灰岩、杂砂岩等;石英部分具次生加大边,低正突起;长石为钾长石、斜长石;钾长石为条纹长石,斜长石具粘土化、绢云母化,具聚片双晶,低负突起,负延性,An=20,$2V$ 为 80°。凝灰物为晶屑,少量岩屑,呈棱角状,粒度 0.5～1mm,定向分布;晶屑为石英、长石,石英具熔蚀和裂纹,长石特征同陆源砂。另外岩石中含少量铁硅质胶结物,绿帘石充填上述碎屑空隙之间。

安山质晶屑凝灰岩:具块状构造,沉凝灰结构,主要由安山质凝灰物与正常沉积物组成。安山质凝灰物主要为晶屑、玻屑、岩屑,粒度一般 0.5～1.5mm;晶屑成分主要为石英、钾长石、斜长石,呈棱角状,杂乱分布;岩屑主要为安山岩,多脱玻化为霏细状长英质;玻屑含量较少,呈弧面棱角状,均脱玻化。

安山凝灰质砂岩:具凝灰质砂状结构,块状构造,主要由砂级碎屑及安山凝灰物组成。砂级碎屑组分主要为岩屑及长石、石英,粒度 0.2～0.5mm,次棱角状为主,部分呈次棱角—次圆状,个别石英可见加大边,砾级碎屑很少。安山质凝灰物主要为玻屑、晶屑及少量岩屑,粒度 0.05～0.5mm,玻屑均脱玻化为霏细状长英质,被硅质交代,呈假象产出,部分界线已模糊不清或消失;少量外形清晰,呈弧面棱角状;晶屑成分主要为石英、钾长石、斜长石,呈棱角状,杂乱分布。

3. 岩石化学特征

去申拉组火山岩中 K_2O>Na_2O,均为钾质系列火山岩。标准矿物组合为 An+Ab+Or+Q+Di(表 3-21);An、Ab、Or 等标准分子与典型火山弧类型火山岩相似,而 Di(辉石)标准分子明显偏高,并出现了石英,表明岩石起源深度较大,岩浆温度较高。

测区去申拉组火山岩在硅-碱图(图 3-95)上均位于亚碱性系列区,在 FAM 图(图 3-96)上,均位于钙碱性系列,表明去申拉组火山岩为钙碱性岩石。

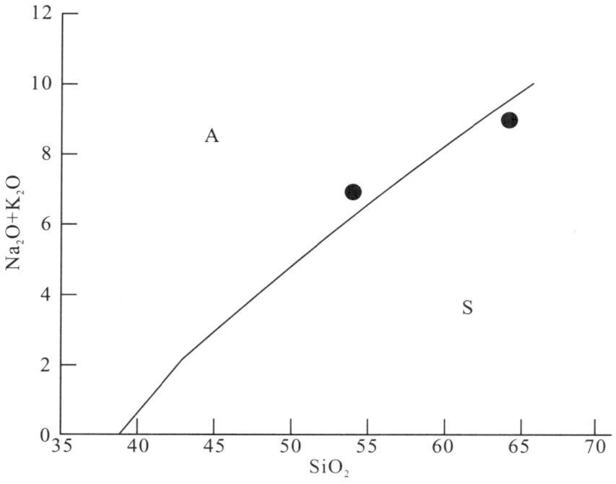

图 3-95 去申拉组火山岩硅-碱图

A. 碱性系列;S. 亚碱性系列

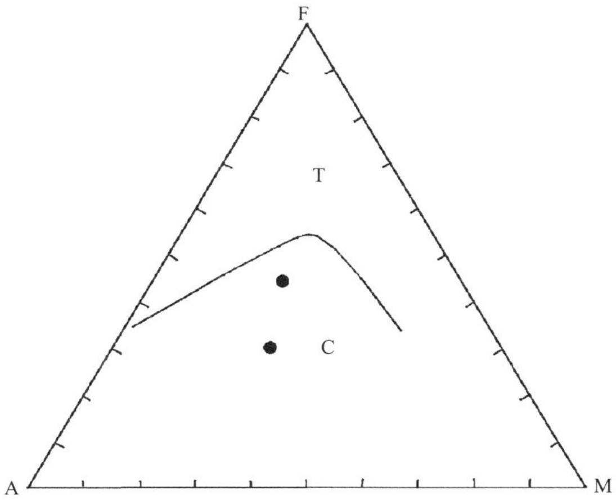

图 3-96 去申拉组火山岩 FAM 图

T. 拉斑系列;C. 钙碱性系列

4. 地球化学特征

早白垩世去申拉组∑REE 为 $146.53\times10^{-6}\sim334.61\times10^{-6}$(表 3-22),平均值 240.57×10^{-6};∑LREE/∑HREE 为 5.01~6.73,平均值 5.87,轻稀土微富集;δEu 为 0.56~0.89,平均值 0.73,铕轻度亏损。稀土配分模式(图 3-97)为右倾型。

早白垩世去申拉组火山岩特征值 Ba/Nb 变化于 $31.73\times10^{-6}\sim75.54\times10^{-6}$,平均值 53.64×10^{-6};Th/Nb 变化于 $1.38\times10^{-6}\sim3.15\times10^{-6}$,平均值 2.27×10^{-6},(Yb+Ta)变化于 $2.25\times10^{-6}\sim4.40\times10^{-6}$,平均值 3.33×10^{-6},(Yb+Nb)变化于 $8.95\times10^{-6}\sim22.39\times10^{-6}$,平均值 15.67×10^{-6},K_2O、Rb、Ba、Th、Ce 等丰度值(表 3-23)高出大洋中脊(MORB),呈现峰值,而 Nb、Hf、Y、Yb 明显出现负异常,Sm 趋于正常。微量元素配分模式如图 3-98 所示。

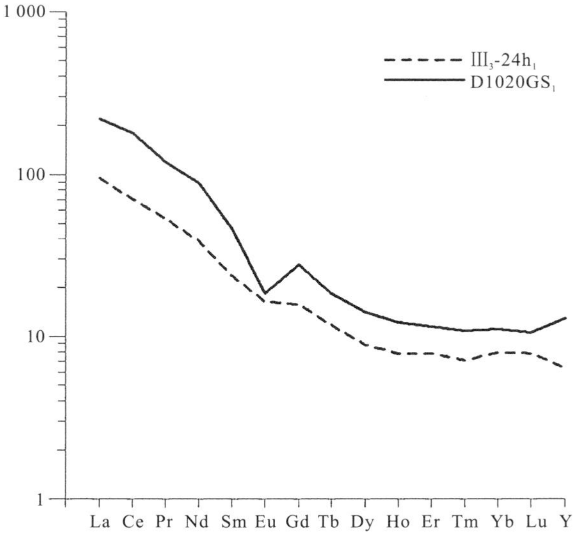

图 3-97 去申拉组中火山岩稀土元素模式图

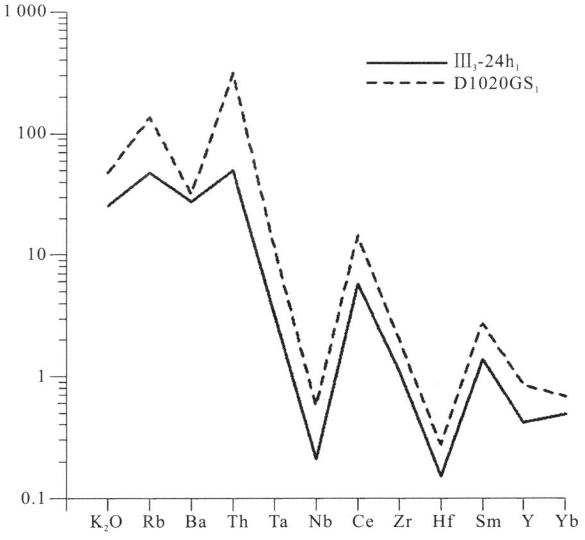

图 3-98 去申拉组中火山岩微量元素模式图

三、革吉-雄巴火山岩带

革吉-雄巴火山岩带分布于狮泉河结合带南西区域测区南西部,含火山岩地层为捷嘎组、多尼组、邦巴组、雄巴组。其中，捷嘎组仅分布于邦巴断裂带南西测区南西角一隅，加之新生代地层大量掩盖，出露极为有限，见少量玄武岩、安山岩、英安岩、火山角砾岩露头。多尼组仅上部局部地段夹有少量厚度不等的中—酸性火山岩。最为发育的是始—渐新统邦巴组陆相喷发碱性火山岩和中新统雄巴组陆相中酸性钙碱性火山岩。

（一）早白垩世火山岩

早白垩世火山岩赋存于下白垩统多尼组地层中，分布于测区南西部，出露面积有限，仅局部地段见喷溢相薄层状流纹岩、英安岩及爆发相英安质角砾岩、流纹英安质晶屑玻屑凝灰岩。

1. 地质特征

下白垩统多尼组为浅海—滨海相碎屑沉积岩夹灰岩，局部地段见薄层状流纹岩、英安岩、流纹英安质晶屑玻屑凝灰岩及英安质角砾岩夹层。火山岩总体出露厚度不大，仅几米至十几米；爆发相英安质角砾岩出露厚度较大，喷溢相的流纹岩、英安岩出露厚度较薄。

2. 岩相类型与岩石特征

（1）喷溢相

流纹岩：浅黄白色，块状构造、流动构造，斑状结构，基质为微晶质结构、球粒结构；斑晶含量15%～18%，主要为石英，少量钾长石及酸性斜长石，斑晶粒度大小不一，0.5～3mm，具熔蚀现象。基质由长石、石英及球粒构成。岩石具绢云母化、碳酸盐化现象。

英安岩：灰色，块状构造，斑状结构，基质为微晶质结构。斑晶占18%～20%，主要为斜长石，少量石英，粒度0.8～2mm，具熔蚀现象。基质由细小长条状长石及粒状石英组成，长石多具钠长石双晶，具定向—半定向分布。岩石具绿泥石化、碳酸盐化、绢云母化。

（2）爆发相

英安质角砾岩、流纹英安质晶屑玻屑凝灰岩：灰白色，多呈条带状、纹层状构造，凝灰结构。主要由小于或等于0.3mm的细小不规则状弧形玻屑（65%～75%，多已脱玻化）、长石、石英晶屑（15%～20%）及少量的铁质及绢云母组成。晶屑多棱角状，分布不均，石英晶屑一般多于长石晶屑。长石晶屑以斜长石为主，具不同程度绢云母化，岩石致密坚硬。

3. 岩石化学特征

多尼组流纹岩的分异指数为69.21，(Na_2O-2)明显小于K_2O，表明多尼组中流纹岩的原始岩浆属钾质系列特点。英安岩类的分异指数为78.12，(Na_2O-2)略大于K_2O，表明多尼组中英安岩的原始岩浆界于钾质系列与钠质系列之间。所有样品的Al_2O_3均接近或大于13%，说明岩石属铝饱和型的火山岩（表3-20）。

流纹岩类的标准矿物组合为：Q＋Or＋Ab＋Hy＋Di；而英安岩类的标准矿物组合为：Q＋Or＋Ab＋An（表3-21）。

测区多尼组火山岩在硅-碱图（图3-99）上均投于亚碱性系列区，在FAM图（图3-100）上均投于钙碱性系列区，表明多尼组火山岩为钙碱性岩石。

4. 地球化学特征

多尼组火山岩∑REE为98.8×10^{-6}～111.81×10^{-6}（表3-22），平均值105.31×10^{-6}，∑LREE/∑HREE为3.9～5.23，平均值4.57，轻稀土微富集，δEu为0.7～0.9，平均值0.8，铕轻度亏损。稀土配分模式（图3-101）为平缓右倾型。

多尼组火山岩K_2O、Rb、Ba、Th、Ce等丰度值（表3-23）高出大洋中脊（MORB），呈现峰值，而Nb、Hf、Y、Yb明显出现负异常，Sm趋于正常，微量元素配分模式如图3-102所示。

沙木罗组中火山岩特征值Ba/Nb为86.11，Th/Nb为1.02，(Yb＋Ta)＝2.15×10^{-6}，(Yb－Nb)＝

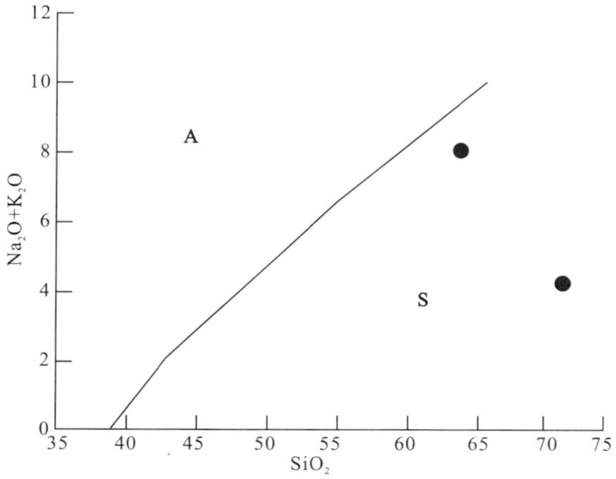

图 3-99 多尼组火山岩硅-碱图

A. 碱性系列；S. 亚碱性系列

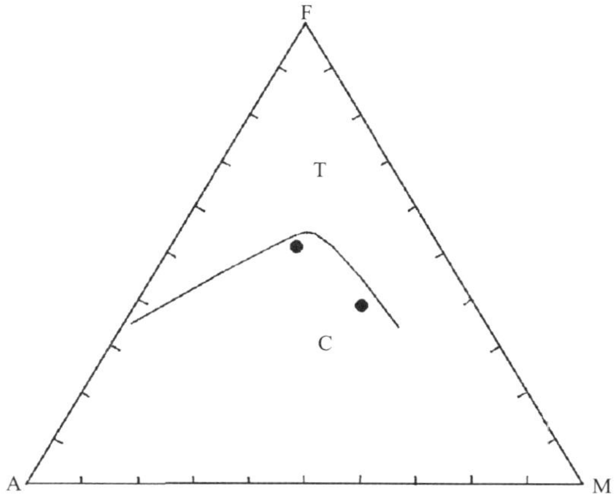

图 3-100 多尼组火山岩 FAM 图

T. 拉斑系列；C. 钙碱性系列

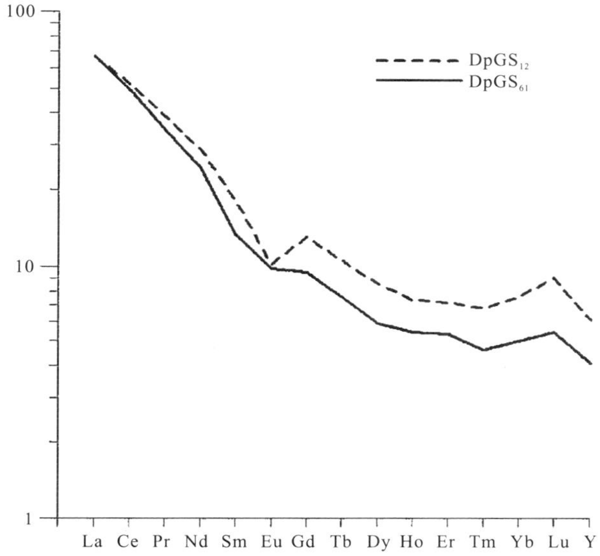

图 3-101 多尼组火山岩稀土元素模式图

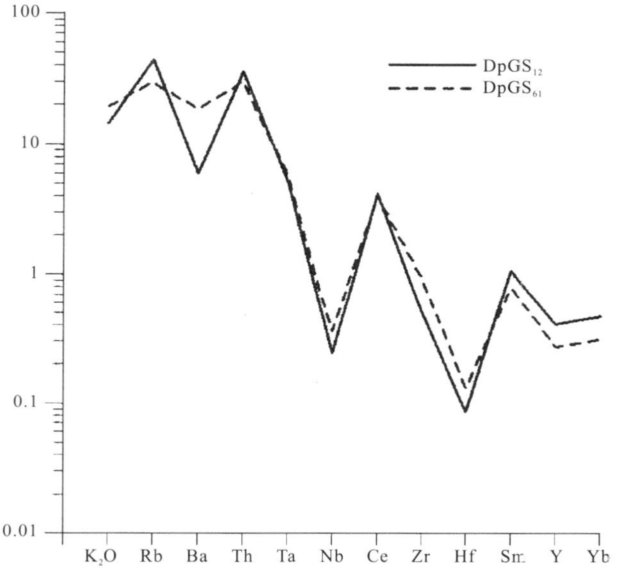

图 3-102 多尼组火山岩微量元素模式图

3.83×10^{-6}，K_2O、Rb、Ba、Th、Ce 等丰度值(表 3-23)高出大洋中脊(MORB)，呈现峰值，而 Nb、Hf 明显出现负异常，Sm、Y、Yb 趋于正常；沙木罗组中火山岩的微量元素配分模式如图 3-94 所示。

(二)始新世—渐新世碱性火山岩

始新世—渐新世碱性火山岩是测区内时代较新的火山岩，是本次区调中于革吉地区发现的超钾—高钾碱性岩系列火山岩。

1. 地质特征

测区始新世—渐新世碱性火山岩属始新统—渐新统邦巴组火山岩地层。该套火山岩主要分布于测区的邦巴区一带，面积千余平方千米，以熔岩为主夹火山碎屑岩，成层性良好，总体产状平缓，倾角 15°～20°。测区内始新统—渐新统邦巴组火山岩与下伏下白垩统多尼组、郎山组，以及燕山晚期的花岗岩之间呈喷发不整合超覆关系(图 3-103)，同位素年龄值为 33.4±0.4Ma、30.4±0.8Ma 和 31.1±0.7Ma(全岩 K-Ar 法)，为始新世—渐新世火山喷发产物。

岩石类型主要为粗安岩、粗面岩、粗安质或粗面质火山角砾岩以及少量玄武粗安岩、玄武粗安质火山角砾岩，局部出现火山集块岩、熔结火山集块岩、熔结火山角砾岩、凝灰岩及凝灰质砂岩。喷溢相与爆发相

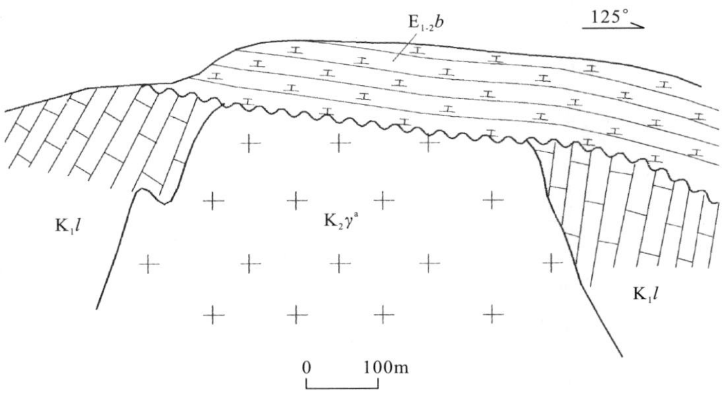

图 3-103　邦巴组与花岗岩不整合接触关系图

以及喷发-沉积相、火山碎屑相交替产出，宏观成层良好，厚度变化大，并有尖灭现象，熔岩层底部界面常呈凹凸不平状。中下部喷溢相常为块状或流动构造，而底部爆发相常见气孔状构造。

2. 岩相类型与岩石特征

(1)火山管道相

在测区新确定 20 个始新世—渐新世火山管道相火山岩地质体，火山管道由集块岩、熔岩栓等组成，形态为透镜状，近等轴状，剖面上多为管状，直径在 400m 左右。它们与溢流相、爆发相间呈明显的“侵入”接触关系(图 3-104、图 3-105)。

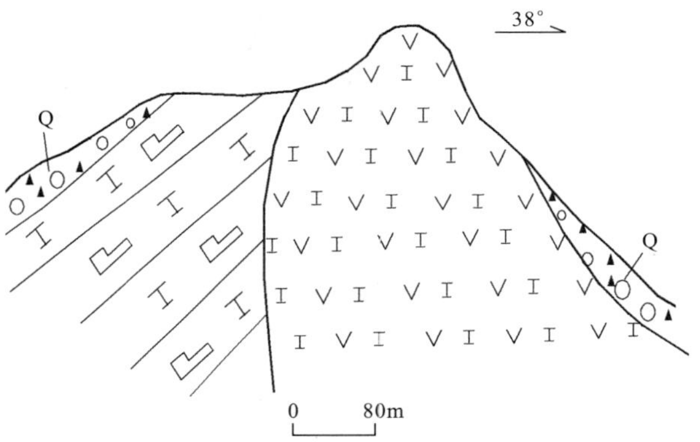

图 3-104　邦巴组火山管道相与爆发相接触关系图

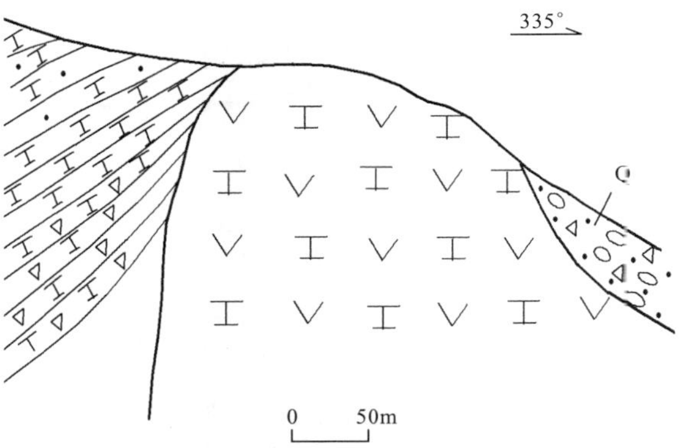

图 3-105　邦巴组火山管道相与喷溢相接触关系图

(2)溢流相

酸性粗面岩：通常分布于每一个火山岩段顶部。岩石具块状构造，斑状结构，基质包含霏细结构，由斑晶和基质组成。斑晶主要为碱性长石、部分钾长石和少量黑云母，它们呈自形—半自形晶，粒度粗大，一般 2～4cm，部分呈聚斑产出；碱性长石为霓霞长石，钾长石为正长石、条纹长石，发育粘土化、不均匀褐铁矿化，低负突起，负延性，三斜度为 0，具卡式双晶，条纹长石主晶为正长石，客晶为不规则状钠长石条纹；斜长石具较强的绢云母化、粘土化，发育聚片双晶，低负突起，负延性，An=27；黑云母已全部被褐铁矿、绢云母交代，呈假象产出。基质为长英质，长石呈隐晶霏细状密集嵌于石英基底内，呈斑块状消光，构成包含霏细结构。酸性粗面岩副矿物为磁铁矿、磷灰石、锆石。根据结构及硅、钾含量，进一步划分为一般酸性粗面岩、钾质酸性粗面岩、球粒酸性粗面岩、石英酸性粗面岩。

粗面岩：浅灰色、浅紫灰色、少量紫红色，块状构造、流面构造或气孔状构造。斑状结构，基质为粗面结构或玻晶交织结构。斑晶含量 10%～25%，普遍具透长石斑晶，暗色矿物斑晶为普通辉石-透辉石、黑云母，角闪石极少。斑晶粒度 0.5～3mm，多自形晶。角闪石、黑云母斑晶常具暗化边结构。基质由长条状钾长石，少量玻璃质、氧化铁微粒等组成，粒度小于 0.1mm。副矿物为磷灰石、金属氧化物、锆石等。岩石中有时可含气孔，最多达 50%左右，呈不规则状或拉长状，多未充填，有时仅气孔内壁上见极薄的钙质或沸石矿物薄膜。气孔或板状、柱状、片状矿物可定向排列形成流面构造。据暗色矿物斑晶成分、气孔的有无等可进一步划分为黑云母辉石粗面岩、辉石粗面岩、黑云母粗面岩和气孔状粗面岩。

粗安岩：为主要岩石类型，深灰色、紫灰色、灰色，块状构造、流动构造、流面构造，其次为气孔状构造；斑状结构，斑晶含量15%～30%，常见斑晶成分为透长石、透辉石或普通辉石、黑云母，有时含少量角闪石、橄榄石、中更长石斑晶（<5%）。其中，透长石斑晶含量多在10%～15%，粒径也较粗，可达2mm×5mm×7mm，其他斑晶多小于或等于3mm。黑云母、角闪石斑晶常见暗边结构，有时全部暗化，尤其角闪石，极少见原生角闪石残余，仅保留其假象；偶尔可见个别石英捕虏晶。基质多为隐晶—微晶质结构或粗面结构，偶有玻晶交织结构（图版Ⅸ，2），由微细长条状长石及少量微粒状铁质氧化物组成。副矿物常见磷灰石等。主要岩石类型有黑云母辉石粗安岩、辉石粗安岩、气孔状粗安岩。

玄武粗安岩：深灰色、灰黑色，少量绿灰色、紫红色，块状构造、气孔状构造或流动构造，斑状结构，基质为微晶—隐晶质结构、间隐结构。斑晶为透长石、普通辉石-透辉石，可含少量黑云母、斜长石和伊丁石化橄榄石斑晶，斑晶粒度0.5～4mm，含量25%～30%。其中橄榄石斑晶有时可达5%，全部伊丁石化而保留橄榄石的假象，并可见熔蚀结构。基质由细小条状长石及粒状辉石、橄榄石或火山玻璃组成。副矿物为磷灰石、不透明金属矿物、白钛石等，偶见石英捕虏晶，可含不规则圆形或椭圆形气孔。玄武粗安岩中局部可出现10%左右的等轴粒状白榴石，以斑晶或基质矿物存在，粒度小于或等于0.5mm，大小不等，从而构成辉石白榴石玄武粗安岩，但在TAS分类图上略为偏向于响岩质碱玄岩区。

（3）爆发相

爆发相火山岩在测区内分布较广，但堆积厚度相对较小，主要属含饱和挥发分的岩浆爆发产物，与布里尼型喷发相当，常与火山碎屑流相伴产出，堆积在火山碎屑流喷发单元顶部或底部，呈层状、似层状，厚度一般较小，但横向比较稳定。岩性主要为粗安质火山角砾熔岩、火山角砾岩、火山集块岩、熔结火山集块岩。

粗安质火山角砾熔岩：深灰色间夹紫灰、紫红色，火山角砾结构，熔浆胶结，块状构造、弱流动构造，由粗安岩质火山角砾（70%～80%）和粗安质熔浆“胶结物”组成，少量凝灰物。角砾成分单一，均为粗安岩质，但颜色和结构不均，粒径0.3～1cm，最大达2cm，不规则棱角状；熔浆“胶结物”部分常见斑状结构。

火山角砾岩：以粗安质火山角砾岩为多，少量为粗面质或玄武粗安质火山角砾岩。岩石多紫灰色、紫红色，也见灰色、深灰色或灰黑色。通常由成分单一，但颜色、结构、构造不同的棱角状火山角砾组成，之间被少量凝灰质火山岩岩屑、晶屑、玻屑及火山岩分解物（绢云母）所充填。块状构造、斑杂状构造，胶结疏松，孔洞发育。具火山角砾结构或凝灰火山角砾结构，角砾大小不等，外圆常有一层氧化铁，充填物中常见透长石、黑云母及辉石晶屑。

火山集块岩：以粗安质火山集块岩为主，部分为粗面质或玄武粗安质火山集块岩。因成分不同可呈灰红色、褐灰色、紫红色及深灰色、灰黑色等，颜色不均，疏松多孔洞，由大小不等的火山碎屑物组成，其中集块级占多粒，粒径多为10～50cm，个别可达1m以上，无分选性、无定向性；集块多刚性棱角状，少量具塑性变形特点，可见有种种形态的火山弹、熔岩饼等，集块本身多具气孔状构造。

熔结火山集块岩：粗安质为主，也有粗面质及玄武粗安质熔结火山集块岩，灰红色、褐红色、深灰及灰黑色，不同的集块其颜色、结构、构造不完全相同，粒径较粗（多大于20cm），其成分以气孔状熔岩为多，也见有火山角砾岩、角砾凝灰岩的集块；其中的塑性集块占70%以上，常见熔岩饼及火山弹，普遍具拉伸、扭动、旋转等塑变现象，集块之间彼此熔结，界线不很清楚，凝灰及火山角砾级火山碎屑物少，常见有1m以上的集块分布。

（4）火山碎屑流相

火山碎屑流指火山爆发产生的炽热火山碎屑物和高温气体所组成的高密度碎屑流，是布里尼喷发柱垮塌后形成的密度流沿火山斜坡或低洼地带流动运移定位的地质体，其性质与熔岩流相当，形成一套熔结和非熔结的火山碎屑岩。

粗面质熔结凝灰岩：具假流纹构造，熔结凝灰结构；主要由凝灰物和少量角砾组成。角砾成分主要为粗面岩，偶见粉砂粘土岩，呈次棱角状，塑性条带状、透镜状，后者为塑性角砾，粒度2～6.5mm。凝灰物由粒度小于2mm的晶屑、岩屑、塑性玻屑组成。晶屑由斜长石和少量蚀变黑云母组成，呈棱角状，部分呈较好自形；斜长石具有较强绢云母化，发育聚片双晶，低负突起，负延性，An=26；黑云母已全部被白云母、少量铁质所交代，呈假象产出。岩屑成分和特征类似于角砾。塑性玻屑呈细纹状，已脱玻化为隐晶长英质，发育具有不均匀粘土化。塑性玻屑、塑性角砾与塑性岩屑呈定向分布，显示假流纹构造，浆屑或塑性岩屑长宽比可达5∶1。岩石副矿物包括锆石、磷灰石和磁铁矿。

石英粗面质熔结凝灰岩：具有假流纹构造-块状构造，熔结结构，主要由凝灰物及部分角砾组成。角砾成分一般为石英粗面岩，呈棱角—次棱角状，部分呈塑性条带状、透镜状。凝灰物由粒度小于2mm的晶屑、岩屑和塑性玻屑组成。晶屑成分为钾长石、斜长石和少量黑云母，呈棱角状，钾长石为正长石、条纹长石；斜长石具粘土化、绢云母化、绿帘石化和碳酸盐化，发育聚片双晶，An为30左右；黑云母多数被绿泥石交代。岩屑成分以石英粗面岩为主，塑性玻屑呈弧面棱角状—细条带状，已脱玻化重结晶为长英质矿物，并与塑性岩屑、角砾呈定向分布构成岩石熔结结构，部分呈假流纹构造。岩石副矿物为磁铁矿、磷灰石和锆石。

(5)喷发沉积相

邦巴组火山岩中喷发沉积相主要分布在每次火山喷发沉积层的顶部，为粗面质沉凝灰岩，分布比较稳定，是区分火山岩相与喷发沉积韵律的良好标志。岩石类型以粗面质沉积凝灰岩为主，次为凝灰岩。

粗面质沉凝灰岩：呈紫红色，具有层状构造，沉凝灰结构，主要由陆源粗面质粉、细砂和凝灰物组成。陆源粗面质粉、细砂成分以石英、长石为主，含少量白云母，呈棱角—次棱角状，少量次圆状；岩屑以火山熔岩为主。凝灰物包括晶屑、玻屑、岩屑、火山尘，晶屑为石英、斜长石、钾长石，呈棱角状，有的较自形；岩屑为流纹质，部分为安山质、粗面质，呈棱角—次棱角状；玻屑呈弧面棱角状，已脱玻化；火山尘充填上述碎屑间，已重结晶为隐晶质长英质矿物。

凝灰岩：多呈浅灰色、灰白色，块状构造，内部不显层理，分选较差。由大量的粗安质、粗面质火山岩岩屑、浆屑、玻屑及长石、辉石、黑云母、角闪石晶屑、火山尘及少量火山角砾(0.2～1.5cm)组成。长石普遍具高岭土化，致使岩石较为疏松多孔，比重变轻，颜色变浅。

3. 火山喷发韵律、旋回及喷发环境

邦巴组火山岩具多次韵律性火山喷发的活动特点，可划分11个韵律(表3-24)。

表3-24　邦巴组火山喷发韵律及岩相特征表

岩性特征	结构及构造	岩　相	喷发韵律
石英粗面质熔结凝灰岩	假流纹构造，熔结结构	火山碎屑流相	11
酸性粗面岩	流动构造、流面构造，斑状结构、粗面结构、玻晶交织结构	喷溢相	10
粗安岩	流面构造、气孔状构造，斑状结构		9
玄武粗安岩	块状构造、气孔状构造，斑状结构、间隐结构		
粗面质火山角砾岩	块状构造，角砾状结构	爆发相	8
凝灰岩、凝灰质含砾砂岩	层状构造，凝灰结构	喷发-沉积相	7
粗面质熔结凝灰岩	假流纹构造，熔结凝灰结构	火山碎屑流相	6
粗安岩	流面构造，斑状结构	喷溢相	5
黑云母粗面岩	流动构造，斑状结构		
玄武粗安岩	块状构造，斑状结构		
粗安质火山角砾岩	角砾状结构，块状构造	爆发相	4
集块岩	集块构造		
含砾凝灰岩	层状构造，凝灰质结构	喷发-沉积相	3
凝灰质砂岩	块状构造，中细粒结构		
玄武质粗安岩	块状构造，斑状结构	喷溢相	2
角砾状玄武粗安岩	块状构造，角砾结构		
玄武质角砾岩	块状构造，角砾结构	爆发相	1
集块岩	集块构造		

邦巴组火山岩地层垂向上岩性变化较大，火山喷发韵律较发育，总体下部韵律层偏基性，中部韵律层偏中性，上部韵律层偏酸性。区内喜马拉雅期邦巴组富钾火山喷发活动为典型的陆相中心式喷发。

4. 岩石化学特征

邦巴组火山岩的岩石化学成分见表 3－20，其 K_2O/Na_2O 为 0.97～2.73，平均值 1.87，岩石普遍为 $(CaO+K_2O+Na_2O)>Al_2O_3>(K_2O+Na_2O)$，为次铝类型的岩石；仅有个别岩石为过铝类型的岩石（表 3－21）。

邦巴组火山岩的 CIPW 标准矿物组合为：Q＋Or＋Ab＋An，Q＋Or＋Ab＋En＋Wo＋Di，Q＋Or＋Ab＋An＋En，Q＋Or＋Ab＋Di。普遍出现 Mt（磁铁矿等金属矿物），个别样品出现 C（刚玉分子）。岩石的分异指数 DI 介于 78.2～87.24 之间，多数在 80 以上；固结指数 SI 介于 5.54～11.65 之间，平均值 8.46；里特曼指数 σ 介于 2.57～6.79 之间，平均值 4.32（表 3－21）。

邦巴组火山岩的 (K_2O+Na_2O) 与 Al_2O_3 的分子比全大于 1，K_2O/Na_2O 为 0.97～2.73，平均值 1.87，在邦巴组火山岩 TAS 图（图 3－106）上，主要位于粗面岩区，为碱性系列岩石。

5. 地球化学特征

$\sum$REE 为 201.72×10^{-6}～391.43×10^{-6}，平均值 284.15×10^{-6}；$\sum$LREE/$\sum$HREE 为 9.27～15.69，平均值 12.75，轻稀土微富集；δEu 为 0.45～0.89，平均值 0.69，铕轻度亏损（表 3－22）。稀土配分模式（图 3－107）为右倾型。

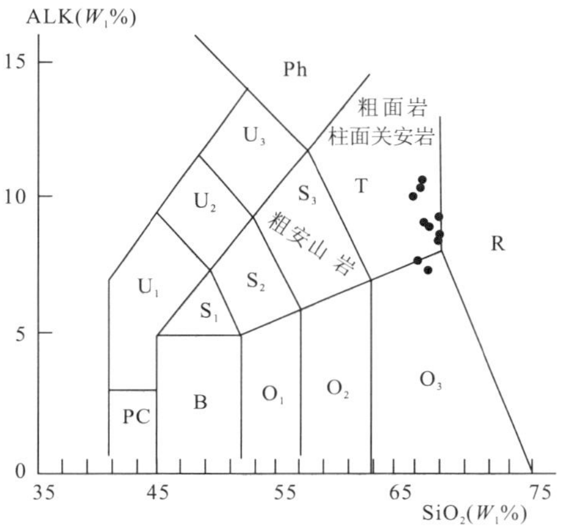

图 3－106　邦巴组火山岩 TAS 图

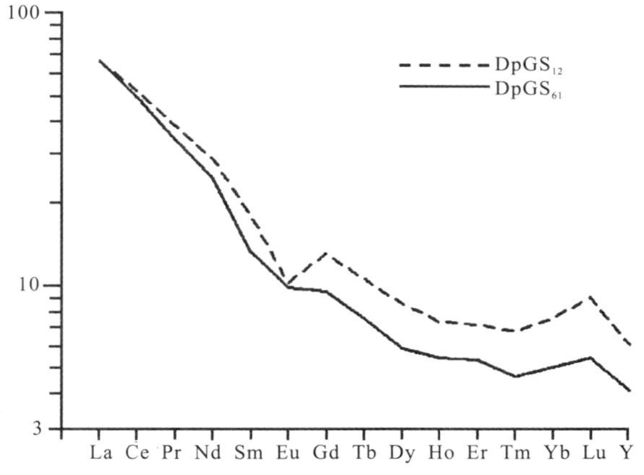

图 3－107　邦巴组火山岩稀土元素模式图

邦巴组火山岩的微量元素分析结果见表 3－23。其 K_2O、Rb、Ba、Th、Ce 等丰度值高出大洋中脊（MORB），呈现峰值，Nb、Hf、Y、Yb 明显出现负异常，Sm 趋于正常，微量元素配分模式如图 3－108 所示。

（三）中新世火山岩

测区中新世火山岩是本次区调中于革吉地区发现的、时代最新的、以杂色火山岩及火山碎屑岩为主的火山岩，属中新统雄巴组。

1. 地质特征

雄巴组火山岩分布于革吉县雄巴区一带，分布面积 800 余平方千米，其岩石组合主要为一套陆相喷发中—酸性火山岩地层，其中火山岩主要以安山岩、英安岩等为主，火山碎屑岩以中、酸性凝灰岩多见，与下伏下白垩统多尼组、郎山组呈角度不整合接触（图 3－109、图 3－110）。

2. 岩相与岩石特征

雄巴组火山岩分布地区中火山机构较为发育，规模不大但成群出现，按形成的位置可划分为火山颈

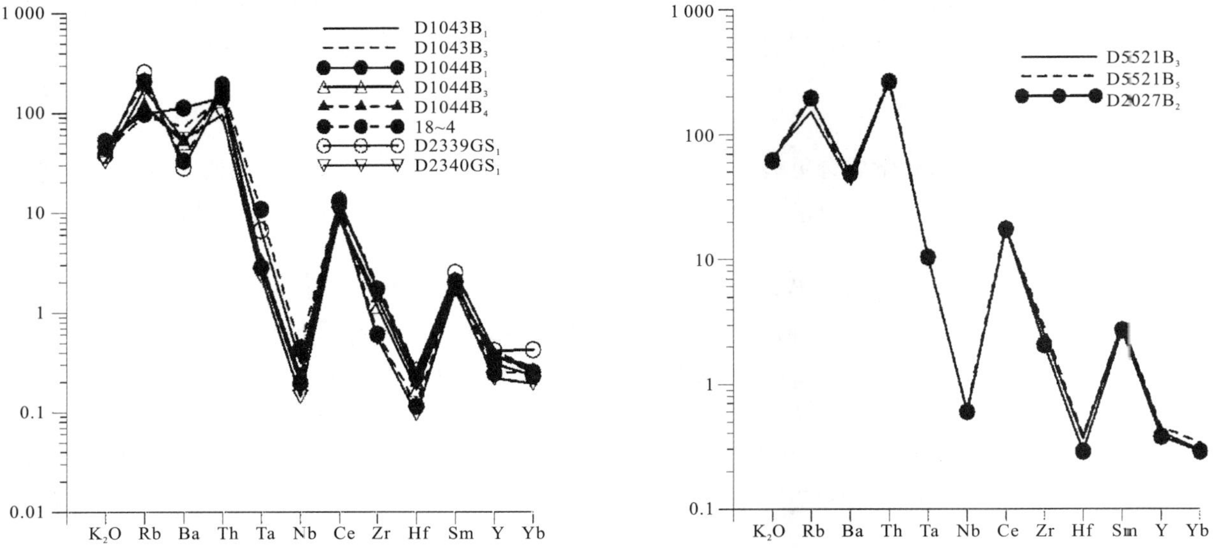

图 3-108　邦巴组火山岩的微量元素模式图

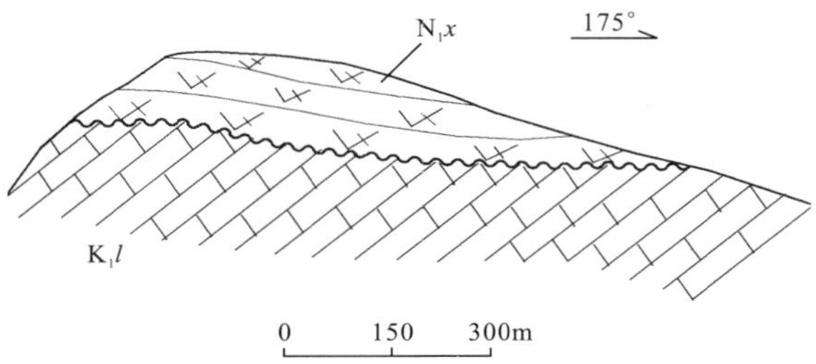

图 3-109　雄巴组与郎山组的接触关系图

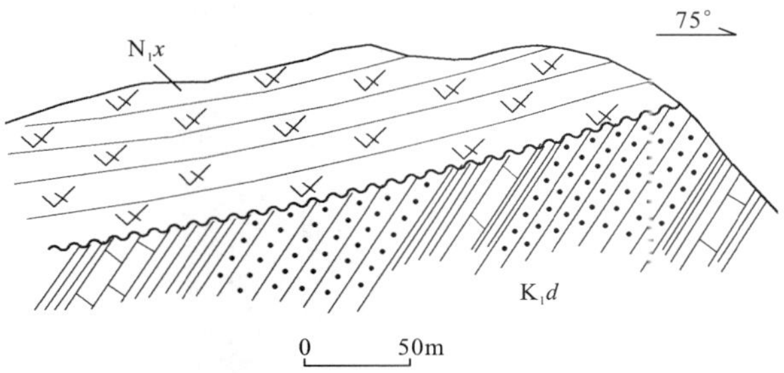

图 3-110　雄巴组与多尼组的接触关系图

相、管道相、火山斜坡相、火山洼地相、远火山相。

（1）火山管道相

测区新确定 15 个上中新世火山管道相火山岩地质体，由集块岩、浮岩等组成，形态为透镜状，近等轴状，剖面上多为管状，直径在 100～350m。

火山集块岩：一般呈紫红色、砖红色，集块岩一般形状为纺锤形、面包形，外壳气孔多而小，内部气孔少而大，表皮还有不规则的裂纹，集块一般呈棱角、次棱角状，大小一般 3～4cm，少数可达 10cm 以上，含量 40%左右，成分为中基性、基性熔岩块。

火山角砾岩：角砾一般呈棱角状、次棱角状，成分与集块岩同，大小一般 0.5～2cm，含量大于 20%。

浮岩：一般呈紫红色、砖红色，岩石表面气孔极多，空隙率可达 60%以上，比重十分小，置于水中可漂浮起来，其空隙呈不规则泡沫状，成分多为玻璃质，为火山口中多孔熔岩固结后，经爆裂形成。

（2）溢流相

安山岩：一般呈紫红色、灰绿色、浅褐色和灰色，斑状结构，基质为隐晶—玻璃质结构、交织结构，块状构造。岩石斑晶主要为板状自形—半自形的斜长石、角闪石和黑云母，有时可见辉石。斑晶含量 15%～30%，斑晶粒度 1～3mm，个别达 5mm；基质成分与斑晶成分相当，副矿物为磷灰石、钛铁矿、磁铁矿，常见的蚀变有绿泥石化、绢云母化。

杏仁状安山岩：一般见于安山岩顶部，呈紫红色、灰绿色、浅褐色和灰色，杏仁状构造，斑状结构，基质为隐晶—玻璃质结构、交织结构，常见有气孔状构造和块状构造，杏仁含量 10%～20%，杏仁成分为绿泥石，往往呈不规则状分布，直径 0.5～3mm。岩石斑晶主要为板状自形—半自形的斜长石、角闪石和黑云母，有时可见辉石，斑晶含量 15%～30%，斑晶粒度 1～3mm，个别达 5mm；基质成分与斑晶成分相当，副矿物为磷灰石、钛铁矿、磁铁矿，常见的蚀变有绿泥石化、绢云母化。另外，岩石中小的气孔多为圆形—椭圆形，大的气孔多为云朵状到不规则状，充填气孔的多为火山灰等物质。

英安岩：一般呈灰红色、浅紫红色、灰色，具斑状结构，气孔状、块状构造。岩石斑晶主要以碱性长石和高温石英为主，有时也可见斜长石，其自形程度高、熔蚀结构较为发育，往往为不含挥发性的斑晶矿物(如石英等)受岩浆熔蚀而成浑圆状、港湾状等熔蚀外形。暗色矿物主要以黑云母和角闪石为主，有时暗色矿物也可成斑晶出现。岩石中气孔较多者可占岩石表面积的15%～20%，其大小1～3mm，形状不规则。

(3)爆发相

英安质角砾凝灰岩：呈块状构造，角砾凝灰结构，主要由凝灰物、火山角砾组成。凝灰物主要为晶屑、玻屑、岩屑。晶屑成分为斜长石及少量钾长石、石英，呈棱角状，粒度0.05～2mm，局部被绢云母、方解石交代。玻屑为弧面棱角状，被硅质、褐铁矿等交代，呈假象产出。岩屑成分主要为英安岩。火山角砾成分主要为英安岩，常被粘土、褐铁矿交代，呈棱角状，大小2～40mm，在岩石中杂乱分布。

英安质含角砾凝灰岩：据角砾含量及大小分为含集块角砾岩、角砾凝灰岩、凝灰岩。岩石呈块状构造，凝灰结构，主要由凝灰物和火山角砾组成。凝灰物主要为晶屑、玻屑、岩屑。晶屑成分以斜长石、石英和钾长石为主，呈棱角状，大小一般为0.1～1.5mm，略定向，含少量黑云母等暗色矿物。玻屑呈弧面棱角状，均脱玻化，重结晶为长英质矿物，被绢云母、粘土交代，部分呈假象。岩屑含量及大小变化比较大，总体为撕裂状玻璃质流纹岩，含少量粗安岩，粒度一般2～8mm，个别达集块级，发生明显绢云母化、粘土化，多数呈假象产出。

英安质玻屑凝灰岩：具有凝灰结构，块状构造，主要由凝灰物组成(图版Ⅷ,1)。凝灰物主要为玻屑，含少量晶屑及岩屑。玻屑呈弧面棱角状，均脱玻化为霏细状长英质，被绢云母、粘土交代，呈假象产出，部分界线已模糊不清或消失。晶屑成分主要为石英、钾长石、斜长石，呈棱角状，少量石英还可见港湾状熔蚀，粒度一般0.1～2mm，岩屑较少，可见撕裂状玻璃质英安岩，被粘土、褐铁矿交代，呈假象产出。岩石另含少量火山角砾，主要为绢云母、粘土化凝灰岩，多呈假象产出，外形呈撕裂状，大小2～5mm。

(4)火山碎屑流相

熔结火山凝灰岩：一般呈灰色、黄灰色、浅灰色、土红色，岩石具塑变熔结凝灰结构，块状构造，成分主要为塑性玻屑、塑性岩屑和少量刚性岩屑，粒度一般3mm，根据显微镜下观察，可依其成分的偏重分为英安质火山熔结凝灰岩和安山质火山熔结凝灰岩。

凝灰岩：一般呈灰色、灰黑色，火山凝灰结构，块状构造，其粒度很小，一般小于2mm，成分主要为火山灰物质。包括安山质凝灰岩、英安质凝灰岩、玻屑凝灰岩、晶屑凝灰岩和岩屑凝灰岩。

(5)喷发-沉积相

黑曜岩：一般呈灰色、深灰色、褐红色、砖红色，岩石具凝灰结构，层理构造发育，表面光滑平直，发育包卷层理、平行层理、玻状层理等各种沉积构造，显微镜下观察，成分主要为玻璃质物质。

火山碎屑岩：颜色较杂，成分多样，主要由近火山源的角砾、中远距离的火山碎屑流物质、远火山的沉积凝灰质三部分组成。

沉凝灰岩：具块状构造，沉积凝灰结构，层理状和假流纹状构造，粒度在1～2mm，胶结很差，十分松散，甚至未胶结成岩。主要由凝灰物组成。凝灰物主要为晶屑、玻屑、岩屑，粒度一般0.2～1.5mm；晶屑成分主要为石英、钾长石、斜长石，呈棱角状，杂乱分布；岩屑主要为英安岩，多脱玻化为霏细状长英质；玻屑含量较少，呈弧面棱角状，均脱玻化。

凝灰质砂岩：具凝灰质砂状结构，块状构造，主要由砂级碎屑及凝灰物组成。砂级碎屑组分主要为岩屑及长石、石英，粒度0.2～0.5mm，以次棱角状为主，部分呈次棱角—次圆状。岩屑成分主要为英安岩、粗安岩、安山岩、英安质凝灰岩。个别石英可见加大边，砾级碎屑很少。凝灰物主要为玻屑、晶屑及少量岩屑，粒度0.05～0.5mm，玻屑均脱玻化为霏细状长英质，被硅质交代，呈假象产出，部分界线已模糊不清或消失；少量外形清晰，呈弧面棱角状；晶屑成分主要为石英、钾长石、斜长石，呈棱角状，杂乱分布。

3. 火山喷发韵律、旋回与喷发环境

测区内上中新世雄巴组火山喷发活动为典型的陆相中心式喷发，具9个韵律(表3-25)。

表 3-25　雄巴组火山喷发韵律及岩相特征表

岩性特征	结构构造	岩　相	层	韵律
灰黑色火山凝灰岩	层状构造，凝灰结构	火山碎屑流相	24	Ⅸ
紫红色安山岩	块状构造，斑状结构、玻晶交织结构	喷溢相	23	
浅灰色英安质凝灰岩	层状构造，凝灰结构	火山碎屑流相	22	Ⅷ
英安质火山熔结凝灰岩	层状构造，凝灰结构、间隐结构		21	
安山质火山熔结凝灰岩	层状构造，凝灰结构		20	
安山质凝灰熔岩	层状构造，凝灰结构		19	
安山岩	块状构造，熔结凝灰结构	喷溢相	18	
含凝灰质安山岩	流面构造，斑状结构		17	
英安质凝灰岩夹安山岩	层状构造，凝灰质结构、斑状结构	火山碎屑流相	16	Ⅶ
杂色火山碎屑岩	块状构造，斑状结构			
玄武安山岩	斑状结构，块状构造	喷溢相	15	
英安质黑曜岩	块状构造，间隐结构	喷发-沉积相	14	Ⅵ
英安质凝灰黑曜岩	层状构造，凝灰质结构			
英安质黑曜岩	块状构造，中细粒结构			
英安质凝灰黑曜岩	块状构造，凝灰质结构			
灰绿色安山岩	块状构造，中细粒结构	喷溢相	13	
粗粒安山质凝灰岩	块状构造、层状构造，凝灰质结构	喷发-沉积相	12	Ⅴ
灰色英安斑岩	块状构造，中细粒结构	火山管道相	11	
灰色块状英安岩	块状构造，中细粒结构	喷溢相	10	
气孔状英安质凝灰岩	气孔状构造，斑状结构、间隐结构	火山碎屑流相	9	Ⅳ
灰色气孔状英安岩	气孔状构造，斑状结构、间隐结构	喷溢相	8	
英安质凝灰岩	块状构造，斑状结构、间隐结构	火山碎屑流相	7	Ⅲ
安山岩	块状构造，中细粒结构	喷溢相	6	
含角砾沉凝灰岩	块状构造，角砾结构	喷发-沉积相	5	Ⅱ
英安岩	块状构造，中细粒结构	喷溢相	4	
角砾状英安质凝灰岩	块状构造，角砾结构	火山碎屑流相	3	
气孔状英安岩	气孔状构造、块状构造，中细粒结构	喷溢相	2	Ⅰ
集块岩，浮岩	集块构造、气孔状构造	火山管道相	1	

4. 岩石化学特征

雄巴组火山岩岩石化学成分见表 3-20。其 K_2O/Na_2O 为 1.68～2.51，平均值 2.08，岩石普遍为 $(CaO+K_2O+Na_2O)>Al_2O_3>(K_2O+Na_2O)$，为次铝类型岩石，仅有个别岩石为过铝类型的岩石。

雄巴组火山岩的 CIPW 标准矿物组合为：Q+Or+Ab+An+En+Hy，Or+Ab+An+En+Wo+Di，Or+Ab+Hy+En+Di，个别样品出现 C(刚玉分子)。岩石的分异指数 DI 介于 56.75～65.98 之间，平均值 62.68；固结指数 SI 介于 24.47～31.99 之间，平均值 28.23；里特曼指数 σ 介于 4.76～5.45 之间，平均值 5.05(表 3-21)。

5. 地球化学特征

雄巴组火山岩的稀土元素分析结果见表 3-22。其 $\sum$REE 为 578.60×10^{-6}～$2\,159.89\times10^{-6}$，平均值 $1\,171.44\times10^{-6}$，$\sum$LREE/$\sum$HREE 为 13.35～20.11，平均值 16.95，轻稀土微富集；δEu 为 0.64～0.83，平均值 0.73，铕轻度亏损。稀土元素配分模式(图 3-111)为右倾型。

雄巴组火山岩的微量元素分析结果见表 3-23。其中 K_2O、Rb、Ba、Th、Ce 等丰度值高出大洋中脊(MORB)，呈现峰值，而 Nb、Hf、Y、Yb 明显出现负异常，Sm 趋于正常，微量元素配分模式如图 3-112 所示。

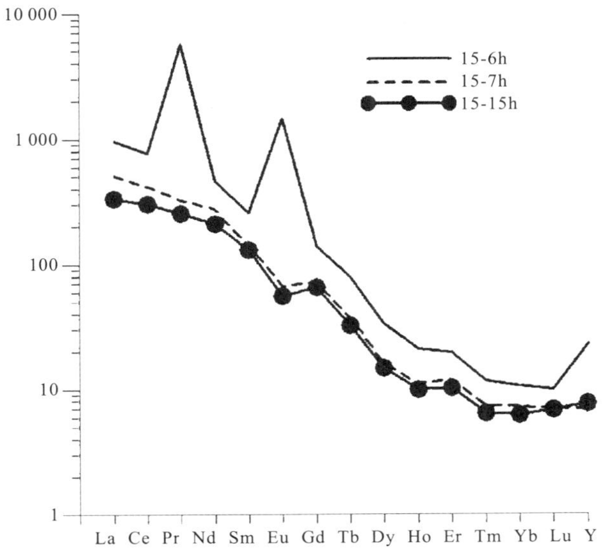

图 3-111 雄巴组火山岩稀土元素模式图

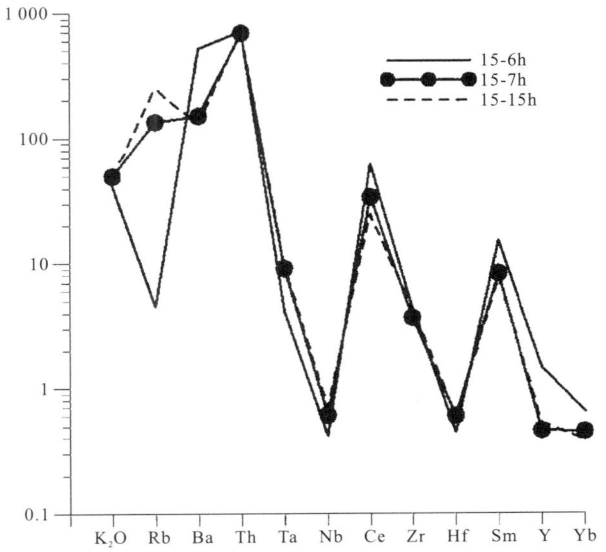

图 3-112 雄巴组火山岩微量元素模式图

四、主要造岩矿物特征

测区火山岩以中酸性、碱性火山岩为主，造岩矿物主要为斜长石、碱性长石和石英，暗色矿物主要有辉石、角闪石、黑云母。燕山期形成的火山岩有较强的蚀变，喜山期形成的火山岩几乎无蚀变或仅有微弱的蚀变。

(一)斜长石

测区斜长石在所有火山岩中都有出现，是重要的造岩矿物，也是比较不同岩石类型、不同时代火山岩综合特征的重要内容。

早白垩世及以前各地层中火山岩中斜长石主要为中长石，少量为更长石。在安山岩与玄武安山岩中，斜长石主要呈斑晶产出，含量较高，高者可达 20%，呈自形、半自形板状，粒度 0.2～5mm，岩石新鲜，常具环带构造，SiO_2、Al_2O_3、K_2O、Na_2O 含量稳定，属拉长石和倍长石，部分长石具有明显反应边结构，显示岩浆经历后期酸性物质的交代，反应边的长石为奥长石；基质斜长石相对为基性长石，以倍长石为主，暗示岩浆有典型基性端元特点。斜长石为钠质长石，可能与岩石形成时受到海水交代有关。

测区始新统—渐新统邦巴组火山岩长石成分以碱性长石为主，伴随岩石成分的变化有比较大的变化，显示出与野外分段的较好一致性。酸性粗面岩中长石主要是碱性长石、正长石，在粗面岩中长石主要是钠长石、正长石，少量为更长石；粗面质岩石中，斜长石以中长石-拉长石为主，显示古近纪—新近纪火山活动与演化特征。

(二)钾长石

钾长石(Or)也是测区火山岩主要造岩矿物之一，呈斑晶和基质产出。钾长石(Or)随寄生岩石的成分变化而变化，与寄主岩石的酸性程度一致。在流纹质岩石内，钾长石斑晶一般为 0.5～3mm，呈自形宽板状，粘土化普遍，基质中呈微粒状。

(三)辉石

单斜辉石是测区玄武岩、玄武安山岩、安山岩的主要暗色矿物，辉石呈斑晶和基质产出。斑晶有顽火辉石和普通辉石两种:顽火辉石多色性明显,二轴晶,呈短柱状,常具暗化边;普通辉石呈短柱状,他形粒状,部分具环带构造,不具暗化边现象。基质中为微粒状普通辉石,呈自形—半自形微粒状,部分已被绿泥石交代,呈假象。

(四)黑云母

云母呈自形—半自形晶,粒度 0.35～3mm,部分呈聚片双晶产出,个别呈棱角状,燕山期形成的火山岩中的云母边部普遍具有褐铁矿化。

(五)橄榄石

测区火山岩中见有少量橄榄石。橄榄石呈自形粒状、似枣核状,已全部被绿泥石、伊丁石、褐铁矿、硅质、碳酸盐所交代和置换,仅呈假象存在。

五、岩浆起源及成因分析

从火山岩的地质、岩石学、岩石化学和岩石地球化学特征,对测区中、新生代火山岩浆起源、成因与形成环境进行了探索性研究。

(一)基性—中酸性岩浆

测区基性火山岩主要分布于晚侏罗世沙木罗组及早白垩世去申拉组中,占测区火山岩的 28%。实验岩石学研究表明,地壳物质经部分熔融作用不能导源出比安山岩更基性的岩浆。测区基性—中基性岩浆可能起源于陆壳与洋壳部分混熔产物。从测区基性岩的分布、岩石地球化学特征等分析,主要依据有:①测区上侏罗统沙木罗组—下白垩统去申拉组中的火山岩呈现由基性—中基性—中酸性系列演化;②测区上侏罗统沙木罗组中基性火山岩和下白垩统去申拉组中基性火山岩为钙碱系列,表明晚侏罗世—早白垩世昂龙岗日-盐湖火山岩带的原始岩浆形成于班公错-怒江结合带关闭时期的挤压环境。

(二)粗面与粗安质岩浆

测区粗面与粗安质火山岩分布范围广,主要赋存于邦巴组中。在平面和剖面上,粗面与粗安质火山岩紧密伴生,粗面岩所占比重相对较大。岩石化学及地球化学特征表明,测区粗面与粗安质火山岩为同源岩浆经历不同分异程度而形成。测区粗面与粗安质火山岩稀土配分曲线斜率较小,轻稀土中等富集,负铕异常无或很弱,Rb/Sr 比值较小,多数小于 1,显示壳幔混合岩浆属性。

高温高压实验和岩石学相平衡表明,陆壳岩石部分熔融,当压力$\leqslant 10\times10^8$Pa(相当于 35km 厚度陆壳)时生成狭义花岗岩岩浆;当压力$=15\times10^8$Pa(相当于 55km 厚度陆壳)时生成粗面岩或正长岩岩浆,但此时熔融系统中还有斜长石存在,亦具负 Eu 异常;当压力约 17×10^8Pa(相当于 60km 厚度陆壳)时,固相线上斜长石已不存在,低于固相线温度和 15×10^8Pa 压力条件下斜长石亦不存在,而转变为单斜辉石,故此时形成的粗面岩或正长岩岩浆没有负 δEu(Huang and Wyllie,1981;Stern and Wyllie,1981;邓晋福,1987,1996,1999)。

测区邦巴组火山岩以粗面质岩石为主,无或弱负 δEu,暗示岩浆起源较深。岩石地球化学特征表明,测区粗面与粗安质岩石具壳幔混合源特征。

目前对壳幔混合源岩浆成因认识不尽一致,第一种观点认为岩浆起源于上地幔,但在地壳岩浆房或在岩浆上升过程中受到地壳物质混染;第二种观点认为岩浆属起源于上地幔岩浆与地壳源岩浆相互混合产物;第三种观点认为岩浆起源于下地壳,但产生部分熔融岩浆的物质是由更早的上地幔物质演变而来;第四种观点认为岩浆起源于壳幔过渡区。

我们认为上述第三、第四种观点结合在一起,能够大致反映测区粗面质岩浆的成因属性,也就是说,测区粗面质岩浆主要起源于加厚地壳根部的部分熔融;在岩浆形成过程中,上地幔部分熔融岩浆上涌时由于密度差等因素制约,在壳幔接合部位滞留,形成幔源岩浆底垫,由幔源岩浆垫托的传导热使加厚的地壳根部被加热并发生部分熔融;上地幔部分熔融岩浆可能发生底劈上涌,与下地壳部分熔融岩浆混合,形成测区具有壳幔混合源地球化学属性的粗面质岩浆。推断测区粗面质岩浆主要来源于加厚的地壳根部，同时也有幔源岩浆组分的贡献。

（三）英安质岩浆

英安质火山岩主要分布于测区的雄巴区及周边，为雄巴组的主体，堆积体积巨大。这种大规模的中酸性岩浆，不太可能由中、基性岩浆分异而来（因为雄巴组为孤立的一套英安质火山岩，其周边及该套火山岩的底部未见其他相关基性火山岩端元），而应是由地壳物质部分熔融的产物。然而地壳局部熔融形成如此大体积的酸性岩浆，不仅需要适宜的构造条件，而且应该具有一定的热力学条件，测区中酸性岩浆最可能的源区应为中下地壳。主要依据包括：

①测区流纹质火山岩岩石化学成分具富硅、富碱，贫镁、贫钙特点，TiO_2 含量较低，标准矿物刚玉 C 大于 1%，副矿物组合为磁铁矿-锆石型；

②岩石中存在多硅白云母残晶，反映地壳加厚或者构造动力造成局部高压环境；部分英安质岩石发育具有熔蚀结构的高温石英，而高温石英是在 5～10kbar 压力条件下的产物（邓晋福等，1982），其来源深度应大于 16.5km；

③稀土总量∑REE、LREE/HREE 及 δEu 大部分介于下地壳、原始地幔之间，部分与下地壳相似；具有无或不显著的负铕异常，指示雄巴组的原始岩浆来源较深。

六、火山构造

本次地质调查采用火山岩相-构造填图方法，根据火山岩岩性-岩相分布特征、火山活动规律、火山作用特点与构造-岩浆关系，将测区火山岩划分为昂龙岗日-盐湖、革吉-雄巴两大火山构造岩带和若干火山机构。依据火山作用方式、喷发旋回及岩性岩相空间展布，在测区共圈定出 30 余个火山机构。

（一）字末牛日火山机构

字末牛日火山机构位于革吉县盐湖乡北西，平面上呈圆形，面积约 $2km^2$。火山堆积物岩性、岩相类型复杂，时代属早白垩世。字末牛日火山机构由去申拉火山岩组成，外围为火山碎屑流相的安山质含角砾凝灰岩、熔结凝灰岩及少量凝灰质砂岩，呈弧形围绕火山口分布；中部以溢流相的中基性玄武岩-安山岩为主，局部出现火山沉积岩；中央为火山管道相的集块角砾岩，堆积总厚度约 300m。

1. 岩性岩相特征

字末牛日火山机构主体由安山质岩石构成，岩相类型主要为火山碎屑流相、溢流相、爆发相，外围发育喷发沉积相。火山碎屑流相、溢流相分布广泛，堆积厚度大，由安山质含角砾凝灰岩、熔结凝灰岩及少量凝灰质砂岩、安山岩和玄武安山岩组成；据其分布的空间位置，推测火山物质总体向西南方向溢流，近火山口安山岩内紊流构造发育；火山碎屑流相总体为岩席状火山碎屑流相，分布于破火山周围，岩性为熔结凝灰岩及凝灰岩，碎屑岩流单元发育；爆发落空相主要分布在机构边缘，围绕火口中心，为一套灰白色含角砾凝灰岩，发育不同岩性的火山角砾岩；喷发沉积相呈断续条带状分布于火山口西部，岩性为安山凝灰质砂岩、细粉砂岩、泥岩，可见厚度 200 余米；岩相的空间配置由内向外依次为：近源溢流相→爆发相→溢流相→爆发相→喷发沉积相→火山碎屑流相及爆发相。

2. 火山机构演化

字末牛日火山机构的发育大体经历了早中期强烈爆发—溢流—塌陷和晚期喷发—塌陷两个阶段。早中期喷发—溢流—塌陷阶段首先大规模火山碎屑流喷发，大体积火山碎屑流堆积后，出现以中基性溢流相为主的喷溢阶段，然后发生塌陷，形成较大的破火山口；之后火山活动暂时停息，堆积喷发沉积相凝灰质砂岩、砾岩。晚期随着破火口进一步沉陷，破火口再次发生喷发，形成以中酸性火山岩为主的火山碎屑流堆积。

（二）邦巴火山机构群

邦巴火山机构群发育在邦巴组火山岩中，由 11 个形态保持较为完整、总体近圆形，直径大者 500m～1km、小者数米的破火山口、熔岩穹丘等火山机构组成。单个火山机构规模较小，总体呈圆形、椭圆形，它们叠覆于白垩纪郎山组之上，属始新世—渐新世火山活动旋回产物。

邦巴火山机构群火山堆积物由粗面质角砾岩、粗面质熔结角砾凝灰岩构成，产状微斜内倾。主要岩石为粗面岩夹粗面质熔结角砾凝灰岩，堆积厚度为 120m 以上。火山空间展布具有外老内新、产状微斜内倾特征。

邦巴火山机构群主要岩相类型包括火山碎屑流相、溢流相，以溢流相最为发育。溢流相分布广，堆积厚度大，在火山活动全过程均有发育。早期火山活动主要为火山碎屑流相，由粗面质熔结角砾凝灰岩组成，呈碎屑流岩席状产出，发育特征的喷发单元、流动单元和冷却单元，火山活动晚期主要为溢流相。

（三）雄巴火山机构群

雄巴火山机构群位于雄巴区北部，由 19 个形态保持较为完整、总体近圆形，直径大者 1～2km、小者数米的火山机构组成。雄巴火山机构群主体由火山管道相、火山碎屑流相、溢流相、爆发相构成，属晚中新世火山活动旋回产物。

1. 地貌及影像特征

雄巴火山机构群边部表现为环形桌状山，不同波段 TM 合成图像及不同比值增强图像都清晰地反映雄巴火山机构，外环与环状山系对应，色调较深；内环为红色，指示雄巴火山机构中心位置。地貌和 TM 影像特征良好地反映了该破火山机构的大致轮廓。

2. 堆积层序

雄巴火山机构群由雄巴组火山岩构成，主体为一套中酸性熔岩及火山碎屑岩系，由下而上可分为 4 个岩性段：一段主要为火山碎屑岩相，呈环状分布于破火山边缘，产状外倾，倾角 20°～27°，堆积厚度 120～230m；二段主要是喷发沉积相的角砾凝灰岩、熔结凝灰岩，呈环状分布在破火山周围，堆积厚度 70～80m，产状为 25°～30°；三段主要是爆发相、溢流相的角砾凝灰岩、熔结凝灰岩与英安岩、安山岩等；四段主要是火山管道相的集块岩、浮岩，火山地层总体围绕火山口中心，呈环状分布，堆积层位是外老内新。

3. 岩性岩相特征

雄巴火山机构岩相类型较多，计有火山碎屑流相、火山管道相、爆发相、溢流相、喷发沉积相，以溢流相和火山碎屑流相最为发育。溢流相主要分布在近火山口地带，岩性为英安岩，厚度较大。爆发相分布较广，但厚度不大，岩性为英安质凝灰岩，在破火山边缘，岩石呈灰色，玻屑大都保存完好，降落在破火口湖中形成凝灰岩，大都遭受以沸石化为主的蚀变。火山碎屑流相是该破火山的主体岩相类型之一，分布广，堆积厚度大，约占总厚度的 45%；岩性为英安质熔结凝灰岩、安山质熔结凝灰岩、凝灰岩，底部多出现含少量角砾的凝灰岩。喷发沉积相分布于破火山口内，岩性组合为凝灰质砂岩、沉凝灰岩、沸石化凝灰岩，属破火口湖沉积。

雄巴火山机构环状断裂较发育，但规模不大。断裂由硅化蚀变角砾岩组成，呈环状、放射状分布，显示破火山口形成时塌陷造成火山机构周围地质体受到影响。

第四章 变质岩

测区变质岩分布约占全区面积的25%，主要属区域浅变质岩。以班公错-怒江结合带为界，北东区域属羌南-保山变质地带多玛变质岩带；南西区域属冈底斯变质地带，进一步可划分出阿翁错变质岩带、聂耳错变质岩带、捷嘎变质岩带。班公错-怒江结合带变质地带在测区为纳屋错变质岩带。

测区区域变质作用可划分为俯冲带变质作用和区域动力变质作用两种类型。纳屋错变质岩带、聂耳错变质岩带属俯冲带变质作用(高压型)类型，并叠加强烈碎裂(动力)变质作用及热液蚀变；多玛变质岩带、阿翁错变质岩带、捷嘎变质岩带属区域动力变质作用(低压型)类型，并叠加强烈的接触变质作用。测区变质区、带划分见图4-1、表4-1。

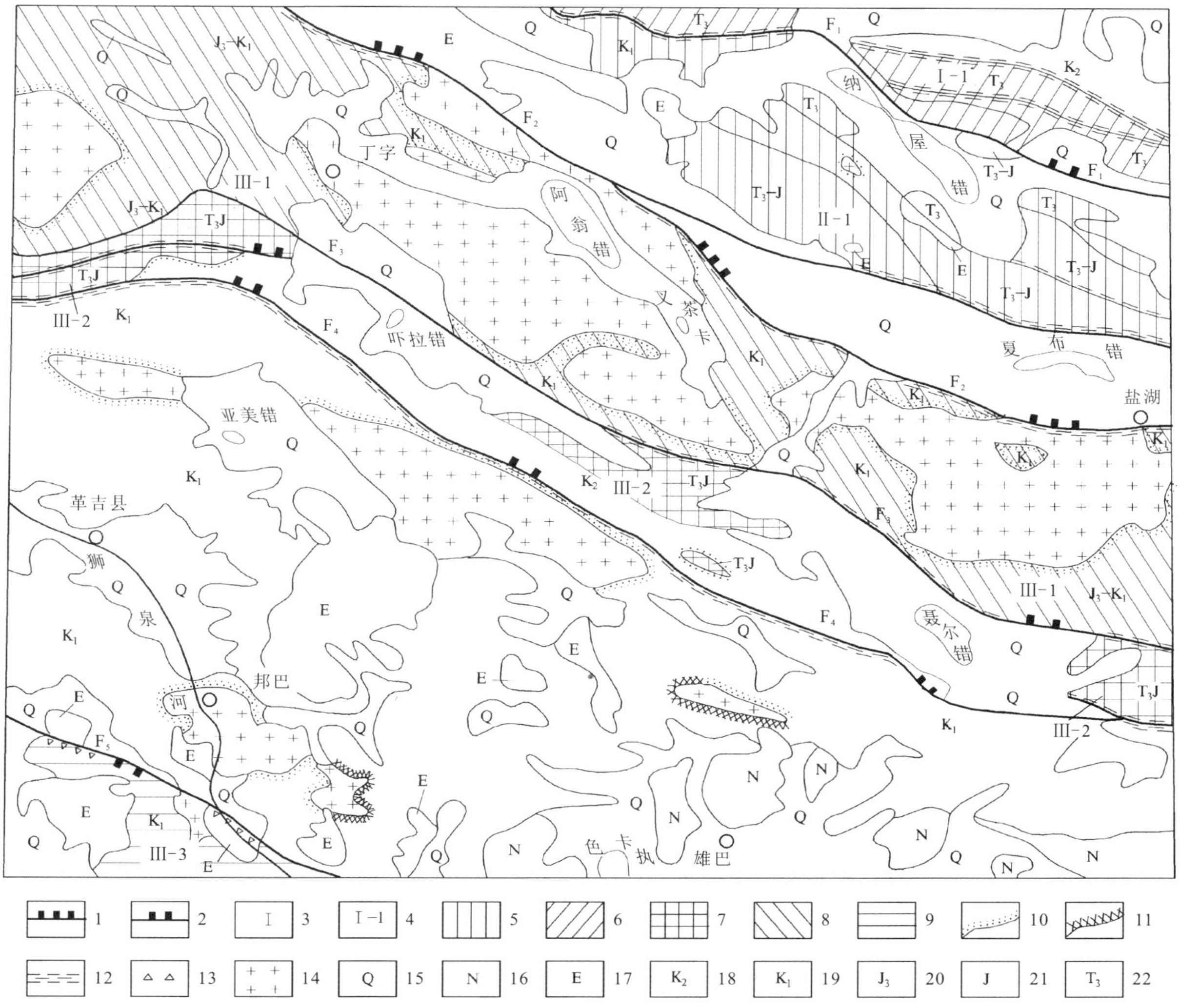

图4-1 测区变质地质图

1. 变质地带界线；2. 变质岩带界线；3. 变质地带编号；4. 变质岩带编号；5. 多玛变质岩带；6. 纳屋错变质岩带；7. 聂耳错变质岩带；8. 阿翁错变质岩带；9. 捷嘎变质岩带；10. 角岩化带；11. 矽卡岩带；12. 糜棱岩带；13. 碎裂岩；14. 花岗质岩石；15. 第四系；16. 新近系；17. 古近系；18. 上白垩统；19. 下白垩统；20. 上侏罗统；21. 侏罗系；22. 上三叠统

表 4-1　测区区域地质单元划分简表

变质地质单元	羌南-保山变质地带（Ⅰ）	班公错-怒江结合带变质地带（Ⅱ）	冈底斯变质地带（Ⅲ）		
	多玛变质岩带（Ⅰ-1）	纳屋错变质岩带（Ⅱ-1）	阿翁错变质岩带（Ⅲ-1）	聂耳错变质岩带（Ⅲ-2）	捷嘎变质岩带（Ⅲ-3）
变质作用时期	K_1	K_1	K_1	K_1	K_1
变质作用类型	区域动力变质作用（低压型）	俯冲带变质作用（高压型）	区域动力、变质作用（低压型）	俯冲带变质作用（高压型）	区域动力作用（低压型）
变质相	绿片岩相	低绿片岩-兰片岩相	绿片岩相	低绿片岩-兰片岩相	绿片岩相
变质地层（体）	T_3R	JM、T_3JD	K_1q、J_3s	T_3JN、T_3JS	K_1jg
原岩建造	碎屑岩	碎屑岩、超基性岩、基性岩	碎屑岩、碳酸盐岩、中基性火山岩	碎屑岩、超基性岩、基性岩	碎屑岩、碳酸盐岩、基—中性火山岩

第一节　区域变质作用及其岩石

一、俯冲带变质作用及其岩石

俯冲带变质作用形成的变质岩分布于班公错-怒江结合带变质地带之纳屋错变质岩带（Ⅱ-1）和冈底斯变质地带之聂耳错变质岩带（Ⅲ-2）中，即盐湖断裂带、纳屋错断裂带之间和吓拉错断裂带-聂耳错断裂带之间，总体呈北西西向带状展布。前者宽 20～30km，受变质地层（体）为木嘎岗日岩群、东巧蛇绿岩群；后者宽 5～10km，受变质地层（体）为聂耳错岩群、狮泉河蛇绿岩群。变质程度低，属低绿片岩-兰片岩相区域变质。

1. 变质岩石类型

班公错-怒江结合带主要由木嘎岗日岩群（JM）、东巧蛇绿岩群（T_3JD）及其他岩块等组成，各地质体间多呈断层接触，总体上为强烈构造变形的一套总体无序、局部有序的构造（岩石）地层体，具典型的构造混杂特点。由于强应力作用影响，岩石普遍遭受区域浅变质，形成变质砂岩、板岩、变质基性岩、变质超基性岩（表 4-2），并遭受强烈的碎裂（动力）变质和后期热液蚀变叠加。微观上砂岩中的石英颗粒有明显次生加大、具变形纹和波状消光现象，裂纹发育。长石和鳞片状的绢云母具定向性，并产生揉皱弯曲现象，钙质胶结物中的方解石具重结晶变粗现象，泥质胶结物多蚀变为绢云母和细粒石英质。板岩具变余粉砂泥状结构，绢云母呈鳞片状产出，局部水云母呈集合体脉状产出，水白云母与高岭石柱状互生。片岩中柱状矿物大多呈平行定向排列，粒状矿物大多呈粒状变余结构，呈不规则集合体、透镜状，呈定向排列。蚀变超基性、基性岩多表现为塑性变形，可见糜棱结构、残斑结构等，其中的片状矿物呈平行定向排列形成片理构造，绕残斑分布，可见塑性流动构造及显微褶皱。碳酸盐岩表现为方解石重结晶次生加大，并压扁拉长呈定向排列，方解石普遍具变形纹和波状消光现象，双晶纹可见扭断带。

2. 特征变质矿物及矿物共生组合

该带受区域动力变质作用，形成新生变质矿物有：绢云母、绿泥石、石英、方解石、角闪石、透闪石、阳起石等。绿帘石、黝帘石的形成与热液有关，并且代表了相当中温热液蚀变的叠加，而且在本带中分布较广。代表性矿物组合有钠长石＋阳起石＋绿泥石、绢云母＋石英、绢云母＋绿泥石＋方解石（表 4-2）。

3. 应力、温度、压力特征

纳屋错变质岩带位于班公错-怒江结合带内。在板块闭合期间受南北强应力作用，宏观上表现为带内发育顺走向密集型逆断层，微观上表现为主要矿物定向、部分矿物晶面变形或矿物晶体弯曲折断，因此可

表 4-2　纳屋错变质岩带主要岩石类型特征表

原岩类型	主要岩石类型	结构构造	主要矿物含量(%)																								变质矿物
			石英	斜长石	方解石	白云石	白云母	水云母	绢云母	绿泥石	绿帘石	黝帘石	阳起石	角闪石	钠长石	磁铁矿	榍石	钾长石	磷灰石	白钛石	褐铁矿	次闪石	伊丁石	炭质	辉石	高岭石	
碎屑岩类	钙质粗—中粒岩屑石英砂岩	砂状结构	25	5	44				5							1											绢云母、方解石、石英
	石英长石砂岩	变余细砂状结构	15	30	20				20																		绢云母、石英次生加大
	岩屑长石砂岩	变余粗—中粒砂状结构	5	40	30				5	5						5											绿泥、绢云母、方解石
	复成分砾岩	砾状结构																								6	绿泥石、方解石、褐铁矿、高岭石
	绢云母板岩	变余泥质显微粒状鳞片变晶结构	15	10					60																		绢云母、石英
	粉砂质板岩	变余泥质显微粒状结构	40	30					20																		绢云母、石英
	钙质板岩	变余泥质显微粒状结构	30	15	30				10																		绢云母、石英、方解石
	绢云母千枚岩	鳞片变晶结构，千枚状构造	6	4					65															14		10	绢云母、炭质、长石、石英、高岭石
基性岩类	斜长角闪片岩	柱粒状变晶结构	10	27	25		3			5																	绿泥石、方解石、白云母
	斜长绿泥石片岩	片状粒状和筛状变晶结构		30	30					20	5						<1	15									绿泥石、绿帘石、方解石
	绿帘(泥)阳起石片岩	粒柱状变晶结构	25							10	18			45													绿泥石、绿帘石、石英
	阳起石片岩	纤柱状变晶结构	5									1		74		1	2			3							绿帘石、绿泥石、石英

续表 4-2

原岩类型	主要岩石类型	结构构造	主要矿物含量(%) 石英	斜长石	方解石	白云石	白云母	水云母	绢云母	绿泥石	绿帘石	黝帘石	阳起石	角闪石	钠长石	磁铁矿	榍石	钾长石	磷灰石	白钛石	褐铁矿	次闪石	伊丁石	碳质	辉石	高岭石	变质矿物
碳酸盐岩	硅质微晶灰岩	微晶结构	30			70																					方解石
	泥晶灰岩	泥晶结构	2	3		95																					方解石
基性—超基性岩类	蚀变玄武岩	变余斑状结构	10	76	3				5	5	10	5		10	10	3			<1				3				方解石、绿帘石、绿泥石、黝帘石、石英、绢云母
	玄武质角砾熔岩	角砾熔岩结构	3							10		8				1						15	8				次闪石、绿泥石、石英、黝帘石
	蚀变粗玄岩	变余粗玄结构	3	64	2				3	5	1	3		15		3								2			绿帘石、黝帘石、绿泥石、石英、绢云母、方解石
	蚀变辉绿玢岩	变余斑状结构	1	35	19					15																	方解石、绿泥石、石英
	蚀变闪长玢岩	变余斑状结构	1	58	20			5		8				5					4		3						石英、绿泥石、方解石、褐铁矿、磷灰石
	蚀变辉长岩	变余辉长结构	2	30	10					5		10				3								40			绿泥石、方解石、黝帘石、石英
	蚀变闪长岩	纤状粒状变晶结构	5	34	5							5		45							3						黝帘石、石英、方解石
	碳酸盐化角闪岩	粒柱状变晶结构			10					1				86			<1				1			2			方解石、绿泥石

看出该带不但受到强应力变质作用，而且应力持续时间较长。

测区虽未发现高压型兰片岩相区域变质矿物共生组合，但区域上在本岩带的日土一带，变质矿物见黑硬绿泥石和多硅白云母，在班公错北侧的变质砂岩中出现“硬玉＋石英”组合。参照区域资料，测区本带应属高压低温变质带。

4. 变质作用类型及背景综合分析

综上所述，该带代表了强应力作用下中高压型低温动力变质作用，即俯冲带变质作用。

根据其应力和热液特征可推定变质背景为板块闭合期间，在南北强挤压应力作用下，形成属低绿片岩-兰片岩相变质类型，且该带中发育顺走向密集型逆断层，不但造成了岩石、地层的破碎，而且也造成了矿物晶体的变形、变质，同时由于机械能所转变的热和溶液（中温热液）的影响，加之岩石较为破碎，裂隙发育，所以伴有一定的化学变化，而出现一些热液矿物及矿物组合。此外在变质作用后期当热流值继续升高时，有一定深部上升的热液影响，加深其热液蚀变程度。

聂耳错变质岩带位于狮泉河（次级）结合带中，碎屑岩、碳酸盐岩、基性及超基性火山岩中变质矿物（表4-3）和矿物组合与纳屋错变质岩带基本相同，但变质程度和强度较纳屋错变质岩带相对较弱一些。

表4-3　聂耳错变质岩带主要岩石类型特征表

主要岩石类型	结构构造	主要矿物含量（%）												变质矿物
		石英	斜长石	钾长石	角闪石	黑云母	榍石	磁铁矿	绿泥石	绿帘石	次闪石	透辉石	绢云母	
斜长角闪岩	粒柱状变晶结构		45		50	2		3	2	<1				绿泥石、磁铁矿、绿帘石
次闪石化透辉石岩	纤状变晶结构，变余粒状结构				15			5			60	20		次闪石、磁铁矿
次闪石化辉长岩	变余辉长结构		32		50		15		3	3		钠长石10	<1	绿帘石、钠长石

常见的矿物组合为：绿帘石＋钠长石＋绿泥石、绢云母＋绿帘石＋石英＋黝帘石，与纳屋错变质岩带相似。

该带在宏观上与纳屋错变质岩带特征相似，表现为地层破碎，发育顺走向密集型断裂，但在微观上应力作用强度不如纳屋错变质岩带，仅见有部分岩石矿物具定向性。根据其宏观和微观特征结合测区地质构造演化史，可推定该带形成时受到强应力作用，但应力持续时间较短。

该带新生变质矿物整体表现出强烈遭受后期热液蚀变叠加，绿帘石、黝帘石代表中温热液矿物广泛分布于各种岩浆岩及沉积岩中。根据变质矿物、变质矿物组合，并且参见纳屋错变质岩带所表现出的压力特征，聂耳错变质岩带为高压低温变质性质。

二、区域动力变质作用及其岩石

区域动力变质作用是指形成较大面积分布或带状分布的单绿片岩相变质带，是强应力和低温条件下形成的具劈理和片理的低级变质岩系，与构造作用紧密相关。测区可划分出阿翁错变质岩带、捷嘎变质岩带、多玛变质岩带3个区域动力变质岩带，以阿翁错变质岩带分布最广，最具代表性。捷嘎变质岩带分布于测区西南角，分布极为有限，特征与阿翁错变质岩带相似；多玛变质岩带仅分布于测区东北角一隅日干配错群分布区，特征与阿翁错变质岩带相似，但无后期接触变质作用叠加。

现以阿翁错变质岩带为代表，阐述区域动力变质作用及其岩石特征。该带变质地层为沙木罗组、去申拉组。由于受岩浆侵入作用的影响，接触变质作用叠加发生，使该带中变质岩具多期性和叠加性的特点。

1. 变质岩石类型

沙木罗组和去申拉组地层普遍发生区域浅变质，形成变质砂岩、板岩、变质碳酸盐岩、变质中—基性火山岩等(表 4-4)。

微观上砂岩中的石英颗粒有明显次生加大，具变形纹和波状消光现象，裂纹发育，长石和鳞片状的绢云母具定向性，并产生揉皱弯曲现象；泥质胶结物重结晶的绢云母具揉皱弯曲、片理化，鳞片状变质矿物具定向排列；钙质胶结物中的方解石具重结晶变粗现象，泥质胶结物多蚀变为绢云母和细粒石英质。

板岩具变余粉砂泥状结构，绢云母呈鳞片状产出，碳酸盐岩类岩石部分重结晶，被粗大方解石交代或方解石晶体增大。次生隐晶石英，其内部大多泥晶化严重。缝合线发育，缝中为泥铁质物充填，裂隙中为铁方解石、方解石充填。另外，部分岩石显示硅化现象。

中—基性火山岩类斜长石绢云母化或黝帘石化，造成双晶消失或表面混浊，角闪石钙化及绿泥石化。

(1)变质砂岩

分布广泛，岩性多样，颜色复杂，变质程度不一。变质程度较浅的变质砂岩存在砂岩结构，构造上与原岩基本一致，局部仅表现为轻微泥化、轻微绢云母化，产生少量水云母、方解石、石英次生加大等特征。变质程度较深的变质砂岩多为变余结构或显微鳞片变晶结构，定向构造，受变质作用重结晶形成大量绢云母鳞片，有时还产生少量黑云母、绿泥石等鳞片，因应力作用鳞片在原沉积层理基础上平行定向排列。

(2)板岩

类型有泥质板岩、粉砂质板岩和绢云母板岩。泥质板岩和粉砂质板岩保留原岩结构，具定向构造，粘土矿物重结晶，呈极细小毛发状，平行定向排列明显，局部产生少量变晶鳞片状绢云母。绢云母板岩呈显微鳞片变晶结构，板状构造，因变质作用产生大量新生绢云母鳞片，还有绿泥石，多呈斑点状聚集出现。

(3)变质碳酸盐岩

主要有微晶灰岩、结晶灰岩，主要变质特征表现为方解石具重结晶现象及明显具波状消光、双晶弯曲等变异现象，另偶见铁质交代基质现象。

(4)变质中—基性火山岩

变质安山岩：斑状结构、基质隐晶状结构，变质特征表现为斑晶中的斜长石轻绢云母化。

变质玄武岩：斑状结构，变质特征表现为暗色矿物绿泥石化和斜长石绢云母化、叠加碳酸盐化和硅化等蚀变。

2. 特征变质矿物

阿翁错变质岩带形成的主要变质矿物为绢云母、绿泥石、石英(表 4-4)，新生变质矿物绢云母在不同岩类中含量与特征不尽相同，板岩中绢云母含量在 10%左右，个别含量达到 60%，其轮廓较为清楚，平行排列明显，形成板状构造。变质砂岩中因变质程度差异较大，绢云母含量和特征不尽相同，其中在变质程度较深的变砂岩里，绢云母含量 3%以上，鳞片状，平行定向排列；变质程度较浅的变砂岩中，绢云母呈鳞片状，部分交代长石。在碳酸盐岩中，方解石发生重结晶等现象。绿泥石一般含量 5%左右，变质程度深者可达 20%以上，呈星点状聚合体或鳞片状分布。水云母、白云母含量一般小于 3%，呈鳞片状出现。由于受动力作用和后期迭加动力作用的影响，岩石多具碎裂片理化现象，岩石碎屑物部分呈碎裂状，石英具波状消光，绢云母和石英具揉皱弯曲、片理化，鳞片状变质矿物具定向排列。

3. 变质带、变质相特征

阿翁错区域动力变质岩带受变质地层(体)总体原岩组构保留尚好，变质矿物处于不平衡共性状态，反映了低级变质作用不均衡性的特点。针对其浅变质特征，根据变质岩石的变质矿物组合、结构、构造及变形特征，主要属绢云母-绿泥石带，亦见有少数薄片出现黑云母＋白云母共生组合。绢云母-绿泥石带(Ser-Che)主要变质矿物有绢云母、绿泥石和水云母，分布面积较广。变质岩石在结构、构造方面也有着明显的差异，为了更好地反映测区浅变质岩石的变质特征，根据变质岩石的结构、构造特征可划分出粘土杂基亚带(chl-B)和石英岩状结构亚带(chl-A)两个变质亚带(表 4-5)。

表 4－4　阿翁错变质岩带变质矿物特征表

原岩类型	变质岩石类型	结构构造	主要矿物含量(%)																			变质矿物
			石英	斜长石	方解石	绢云母	绿泥石	泥质	岩屑	杂基	硅质	白云石	褐铁矿	电气石锆石	碎屑	生物碎屑	黄铁矿	钠长石	更长石	拉长石	棕闪石	
泥质岩类	绢云板岩	鳞片变晶结构，板状构造			5	70	1															绢云母、方解石、石英、绿泥石
	钙质粉砂质板岩	鳞片变晶结构，板状构造	10	3	20	30	5	30														绢云母、方解石、绿泥石、石英
碎屑岩类	变质石英砂岩	变余砂状结构	83		<1				3	3	11	<1										硅质物重结晶、石英次生加大、白云石、方解石
	变质岩屑石英杂砂岩	变余砂状结构	71	11	4	2			7		8		1									绢云母、褐铁矿、石英次生加大
	变质岩屑杂砂岩	变余砂状结构	76		13	2				3	5		3	0.3								方解石、绢云母、褐铁矿、石英次生加大
	变质长石石英砂岩	变余砂状结构	72		7	4			8		3		2									方解石、绢云母、石英、褐铁矿、石英次生加大
	变质岩屑石英砂岩	变余砂状结构	72		7	3			9		4		4				5					方解石、绢云母、石英、褐铁矿、石英次生加大
	变质泥质钙质石英粉砂岩	变余粉砂结构	55	0.5	5				16		3		0.5									方解石、石英次生加大

续表 4-4

原岩类型	变质岩石类型	结构构造	主要矿物含量(%)																			变质矿物
			石英	斜长石	方解石	绢云母	绿泥石	泥质	岩屑	杂基	硅质	白云石	褐铁矿	电气石锆石	碎屑	生物碎屑	黄铁矿	钠长石	更长石	拉长石	棕闪石	石英	
碳酸盐岩类	砾屑灰岩	砾屑结构	4		3						1			3		89							方解石、石英
	砾屑白云岩	砾屑结构									3	12				85							钙质重结晶
	砂屑生物碎屑灰岩	砂屑生物碎屑结构	5		10						3			2		26	50	3					方解石、石英、黄铁矿、方解石重结晶
	砂屑灰岩	砂屑结构	1		10						2	5			1	72	8		1				石英、钠长石、方解石、褐铁矿、白云石
	凝灰质白云质豆粒灰岩	砂质豆粒结构	1		58						10	12		1		11				6			石英、方解石、褐铁矿、白云石
	凝灰质白云质细—粉晶灰岩	细—粉晶结构			54		15					15		1			15						绿泥石、褐铁矿、白云石
火山岩类	蚀变玄武岩	变余斑状结构，基质具残余间粒结构	次闪石 10				18					7	0.54	磁铁矿 3				白太石 1			45	18	绿泥石、白云石、黑云母、褐铁矿
	蚀变橄粒玄武岩	变余斑状结构					5					10	1							44	橄榄石 13	辉石 25	白云石、绿泥石、黑云母、次闪石

表 4－5 阿翁错变质岩带特征简表

变质(亚)带		划分标志	岩石类型	矿物组合	地层代号
绢云母-绿泥石带(Ser－Che)	粘土杂基亚带(chl－B)	砂岩基质轻微泥化、绢云母化，局部出现水云母、绿泥石、石英等新生变质矿物，灰岩显示出重结晶现象	变质粉砂岩、杂砂岩、微晶灰岩	绢云母＋绿泥石＋石英＋水云母	J_3s、K_1q
	石英岩状结构亚带(chl－A)	①砂岩中斜长石大部分绿泥石化；②砂岩中结构、构造因变质作用产生明显变化；③板岩中大量绢云母鳞片定向；④碳酸盐岩具镶嵌变晶结构	石英岩状砂岩、轻变质粉砂岩、板岩、结晶灰岩	绢云母＋绿泥石＋石英	J_3s、K_1q

(1)石英岩状结构亚带(chl－A)

该亚带主要划分标志为岩石结构、构造因变质作用而改变。区内板岩中产生大量绢云母变质矿物，呈鳞片状，平行定向；变质砂岩出现石英岩状变晶结构；粉砂岩中出现棘状构造。

(2)粘土杂基亚带(chl－B)

该亚带主要特征为岩石杂基中出现了变质矿物绢云母、绿泥石、石英、水云母等，但结构构造基本同原岩一致。具体特征为砂岩中斜长石轻微泥化、绢云母化，局部出现水云母、绿泥石、石英；微晶灰岩微具重结晶现象，偶见白云石交代基质；中—基性火山岩多具斑状结构，轻绢云母化、泥化，部分次生石英。该亚带主要岩石类型有变质粉砂岩、变质杂砂岩和微晶灰岩及少量变安山岩、变玄武岩等。

4. 温压条件及变质相系

该变质岩带主要属低绿片岩相绿泥石带，局部可达黑云母带。一般绿片岩相形成条件为 350～500℃，压强 0.2～1kpa(据贺高品)，但未见有低压高温特征变质矿物红柱石，根据经典试验，红柱石产生温度大于 500℃。因此根据低压型温度梯度值(60～25℃/km)并结合矿物特征，可推测本岩带整体温度范围应在 350～500℃。

综上所述，区域低温动力变质作用在阿翁错变质岩带中总体表现为低压低—中温变质，并具较强的低压中(高)温接触变质作用叠加。

第二节　碎裂(动力)变质作用及其岩石

测区地处班公错-怒江结合带西段，主要构造线呈北西西—南东东向，由北向南相间排列的纳屋错、盐湖、吓拉错、聂耳错、邦巴 5 条区域性大断裂带，普遍发生碎裂(动力)变质作用，并形成相应的碎裂(动力)变质岩。岩石类型主要为糜棱岩、碎裂岩及其过渡型岩石。

碎裂(动力)变质作用与不同方向、不同阶段、不同层次的构造断裂密切相伴，其中浅层次的脆性变形变质和浅—中层次的脆-韧性变形变质为本测区主要表现形式，叠加于早期区域变质之上。较大规模的断裂带及韧(脆)性剪切带，形成宽数米至数百米，延伸千米至数十千米的碎裂岩—糜棱岩带。

一、碎裂岩带

测区内大部分北西向断裂和北东向断裂表现为脆性断裂性质，发育碎裂岩系列岩石。其构成物一般以上下两盘岩石的碎裂成分为主，大小不等，并由钙质、硅质或泥质胶结，结构疏松。整体特征表现为变质程度低及变形层次低的浅表层次脆性动力变质作用。

1. 岩石类型及特征

构造角砾岩：岩石具角砾状结构，斑杂构造或块状构造。角砾呈尖棱角状，大小悬殊，一般在 2～15mm，个别大于 25mm，排列杂乱无章，由硅质、泥质、钙质或蚀变矿物绢云母等胶结而成。

碎裂岩：具碎裂结构，受应力作用产生脆性碎裂，裂隙方向杂乱，其间被原岩碎屑物或次生铁质、碳酸盐岩等充填。碎块间几乎没有相对位移，且外形相互适应。局部见有碎块边缘粒化现象，另外原岩中暗色矿物常蚀变生成绿泥石，并伴有少量绢云母的出现。

碎斑岩：测区内出露较少，岩石具碎斑结构，固结良好，矿物无定向，原岩组构部分消失，碎斑粒径在0.1～2mm，含量大于50%，形态为不规则棱角状，矿物表现出波状消光或双晶弯曲等形变现象，局部产生蚀变矿物绢云母、绿泥石等。

碎粒岩：碎裂程度极强，岩石部分矿物呈粉末状。其他部分矿物颗粒也小于0.2mm。杂乱分布无定向显示，构成碎粒结构。矿物的应变现象明显，原生结构已基本消失。应变特征表现为碎块边缘粒化，方解石单晶破裂，双晶解理弯曲、扭折等，波状消光十分清楚。岩石中蚀变矿物为绢云母、石英、绿泥石等。

碎裂岩系列动力变质岩石的典型矿物组合为：绢云母＋绿泥石＋石英、钠长石＋绢云母＋白云石。与区域低温动力变质作用的变质矿物组合相一致，说明该变质岩主要以应力错碎作用为主，热流活动不明显。

2. 变形变质特征

测区浅层次脆性断裂广泛分布，规模大小不一。脆性断裂所生成的碎裂岩系列表现出变形程度上有一定差异、变质程度不高的特征。成因主要是原岩中受应力大小不同，造成岩石破碎及变形等一系列物理形态的改变上的不同，同时伴有一定的化学变化而产生。

在变形特征中，岩石内对应力作用敏感的矿物如石英、长石、方解石等产生波状消光、双晶弯曲、扭折、碎块边缘碎粒化。

在变质特征中，胶结物或碎粉物多是原岩析出物或钙泥化。局部的粉碎物发生重结晶形成绢云母、绿泥石、石英、方解石、高岭土等矿物。

二、糜棱岩带

测区内发育数条总体呈北西向的脆-韧性剪切带，宽度在100～200m。在其边缘附近并伴有一定数量、较小规模、同走向的脆-韧性断裂。其主体形成于燕山期陆壳碰撞阶段强烈动力变形-变质作用。形成深度多在10km左右，属中浅部构造层次的变形相产物。

这种地壳中浅部层次的主要构造所形成的狭长高应力变质带使岩石中产生矿物压扁拉长或矿物集合体定向排列等现象。也使该带具有糜棱岩系列岩石和相应的各种显微结构。在测区内总体表现出的特征为岩石变形、变质程度都较低。其中岩石类型以糜棱岩化岩石为主，部分为糜棱岩，并伴有不同程度的重结晶现象和新生矿物的产生，如绢云母、绿泥石、绿帘石、方解石等。

1. 岩石类型及特征

(1)糜棱岩化岩石

具显微糜棱结构，定向构造。碎块直径3～4mm，基质含量大于50%，岩石遭受强应力塑性破碎作用，表现为斜长石被压扁拉长，石英部分被粒化发生动态重结晶，分异显示条带，钾长石少数边缘明显粒化，黑云母因韧性剪切变为纤维状，并显“S”形，蚀变为绿泥石，角闪石弯曲变形破裂。另外碳酸盐岩中方解石在韧性剪切作用下，发生粒化又重结晶，晶体中的解理、双晶发生明显的扭折和弯曲、波状消光明显，微晶状方解石表现应力作用的分异定向排列。与岩石变形相伴出现不同程度重结晶，新生矿物有绢云母、绿泥石、绿帘石、方解石等。

(2)糜棱岩

主要变质岩石类型特征见表4-6，具斑状结构，平行纹理构造。斑晶含量15%左右。粒径大小0.8～2mm，基质含量75%左右(表4-6)。粒径大小0.05～0.12mm，岩石显示强应力塑性变形及粒化特征，表现为基质中部分长英质矿物粒化分异呈条纹平行聚集分布，形成构造成因的平行纹理构造。另外斜长石破裂斑晶部分由于应力剪切作用，斑晶发生旋转形成眼球。碳酸盐类岩石方解石滑移系较多，碎斑为单晶方解石，呈眼球状或椭圆状，且见解理弯曲和塑性拉长，并与泥灰质相间构成条纹构造。糜棱岩中S-C组构明显。与之伴生的新生矿物有绢云母、绿泥石、高岭土、绿帘石、方解石等。

表 4-6 糜棱岩类岩石特征表

糜棱岩类型	岩石类型	结构构造	组成特征		变质矿物
			碎斑	基质	
碳酸盐岩糜棱岩类	钙质糜棱岩、钙质初糜棱岩、糜棱岩化碳酸盐岩	糜棱结构、碎斑糜棱结构、初糜棱结构、粒状变晶结构,定向构造	方解石 10%～20%,斜长石 5%,石英 0～10%	方解石 55%～85%,绢云母 2%～5%,斜长石 0～5%,石英 0～10%	绢云母、方解石、石英
长英质糜岩类	长英质初糜棱岩、长英质糜棱岩	糜棱结构、初糜棱结构,定向构造、似流动构造	斜长石 8%～45%,石英 2%～20%,蠕英石 0～50%	石英 10%～80%,斜长石 0～10%,绢云母 8%～25%,白云母 0～10%	绢(白)云母、石英
基性岩及酸性岩质糜棱岩类	糜棱岩化超基性岩、花岗质糜棱岩、花岗质初糜棱岩	初糜棱结构、糜棱结构、碎斑糜棱结构,定向构造	斜长石 0～10%	石英 5%～60%,绢云母 10%～22%,黑云母 0～10%	蛇纹石、方解石
闪长质糜棱岩	糜棱岩化闪长岩、闪长质初糜棱岩、闪长质糜棱岩	初糜棱结构、糜棱结构、碎斑糜棱结构,定向构造	角闪石 0～50%,斜长石 25%～45%,石英 0～5%	斜长石 10%～75%,石英 5%～15%,绢云母 5%～10%,钠长石 0～10%	绿泥石、绢云母、石英
千糜岩类	千糜岩、绢云绿泥千糜岩、褐铁矿化千糜岩	糜棱结构、鳞片粒状变晶结构,千枚构造	角闪石 0～15%,斜长石 0～5%,岩屑 0～20%	绢云母 50%～90%,绿泥石 10%～20%,钠长石 0～10%	绢云母、绿泥石、钠长石、石英

2. 变形、变质特征

测区内脆-韧性剪切带脆-韧性断裂发育,所产生的动力变质岩(糜棱岩类)宏观、微观特征明显。韧性剪切带中岩石呈连续过渡的递进变形。韧性断裂带中岩石的变形出现宏观上的不连续状况,有明显强弱变形分界面。

脆-韧性变形带(包括脆-韧性剪切带和脆-韧性断裂)中的岩石共同表现出的总体特征是作用方式上以韧性位错滑移为主,分异作用次之。但岩石有时可出现变质分异作用形成的条带状糜棱岩,使岩石中不仅形成糜棱面理,而且还出现糜棱条带构造,面型类型上由糜棱岩中 S_s 与 S_c 以上破劈理构成。线理类型上有矿物拉伸与生长线。构造上可见有眼球状-条带状构造。岩石内矿物成分构造形变明显,晶体弯曲、扭折、波状消光,部分矿物粒化分异呈条带平行聚集分布,或由于剪切作用发生旋转形成眼球。

从整个测区宏观上观察,测区内韧性变形带具有北强南弱的特点,即北部岩石变形变质程度较高,以糜棱岩为主,南部岩石变形变质程度较低,以糜棱化岩石为主。另在部分岩石中长石、石英具有塑性变形特征(如拉长、扭曲等),泥质、半泥质岩经形变所伴生的新生矿物常聚集呈定向很强的非透入性条带,带内剪切褶劈理、剪切条带等显微低序次构造发育。由上述可看出区内韧性变形带是在应变速率较低时形成的。此外,根据糜棱岩类岩石中所伴生的新生矿物多为绢云母、绿泥石、绿帘石、方解石等和 Tullis(1982)研究成果表明测区内石英塑性变形相当于高绿片岩相,而长石类需在中高级变质相中才能塑性变形。综上所述,测区韧性变形带属中—浅部构造相。

第三节 接触变质作用及其岩石

测区中酸性岩浆活动强烈且频繁,主要活动期为白垩纪,中酸性岩出露范围广,它们集中分布于班公错-怒江结合带南西侧和革吉—邦巴—雄巴一带,测区内可划出五大中酸性岩浆岩体,即:盐湖岩体、阿翁错岩体、昂龙岗日岩体、帕阿岩体、邦巴岩体。它们侵入于沙木罗组(J_3s)、去申拉组(K_1q)、多尼组(K_1d)、郎山组(K_1l)等地层中。在岩体与地层接触带附近围岩一般都受到明显的接触变质作用,产生角岩、大理岩或接触交代的矽卡岩,部分岩体顶部往往保留有顶盖。这些热接触变质岩所形成的接触带一般都具有环带特征。在地表出露宽度从数米至百米不等。根据岩体与地层接触变质作用不同,划分为热接触变质岩和接触交代变质岩。

一、热接触变质作用及其岩石

岩浆侵入体与相邻围岩直接接触，在高温作用影响下，围岩产生吸热反应，通过变质结晶和重结晶，形成新矿物组合和组构的变质作用类型为热接触变质作用。这种作用类型是测区中分布最为广泛，也是最主要的接触变质作用形式，同时又以盐湖岩体接触变质岩带和邦巴岩体接触变质岩带最具代表性，基本上全面反映了测区内该类变质作用和所形成的岩石整体面貌。

1. 变质岩石类型及特征

(1)斑点板岩类

岩石多具斑状变晶结构或显微鳞片变晶结构，斑点状构造、板状构造。变斑晶大小通常在0.5～5mm，斑点在0.1～1.5mm，基质0.1～0.02mm，不同岩石中差异较大。其中变斑晶岩石中含量一般为20%～25%。原岩(泥质岩或含杂质泥质岩)在受热接触变质时，新生绢云母、绿泥石等呈不规则状或椭圆状、圆状集合体。有时集合体会由绢云母同少量黑云母或白云母混合构成，较均匀分布于已部分重结晶的基质当中，呈斑点状分布，构成斑点板岩，另外有时在岩石中会含有少量零星分布的红柱石、石榴石变斑晶。它们含量一般都不超过5%。具体岩石类型有斑点状黑云母板岩、斑点状绢云板岩、斑点状含红柱石石英绢云板岩、斑点状含石榴石粉砂质泥质板岩等。

(2)角岩类

该类岩石是本测区中热接触变质岩石种类最多、分布最广的岩石类型，并且随着离侵入体愈远，温度渐低，出现不同变质程度的岩石在平面上形成以侵入体为中心的环带状分布。蚀变特征表现在岩石多具鳞片状变晶结构，斑点状构造、块状构造和部分定向构造(照)。在斑点状结构和板状构造中变斑晶大小一般在0.6～1.5mm，个别可达3mm，基质在0.03～0.08mm，个别在0.06～0.12mm之间。块状构造中颗粒通常以0.1～0.15mm为主，个别在0.2～0.6mm之间。粒度的差异是因岩石类型的不同和受变质程度不同而产生的，因此各岩石间都具一定差异。在长英质角岩中，石英重结晶呈等轴粒状，长石已基本完全蚀变，部分岩石中可保留极少量。新生变质矿物绢云母、白云母、黑云母、红柱石、堇青石、绿泥石、石榴石等在不同变质程度变质岩石中以鳞片、晶体或雏晶的形式出现。角岩主要岩石类型有堇青黑云石英角岩、红柱堇青云母角岩、长英质角岩等。

(3)极轻度的热力接触变质岩

该类岩石变质程度较低，具变余结构或显微变晶结构，块状构造、斑点状构造。岩石受轻微接触变质作用，原岩发生变质变晶作用，但仍残留原岩部分特征。原填隙物成分现多为绢云母、白云母、黑云母等，杂乱排列，斑点构造中斑点大小在0.5～1.2mm，通常有两种成分，主要一种为绿泥石，聚集成斑点状新生矿物；另一种次要的为石英斑点。该类岩石主要有角岩化云母石英粉砂岩和变质细粒石英砂岩。

2. 主要变质矿物特征

(1)堇青石

在岩石中多为变斑晶出现，但各类岩石中表现出的形态不同，在一些岩石中堇青石变斑晶大小0.3～1.2mm，显示椭圆形轮廓，仍处于雏晶特征。内部石英、黑云母等包体甚多，形成残缕结构。另外一部分岩石中堇青石晶形较好，粒径在0.5～2mm，并显示三连晶和个别六连晶。

(2)黑云母

含量较少，在个别变质岩中出现，极少数呈雏晶状，多以等轴鳞片杂乱无优选取方位分布于石英粒间，构成角岩结构特点。粒径一般在0.06～0.12mm，并表现出多色特征，主要为褐红色和浅褐色，仅在部分角岩中出现。

(3)白云母

在接触变质岩石中含量和大小变化较大，通常呈片晶状，大小在0.2～0.5mm，个别岩石中可见有0.7～1.5mm的晶片，晶片内部有时存在石英包体，反映了原岩的沉积特点。白云母常与黑云母伴生，在岩石中见有早期变质形成的黑云母个别晶片脱色变白云母的退变现象。仅在部分角岩中出现。

(4)石榴石

在热接触变质岩中仅个别岩石中可见，为钙铝榴石。晶形较好的呈变斑晶状，大小在0.3～2.5mm，零星分布。而粒径很小的石榴石呈雏晶状，并和个别云母聚集形成斑点，这种斑点分析应为一种特征变斑晶矿物，可能为堇青石，其仅只有斑点外形，未形成矿物。石榴石在各热接触变质岩中含量都不超过1%。

(5)镁铁闪石

呈深褐色柱状或纤状集合体形式存在于岩石中，无规律分布，其为纤状变晶结构，与之共生的矿物有黑云母、钠长石和石墨等。

(6)阳起石

呈淡绿色，折光率低，柱状和纤状集合体，分布无规律，呈纤状。

(7)斜长石

主要为更长石，发育聚片双晶，分布无规律，其为纤状花岗变晶结构。

(8)普通角闪石

深绿色，以柱状变晶形式存在，分布无规律，呈纤状，另见少量的磁铁矿。

(9)红柱石

在大多数岩石中以雏晶形式出现于石英粒间，尚无一定的晶形，有时同绢云母聚集在一起，形成一种斑点，尚未结晶成新矿物，可能是堇青石的初始雏晶。另外，部分岩石中红柱石呈自形—半自形晶体出现，长径0.6～2mm，个别达3mm，在局部地区还见有长径大于10mm的红柱石晶体。

3. 变质相带特征

从热接触变质岩石中所出现的特征变质矿物可看出，在测区内存在有高级到低级的一系列热接触变质岩类型。同时，由于围岩受到岩浆所散发的热量及挥发的影响，引起一种以岩体为中心，由内到外依序生成新矿物的变质效应。依据特定变质矿物的首次出现，可对测区热接触变质岩进行变质带的划分。现以盐湖花岗岩体接触变质带和邦巴岩体接触变质带为例加以说明。

(1)盐湖花岗岩接触变质带

岩体侵入于上侏罗统(J_3s)、下白垩统(K_1q)碎屑岩、中基性火山岩中，接触变质作用受围岩岩性控制，分带范围局限，一般在岩体南北边缘数百米范围内。由外向内大致可划分为以下3个带(图4-2)。

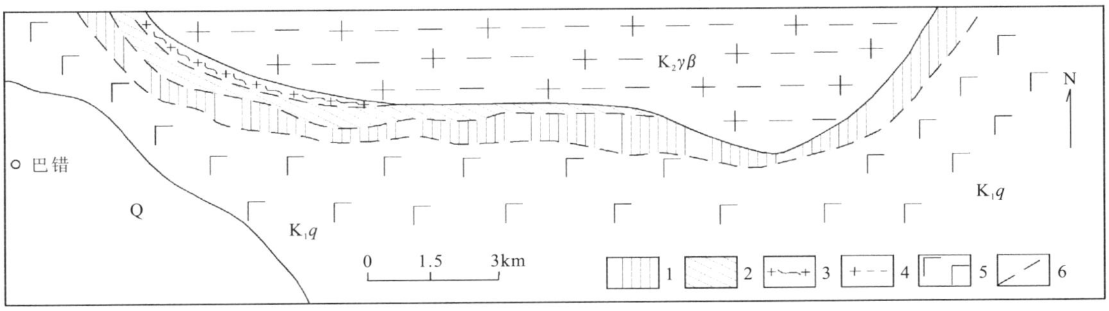

图4-2　盐湖岩体围岩接触变质图

1.镁铁闪石-阳起石带；2.斜长石-普通角闪石带；3.混合花岗岩带；4.燕山晚期花岗岩；5.去申拉组；6.变质带界线

镁铁闪石-阳起石带：分布在岩体最外边缘数百米范围内，由阳起石镁铁闪石角岩组成。镜下，阳起石呈淡绿色，折光率低，镁铁闪石呈深褐色。这两种矿物多呈柱状或纤状集合体形式存在于岩石中，分布无规律，具纤状变晶结构，与之共生的矿物有黑云母、钠长石和石墨等。原岩为中基性火山岩类。

斜长石-普通角闪石带：本带距岩体250m范围内，由斜长角闪岩组成，以出现普通角闪石和斜长石组合为特征。斜长石主要是更长石，发育聚片双晶。普通角闪石呈深绿色，以柱状变斑晶形式存在。共生矿物有镁铁闪石和少量磁铁矿等，矿物分布无规律，具纤状花岗变晶结构。原岩可能属中基性火山碎屑岩。

混合花岗岩带(内接触带)：沿岩体边缘分布，范围狭窄，与岩体界线渐变。仅见有角闪二长花岗岩。

矿物成分有钾长石、更长石、石英、绿色普通角闪石、褐色黑云母及少量磷灰石和榍石，岩石发育各种花岗变晶结构和交代结构，其中以钾交代现象比较明显。

上述花岗岩体侵入时代均属燕山晚期，岩体周围的变质作用与区域变质作用差别较大，并以形成黑云母-红柱石、镁铁闪石-阳起石、铁铝榴石-普通角闪石-斜长石等组合为特征，新生矿物分布无定向性，少数矿物发育双晶。变质程度相当于钠长石-绿帘石角岩相到角闪石角岩相。

(2)邦巴岩体接触变质带

邦巴岩体沿邦巴断裂带两侧分布，由似斑状花岗岩体、白云母花岗岩体、花岗闪长岩体和花岗岩体构成，以似斑状花岗岩体和花岗岩体为代表，侵入于多尼组砂页岩构成的地层中，在岩体内侧形成宽 50～80cm 的细粒冷凝边。岩体中见大量围岩捕虏体，在地层接触带形成接触变质岩带，带宽 250m，可分为 3 个带，由内向外为：①堇青石角岩带；②长英质角岩带；③角岩化砂板岩带(图 4－3)。

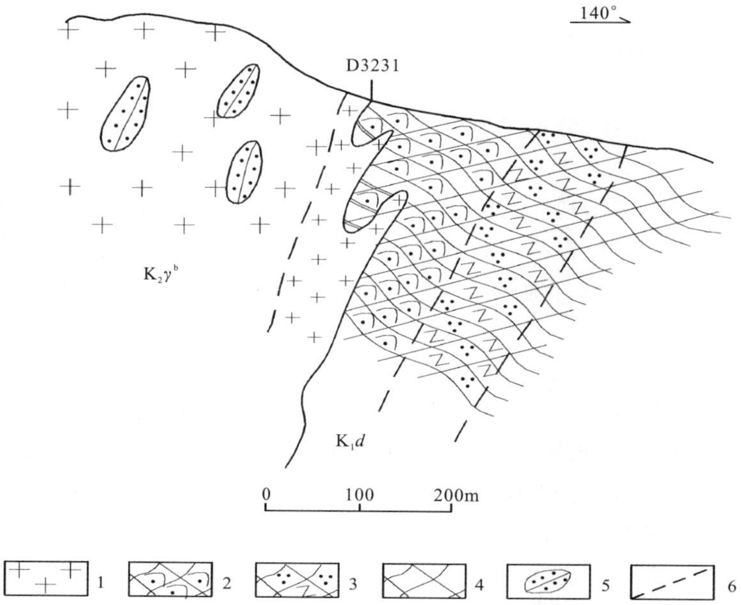

图 4－3　邦巴岩体与 K_1d 侵入接触关系及接触变质带素描图

1. 花岗岩；2. 堇青石角岩；3. 长英质角岩；4. 角岩化；5. 捕虏体；6. 变质带界线

接触变质带在平面上围绕岩体分布，呈环带状展布，随着远离岩体，接触变质程度降低。

堇青石角岩带：该带宽 100～150m，以出现堇青石特征变质矿物为特征，堇青石在岩石中呈斑点状结构，大小一般在 0.6～1.5mm，个别可在 3mm，基质中为 0.03～0.08mm，个别在 0.06～0.12mm，以晶体形式和雏晶形式出现。

长英质角岩带：该带宽 100～120m，岩石中石英重结晶呈等轴粒状，长石基本全蚀变，部分保留长石和石英原形。

角岩化带：该带宽 900～2 000m，该带中见部分石英重结晶，长石部分蚀变。

盐湖花岗岩接触变质带在测区内热接触变质岩带中最具代表性，同时其变质带也最为发育和完整，邦巴接触变质岩带在规模上和发育程度上较盐湖带差，二者都因燕山晚期中酸性岩体侵入到上侏罗统—下白垩统地层中，对围岩发生热接触变质作用而形成，可代表测区内接触变质带总体特征。其中，斜长石-普通角闪石带和堇青石角岩带属角闪岩相，常见的变质矿物组合有：斜长石＋普通角闪石＋绿帘石＋阳起石、斜长石＋普通角闪石＋黑云母＋白云母＋石英、堇青石＋黑云母＋白云母＋石英、堇青石＋石榴子石＋石英、黑云母＋白云母＋石英等。镁铁闪石-阳起石角岩带和长英质角岩带属钠长石-绿帘石角岩相，常见的变质矿物组合有：绿泥石＋绢云母＋石英＋堇青石、绿泥石＋绢云母＋石英＋钠长石、方解石＋白云母＋透闪石＋石英、钠长石＋石英、透闪石＋阳起石＋绿泥石＋绿帘石等。

测区内，接触变质岩带宽度一般小于 300m，其影响范围较小。产生这一特点的原因大体有下几点。

(1)产生接触变质作用的岩体虽较大,所能发出的热量较多,但挥发分较少,影响其宽度。

(2)围岩的原岩多由长英质砂岩和碎屑砂岩组成,因岩石较致密,对热变质作用敏感度差,具有较稳定的矿物组合,较难变化,也直接影响变质带的宽度。

(3)地层产状以大于 35°的夹角与岩体接触,也在某种程度上不利形成较宽变质带。

综上所述,热接触变质岩带在测区平面上以侵入体为中心,总体呈环带状分布,但因各种因素的影响,热接触变质带较窄,没有超过 300m,测区众多岩体与围岩接触带多被第四系掩盖,仅部分出露,加之构造破坏,很难在测区找到一完整的围绕岩体的接触变质岩环带。

4. 接触变质作用温压条件分析

一般认为,接触变质作用以高的热梯度(>60°/km)为背景,温度范围为 300~800℃,压力范围为百分之几千帕至 0.3kPa,属低压相系,按特纳(Turner,1981)的分类,钠长绿帘角岩相属低温变质,温度范围 300~500℃。角闪角岩相属中温变质,温度 500~600℃。辉石角岩相是一种高温变质,温度范围为 650~800℃。

测区发育的接触变质带均属纳长-绿帘角岩相范畴,因此其形成的温度应在 300~500℃,压力 0.2~0.3kPa。

二、接触交代变质作用及其岩石

岩浆侵入围岩中,除由于温度升高引起热接触变质作用外,当条件有利时,结晶晚期析出的挥发组分能大量聚集,并携带着各种组分进入围岩中,通过交代作用,改变了它们的化学成分,形成矽卡岩。在测区中接触交代变质作用不发育,这与测区岩浆岩所含挥发组分少极相关,根据测区已有资料,仅在 K_1d 和 K_1l 中见呈透镜状产出的接触交代变质岩-矽卡岩。规模和成熟度都不高,主要有透辉石-石榴石矽卡岩和石榴石矽卡岩。

1. 透辉石-石榴石矽卡岩

主要矿物以石榴石为主,55%~60%,透辉石约 25%,另有部分碳酸盐类和少量石英、长石。具斑状变粒结构,其变斑晶常呈聚斑状集合体,由石榴子石组成,可见环带构造。

2. 石榴石矽卡岩

颜色为暗绿色,具粒状变晶结构,块状构造,岩石的成分几乎全由石榴石(钙铁榴石)组成,含量在 90%以上,自形粒状,大小 5~8mm,晶体具明显环带结构。

由于矽卡岩规模较小,未能有矿化发生。

根据有关资料形成矽卡岩矿物的温度范围较广,其上限不超过 800℃。形成石榴石、辉石的高温阶段一般为 400~600℃。而大量磁铁矿的金属硫化物出现的热液期,可能低至 200~300℃。此外,透辉石通常为特征矿物,所以测区矽卡岩变质带属于低压相系,中—高温变质类型。

第四节　气-液变质作用

气-液变质作用是指热的气体和溶液作用于已形成的岩石,使已有岩石产生矿物成分、化学成分及结构、构造的变化。据已有资料,其变质作用发生时产生的温度范围极广(几十至 800℃),而压力通常较低(小于 0.4kPa)。

测区气液蚀变作用表现为硅化、碳酸盐化、绿泥石化、绿帘石化及褐铁矿化等。主要发生于构造带、断裂破碎带及火山岩分布区中。在班-怒带和狮泉河带及附近各时代各类岩石中均有发生,在 T_3R 地层中,由于气-液作用,使岩石本身原有硅质物溶化、迁移在裂隙中形成密集的石英脉带。气-液变质作用往往与应力变质、动力变质和接触变质作用相伴相生,但在测区总体来说气-液变质作用在断裂带强于非断裂带。

在革吉邦巴—雄巴一带，新生代火山岩极为发育，且具一定规模，气-液变质作用强于其他区域。

第五节　变质期次与变质作用类型分析

区内各变质岩带的展布及其所经历的变质作用时期，均与中特提斯洋和新特提斯洋发生、发展、消亡和它们之间在时间上的差异和更替，以及它们消亡相伴的碰撞造山和造山期后的高原隆升的历史密切相关。区内主变质期为晚燕山期，喜山期仅表现为碎裂线型动力变质作用和热液蚀变及少量热接触变质作用。测区变质作用与区域地质演化密切相关，变质带的空间分布特征和变质特征，从另一方面提供了区域构造演化的证据。

早白垩世末，随着班-怒洋壳对冈底斯-念青唐古拉微陆块向南的剪切俯冲和冈底斯-念青唐古拉微陆块与羌南-保山微陆块的碰撞，班公错-怒江构造混杂岩带和狮泉河构造混杂岩带在测区形成，在班公错-怒江结合带和狮泉河（次级）结合带主要以俯冲带（高压低温）变质作用为主，伴有韧性剪切带动力变质作用，在阿翁错、捷嘎岩浆弧带形成低压低温区域动力变质岩带，并伴以热接触变质作用。

晚白垩世，测区进入碰撞造山阶段，其变质作用主要表现为因大量碰撞系列中酸性侵入岩在阿翁错和捷嘎火山-岩浆弧带和革吉弧后盆地边缘侵入，引起较大规模的接触变质作用叠加。

古近纪—新近纪，陆-陆碰撞的中后期，随着印度陆块向北的A型俯冲楔入，形成邦巴组（$E_{2-3}b$）碱性火山岩、雄巴组（N_1x）陆相钙碱性火山岩系列，该期间主要为气-液变质作用发生在新生代火山岩和叠加在班公错-怒江结合带及狮泉河（次级）结合带的变质岩带中，少量热接触变质作用伴随喜山期岩体周围发生。

伴随新近纪末的构造运动，测区产生了一系列的北西向、北东向、南北向断裂，并对前期构造进行了叠加和改造，所产生的变质岩石类型为碎裂岩型动力变质岩，遍布测区各断裂带。

以上各期次变质不但反映了区内变质作用特征和地壳演化过程，也反映出不同变质时期应力是变质的主导因素。区内各地层（体）经历了多期次多类型的变质作用的叠加和改造，如J_3s、K_1q地层，经历的变质作用包括区域动力变质作用、韧性剪切变质作用、热接触变质作用、碎裂型变质作用，展现于我们面前的是经历了多期多类型变质作用的地质体。总体来讲，区域变质作用主要发生在结合带构造混杂岩中和火山岩浆弧带晚白垩世以前的地层中。接触变质作用主要发生在阿翁错和捷嘎火山-岩浆弧带及革吉弧后盆地中，以纳长-绿帘角闪岩相—角闪角岩相接触变质带叠加在低绿片岩相区域动力变质岩之上。其结合带中构造热液蚀变叠加十分明显。

第五章 构 造

测区地处班公错-怒江结合带西段，北达羌南-保山微陆块，南跨冈底斯-念青唐古拉微陆块3个二级构造单元（图5-1）。晚三叠世以来，测区经历了裂解拉张、挤压会聚、碰撞造山、青藏高原整体隆升等地质发展演化阶段，形成了北西西向为主体的多期次断裂构造和一系列北西西向的褶皱构造，以及与构造相伴产生的蛇绿混杂岩带、规模宏大的岩浆岩带和古近纪、新近纪陆相火山岩，这些经大陆裂解-聚合构造演化过程保留下来的丰富的构造形迹、地层记录及岩浆岩史料，是研究中特提斯—新特提斯洋发生、发展、消亡演化历史的一个重要窗口。

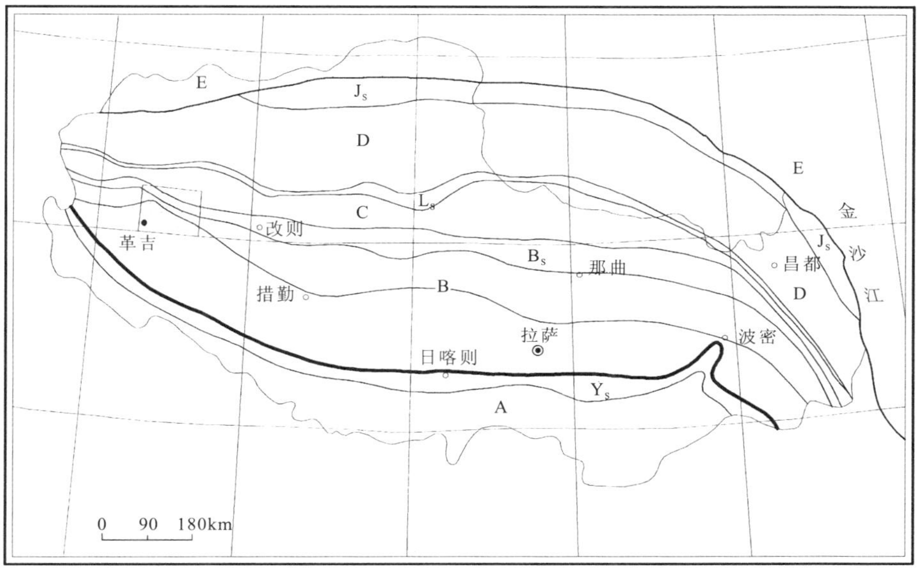

图5-1 测区大地构造位置图

A. 喜马拉雅陆块；B. 冈底斯-念青唐古拉微陆块；C. 羌南-保山微陆块；D. 羌塘-昌都微陆块；E. 南昆仑-巴颜喀拉微陆块；Ys. 雅鲁藏布江缝合带；Bs. 班公错-怒江缝合带；Ls. 澜沧江缝合带；Js. 金沙江缝合带

第一节 概 述

一、构造层划分

根据地层接触关系、地层形成的构造背景及变形特征，测区可划分出6个构造层（图5-2）。

1. 上三叠统—侏罗系（亚）构造层

由日干配错群（T_3R）、木嘎岗日岩群（JM）、沙木罗组（J_3s）、聂耳错岩群（T_3JN）构成。日干配错群（T_3R）分布于班公错-怒江结合带北侧的纳屋错多扎日一带，局部呈构造岩块分布于结合带中，木嘎岗日岩群则呈基质分布于班公错-怒江结合带之纳屋错构造混杂岩带中；区内日干配错群和木嘎岗日岩群均为断层接触，未见顶底，但区域上上三叠统与侏罗系为连续沉积，故将其视为同一构造层。沙木罗组分布于

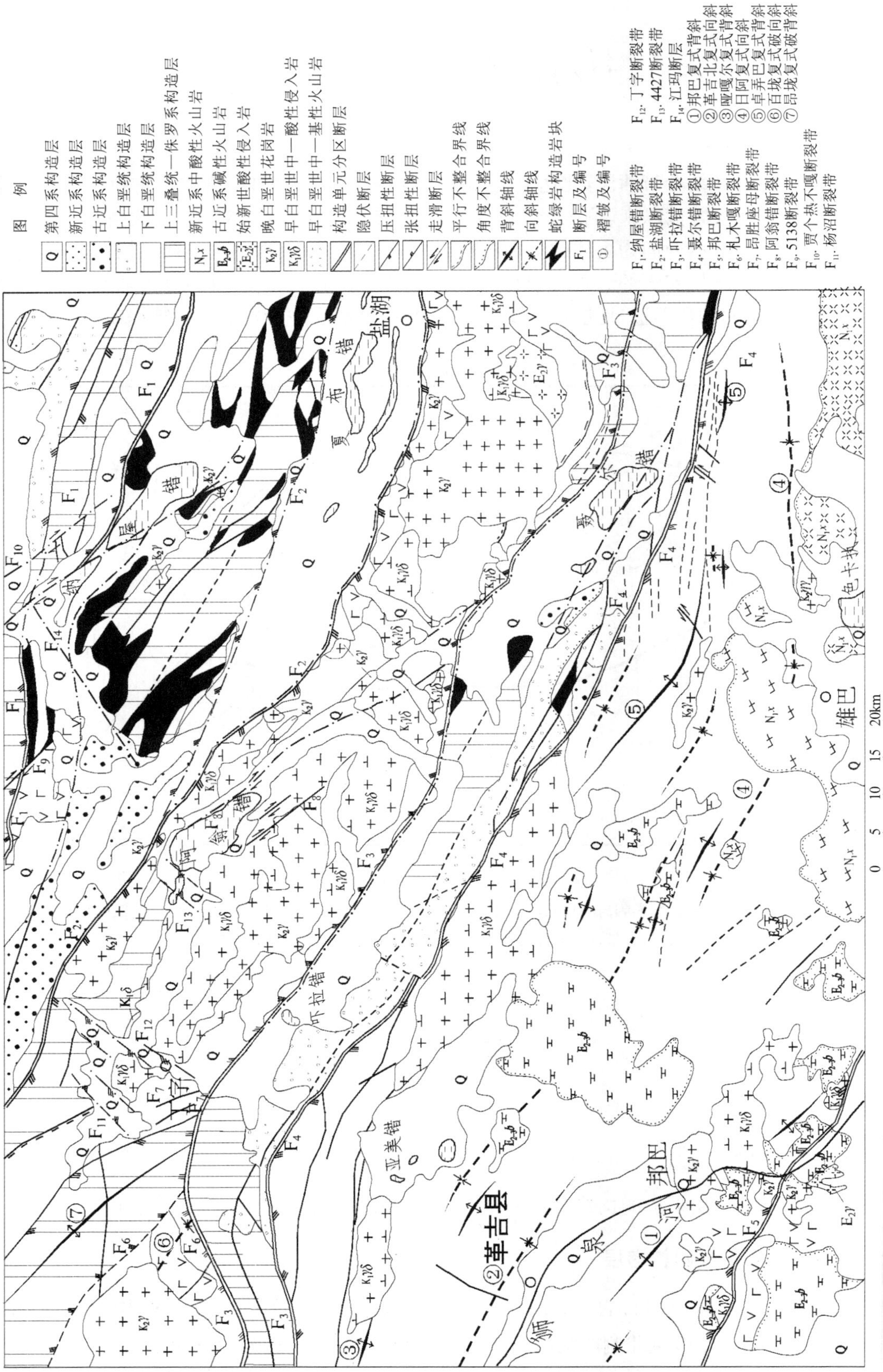
图例
第四系构造层
新近系构造层
古近系构造层
上白垩统构造层
下白垩统构造层
上三叠统—侏罗系构造层
新近系中酸性火山岩
古近系碱性火山岩
始新世酸性侵入岩
晚白垩世花岗岩
早白垩世中—酸性侵入岩
早白垩世中—基性火山岩
构造单元分区断层
隐伏断层
压扭性断层
张扭性断层
走滑断层
平行不整合界线
角度不整合界线
背斜轴线
向斜轴线
蛇绿岩构造岩块
断层及编号
褶皱及编号
F1.纳屋错断裂带
F2.盐湖断裂带
F3.吓拉错断裂带
F4.聂尔错断裂带
F5.邦巴断裂带
F6.扎木嘎断裂带
F7.昂胜座母断裂带
F8.阿翁错断裂带
F9.5138断裂带
F10.贾个热不嘎断裂带
F11.杨沼断裂带
F12.丁字断裂带
F13.4427断裂带
F14.江玛断层
①邦巴复式背斜
②革吉北复式向斜
③哑嘎尔复式背斜
④日阿复式向斜
⑤卓弄巴复式背斜
⑥百垅复式破向斜
⑦昂垅复式破背斜
革吉县
邦巴
雄巴
盐湖
狮泉河
亚美错
0 5 10 15 20km

图5-2　测区构造纲要图

该结合带南侧阿翁错岩浆弧带中，与上覆去申拉组（(K_1q)平行不整合或微角度不整合接触，未见底，区域上可能与接奴群($J_{2-3}J$)上部层位相当。聂耳错岩群(T_3JN)分布于狮泉河次级结合带之聂耳错构造混杂岩带中，竟柱山组角度不整合覆盖其上。

2. 下白垩统(亚)构造层

由去申拉组(K_1q)、多尼组(K_1d)、郎山组(K_1l)、捷嘎组(K_1jg)构成，是测区最主要的构造层。去申拉组(K_1q)分布于测区中部阿翁错岩浆弧带，并以外来岩块形式夹于班公错-怒江结合带中；捷嘎组(K_1jg)仅分布于测区西南角邦巴断裂带以南；多尼组、郎山组则分布于测区西南部革吉复合弧后盆地广大区域；区内多尼组和捷嘎组均未见底。区域上，该构造层的不同层位角度不整合超覆在上古生界构造层之上。

3. 上白垩统构造层

由竟柱山组(K_2j)及阿布山组(K_2a)构成。前者分布于测区中部狮泉河结合带，角度不整合在聂耳错岩群或郎山组之上(图 5-3)；后者分布在测区东北角羌南-保山微陆块南缘，与日干配错群(T_3R)断层接触(区域上角度不整合在侏罗系构造层之上)，其上被新近系唢纳湖组(Ns)角度不整合覆盖。

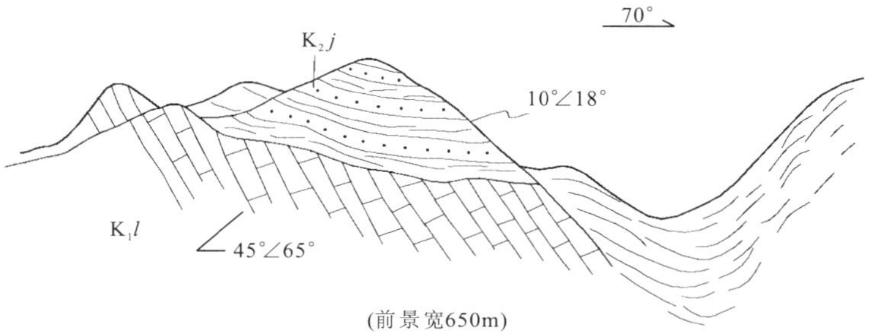

图 5-3 D2020 点西侧竟柱山组(K_2j)与郎山组(K_1l)之角度不整合

4. 古新统—始新统构造层

由牛堡组($E_{1-2}n$)构成，分布于班公错-怒江结合带和狮泉河结合带中，受盐湖断裂带、吓拉错断裂带、聂耳错断裂带控制，角度不整合在上白垩统构造层之上或角度不整合超覆在下白垩统或上三叠统—侏罗系构造层之上(图 5-4、图 5-5)。

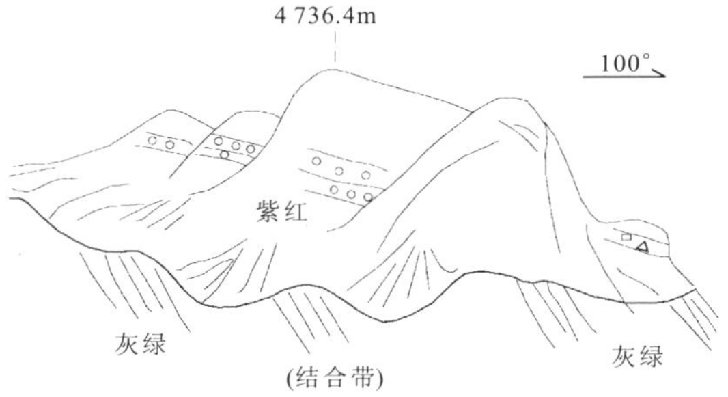

图 5-4 牛堡组($E_{1-2}n$)红色复成分砾岩不整合于班公错-怒江结合带之上

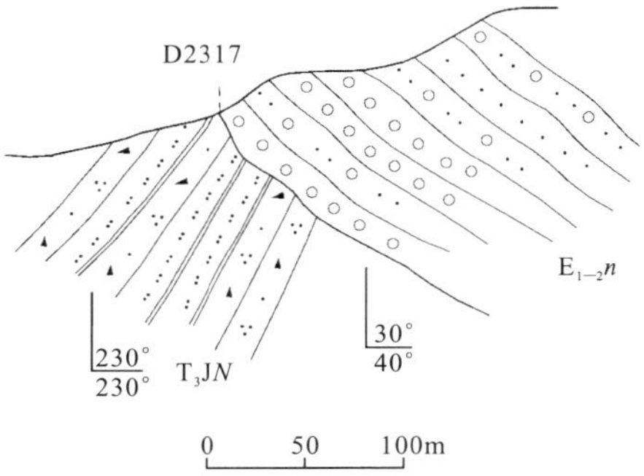

图 5-5 牛堡组($E_{1-2}n$)与聂耳错岩群(T_3JN)呈角度不整合接触(D2317)

5. 始—渐新统构造层

由邦巴组($E_{2-3}b$)构成，分布于测区西南部邦巴一带，角度不整合在捷嘎组(K_1jg)、多尼组(K_1d)、郎山组(K_1l)(图 5-6)或早白垩世花岗闪长岩($K_1\gamma\delta$)、晚白垩世花岗岩($K_2\gamma$)之上。

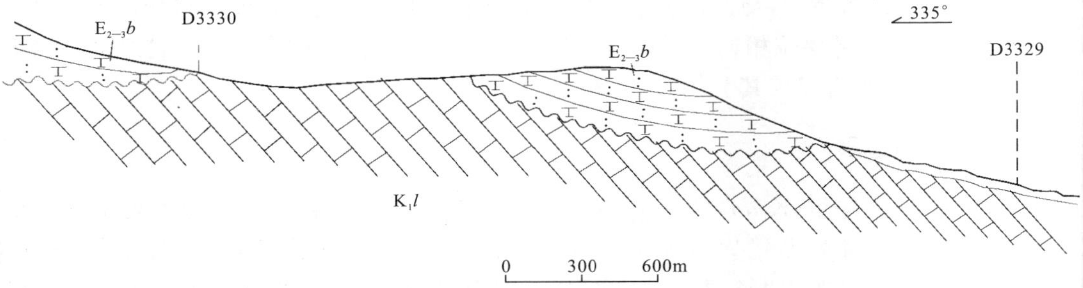

图 5-6　邦巴组($E_{2-3}b$)与郎山组(K_1l)之角度不整合

6. 中—上新统构造层

中—上新统构造层由雄巴组(N_1x)、唢纳湖组(Ns)构成，前者分布在测区南部雄巴一带，角度不整合于郎山组(K_1l)(图 5-7)、多尼组(K_1d)之上；后者分布于测区东北角，角度不整合超覆于阿布山组(K_2a)之上。

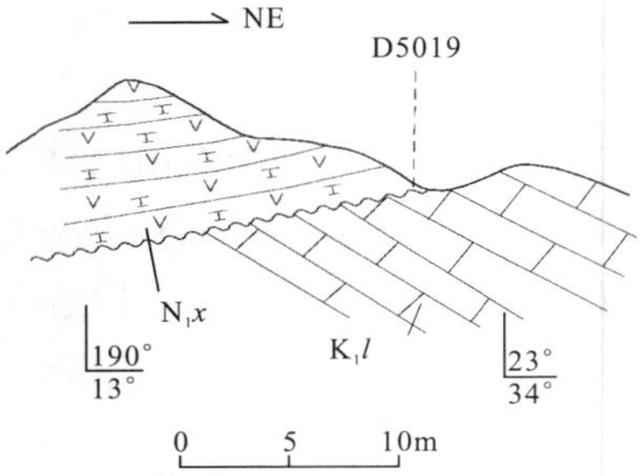

图 5-7　雄巴组(N_1x)与郎山组(K_1l)角度不整合

二、构造单元划分

我们综合前人划分方案，根据测区建造特征的不同和变形、变质特征的差异，以盐湖断裂带和纳屋错断裂带为界，将测区划分为羌南-保山微陆块、班公错-怒江结合带、冈底斯-念青唐古拉微陆块 3 个二级构造单元(图 5-8)；根据演化、发展过程中主构造期构造的配置关系，对测区主体构造单元——冈底斯-念青唐古拉微陆块，进一步划分成 4 个三级构造单元，自北东至南西分别是阿翁错火山-岩浆弧带、狮泉河(次级)结合带、革吉复合弧后盆地、捷嘎火山-岩浆弧带。

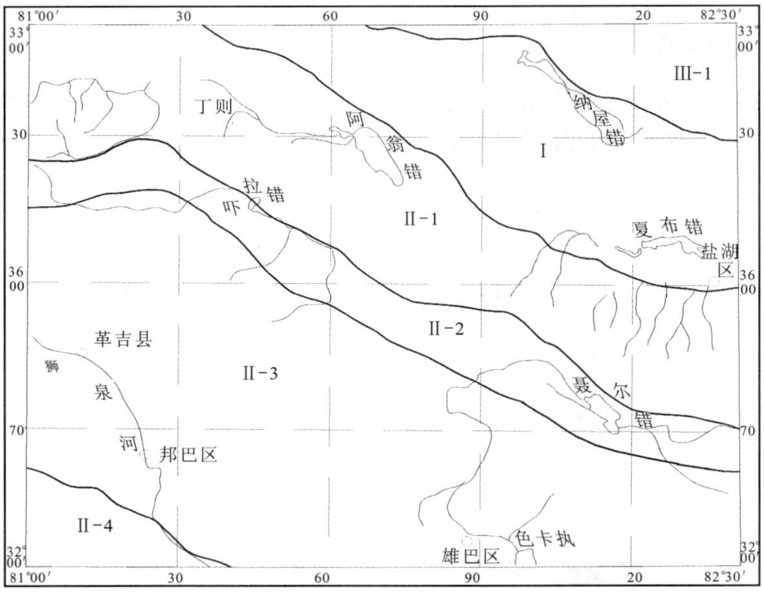

图 5-8　测区构造单元划分图

Ⅰ.班公错-怒江结合带；Ⅱ.冈底斯-念青唐古拉微陆块；Ⅱ-1.阿翁错火山岩浆弧带；Ⅱ-2.狮泉河次级结合带；Ⅱ-3.革吉复合弧后盆地；Ⅱ-4.捷嘎火山岩浆弧带；Ⅲ.羌南-保山微陆块；Ⅲ-1.色洼被动陆缘坳陷带

第二节 构造单元特征

一、班公错-怒江结合带

该带展布于字末牛日、纳屋错、盐湖一带，呈北西西向斜贯测区北东部，北西、南东均延入相邻图幅；北界为纳屋错断裂带（F_1），南界为盐湖断裂带（F_2），区内出露最大宽度 42.5km，延伸最大长度 110km。带内以东巧蛇绿岩群的构造残片、木嘎岗日岩群为基质，日干配错群、去申拉组及其他的外来岩块错综复杂地混杂组成了一条规模宏大的纳屋错构造混杂岩带。

1. 建造特征

前人资料及以往的研究者，虽将班公错-怒江结合带从测区东北部通过，划分有木嘎岗日岩群，但无蛇绿岩报道，构造内容不全，位置亦不够确切。通过本次区调，我们识别和区分了带内原地系统和外来岩块，发现了一系列大大小小属东巧蛇绿岩群的构造残片，丰富了结合带的构造内容，准确界定了结合带的位置，加深了对该带的认识。

本带由基质、蛇绿岩残片、外来岩块构成。

木嘎岗日岩群（*JM*）属带内的沉积建造，岩性主体为灰—深灰色或灰绿色变质岩屑石英砂岩、变质粉砂岩、板岩组合，沉积厚度较大，为大陆斜坡-海沟环境形成的一套碎屑复理石建造，形成时代主要为侏罗纪。该建造与带内其他岩块均为断层接触，其内断层亦很发育，为有限史密斯地层。该岩群上部亦见含砾砂岩等滨-浅海环境碎屑岩建造，可能为碰撞缝合前的残留海盆沉积，且时代可能要跨及早白垩世。

东巧蛇绿岩群（T_3JD）属带内岩浆建造，均以构造残片广布于结合带中，有属残余地幔岩层序的橄榄岩、蛇纹石化超基性岩、强碳酸盐化超基性岩（滑石菱镁岩）；有基—超基性堆晶杂岩层序的辉石岩、角闪岩、辉长岩；有属席状岩墙的辉绿岩；亦有属大洋拉斑系列的玄武岩；玄武岩之上，还有远洋深海沉积的硅质岩，出露最多的残片为玄武岩和辉长岩-辉石岩。

外来岩块主要由下白垩统去申拉组火山岩和碎屑岩岩块、上三叠统日干配错群碎屑岩岩块、上三叠统灰岩岩块和不明时代的灰岩岩块组成。去申拉组（K_1q）构造岩块为滨-浅海中—基性火山岩及碎屑岩建造，属构造碰撞期南侧火山-岩浆弧带混入的外来岩块；日干配错群（T_3R）构造岩块为滨-浅海碎屑岩夹碳酸盐岩建造，是其北侧羌南-保山微陆块南缘混入该带之外来岩块。

古近系牛堡组（$E_{1-2}n$）红色磨拉石建造和第四系沉积物均为该带缝合之后的上叠表层建造。

2. 构造变形特征

该带变形异常强烈，脆性和韧脆性断裂广为发育，主体建造各部分之间、主体建造与外来岩块之间均被断层分割成大小不等的透镜状或菱形岩块。

（1）断裂特征

①纳屋错断裂带（F_1）

为测区班公错-怒江结合带之北边界断裂带，展布于测区东北部纳屋错—彩马尔一线以北、多札日以南，北西西至近东西向延伸达 75km，北西、南东均延入相邻图幅。该断带最大宽度达 10km，由 4 条走向大体一致的断层组成，分支断层发育于日干配错群中，并与主边界断层沿走向出现分叉闭合现象。主边界断层断面倾向北北东，倾角 60°～65°；分支断层倾向北北东和倾向南南西者皆有之，倾角最大达 70°。

该断带南边界断层沿彩马尔—纳屋错一线以北展布，并被北北西向的贾个热不嘎断裂带（F_{10}）和 5138 断裂带（F_9）顺扭切错成三段，中、东段绝大部分为第四系掩盖。该断层南西盘为东巧蛇绿岩群构造残片，北东盘为日干配错群；其断层附近岩石强劈理化带发育。断面倾向北北东，倾角中等，为逆冲断层。

该断带北边界断层沿多札日以南通过，断层北东盘为阿布山组（K_2a），南西盘为日干配错群（T_3R），断面北北东倾，倾角 60°～65°，带内发育糜棱岩带。其分支断层倾向南南西，倾角 70°，判断该断层先期活动为压性，后期又为张性（应力松弛期北盘下滑）。该断层控制阿布山组陆相红色碎屑岩盆地沉积于北侧并又将其切割，为一多期次、先期韧脆性、后期脆性活动的断裂带。

②盐湖断裂带（F_2）

为测区班公错-怒江结合带之南边界断裂带，展布于测区北东部盐湖—阿翁错以北一线，北西西至近东西向延伸达125km，北西、南东均延入相邻图幅，区内大部分被第四系掩盖，为其隐伏断层，由一条主断层和一条分支断层组成，分支断层仅控制第四系盐湖盆地之北边界；该断带对东巧蛇绿岩群、早白垩世中酸性侵入岩、古近系红色磨拉石沉积和第四系湖盆沉积均有极为明显的控制作用。东巧蛇绿岩群（T_3JD）构造残片仅分布于断带北侧；早白垩世中酸性侵入岩仅分布于南侧；古近系红色磨拉石沉积和第四系湖盆沉积均沿断带北侧与断带同方向延伸、带状分布。断层面总体南倾，倾角中等，且见后期活动又切割了古近系，是一条多期次活动的断裂带，具先期韧脆性、后期脆性的特征。

③纳屋错构造混杂岩带

纳屋错构造混杂岩带位于纳屋错断裂带、盐湖断裂带之间，为班公错-怒江构造混杂岩带西段的组成部分。区内出露宽度20km，延伸90km，北西、南东均延入相邻图幅，西段大部分被古近系和第四系等上叠建造掩盖。

该带的主体建造为东巧蛇绿岩各层序的构造残片和木嘎岗日（岩）群（图5-9、图5-10、图5-11）。外来岩块主要是去申拉组的构造岩块，其次有日干配错群的构造岩块。蛇绿岩残片、基质、构造岩块间被一系列北西西向，与南、北边界断层平行展布，规模不等的分叉、闭合的断层带所分割和夹持；这些断层断面倾向南南西和北北东者均有之，以向南倾斜占主导地位；断层性质多为逆冲性质，沿规模较大的断层常发育强劈理化带、碎裂岩带或糜棱岩化带（图5-12）。既保留了班公错-怒江结合带南向剪切俯冲的构造痕迹，又反映了后期南向逆冲的构造痕迹。

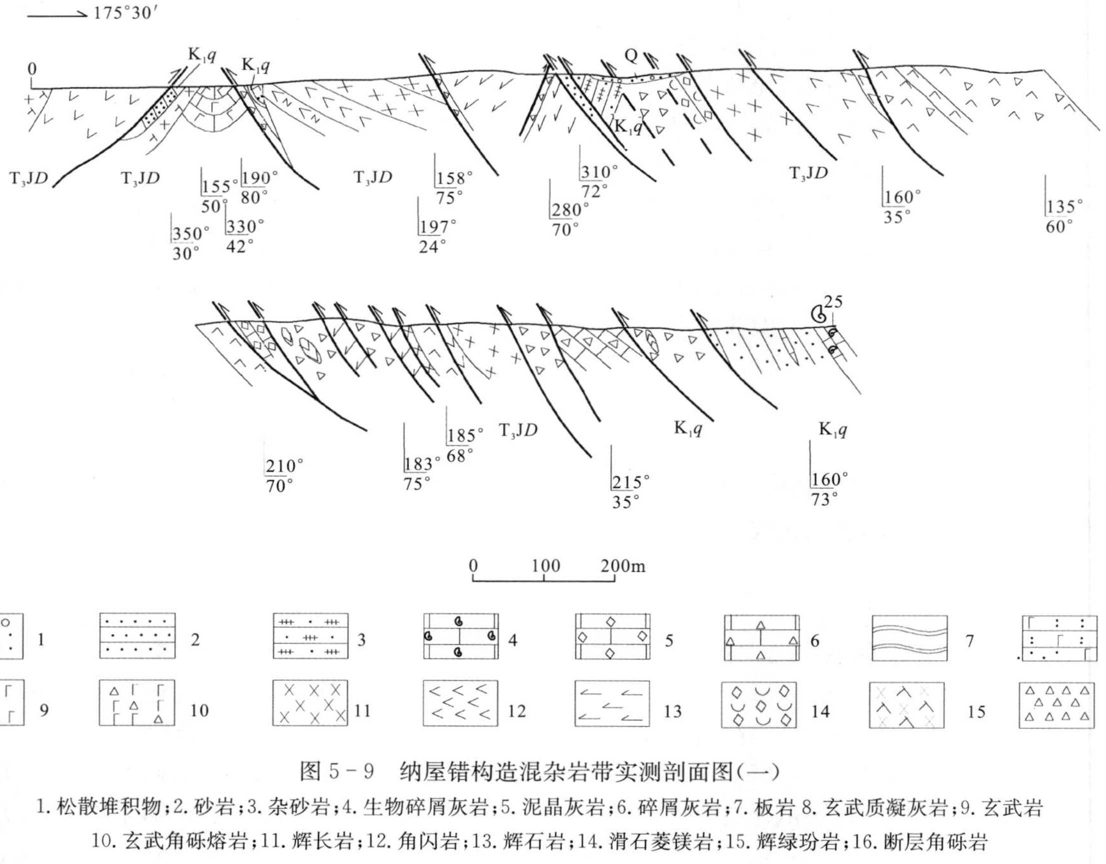

图5-9　纳屋错构造混杂岩带实测剖面图（一）

1.松散堆积物；2.砂岩；3.杂砂岩；4.生物碎屑灰岩；5.泥晶灰岩；6.碎屑灰岩；7.板岩 8.玄武质凝灰岩；9.玄武岩 10.玄武角砾熔岩；11.辉长岩；12.角闪岩；13.辉石岩；14.滑石菱镁岩；15.辉绿玢岩；16.断层角砾岩

④贾个热不嘎断裂带（F_{10}）

有两条平行展布的断层，作北北西向直线状延伸，主要的一条在测区内延伸35km，并延入北邻图幅，

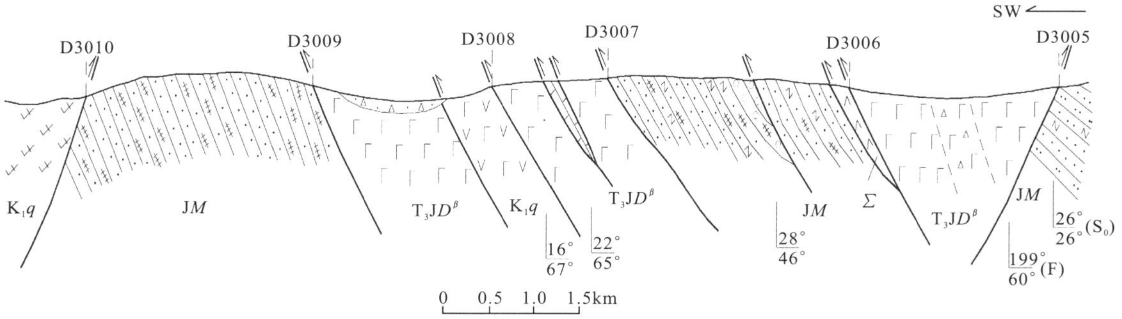

图 5-10　纳屋错构造混杂岩带剖面特征(二)

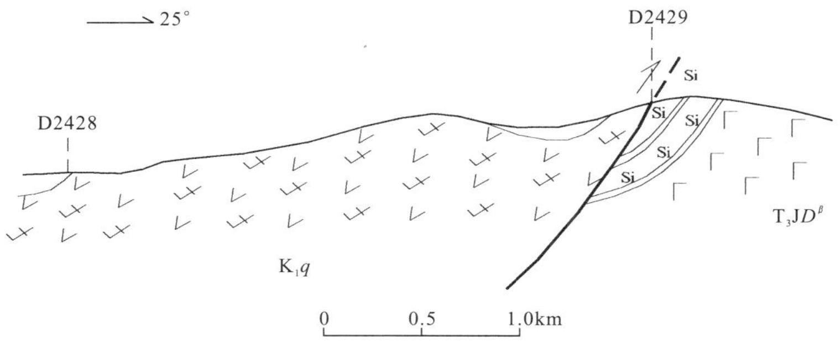

图 5-11　纳屋错构造混杂岩带特征(三)

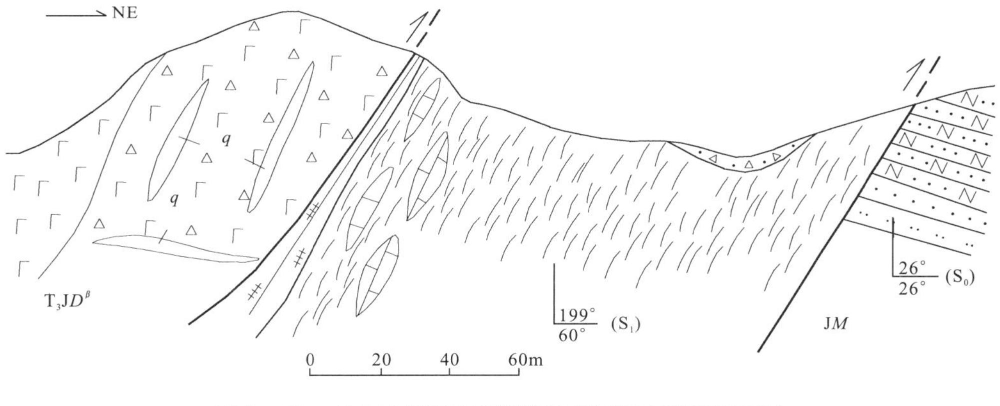

图 5-12　D3005 断层破碎带剖面图(纳屋错混杂岩带)

为断面陡倾的脆性断层。它控制纳屋错湖北段北东边界和南段南西边界,遥感影像上显示将纳屋错切错并右行走滑。它亦将纳屋错断裂带(F_1)南边界主断层切错并作右行走滑,其形成时期应为测区最晚期构造活动所保存的形迹,为高原隆升阶段走滑调整的产物。

⑤江玛断层(F_{14})

北东东向直线状延伸达 25km,为断面陡倾的脆性断层。对第四纪湖泊、水系、地貌单元有明显的控制性:控制阿翁错湖泊的北西边界,控制孛末牛日断隆区的北西边界,控制北东东向第四纪谷地及水系展布方向。该断层切割北西西向的纳屋错-采马尔第四纪湖盆之南边界控制断层,并将其作左行走滑位错。它与北北西向的贾个热不嘎断裂带组成一组共轭剪切断层,同属高原隆升阶段生成的断层。

(2)褶皱特征

带内因地层的极不完整性,填图尺度的褶皱在地质图上一般不能反映,但露头尺度和显微尺度的褶皱广为发育,类型多样(图 5-13)。由于强烈的构造剪切作用,作为准原地系统的木嘎岗日群中的刚性夹层(砂岩)常被剪切错断透镜体化,形成菱形岩块,散布于劈理化板岩中。就是在外来岩块的日干配错岩群

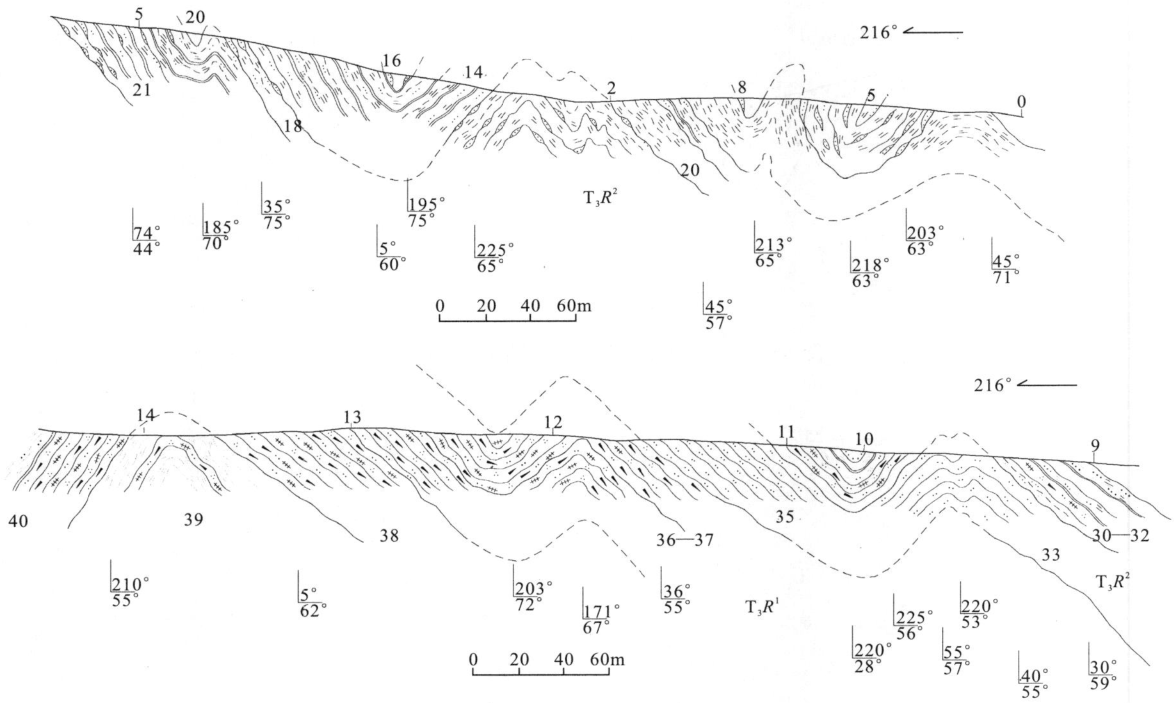

图 5-13　纳屋错南东日干配错群中的斜歪及倒转褶皱

(T_3R)和去申拉组(K_1q)中，这种现象亦不乏其见。日干配错群构造岩块中还见劈理褶皱(图 5-14)，反映了二次构造变形。

带内作为上叠表层建造的牛堡组地层中，虽较主体构造层微弱、简单，但其褶皱、断裂亦十分明显，断裂带附近局部可见同斜倒转褶皱(图 5-15、图 5-16)，褶皱、断裂的延伸方向为北西西向，与主构造期的构造线方向一致。断层为断面倾向北北东的脆性逆冲断层，往往是老断层的重新活动。

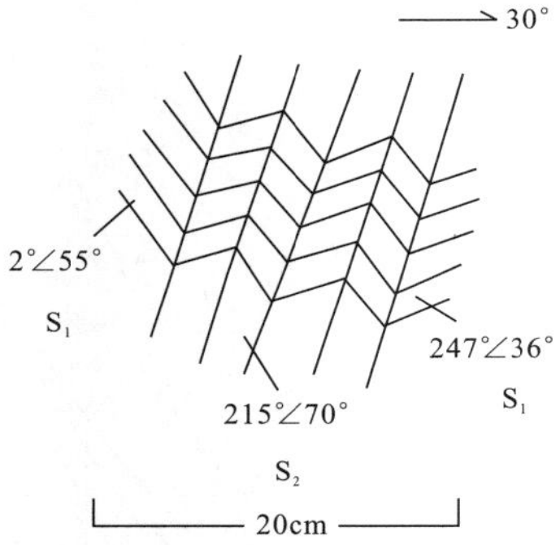

图 5-14　D1008 点劈理化砂岩(T_3R^1)劈理褶皱

3. 变质特征

作为该构造单元主体建造的木嘎岗日岩群、东巧

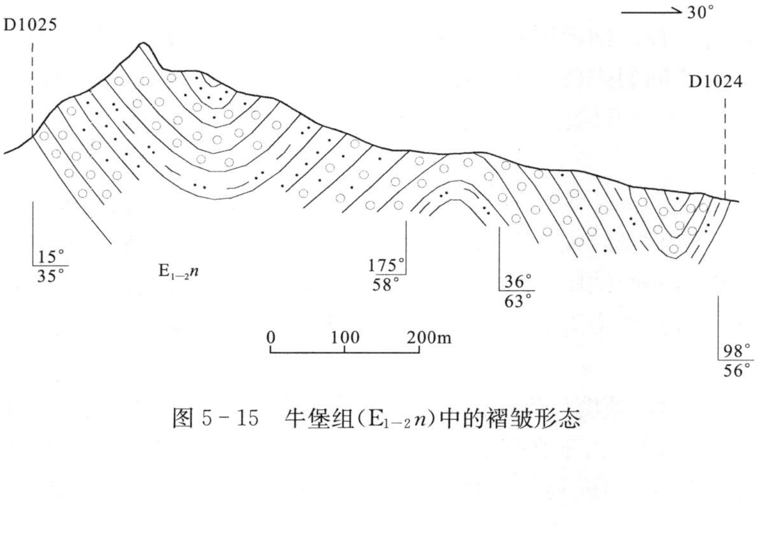

图 5-15　牛堡组($E_{1-2}n$)中的褶皱形态

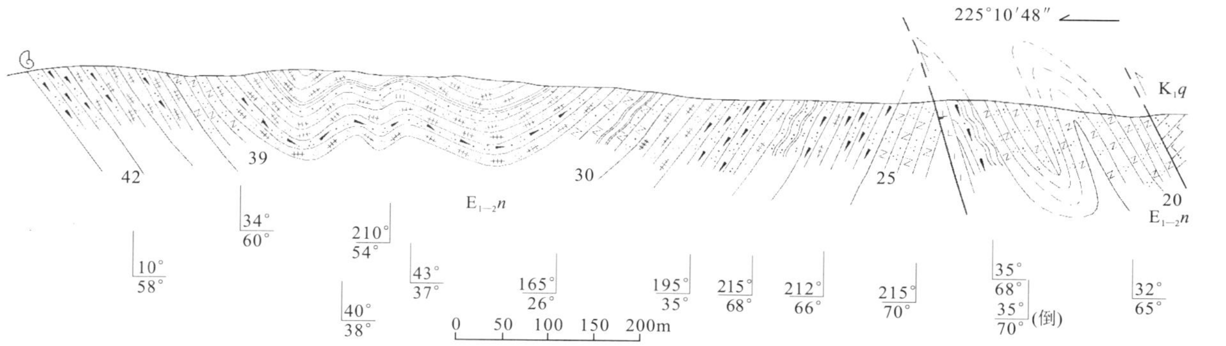

图 5-16 牛堡组($E_{1-2}n$)中的褶皱、断裂

蛇绿岩群(残片)普遍遭受了俯冲带变质作用,新生变质矿物为绢云母、绿泥石、石英、方解石,变质岩结构主要是变余结构,定向构造十分发育。砂岩中的石英颗粒有明显次生加大,具变形纹和波状消光,裂纹发育;长石和鳞片状的绢云母具定向排列并产生柔皱弯曲;钙质胶结物中方解石重结晶变粗。板岩具变余粉砂泥状结构,绢云母呈定向排列,粒状矿物大多呈粒状变晶结构。变超基性、基性岩多表现为塑性变形,可见糜棱结构、残斑结构,可见流动构造及显微褶皱。碳酸盐岩表现为方解石晶体次生加大并压扁、拉长,定向排列,普遍具变形纹和波状消光,双晶纹可见扭断带。上述表明在强应力作用下,极为明显的动力变质特征,基性、超基性岩的构造变形可能已达中部构造变形相。

该带变质作用的另一特点是后期遭受了强烈的热液蚀变,出现蛇纹石化、滑石化、钠黝帘石化、碳酸盐化、硅化,并叠加在前期区域动力变质岩之上。前者在区内虽未发现兰闪石或硬柱石的矿物组合,但该带区域上前人资料已报道有黑硬绿泥石和多硅白云母,班公错北侧有硬玉十石英组合(1∶100 万日土幅报告),八宿仁错一带曾发现青铝闪石(1∶20 万洛隆、昌都幅报告),表明班-怒带俯冲带变质作用属高压低温变质范畴,而叠加在其上的气-液变质则属低压低—中温变质范畴。作为上叠表层建造的牛堡组则基本未变质。

二、冈底斯-念青唐古拉微陆块

(一)阿翁错火山-岩浆弧带

该带分布于测区中部,夹持于盐湖断裂带(F_2)与吓拉错断裂带(F_3)之间,带宽 17.5～35km,北西西至近东西向展布,向西向东均延入相邻图幅。该带是冈底斯-念青唐古拉微陆块北缘,受班公错-怒江洋壳南向俯冲形成的中晚侏罗世—早白垩世火山-岩浆弧。

1. 建造特征

沙木罗组(J_3s)、去申拉组(K_1q)是本单元之沉积建造。沙木罗组由灰色变质岩屑石英砂岩、变质粉砂岩、板岩夹生物碎屑灰岩及中基性火山岩、火山碎屑岩组成,区内未见底,含珊瑚、双壳类、有孔虫等化石,主要为一套浅海碎屑岩夹碳酸盐岩建造,时代属晚侏罗世。该套沉积向南东延伸与区域上的接奴群($J_{2-3}J$)层位相当,其中还夹中—酸性火山岩建造。

去申拉组下部为灰色变质岩屑石英砂岩、变质长石石英杂砂岩、板岩、砾屑灰岩、钙屑砾岩夹生物屑灰岩组成的一套浅海碎屑岩夹碳酸盐岩建造,含珊瑚、有孔虫等化石,时代属早白垩世,底部以复成分砾岩平行不整合或微角度不整合在沙木罗组之上;上部主要为一套中—基性钙碱性火山岩,岩性以玄武安山岩为主,火山韵律的下部含玄武质火山角砾岩、玄武岩,韵律上部亦出现安山岩和英安岩。本组碎屑岩中的碎屑成分常含较多的中酸性至中基性的火山岩屑和硅质岩岩屑。下部所夹生物碎屑灰岩中含珊瑚及有孔虫等化石,时代属早白垩世。无凝,本组属一套滨-浅海碎屑岩夹碳酸盐岩及中—基性火山岩建造。

燕山晚期中—酸性侵入岩异常发育是本带岩浆建造的显著特征,由昂龙岗日、阿翁错、盐湖等复式岩体组成了一条规模宏大的中—酸性侵入岩带,其中有俯冲岩浆弧系列的早白垩世闪长岩($K_1\delta$)、石英闪长岩($K_1\delta o$)，碰撞造山系列的早白垩世花岗闪长岩($K_1\gamma\delta$)、晚白垩世花岗岩($K_2\gamma$)、黑云母花岗岩($K_2\gamma\beta$)、二长花岗岩($K_2\eta\gamma$)、正长花岗岩($K_2\xi\gamma$)和后碰撞造山花岗岩系列的始新世花岗斑岩($E_2\gamma\pi$)。

2. 构造变形特征

本带构造变形较强烈，但相比班公错-怒江结合带弱，构造形迹主要表现为北西向的压性(兼具扭性)断裂、北东向的张性(兼具扭性)断裂和北北西向、北东东向扭性断裂以及不同尺度的北西向褶皱及劈理、片理等。北西向的压性(兼具扭性)断裂有札木嘎断裂带(F_6)、昂胜座母断裂带(F_7)，北东向的张性(兼具扭性)断裂有扬沼断裂带(F_{11})、丁字断裂带(F_{12})、4427 断裂带(F_{13})，北北西向的扭性断裂为阿翁错断裂带。因断层破坏和岩体侵入，本带中填图尺度的褶皱已无完好保存，仅可大致识别昂龙岗日、阿翁错、盐湖 3 个复式岩体大体沿 3 个以去申拉组为槽部的复式向斜槽部侵入就位。主要褶皱有昂龙岗日复式向斜⑥、昂垅复式破背斜⑦(仅沙木罗组组成的核部部分保存)。

(1)断裂特征

①札木嘎断裂带(F_6)

该断带主断层发育于本带西段昂龙岗日复式向斜⑥与昂垅复式背斜⑦间，北西向延伸达 40km。断层北东盘为沙木罗组变质砂、板岩，地层走向北西，但接近断裂带，地层倾向北东、南西者均有，变化较大；断层南西盘为去申拉组变质中—基性火山岩和变质砂、板岩，地层作北西走向，倾向南西，由此推测断面倾向北东，倾角中等，为脆性逆冲断层。断层南东延伸归并于吓拉错断裂，并构成其分支断裂格局。

②昂胜座母断裂带(F_7)

该断带主断层发育于本带西段昂垅复式背斜⑦与阿翁错复式向斜间，北北西至北西西向波状延伸 35km，南东限制于吓拉错断裂带以北，北西延入北邻图幅。断层南西盘为沙木罗组变质砂、板岩，地层走向北西，倾向北东，倾角 75°，接近断层产状较乱；北东盘为去申拉组变质砂、板岩夹灰质砾岩及生物屑灰岩，地层走向北西，倾向北东，倾角 51°～60°。断面倾向南西，倾角 70°，为脆性逆冲断层。在主断层南东段，北东盘去申拉组中尚发育两条与主断层平行展布的小断层，延长一般小于 5km，推测其性质亦应属扭压性，断面倾向南西，它们在剖面上与主断层组成人字形分支。

③阿翁错断裂带(F_8)

该断带沿阿翁错和叉茶卡两侧北北西向展布，由 4 条平行的断层组成，延伸达 50km，北西限制于盐湖断裂带以南，南东与吓拉错断裂带交接，断带宽 3～6km，发育于阿翁错复式向斜与盐湖复式向斜间。该断带在卫星影像图上具十分瞩目的北北西向带状展布的线性特征，阿翁错—叉茶卡南西之早白垩世中酸性侵入岩中密集的节理带十分发育。结合地面观察认识，本断带阿翁错—叉茶卡西侧主要由 3 条平行的北北西向扭性(兼具压性)断层组成，切割了去申拉组(K_1q)和早白垩世及晚白垩世中酸性侵入岩，断面向南西陡倾，平面上具顺时针走滑特性。阿翁错—叉茶卡东侧主要由一条北北西向断层组成，大多被第四系掩盖，主要为遥感解译之隐伏断层，以有限的观察资料判断，断面可能向北东陡倾，仍为扭性(兼具压性)性质。断带还有一极为显著的特征是沿阿翁错—叉茶卡两侧展布，并控制了第四系湖盆沉积。

④北北东、北东向张(兼具扭性)性断裂带

通过遥感影像解译，在阿翁错北西，可以识别 3 个极为明显的小型宽谷盆地，它们的边界是受与构造带近于直交的北北东向断裂控制的，即扬沼断裂带(F_{11})、丁字断裂带(F_{12})、4427 断裂带(F_{13})。它们分别由两条相向陡倾断层组成，带宽一般 2～3km，延长 6～12km，一般被第四系掩盖，为隐伏断层，但可见一系列泉眼沿断层走向呈直线状展布，或一系列北西西向小支流遇陡崖急转弯，转折点沿断层走向呈直线状延伸，表现出不同块段差异升降，形成明显的裂堑构造，这种裂堑构造对第四纪沉积的明显控制作用当属新构造范畴。但它亦应是主构造期与北西西向压扭性断裂配套的张扭性断裂的再次活动。

(2)褶皱特征

如前所述，因断层破坏严重，较大的复式背、向斜一般均保存极不完整，现仅把尚能识别核部的背斜和尚能识别槽部的向斜简要描述如下。

①昂龙岗日复式向斜(⑥)

北东翼遭札木嘎断裂带主断层破坏保存不全，南西翼受札木嘎断裂带分支断层破坏亦不完整，但槽部和南东扬起端尚可识别。该向斜轴向北西西，延伸大于 25km，入西邻图幅。槽部主要被昂龙岗日晚白垩世黑云母花岗岩（$K_2\gamma\beta$）侵吞占据，最新地层为去申拉组上部之中—基性火山岩，扬起端外缘及两翼尚有去申拉组（K_1q）下部之变质砂、板岩。向斜北东翼倾向南西，倾角 50°～57°；南西翼倾向北东，倾角 31°～48°，反映为轴面向北东陡倾。在向斜扬起端，槽部之中—基性火山岩与变质砂、板岩界线表现为曲折的锯齿状，但总体为北东—南西走向，向北西倾斜，表现出向斜向南东扬起。

②昂垅复式背斜（⑦）

北东翼遭昂胜座母断裂带（F_7）主断层破坏，南西翼受札木嘎断裂带（F_6）主断层破坏，翼部保存不全，但尚可识别轴部形态和南东倾伏端。该背斜轴向北北西至北西西，延伸大于 32.5km，向北西延入北邻图幅，轴部由沙木罗组（J_3s）变质砂、板岩组成，北东翼倾向北东，倾角 58°～75°；南西翼倾向南西，倾角 50°～60°，并保留有一次级向斜。该背斜向南东倾斜，但枢扭有起伏，倾伏角 30°～58°。在该背斜北东翼靠近核部位置，沙木罗组中尚发育有北北东向的叠加小褶皱。

此外，阿翁错复式向斜和盐湖复式向斜规模较大，亦作北西向延伸达 70km 以上，但因槽部均遭破坏，仅北东翼或南西翼部分保存，故不分别列述。这些褶皱形态均是以线形、复式褶曲为共同特征的，低级别的褶皱甚为发育，形态多样（图 5－17、图 5－18、图 5－19），但轴向均是北西至近东西向。

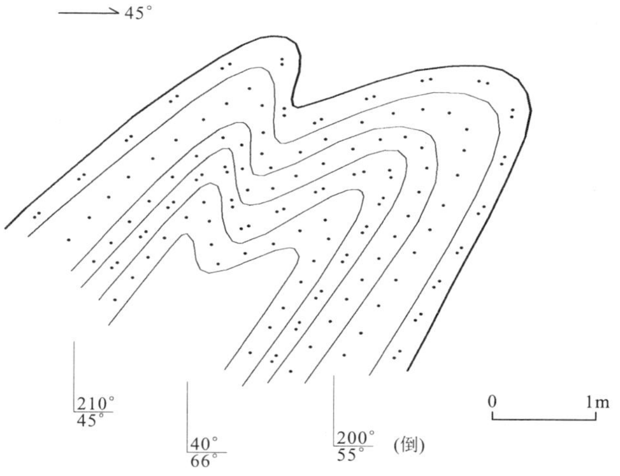

图 5－17 D2318 点沙木罗组（J_3s）中的倒转褶曲

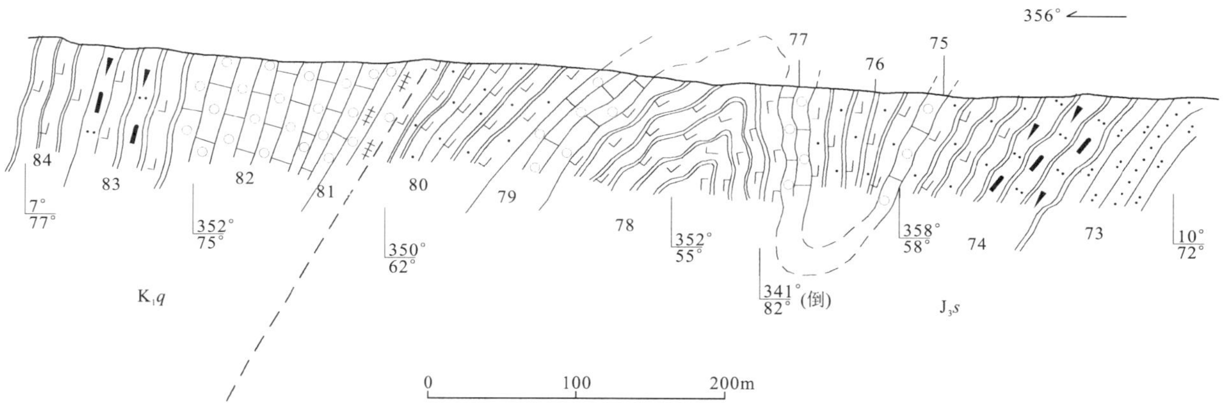

图 5－18 沙木罗组中轴面北倾的倒转褶皱

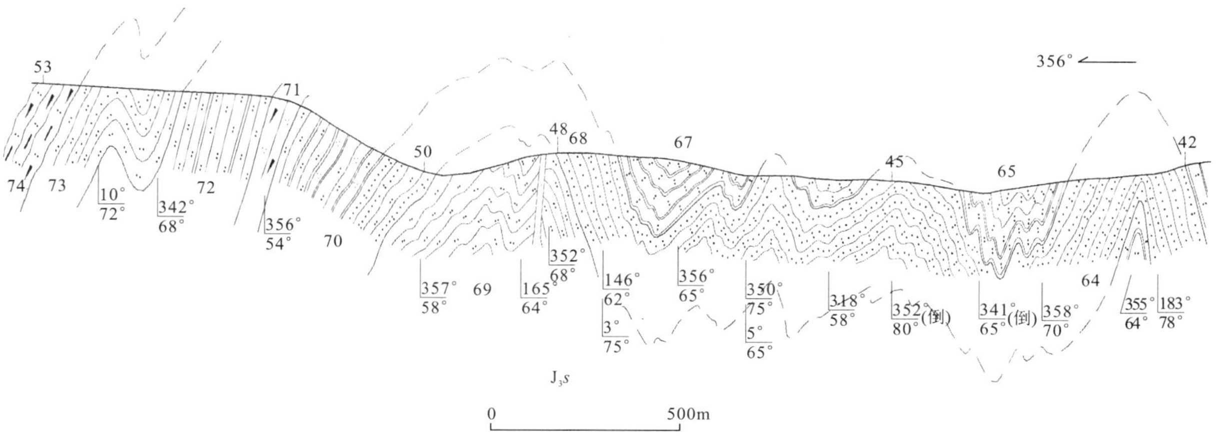

图 5－19 沙木罗组中轴面北倾的斜歪及倒转褶皱

3. 变质特征

本单元主体沉积建造的沙木罗组(J_3s)、去申拉组(K_1q)遭受了较为明显的区域动力变质作用,形成变质砂岩、板岩或千枚岩、变质中—基性火山岩(变安山岩、变玄武岩)、大理岩。新生变质矿物主要为绢云母、绿泥石、石英、方解石、钠长石、绿帘石等,可划分出绢云母-绿泥石带,总体属绿片岩相、低压中低温区域浅变质范畴。变质岩结构一般为变余结构-鳞片变晶结构,方解石、石英明显次生加大,定向构造较发育。

本构造单元的变质特征还明显表现在接触变质作用的强烈叠加。沿昂龙岗日-盐湖构造岩浆带中酸性侵入岩的外接触带,绕岩体呈带状分布,在原区域浅变质带基础上普遍叠加了热接触变质和接触交代变质岩。主要的接触变质矿物有堇青石、黑云母、白云母、石榴石、镁铁闪石、阳起石、斜长石、普通角闪石等,分布和排列无规律,形成角岩结构,主要岩石类型有堇青黑云石英角岩、堇青云母角岩、长英质角岩、斜长角闪角岩、石榴石矽卡岩等,可达角闪角岩相,属低压中—高温变质范畴。

(二)狮泉河(次级)结合带

本带出露于测区中部,北界为吓拉错断裂带(F_3),南界为聂尔错断裂带(F_4),本带的北东侧为阿翁错火山-岩浆弧带,南西侧为革吉复合弧后盆地,其间为狮泉河蛇绿岩残片和聂耳错岩群以及其他外来岩块组成的聂耳错构造混杂岩带。带宽 9～17.5km,北西西向至近东西向延伸达 150km,向西向东均延入相邻图幅。以往资料,该带在测区仅表现为一条大体沿此位置展布的大断裂带,对其性质及演化历史,难于作进一步探讨。通过本次区调,除进一步界定了南、北边界断层及其性质外,还在带内发现了 6 处蛇绿岩或蛇绿混杂岩残片,并在其辉石岩中获取了 222.51Ma(Ar-Ar 法)和辉长岩中获 168Ma(K-Ar 法)同位素年龄值,对该带的性质和演化历史提出了初步认识。

1. 建造特征

聂耳错岩群(T_3JN)为该带同构造期的沉积建造。聂耳错岩群主要表现为一套具浊积岩特征的碎屑复理石建造,砂岩底面广泛发育印模,粒序层普遍发育,粉砂质板岩中含碳酸盐岩滑塌岩块,生物化石混杂,皆以搬运再沉积的形式出现,既有古生代的䗴化石碎片,亦有晚三叠世的菊石和中侏罗世的珊瑚化石。该岩群岩层构造变形异常强烈,与狮泉河蛇绿岩构造岩块间皆为断层接触,其自身断层亦很发育,为一套局部有序总体无序的特殊岩石地层单位。

蛇绿岩为本带的岩浆建造。蛇绿岩或蛇绿混杂岩残片的发现至少表明该带曾一度有过裂谷(或初始洋盆)的存在。它们是狮泉河蛇绿岩群的不同层序的组分。蛇绿岩残片中见有辉石岩、角闪岩、辉长岩、玄武岩、玄武质凝灰岩等,以及以片理化玄武岩、玄武质凝灰岩为基质,夹橄榄玄武岩、辉石岩、灰岩等透镜状构造岩块的蛇绿混杂岩。在其中辉石岩、辉长岩中的同位素年龄值表明,晚三叠世—中侏罗世本带处于拉张环境,出现过裂谷或初始洋壳。

后构造期的表层建造由竟柱山组进积型三角洲相杂色碎屑岩夹碳酸盐岩建造、牛堡组河湖相山间红色磨拉石建造和第四系沉积组成。竟柱山组(K_2j)下部为紫红、灰绿等杂色复成分砾岩、岩屑石英砂岩、粉砂岩、钙质板岩,局部夹灰岩;上部为紫红色砾岩、含砾砂岩、岩屑石英砂岩、泥岩,含圆笠虫及腹足类化石,时代为晚白垩世;该建造角度不整合在聂耳错岩群(T_3JN)或郎山组(K_1l)之上。牛堡组($E_{1-2}n$)以紫红色砾岩、砂岩、含砾砂岩、粗粒岩屑砂岩为主,角度不整合于竟柱山组之上或超覆到更老地层之上。作为本带表层建造最新的层位是沿聂耳错—吓拉错北西西展布的第四系湖盆沉积。这些表层建造在带中分布面积较广,在某些地段部分甚至全部掩盖了主构造期的建造和构造。

2. 构造变形特征

本带构造变形强烈,尤以断裂更甚,主要有两条规模较大的断裂带。

(1)断裂特征

①吓拉错断裂带(F_3)

本断带为狮泉河结合带之北边界断裂，亦是阿翁错火山-岩浆弧带之南边界断裂，它控制狮泉河蛇绿岩群构造残片仅分布于断带南侧，燕山晚期中—酸性侵入岩仅分布于断带北侧。它亦控制竟柱山组进积型三角洲相杂色碎屑岩夹碳酸盐岩建造、牛堡组河湖相山间红色磨拉石建造以及聂尔错-吓拉错第四系湖盆沉积只分布于断带南侧。断带北西西至近东南向波状弯曲延伸达 150km，向西向东均延入相邻图幅，为一条沿走向分叉、闭合的多条断层组成的多期次活动的断裂带。

断带东段近东西向延伸，断层迹象清楚，在聂尔错北东（图 5－20）表现为南向和北向两组逆冲断层组成，其间夹去申拉组构造岩块和狮泉河蛇绿岩之橄榄玄武岩构造残片。其中北边界之 F_5、F_6 为南向逆冲，中间夹 50m 宽的强劈理化挤压破碎带及十余米宽橄榄玄武岩构造透镜体，F_5 之南尚见粉砂质板岩中发育百余米宽强劈理化带。断面产状倾向北东 5°，倾角 70°，劈理化带劈理产状与之一致。F_3、F_4 为北向逆冲断层，断面南倾（倾向 172°，倾角 75°），其间亦夹狮泉河蛇绿岩群之橄榄玄武岩构造透镜体。F_3 断层南侧，尚发育一条北东东走向的规模较小的分支断层，它与断裂带的平面配置关系，反映了断裂带后期兼具顺时针走滑特性。

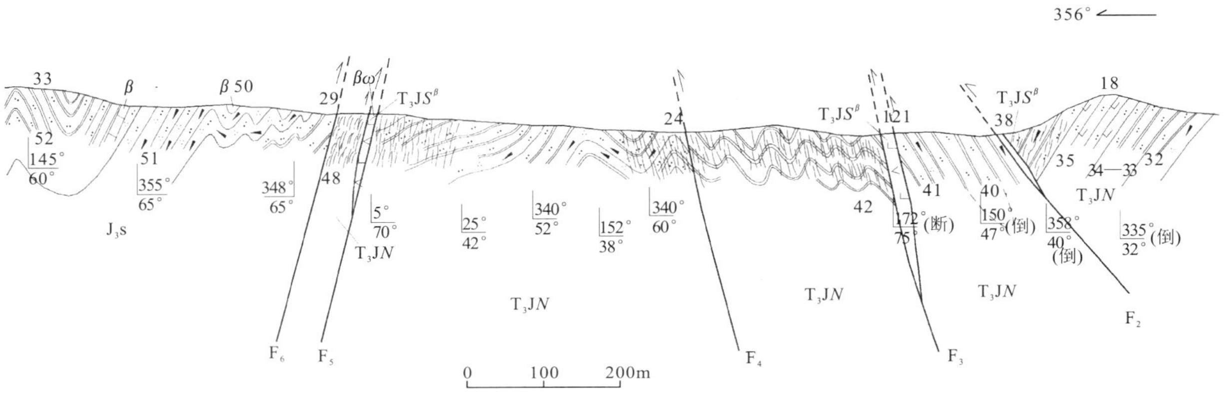

图 5－20 狮泉河（次级）结合带构造剖面图

断带中段北西西向延伸，沿吓拉错—错如—聂尔错北东侧一线展布，大部分为第四系掩盖，为其隐伏断层，但对第四系湖盆沉积控制作用极为明显，遥感影像十分夺目。本段中卡拉盲布一带断层迹象清楚，表现为倾向北东和倾向南西的两组逆冲断层夹持多个狮泉河蛇绿岩构造残片和聂耳错岩群（T_3JN）构造岩块组成的宽约 1.5km 的蛇绿混杂岩带（图 5－21）。其北边界主断层自卡拉盲布通过，断面倾向北东，倾角 30°，断层挤压破碎带宽达 1km，有强片理化的变质砂、板岩，强片理化的变质玄武岩和强片理化夹辉石岩构造透镜体的玄武岩中夹 3 个出露宽度约百米的斜长角闪岩构造残片。挤压片理倾向北东 10°～35°，倾角 15°～37°。该组断层北东为去申拉组变质砂、板岩，南西侧为狮泉河蛇绿岩层状堆晶岩和玄武岩层序之构造岩块，可见辉石岩→辉长岩→玄武岩组成的两个半韵律，出露宽度 300m。再向南西为一组倾向南

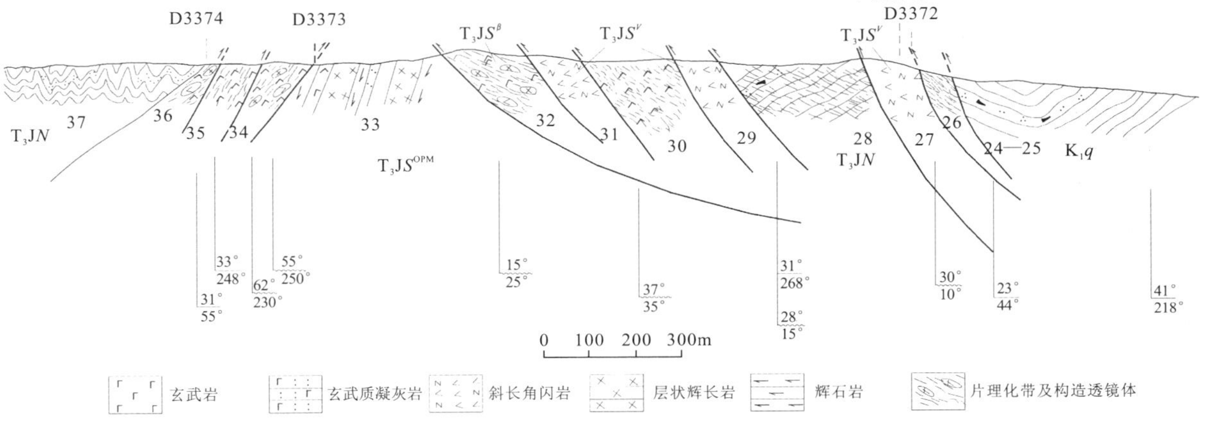

图 5－21 狮泉河（次级）结合带卡拉盲布一带蛇绿混杂岩路线构造剖面图

西的逆冲断层，组成约200m宽的挤压破碎带，基质为强片理化的玄武岩和玄武质凝灰岩，其中夹大小不等的辉石岩构造透镜体。挤压片理及构造透镜体产状为倾向230°～250°，倾角33°～62°。其南边界断层南西侧为聂耳错岩群变质砂岩、板岩，其中小褶曲异常发育。

断带西段转为近东西走向，波状弯曲延伸，切割了沙木罗组、去申拉组和聂耳错岩群，控制竟柱山组沿断带南侧分布。向西，据遥感影像断带延入了西邻图幅。

②聂尔错断裂带(F_4)

本断带是狮泉河（次级）结合带之南边界断裂，亦是革吉复合弧后盆地之北边界断裂，它控制狮泉河蛇绿岩构造残片仅分布于断带北侧，燕山晚期中酸性侵入岩仅分布于南侧，竟柱山组杂色碎屑岩夹碳酸盐岩建造、牛堡组河湖相山间红色磨拉石建造沿带分布又被其切割。断带作北西西向至近东西向波状弯曲延伸达150km，向西向东均延入相邻图幅。

断带东段北西西至近东西向延伸，大致沿聂尔错第四纪湖盆南侧分布，出露宽度较窄，内容较简单，部分被第四系掩盖为隐伏断层。在郭藏布以北一带，表现为两条断面南倾的逆冲断层，中间夹持一宽度达1.5km的狮泉河蛇绿岩之变质玄武岩构造残片（图5-22），玄武岩与聂耳错岩群变质砂岩、板岩间有约百米的泥、砂质挤压破碎带，其中夹灰岩构造透镜体，断面产状为倾向190°，倾角63°。

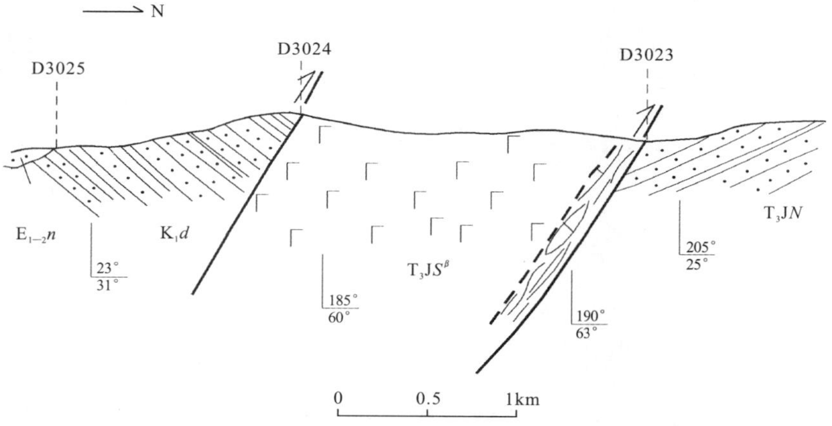

图5-22　聂耳错断裂带剖面特征（一）

断带中段北西西向延伸，出露宽度较大，可达7.5km，由走向大体一致的4条分叉闭合的断层组成，切割了狮泉河蛇绿岩之变质玄武岩、聂耳错岩群变质砂、板岩和多尼组、郎山组以及竟柱山组、牛堡组等地层。在响曲以北（图5-23）南边界主断面倾向207°，倾角68°，郎山组灰岩逆冲于牛堡组红层之上。在主断层北东3km和4.2km处，尚发育两条断面倾向北北东的分支断层，其产状为倾向17°，倾角71°和倾向29°，倾角49°，其间夹持一狮泉河蛇绿岩之变质玄武岩构造残片，逆冲于牛堡组红层之上。再向北东为竟柱山组红层角度不整合在多尼组之上。由于第四系掩盖，本断带北边界为隐伏断层，向北西延伸则发育于

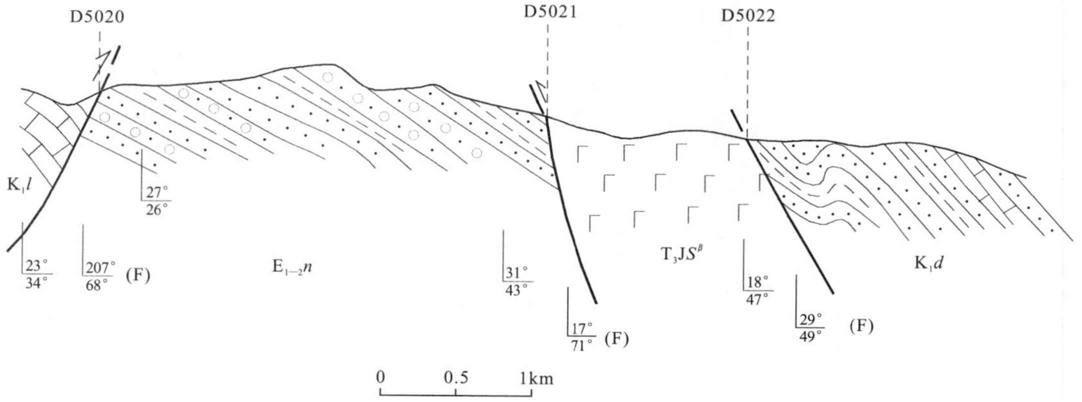

图5-23　聂耳错断裂带剖面特征（二）

竞柱山组与聂耳错岩群间，断面倾向南西，倾角41°，具逆冲性质。

断带西段弧形弯转为近东西向波状延伸，主断层发育于郎山组灰岩或多尼组砂、页岩与聂耳错岩群变质砂、板岩间或郎山组灰岩与竞柱山组杂色砂、页岩之间。在唐杂以西（图5－24）断带由4条倾向南南西、倾角中等的逆冲断层组成，郎山组灰岩逆冲于竞柱山组红层之上。在D2018点见强劈理化挤压破碎带宽达500m，为强片理化泥、砂质岩石组成，其间夹少量透镜状的灰岩构造岩块。向西12.5km处，见主边界断层断面倾向165°，倾角52°，郎山组灰岩逆冲于竞柱山组紫红及灰绿色砂、页岩之上，上盘灰岩碎裂岩化明显，下盘之砂页岩中发育宽达数百米的强劈理化带。

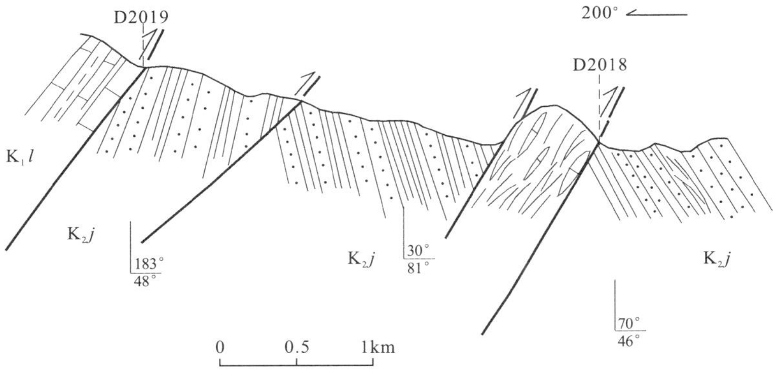

图5－24　聂耳错断裂带剖面特征（三）

（2）褶皱特征

由于断裂异常发育，填图尺度的褶皱在地质图上已不能反映，但作为本带主体建造的聂耳错岩群中低级别的褶皱仍然表现得异常发育，形式多样。在郭藏布以北，聂耳错岩群中发育轴面倾向北东的倒转褶皱（图5－25），在卡拉盲布南西一带露头尺度的尖棱褶曲十分发育（图5－26）。作为上叠表层建造的竞柱山组和牛堡组亦发生褶皱，但其形态远比主体建造中简单、单一，未见地层倒转，次级褶皱不发育。

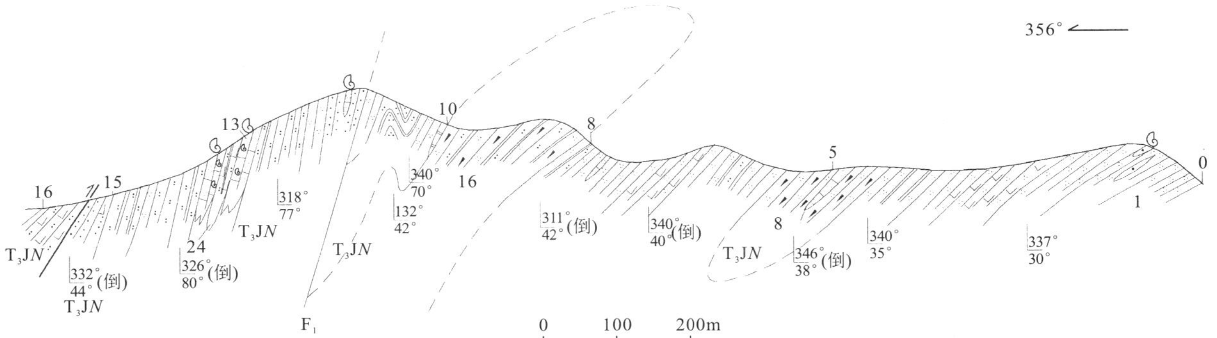

图5－25　狮泉河（次级）结合带中的倒转褶皱（革吉盐湖乡下布实测剖面）

3. 变质特征

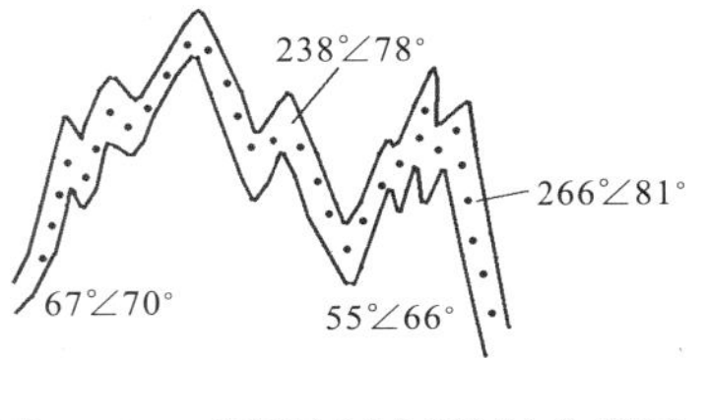

图5－26　狮泉河（次级）结合带聂耳错岩群中的尖棱褶皱

作为本单元主体建造的狮泉河蛇绿岩群（构造残片）和带内的沙木罗组遭受了较强的区域动力变质作用。受变质的岩石主要为碎屑岩、泥质岩、碳酸盐岩、基—超基性岩，新生变质矿物以绢云母、绿泥石、石英、方解石为主，变质结构主要为变余结构，定向构造十分发育。石英次生加大，具变形纹和波状消光，绢云母呈鳞片状定向排列，粒状矿物出现粒状变层结构，变基性、超基性岩中可见糜棱结构、残斑结构，碳酸盐岩中方解石次生加大、压扁拉长等反映强应力作用的微观构造现象与班长湖-怒江结合带类似，但相比较班公错-怒江结合带弱。遭受后期强烈热液蚀变叠加的现象与班公错-怒江结合带的特征亦是相似的。

（三）革吉复合弧后盆地

该单元位于测区南西部革吉、邦巴、雄巴一带，北界为聂尔错断裂带（F_4），南界为邦巴断裂带（F_5）。它既是冈底斯微陆块北缘火山岩浆弧（阿翁错火山岩浆弧）的弧后盆地，又是冈底斯微陆块南缘火山岩浆弧（狭义冈底斯火山岩浆弧或称南带冈底斯火山岩浆弧）的弧后盆地。它的生成、发展、演化既与班公错-怒江洋壳的南向剪切俯冲和中特提斯洋的消亡有关，又与雅鲁藏布洋壳的北向剪切俯冲和新特提斯洋的演化相关。在本次调查以前，测区及邻区均只进行过 1：100 万区调工作，对其建造和改造特征的认识均不够完备，大地构造研究者虽多有涉及和划分，但认识亦不一致。

1. 建造特征

该单元内，同构造期的沉积建造仅出露有多尼组（K_1d）和郎山组（K_1l）。岩石基本未变质。

多尼组为一套以杂色粉砂岩、砂岩、泥岩、砾岩夹灰岩为主，局部夹少量安山岩、流纹岩组成的滨-浅海碎屑岩夹碳酸盐岩建造，局部夹中酸性火山岩建造。测区内均未见底，厚度大于 1 540m。在区域上相同构造单元内，于措勤盆地见多尼组角度不整合超覆到晚古生代碳酸盐岩地层之上，表明该盆地是在晚古生代地层基底上发展起来的早白垩世盆地。

郎山组为一套由深灰色含圆笠虫泥质灰岩、鲕状灰岩、生物碎屑灰岩组成的浅海碳酸盐岩建造，底部含少量砾岩、砂岩，整合覆于多尼组之上，产圆笠虫、固着蛤、腹足类、有孔虫化石，时代属早白垩世，整合覆于多尼组之上，与之一致地卷入褶皱和断裂。

本次区调中，在该单元邦巴一带新发现一套始—渐新统的陆相碱性火山岩——邦巴组（$E_{2-3}b$），主要岩性为石英粗面岩、粗面岩及粗面质火山角砾岩、粗安岩、粗玄岩和粗面质凝灰岩，获同位素年龄值为 30～33Ma。在该单元雄巴一带新发现一套中新统的陆相中酸性火山岩——雄巴组（N_1x），主要岩性为英安岩、流纹岩及安山岩、玄武安山岩和凝灰岩、火山角砾岩，获同位素年龄值 19～19.9Ma。它们均角度不整合在郎山组或多尼组之上，属革吉复合弧后盆地碰撞造山期后的上叠表层建造。

在本单元的南、北边缘，除多尼组中含少量中—酸性火山岩建造外，尚分布有俯冲岩浆弧系列的早白垩世石英闪长岩（$K_1\delta o$）、碰撞系列的早白垩世花岗闪长岩（$K_1\gamma\delta$）、晚白垩世花岗岩（$K_2\gamma$）和二长花岗岩（$K_2\eta\gamma$）以及后碰撞系列的始新世花岗斑岩（$E_2\gamma\pi$）侵入于多尼组、郎山组地层之中。它们与邦巴组、雄巴组火山岩均属本构造单元中的岩浆建造，亦反映了本单元演化历史中与南、北火山岩浆弧带的亲缘关系。

2. 构造变形特征

下白垩统构造层是本单元的主体构造层，由多尼组碎屑岩和郎山组碳酸盐岩构成，变形特征以褶皱为主，断裂为次。褶皱形态表现为线形、复式褶曲。复式背斜以多尼组组成核部，郎山组组成翼部；复式向斜则以郎山组为槽部，多尼组为翼部。延伸长度与宽度之比 6：1～3：1。测区内本带可识别 3 个复式背斜和 2 个复式向斜。褶曲轴面直立或斜歪，未见有地层倒转现象，两翼倾角一般小于 45°，次级褶皱十分发育，多为等厚相似褶皱，未见尖棱褶皱。褶曲排列方式显左行雁列，作北西→北西西向展布。断裂不够发育，沿构造线方向（北西西）的压性断层仅发育于靠近南、北边界断裂带的地方，放入复式背、向斜描述中一并叙述。

①邦巴复式背斜（①）

轴向北西西，延伸 20km，轴部位于邦巴区所在地以南 4km，轴部地层为多尼组砂、页岩夹少量中—酸性火山岩，北东翼倾向北东，倾角 35°～55°；南西翼倾向南西，倾角 37°～45°。南翼大部分被北西西向邦巴断裂带破坏，北东翼郎山组灰岩中发育多个北西西向次级褶曲。背斜轴部之多尼组在北西端倾伏消失于革吉县城南约 10km 处，南东端被邦巴断裂带切割。燕山晚期中酸性侵入岩自轴部侵入并占据大量位置。

②革吉复式向斜（②）

轴迹自革吉县城北约 2km 处，北西至北西西向延伸大于 30km，北西延入西邻图幅，南东于弄索国勒一带扬起。郎山组灰岩组成一宽缓的槽部(图 5-27),北东翼倾向 210°,倾角 30°,南西翼地层倾向 15°,倾角 12°。该复式向斜南西翼因狮泉河宽谷第四系掩盖情况不明;北东翼郎山组灰岩中发育多个轴向与之一致的次级褶皱(图 5-28)。这些次级褶皱,也是北邻哑嘎尔复式背斜南西翼的次级褶皱。

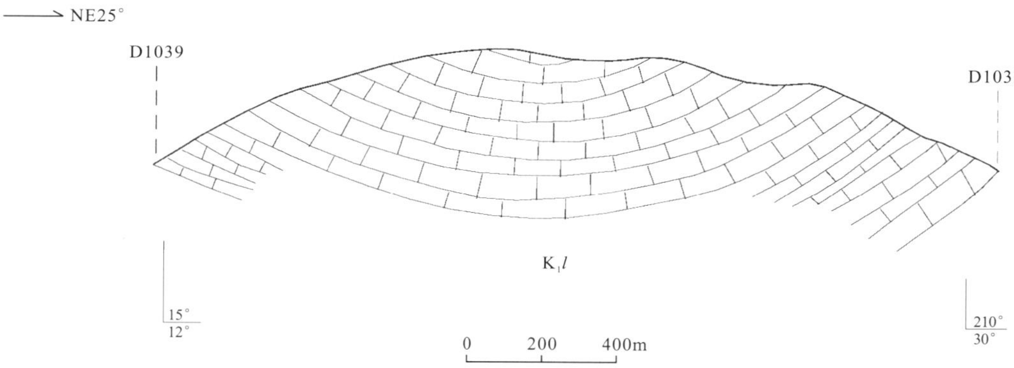

图 5-27 革吉复式向斜槽部之构造形态

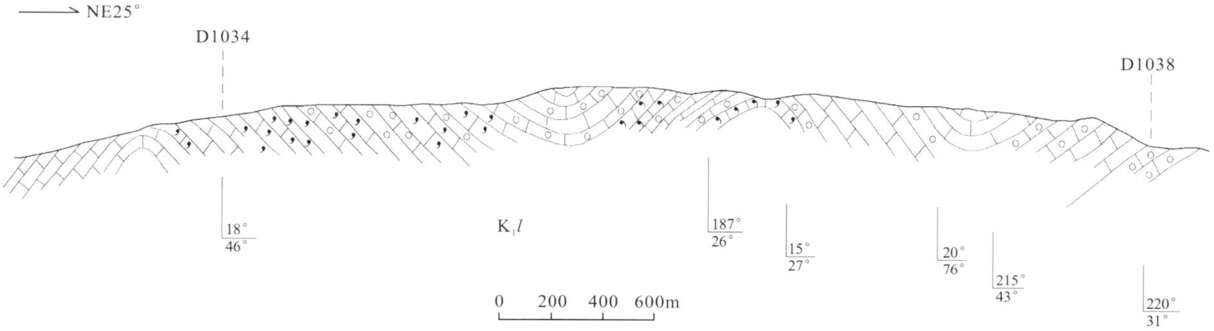

图 5-28 革吉复式向斜北东翼之次级褶皱

③哑嘎尔复式背斜(③)

轴迹自哑嘎尔以南约 2km 处,北西至近东西向延伸约 20km,向西入西邻图幅,向东因亚美错第四系湖盆沉积掩盖,倾伏消失的位置不清。该复式背斜北翼被同向展布的压性断层破坏保存不全;南翼郎山组灰岩中发育多个轴向相同的次级背、向斜(图 5-28)。轴部由多尼组碎屑岩组成一宽缓的正常背斜(图 5-29),北东翼倾向 30°~42°,倾角 28°~32°;南西翼倾向 198°~203°,倾角 20°~22°。有早白垩世花岗闪长岩($K_1\gamma\delta$)侵入占据轴部大部分位置。

④日阿复式向斜(④)

轴迹自雄巴区所在地以北 7km 的日阿处,北西西向至近东西向延伸约 90km,北西自札达尔勒以西扬起,东达曲弄勒一带扬起消失。复式向斜槽部为郎山组灰岩组成,多尼组砂、页岩和郎山组灰岩组成两翼,发育多个次级背、向斜,但因上叠表层建造之雄巴组和第四系掩盖严重,仅槽部及部分翼部形态特征清楚(图 5-30)。在日阿一带,槽部位于 D2538 至 D2539 间,北翼倾向 151°,倾角 50°;南翼倾向 335°,倾角 48°。沿该复式向斜延伸方向槽部及两翼,有大量雄巴组(N_1x)陆相中酸性火山岩和邦巴组($E_{2-3}b$)陆相碱性火山岩喷发。西段两翼郎山组灰岩中尚发育有北西及近东西向小断层。南翼郎山组灰岩中,在雄巴区北西西方向 20km 一带尚发育有轴向北北东的叠加小褶皱。

⑤卓弄巴复式背斜(⑤)

轴迹沿札加果—札桑—学仁德一线,近东西向至北西西向展布,延伸约 90km,北西段被早白垩世花岗闪长岩侵吞,倾伏位置不清,东端于郭藏布以西倾伏。复式背斜轴部由多尼组砂、页岩构成,两翼为多尼组砂、页岩及郎山组灰岩共同组成,发育多个次级背、向斜,北东翼相对较窄,次级褶皱较紧密,并发育多条近东西向的压性断层与之相伴;南西翼则相对较宽缓,次级小断层不发育。札桑一带(图 5-31)复式背斜

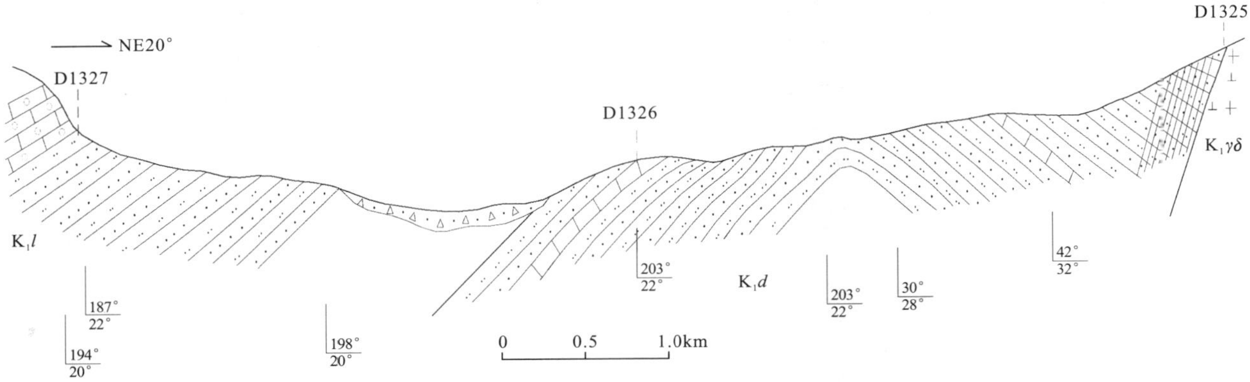

图 5-29　哑嘎尔复式背斜核部之构造形态

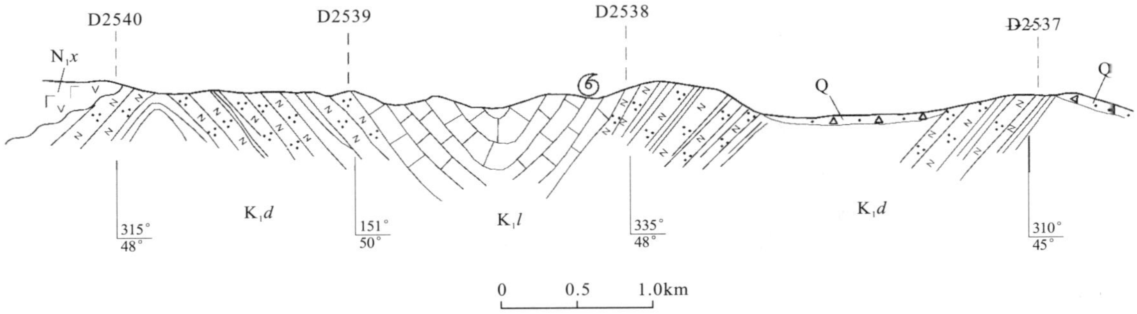

图 5-30　日阿复式向斜槽部剖面特征

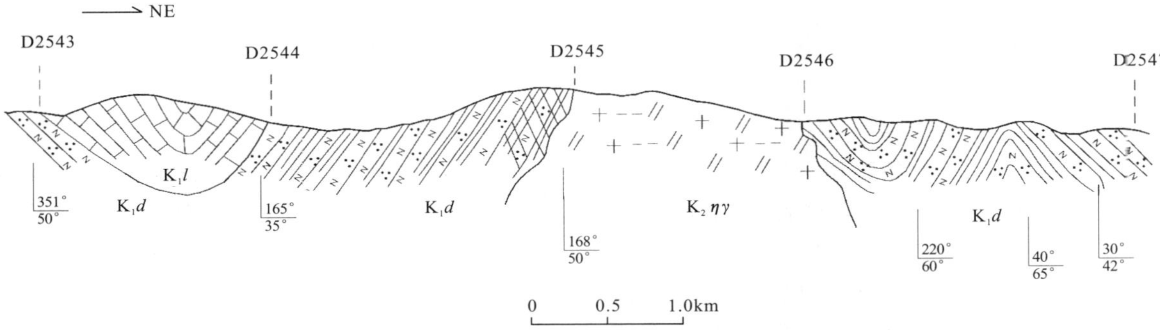

图 5-31　卓弄巴复式背斜及其南翼次级褶皱

轴部位 D2546 至 D2547 间，北东翼倾向 30°～40°，倾角 42°～65°；南西翼倾向 220°，倾角 60°，次级褶曲轴部见晚白垩世二长花岗岩($K_2\eta\gamma$)侵入其间。

3. 变质特征

本单元基本未变质，由多尼组(K_1d)和郎山组(K_1l)的碎屑岩、泥质岩和少量中—酸性火山岩组成，原岩组构基本保存，有少量绿泥石、绢云母生成，晶体小，数量少，但具定向排列，少量石英、方解石次生加大。局部有接触变质叠加，在中酸性侵入岩外接触带形成堇青石角岩带和长英质角岩带。它们均属绿帘钠长角岩相，其接触变质作用表现得比阿翁错火山-岩浆弧带微弱。

(四)捷嘎火山-岩浆弧带

测区西南角邦巴断裂带(F_5)南西侧属该带，实为狭义冈底斯火山-岩浆弧带(南带)范畴。因测区仅涉及极小区域，作简要叙述。

1. 建造特征

区内所见同构造期沉积建造仅为捷嘎组(K_1jg)一套浅海碎屑岩及中基性—中酸性火山岩建造,其岩性为变质岩屑砂岩、凝灰岩、火山碎屑岩、玄武岩、安山岩、流纹岩、熔结凝灰岩、硅质燧石岩等,为活动陆缘海陆交互至浅海环境的产物。区域上还划分出则弄群(K_1Z)滨-浅海碎屑岩及中酸性火山岩建造。二者可能属同一套地层或同一火山岩序列的不同部分。区域上亦划分有滨海三角洲相的竟柱山组(K_2j)角度不整合在则弄群之上,还有海-陆过渡相的典中组($E_{1-2}d$)钙碱系列的中酸性火山岩建造。区内仅见到钾玄岩系列的邦巴组($E_{2-3}b$)陆相碱性火山岩建造角度不整合在捷嘎组之上构成造山期后的表层建造。有早白垩世闪长岩($K_1\delta$)、晚白垩世花岗岩($K_2\gamma$)、始新世白岗岩侵入捷嘎组地层中。

早白垩世中基性—中酸性火山岩、闪长岩和晚白垩世酸性侵入岩为本带同构造期的岩浆建造。侵入于捷嘎组中的始新世白岗岩属后碰撞花岗岩序列。邦巴组陆相碱性火山岩,则属上叠表层中的岩浆建造。

2. 变形变质特征

该带比其北侧复合弧后盆地主体建造的变形变质均要强烈。邦巴断裂带(F_5)是本带的北边界断裂带,亦是革吉复合弧后盆地的南边界断裂带。

邦巴断裂带(F_5)自测区内邦巴区所在地以南 12.5km 处,北西西向延伸 45km,北西、南东均延入相邻图幅。从遥感影像上看,区域上还要延伸相当远,是一条规模很大的断裂带。区内南东段大体沿狮泉河延伸,北西段则沿狮泉河主流以南延伸,相距 25km 之遥。本断带在区内大多被第四系掩盖。断层数据难于收集,但其构造控制作用仍很明显:大量发育岩浆弧系列钙碱性—中酸性火山岩系列的捷嘎组,分布于断带南西侧;不含或极少含火山岩的多尼组、郎山组分布于断带北东侧。沿带及其两侧,燕山晚期中酸性侵入岩和邦巴组陆相碱性火山岩均较发育。在南图边那嘎尔波一带,断层切割捷嘎组与多尼组,北东盘为多尼组砂、页岩,地层倾向北西,倾角 60°;南西盘为捷嘎组中酸性火山岩及变质砂、板岩,倾向北东,倾角 55°,推测断面倾向北北东,倾角中等,为脆性逆冲断层。

因分布局限和上叠表层建造掩盖严重等原因,地质图上褶皱形态难以反映,但捷嘎组中低级别的褶皱还是十分发育的。

捷嘎组遭受低压低温区域动力变质,并受接触变质叠加,特征与阿翁错火山-岩浆弧带相似。

三、羌南-保山微陆块

测区羌南-保山微陆块仅涉及色洼陆缘坳陷带,分布于测区北东角纳屋错断裂带(F_1)北东区域,其性质似属被动陆缘的一个中生代坳陷带。亦因测区涉及范围小,资料有限,只作简要叙述。

1. 建造特征

区域上本单元同构造期的沉积建造发育有一套浅海—次深海的日干配错群(T_3R)碳酸盐岩及碎屑岩(下部)复理石建造、曲色组(J_3q)碎屑岩及碳酸盐岩建造、莎巧木组($J_{2-3}sq$)碎屑岩夹碳酸盐岩建造。区内仅见到一套浅海—次深海碎屑岩建造的地层与蛇绿混杂岩带和阿布山组(K_2a)山间磨拉石红色碎屑岩建造呈断层接触,亦可以构造岩块方式夹于班公错-怒江结合带中。就其变形、变质特征而言,明显比阿布山组和唢纳湖组强烈,属上三叠统—侏罗系构造层应是勿庸置疑的。区域上见阿布山组(K_2a)角度不整合在侏罗系或上三叠统之上。区内见唢纳湖组(Ns)湖相沉积角度不整合于阿布山组之上,这与区域上的情况也是一致的。二者均为该单元后构造期的上叠表层建造。

本单元内,同构造期岩浆建造不发育,仅见少量花岗闪长岩脉体侵入于阿布山组之中。

2. 变形变质特征

区内日干配错群普遍遭受区域浅变质,更因卷入结合带边缘断裂带中,构造变形强烈,褶皱、断裂发育,均北西西向延伸,出现地层倒转现象,断面倾向北东、南西均有之,逆冲性质,它们属燕山晚期构造形迹,后又被喜山期构造运动强化和改造。测区北东角多札日以北还见阿布山组和唢纳湖组中分别发育有一条北西西向断层，区内可见长度10～15km，因第四系掩盖，延伸情况不明，推测断面北东倾，为逆冲性质断层。其间阿布山组中尚发育有轴面倾向201°，倾角83°的背、向斜。这些褶皱和断裂应属喜山期不同构造运动幕形成的构造形迹。

日干配错群遭受了区域动力变质作用，形成低压低温区域变质岩，主要岩石类型为变质砂岩、板岩、千枚岩。变质新生矿物有绿泥石、绢云母、石英、方解石，属绿泥石-绢云母带。岩石组构部分或大部分改变，多为变余结构-鳞片变晶结构，因紧靠班公错-怒江结合带或作为构造岩块卷进带中，变质岩的定向构造极为发育。片状矿物定向排列明显，出现揉皱弯曲。石英颗粒明显次生加大，出现变形纹和波状消光现象。没有热接触变质作用叠加，但遭受后期热液蚀变叠加强烈，主要为硅化现象，在变质砂、板岩中，沿北西西向的先期构造裂隙大量充填了石英脉和石英细、网脉，在测区东北角多札日以南的日干配错群中表现十分突出。

作为上叠表层建造的阿布山组、唢纳湖组基本未变质，原岩组构基本未改变。

第三节 构造变形相及变形序列

一、构造变形相

通过对测区褶皱类型、断裂性质、构造置换程度、变质作用特征及主导变形机制等诸方面的综合分析认为，测区主要出露两个变形相：浅部变形相和上部变形相。

浅部变形相：卷入地质体为竟柱山组(K_2j)、阿布山组(K_2a)、牛堡组($E_{1-2}n$)、邦巴组($E_{2-3}b$)、唢纳湖组(Ns)、雄巴组(N_1x)，以及同碰撞系列的早白垩世花岗闪长岩($K_1\gamma\delta$)、晚白垩世花岗岩($K_2\gamma$)、黑云母花岗岩($K_2\gamma\beta$)、二长花岗岩($K_2\eta\gamma$)和后碰撞系列的古近纪花岗斑岩($E_2\gamma\pi$)、白岗岩($E_2\gamma\tau$)。变形标志：褶曲一般为宽缓褶曲、挠曲，仅靠近复活的老断裂可出现地层倒转，形成同斜褶曲。如纳屋错构造混杂岩带上叠表层建造牛堡组中的褶曲(图5-17)中所见。轴面劈理一般不发育，无新生面理和线理，无构造置换作用，仅靠近复活性大断裂可形成强劈理化带，如聂尔错断裂带西段特征(图5-25)所见。断层为脆性剪切作用形成的脆性断层，挤压破碎带为构造角砾岩和碎裂岩。岩石原生沉积构造全部保留，无新生变质小构造，基本未变质。上述特征表明，主导变形机制为无流动的刚体运动(碎裂流动)，无变质脆性变形。是脆性断裂-褶皱构造群落，属脆裂剪切变形相。

上部变形相：卷入的地质体为测区晚白垩世以前形成的地质体，包括日干配错群(T_3R)、木嘎岗日岩群(JM)、聂耳错岩群(T_3JN)、沙木罗组(J_3s)、去申拉组(K_1q)、多尼组(K_1d)、郎山组(K_1l)，以及东巧蛇绿岩群(TJD)和狮泉河蛇绿岩群(TJS)各构造岩片。变形标志：褶皱为等厚的直立褶皱、斜歪褶皱、同斜褶皱，靠近某些断裂带可出现倾竖褶皱，构造带内可见劈理褶皱。断裂多数表现为脆性断裂，但脆-韧性断裂开始出现，构造岩主要为碎裂岩、断层角砾岩，亦有糜棱岩化岩石及糜棱岩。新生的劈(片)理开始出现，线理主要是皱纹线理及交面线理，局部可见矿物生长线理。弱岩层构造置换作用普遍，新生的区域性劈(片)理面较发育(尤其在构造混杂岩带中)，但强岩层置换作用较弱，原生沉积构造部分保留。变质作用为低绿片岩相浅—轻微变质。构造混杂岩带中可见矩形或菱形石香肠构造。少量碎屑岩中有石英次生加大，压扁拉长定向排列及波状消光。超基性岩中见有糜棱结构及塑性流动构造。主导变形机制是弯滑流动变形作用，形成韧-脆性断裂-等厚褶皱构造群落，主要具有弯曲-滑断变形相特点。但超基性岩中反映的变形特征可达中部变形相，因资料有限，未单独划出。

二、构造变形序列

依据褶皱、断裂、各类型小构造以及显微构造特征，在抓住主期构造特征的基础上，以时间为顺序，构造的叠加、交切、包容等关系为依据进行构造群落的划分和时空组合分析，是建立测区构造变形序列的基本途径。

1. 构造序次划分

(1)断裂构造序次

经初步综合分析，测区内可划分7个世代的断层系。

①北西西—近东西向张断层系(D_1)

为测区最早一个世代断裂活动，它是班公错-怒江结合带和狮泉河带在裂解拉张阶段的断裂活动，其痕迹应包容于纳屋错构造混杂岩带和聂尔错构造混杂岩带之中，但因多次构造活动的叠加，特别是造山期主构造痕迹的掩盖，加之测区古陆块的古生代基底未有出露，故其构造痕迹难于寻觅，仅见有近南北向的拉伸线理残存于蛇绿混杂岩残片中。当然，基性、超基性岩沿带北西西向展布，本身亦是张裂(超壳断裂)的证据。

②北西西—近东西向韧-脆性北向逆冲断层系(D_2)

纳屋错断裂带(F_1)、盐湖断裂带(F_2)、吓拉错断裂带(F_3)、聂尔错断裂带(F_4)及纳屋错构造混杂岩带和聂尔错构造混杂岩带中断面倾向南或南南西的韧-脆性逆冲断层属之，它们受后期构造叠加或破坏，是班公错-怒江结合带、狮泉河带南向俯冲留下的构造痕迹。

③北西西—近东西向韧脆性南向逆冲断层系(D_3)

纳屋错断裂带(F_1)、盐湖断裂带(F_2)、吓拉错断裂带(F_3)、聂尔错断裂带(F_4)、邦巴断裂带(F_5)、札木嘎断裂带(F_6)以及纳屋错构造混杂岩带和聂尔错构造混杂岩带中断面倾向北或北北东的逆冲断层属之，可能为碰撞造山阶段早期形成。亦受后期构造痕迹叠加或破坏。

④北西西—近东西向正断层系(D_4)

聂尔错断裂带(F_4)、纳屋错断裂带(F_1)中保留有北北东倾的分支正断层。盐湖断裂带对牛堡组分布的明显控制作用亦表明有过张性活动的历史。它可能是碰撞造山中晚期应力松弛过程中的活动，成为牛堡组裂陷盆地边缘的正断层系。

⑤北西西—近东西向脆性逆冲断层系(D_5)

本期次断裂活动特征在测区有强烈表现，测区内切割牛堡组、邦巴组、唢纳湖组的北西西—近东西向的压性断裂和控制纳屋错、盐湖、聂尔错、吓拉错第四纪湖盆的边界的北西西—近东西向压性断层属之。它们大多是北倾或南倾先期逆冲断层的继承性活动，遍及测区各主要北西西—近东西向逆冲断裂带，可能应属碰撞造山晚期的断裂活动。

⑥北北东向张断层系(D_6)

测区北北东向正断层均属之，表现最突出的为控制第四系小型裂堑盆地的扬沼断裂带(F_{11})、丁字断裂带(F_{12})和4427断裂带(F_{13})。聂尔错断裂带(F_4)中段切割该断裂带的北北东向正断层亦属该断层系。它们是碰撞造山阶段末，由近南北向的持续挤压诱发近东西向引张所致。

⑦北北西、北东东向走滑断层系(D_7)

北北西向断裂为右行走滑，北东东向断裂是左行走滑，组成一组共脆走滑断层系，但就其发育程度，北北西向一组远比北东东向一组更为发育。北北西向一组最具代表性的有阿翁错断裂带(F_8)、5138断裂带(F_9)和贾个热不嘎断裂带(F_{10})以及狮泉河结合带中的那加木断层等，另外，札木嘎断裂带(F_6)主断层新期活动亦卷入了该断层系；北东东向一组最具代表性的为江玛断层(F_{14})。另在狮泉河结合带中补曲勒以西亦发育北东东向左行走滑断层。卓弄巴复式背斜⑤上的札桑北东东向左行走滑断层等亦属该断层系。它们可能属碰撞造山期后走滑调整阶段产物，将先期断层切割位错，将北西西向第四纪湖盆位错(纳屋错)，并形成北北西向第四纪走滑拉分盆地(阿翁错—叉茶卡)。

(2)褶皱构造序次

经初步综合分析，可划分出7个世代褶皱构造。

①顺层掩卧褶皱(D_1)

测区内因古生代建造未有出露，尚未觅到该世代褶皱的踪迹。据区域上已获得的资料表明，在其古生代构造建造单元内发育顺层掩卧平卧褶皱、顺层掩卧不协调褶皱、顺层掩卧无根褶皱等，局部发育南北向拉伸线理，无轴面劈理伴生，为伸展背景下形成的“褶叠层”褶皱构造，形成于裂陷拉张时期的地壳中上层次。区内虽未出露，但作为中—新生代盆地基底的古生代建造是存在的，晚三叠世陆壳裂解拉张的构造背景是一致的，所以存在这一世代的褶皱，只不过未出露于地表而已。

②轴向北西西的斜歪-同斜相似褶皱(D_2)

发育于上三叠统—侏罗系(亚)构造层和下白垩统(亚)构造层中，轴面主要倾向南南西，轴面劈理欠发育(混杂带内可出现劈理面)，变形面为层理面。它们形成于会聚阶段南向俯冲消减背景下的中—上层次。

③轴向北西西的斜歪-同斜等厚褶皱(D_3)

主要发育于上白垩统构造层以及更老的构造层中，以直立斜歪等厚褶皱为主，轴面主要倾向北北东。褶皱变形面为层理面，老构造层中可出现劈理褶皱(如日干配错群中就见有劈理褶皱)，轴面劈理欠发育(混杂带内可见劈(片)理)，形成于碰撞造山早期上—中部构造层次。

④北北东向斜歪-直立褶皱(D_4)

主要发育于下白垩统构造层中，规模较小，以轴向北北东的斜歪小褶皱叠加在北西西向复式背、向斜之上。如雄巴区北西 20km 一带，日阿复式向斜南西翼发育于郎山组灰岩中的北北东向小型斜歪背、向斜；邦巴区以西邦巴复式背斜②北东翼发育于多尼组中的北北东向小型斜歪向斜属此世代褶皱。另在昂垅复式破背斜北东翼上属上三叠统—侏罗系(亚)构造层的沙木罗组中也见有叠加在其上的轴面近于直立的轴向北北东的小型背斜，亦属此世代褶皱，褶皱变形面为层理面。这些褶皱不发育轴面劈理，规模小，可能是形成于碰撞造山早期之后应力松弛阶段北北东向的引张形成的上—浅部层次的褶皱。

⑤北西西向斜歪-直立褶皱(D_5)

主要发育于古近系构造层，牛堡组、邦巴组中的轴向北西西的褶皱属之。变形面为原始层理面，轴面劈理不发育。一般轴面近直立或向北北东陡倾，在纳屋错以西班公错-怒江结合带中，靠近复活的老断裂尚有轴面向北北东陡倾的同斜褶皱存在。这一世代褶皱形成于碰撞造山过程中—晚期地壳浅部构造层次。

⑥北西西向宽缓-直立褶皱(D_6)

主要发育于新近系构造层中，雄巴组、唢纳湖组中的北西西向褶皱属之。变形面为层理面，轴面劈理不发育，形成于碰撞造山晚期地壳浅部构造层次。

⑦倾竖褶皱(D_7)

受断裂带控制而局部出现，实为北北西—北西向断层右行走滑和北东东—北东向断层左行走滑在其旁侧派生的人字型褶皱，轴面陡倾或直立，枢纽陡倾或直立。该世代褶皱可能显示为高原隆升阶段走滑剪切背景下的产物。

2. 构造群落时空组合分析

上述 7 个世代的褶皱和断裂构造以及与之相关的小构造和微构造，按时间顺序组成了 7 个世代不同性质的构造群落，综合反映了测区构造变形相的转换和构造群落的叠加顺序，这就是测区的构造变形序列。它们从实质上综合反映了测区的构造演化进程。

①北北东—南南西向伸展构造群落(D_1)

由前述第一世代顺层掩卧褶皱和第一世代北西西—近东西向张断层系及北北东向拉伸线理组成。它们受后期变形叠加改造而极不完整。古生代构造层区内虽未出露，但区域上相同构造带资料反映，与上覆构造层变形变质不连续而显示为测区最早一个世代变形。区域上上三叠统与下伏古生界的角度不整合显示了该期变形的时代下限属印支晚期。

②南南西向消减构造群落(D_2)

由前述第二世代北西西—近东西向韧-脆性北向逆冲断层系和轴向北西西的斜歪-同斜相似褶皱组成。它遭受后期构造的叠加和改造，被北西西—近东西向韧-脆性南向逆冲断层切割。卷入该世代的褶皱主要在上三叠统—侏罗系(亚)构造层和下白垩统(亚)构造层，表明其时代可能为燕山中—晚期。去申拉组与下伏沙木罗组间的平行不整合-微角度不整合是其反映。

③北北东、南南西向逆冲推覆构造群落(D_3)

由前述第三世代北西西—近东西向韧-脆性南向逆冲断层系，上一世代的北向逆冲断层系再次活动和轴向北西西的斜歪、同斜相似和等厚褶皱组成。它们亦遭受后期构造的叠加和改造，但因是测区主构造期所形成的构造变形，保存和表现得仍然是异常强烈。上白垩统构造层与下白垩统构造层间的角度不整合提供了这次变形的时间下限，它们属挤压会聚末碰撞造山初期的构造组合。

④北北东—南南西向伸展裂陷构造群落(D_4)

由前述第四世代北西西—近东西向正断层系和叠加在第三世代褶皱群落上的北北东向斜歪-直立褶皱组成。由与第三世代的构造叠置关系确定了该组合的相对世序位置。它可能为碰撞造山过程中应力松弛产生北北东—南南西向伸展裂陷的表现。

⑤北北东、南南西向逆冲推覆调整构造群落(D_5)

由第五世代的北西西向脆性逆冲断层系及北西西向斜歪-直立褶皱组成。该世代的逆冲断层以南向逆冲为主，多为老断层的复活，切割了古近系或新近系，控制了第四系压陷盆地的展布，表明该组合形成于碰撞造山晚期，又一次北北东—南南西向挤压，对先期北西西向压性构造强化和调整。新近系构造层与古近系构造层间的角度不整合提供了本世代构造的时间下限，对第四系断陷盆地的控制作用则反映了这一构造组合的时间上限。

⑥北西西—南东东向引张构造群落(D_6)

由前述第六世代的北北东向张断裂系和北西西向宽缓直立褶皱组成。是北北东—南南西向持续挤压并诱发北西西—南东东向引张背景下形成的断裂-褶皱系，并导致第四系裂堑盆地的形成。从卷入褶皱的构造层为新近系，断层切割新近系又控制第四系断陷盆地判断，本世代构造组合为碰撞造山末之后高原隆升初期。

⑦走滑调整构造群落(D_7)

由第七世代的北北西和北东东向走滑断层系和倾竖褶皱组成。由于北北西向断层的右行走滑和北东东向断层左行走滑导致枢纽近直立或陡倾的倾竖褶皱及北北西向第四系走滑拉分盆地(阿翁错、叉茶卡)的发育并切割所有先期断裂，使第四系压陷盆地位错(贾个热不嘎断裂带 F_{10} 使纳屋错右行位错是其明显例证)。该构造组合显然为测区最晚一个世代的构造组合，属高原隆升中晚期。

3. 区域综合地质事件表的建立

综合上述，测区自晚三叠世以来，在稳定陆壳基础上，经历了裂解拉张、挤压会聚、碰撞造山、高原隆升4个构造发展演化阶段，在拉伸、收缩交替更迭的构造体制下，形成了7个世代不同类型的构造组合，反映了不同的运动方向和变形相，它们按时间顺序的排列便组成了测区的构造变形序列。而不同构造演化阶段，在不同的构造体制下又具有不同的沉积事件、岩浆事件和变质事件。它们受构造演化阶段和体制的控制，又是从不同方面对构造演化的物质反映。将它们有机地联系在一起便可建立测区的综合地质事件表(表5-1)。

第四节 大地构造相鉴别和划分

一、大地构造相鉴别及其意义

据 Robertson(1994)的定义，大地构造相为一套岩石-构造组合，其特征足以系统地确认造山带在地史时期的一定大地构造环境。简言之，大地构造相是在地史演化中，一定的大地构造环境和部位岩石-构造的物质表现。

Robertson 根据现代全球大地构造环境的观察，分出4类基本构造环境(裂解、会聚、碰撞、走滑)，划分出29种大地构造相。

①裂解背景的大地构造相

包括被动裂谷相、活动裂谷相、夭折裂谷相、台间盆地相、碳酸盐台地相、边缘海山相、扩张洋脊相、深海平原相、大陆碎块相、大洋海山或海台相。

表 5 - 1　测区综合地质事件表

<table>
<tr><th colspan="7">构　造　事　件</th><th colspan="2" rowspan="2">沉积事件</th><th rowspan="2">岩浆事件</th><th rowspan="2">变质事件</th></tr>
<tr><th>时代</th><th>阶段</th><th>世代</th><th>体制</th><th>构造组合类型</th><th>运动方向</th><th>变形相</th></tr>
<tr><td rowspan="2">第四纪</td><td rowspan="2">高原隆升阶段</td><td>D_7</td><td rowspan="2">伸</td><td>走滑调整构造组合</td><td>↘ ↙</td><td rowspan="4">浅部变形相</td><td colspan="2">北北西向走滑拉分盆地</td><td rowspan="2"></td><td rowspan="3">碎裂岩型动力变质</td></tr>
<tr><td>D_6</td><td>北西西-南东东向引张构造组合</td><td>← →
NWW SEE</td><td colspan="2">北西西向压陷盆地、北北东向裂堑盆地</td></tr>
<tr><td>新近纪</td><td rowspan="3">碰撞造山阶段</td><td>D_5</td><td>缩</td><td>逆冲推覆调整构造组合</td><td>→ ←SSW
NNE</td><td colspan="2" rowspan="2">山间断陷盆地
($E_{1-2}n$、Ns)</td><td rowspan="2">富钾质碱性及中酸性岩浆喷发($E_{2-3}b$、N_1x)，酸性岩浆侵入活动
($E_2\gamma\pi$ 、$E_2\gamma\tau$)</td></tr>
<tr><td>古近纪</td><td>D_4</td><td>伸</td><td>伸展裂陷构造组合</td><td>← →SSW
NNE</td><td>热接触变质</td></tr>
<tr><td rowspan="2">白垩纪</td><td>D_3</td><td rowspan="2">缩</td><td>逆冲推覆构造组合</td><td>→ ←SSW
NNE</td><td rowspan="5">上(中)部变形相</td><td colspan="2">前陆山前、山间盆地沉积(K_2j、K_2a)</td><td>酸性岩浆侵入($K_1\gamma\delta$、$K_2\gamma$、$K_2\gamma\beta$、$K_2\eta\gamma$、$K_2\xi\gamma$)</td><td>热接触变质</td></tr>
<tr><td>挤压会聚阶段</td><td>D_2</td><td>南向消减构造组合</td><td>→ ←SSW
NNE</td><td>弧后盆地沉积
(K_1d、K_1l)</td><td>活动陆缘弧盆沉积
(K_1jg、K_1q、J_3s)</td><td>岛弧型火山活动及中酸性岩浆侵入活动($K_1\delta o$、$K_1\delta$)</td><td>区域动力变质、热接触变质</td></tr>
<tr><td rowspan="2">侏罗纪</td><td rowspan="2">裂解拉张阶段</td><td rowspan="2">D_1</td><td rowspan="2">伸</td><td rowspan="2">伸展构造组合</td><td rowspan="2">← →SSW
NNE</td><td colspan="2">具被动陆缘性质的有限洋盆地沉积(JM、T_3JN)</td><td>扩张环境超基性—基性岩浆活动(T_3JS、T_3JD)</td><td rowspan="2"></td></tr>
<tr><td colspan="2">初始裂谷盆地沉积(T_3R)</td><td></td></tr>
<tr><td>三叠系</td><td>稳定陆壳形成阶段</td><td></td><td></td><td></td><td></td><td colspan="2">稳定型沉积
(Pz)</td><td></td><td></td></tr>
</table>

②会聚背景的大地构造相

包括上消减带蛇绿岩相、大洋岛弧相、消减/增生杂岩相、弧前盆地相、弧后盆地相(陆内)、弧后盆地相(洋内)。

③碰撞背景的大地构造相

包括洋内碰撞相、残余洋盆相、碰撞前伸展盆地相、具洋壳侵入的前渊相、具陆壳侵入的前陆盆地相、与隆升相关的构造环境。

④走滑背景的大地构造相

包括转换裂谷和被动边缘相、大洋转换断层相、拉张盆地的洋壳相、与会聚有关的走滑和旋转相(碰撞前)、走滑和旋转相(碰撞后)。

二、大地构造相划分及其特征

测区地质体形成于裂解、会聚、碰撞、走滑 4 种大地构造环境，根据 Robertson 的划分方案，以造山带演化的不同阶段，不同部位出现的古地理单元和物质建造为主线，以形成时间为顺序，识别出测区 8 大相类 12 种大地构造相(表 5 - 2)。

1. 裂解大地构造环境

区内该大地构造环境的时限为晚三叠世—中侏罗世。据其构造古地理单元的不同，测区可划出 3 大相类，4 种大地构造相。

①陆内(间)裂谷相

它属裂解大地构造环境的裂谷相类。是陆壳裂解时形成的浅海复陆屑建造，区域上的确哈拉群(T_3Q)是较为典型的代表，其中含双峰式火山岩建造，代表了初始拉张阶段的裂谷盆地沉积。丁青一带的确哈拉群以及层位相当的孟阿雄群(T_3Ma)为碎屑岩-浊流沉积和碳酸盐岩复理石沉积，均显示裂谷环境特征，并显示陆内裂谷向陆间裂谷演化的趋势。测区的日干配错群(T_3R)虽保存不完整，但其浅海—次深海复陆屑-碎屑复理石建造的基本特征亦应与之相当。

表 5-2 测区大地构造相划分及基本特征表

大地构造环境	大地构造相类	大地构造相	大地构造相的基本特征	测区实例
离散大地构造环境	裂谷	陆内(间)裂谷	拉张裂隙作用形成的浅海相复陆屑建造(双峰式火山岩建造)	日干配错群
	被动陆缘	陆坡	浅海—次深海复理石建造，滑塌建造	木嘎岗日岩群、聂耳错岩群
	洋盆	深海平原	侧向连续的深海远洋—半边洋硅-泥质沉积，放射虫硅质岩等，是 CCD 之下的产物，受后期构造作用卷入混杂带中	木嘎岗日岩群中的硅-泥质部分
		扩张洋脊	有限扩张环境下形成的洋脊(或非洋脊)型蛇绿岩，相伴有深海复理石，硅-泥质沉积物	狮泉河蛇绿岩群、东巧蛇绿岩群
会聚大地构造环境	活动陆缘	消减杂岩	由构造重复的巨厚深海沉积物及各外来岩块组成，伴有从洋壳剥裂而来的蛇绿岩岩片，受强烈的构造作用混杂在一起	纳屋错构造混杂岩、聂尔错构造混杂岩
		岛弧盆地	由浅海-陆相碎屑岩夹少量中基性火山岩、火山碎屑岩组成，代表会聚俯冲早期的岛弧盆地沉积	沙木罗组
		陆缘岩浆弧	由会聚俯冲晚阶段的岛弧型岩浆侵入和火山作用形成，其中花岗岩有 I 型向 S 型演化的趋势	去申拉组、捷嘎组火山岩及燕山晚期酸性侵入岩
		弧后盆地	弧后分布的浅海相(个别海陆交互相)碎屑岩及碳酸盐岩沉积组成，为会聚俯冲晚期阶段的弧后盆地沉积	多尼组、郎山组
碰撞大地构造环境	前陆盆地		为三角洲-河流相磨拉石-复陆屑沉积建造，是碰撞造山阶段的山前盆地或山间盆地沉积	竟柱山组、阿布山组
	磨拉石盆地		碰撞造山过程中，由于应力松弛，受造山带负荷及沉积负载的影响，前陆盆地进一步下沉接受造山后的沉积充填物，形成磨拉石-复陆屑沉积，这就是磨拉石盆地阶段	牛堡组、唢纳湖组
	压陷盆地和碰撞谷		是碰撞造山晚期阶段，由于近南北向的持续挤压，形成的近东西向压陷盆地和这种挤压诱发的近东西向的引张而形成的近南北向裂堑盆地(或碰撞谷地)	纳屋错-采马尔、盐湖、吓拉错-错如、聂尔错、亚美错、色卡执等第四纪湖盆属前者；扬沼、丁字、4427 等北北东向第四纪裂堑盆地属后者
走滑大地构造环境	走滑(拉分)盆地		是高原隆升阶段，由走滑剪切作用形成的走滑(拉分)盆地	阿翁错、叉茶卡北北西向第四纪湖盆

②陆坡相

它属裂解大地构造环境的被动陆缘相类，是裂解微陆块边缘斜坡形成的浅海—次深海复理石建造、滑塌建造。区内班公错-怒江结合带的木嘎岗日岩群(JM)和狮泉河带的聂耳错岩群(T_3JN)为一套滨浅海—次深海复理石建造，局部见滑塌沉积，似属陆坡环境沉积特征，现将其归入被动陆缘陆坡相。

③深海平原相

它属裂解大地构造环境的洋盆相类，是大陆裂谷扩张形成的洋盆(或有限洋盆)中形成的侧向连续的深海远洋—半边洋硅-泥质建造、放射虫硅质岩-基性火山岩建造。见于木嘎岗日岩群中，分布极为有限，但它表明局部有深水盆地的存在。

④扩张洋脊相

它属裂解大地构造环境的洋盆相类，是有限扩张环境下形成的洋脊(或非洋脊)型蛇绿岩。测区东巧蛇绿岩(T_3JD)和狮泉河蛇绿岩(T_3JS)属此大地构造相。前者属洋脊型，各层序发育较全，玄武岩层序之上发育硅质岩，堆晶杂岩层序之下有残余地幔岩，但发育程度极为有限，实际上也不是很典型洋脊型蛇绿岩。后者发育不全，尚未发现硅-泥质沉积，亦未发现残余地幔岩。这种特征似反映班公错-怒江结合带曾经仅为有限扩张的洋盆(中特提斯洋)，而狮泉河带曾经可能只扩张为陆间裂谷盆地或初始洋盆后即转化为会聚大地构造环境。这些蛇绿岩在其后的会聚环境中，均以构造残片的形式卷入了消减杂岩中。

2. 会聚大地构造环境

区内该大地构造环境的时限为中晚侏罗—早白垩世。测区班公错-怒江结合带南西属冈底斯-念青唐古拉微陆块区域，此时表现为活动陆缘相类特征。由于班公错-怒江洋壳的南向消减俯冲，中特提斯洋逐渐萎缩，直至消亡，同时伴随雅鲁藏布洋壳对冈底斯-念青唐古拉微陆块的北向消减俯冲完成了冈底斯-念青唐古拉微陆块与北方大陆板块的拼贴和新特提斯洋的进一步扩张。据测区冈底斯-念青唐古拉微陆块在此期间不同发展阶段和不同构造部位的构造建造特征，划分出 4 种大地构造相。

①消减杂岩相

它属会聚大地构造环境活动陆缘相类，是分布在结合带内，由构造重复的深海—次深海沉积物及各种外来岩块组成的，并伴有洋壳剥离而来的蛇绿岩残片，受强烈的构造作用混杂在一起的构造混杂岩带。测区纳屋错构造混杂岩带、聂尔错构造混杂岩带属此相。特别是前者，表现得规模宏大，较为典型和完整。后者因上叠表层建造掩盖严重，出露较为局限。

②岛弧盆地相

它属会聚大地构造环境活动陆缘相类，是由浅海—陆棚相碎屑岩夹中基性—中酸性火山岩相沉积组成的，代表会聚俯冲早期的岛弧盆地沉积。测区阿翁错火山岩浆弧带中的沙木罗组(J_3s)应属此大地构造相，虽因出露不全，其中也含钙碱性中基性火山岩、火山碎屑岩，延伸到区域上与接奴群($J_{2-3}J$)相当，其中尚含中酸性火山岩。

③陆缘岩浆弧相

属会聚构造环境下的活动陆缘相类，它是以会聚俯冲晚阶段的岛弧型岩浆侵入和火山喷发建造为标志的大地构造相。其中火山岩属钙碱系列的中基性—中酸性岩，花岗岩有 I 型向 S 型转化的趋势。测区昂龙岗日-盐湖构造岩浆带和邦巴-雄巴构造岩浆带中的早白垩世闪长岩、石英闪长岩、花岗闪长岩和去申拉组(K_1q)、捷嘎组(K_1jg)中的中基性—中酸性钙碱性火山岩（安山玄武岩、玄武安山岩、安山岩、英安岩）为该相之标志。带中的晚白垩世花岗岩、黑云母花岗岩、二长花岗岩、钾长花岗岩和始新世的花岗斑岩、白岗岩属同碰撞和后碰撞花岗岩系列，但它和岩浆弧系列的花岗岩存在着连续演化的趋势，因而归入陆缘岩浆弧中，这就构成了大地构造相的叠置现象。

④弧后盆地相

属会聚构造环境下的活动陆缘相类，它是以会聚俯冲晚阶段弧后浅海相（个别海陆交互相）碎屑岩及碳酸盐岩建造为标志的大地构造相，靠近岛弧边缘可出现少量钙碱性中酸性火山岩及火山碎屑岩建造。测区多尼组(K_1d)浅海碎屑岩夹少量中酸性钙碱性火山岩建造和郎山组(K_{1L})浅海碳酸盐岩建造是其重要标志，其分布区域——革吉弧后盆地既处于阿翁错火山岩浆弧的弧后，又处于捷嘎火山岩浆弧（冈底斯火山岩浆弧）的弧后。

3. 碰撞大地构造环境

测区碰撞大地构造环境的时限为晚白垩世—上新世。竟柱山组(K_2j)与下伏地层的角度不整合标志着这一演化阶段的开始，可延续到新近纪末。根据所形成的建造的差异，可划分出 3 个不同的大地构造相（类）。

①前陆盆地

测区代表性沉积为竟柱山组(K_2j)和阿布山组(K_2a)三角洲-河流相磨拉石复陆屑建造，是碰撞造山早期的山前盆地或山间盆地沉积，它标志着由会聚背景向碰撞造山背景的转化。区内由竟柱山组(K_2j)构成的前陆盆地叠置在狮泉河结合带之上，由阿布山组(K_2a)构成的前陆盆地叠置在班公错-怒江结合带北侧。

②磨拉石盆地

是前陆盆地发展的成熟阶段，在碰撞造山作用进程中，紧随造山幕之后的应力松弛期，受造山带负荷及沉积负载的影响，前陆盆地进一步接受造山后的沉积充填，形成磨拉石-复陆屑建造。测区以牛堡组($E_{1-2}n$)为代表的磨拉石盆地上叠在竟柱山组(K_2j)为代表的前陆盆地之上，亦叠置于班公错-怒江结合带之上。以唢纳湖组(Ns)为代表的磨拉石盆地上叠于阿布山组(K_2a)为代表的前陆盆地之上。

③压陷盆地和碰撞谷

是碰撞造山阶段末期，由近南北向的持续挤压，使近东西向逆冲断层再次活动，形成近东西向的第四纪坳陷（断陷）盆地，并诱发近东西向的引张，形成近南北向的裂堑盆地（碰撞谷），其间为第四纪松散砂、砾充填组成近东西向的压陷盆地和近南北向的裂堑盆地沉积。测区纳屋错-采马尔、盐湖、吓拉错-错如、聂尔错、亚美错、色卡执等北西西向第四纪压陷（断陷）盆地属前者；北北东向的扬沼、丁字、4427 第四纪裂堑盆地属后者。其中沉积物的时限虽然超越了碰撞造山的上限，但其受控的北西西向逆冲断裂和北北东向张断裂成生于碰撞造山阶段末，是碰撞造山的结果，故将其归入碰撞造山大地构造环境。

4. 走滑大地构造环境

此环境中，区内仅鉴别出一个大地构造相(类)——走滑盆地，它是高原隆升阶段走滑调整期的产物，是最晚形成的沉积盆地，测区存在北北西向的右行走滑和北东东向的左行走滑，但前者较发育，并形成北北西向的走滑(拉分)盆地，典型实例是阿翁错、叉茶卡第四纪走滑(拉分)盆地。北北西向右行走滑还将北西西向纳屋错-采马尔第四纪压陷(断陷)盆地右行切错。北东东向左行走滑远不如北北西向右行走滑发育，未见北东东向走滑盆地成生。

综合上述，通过对测区大地构造相的系统分析，其造山带的形成和演化如图 5-32 所示。班公错-怒江结合带所反映的地史时期存在过的中特提斯洋是由南方大陆板块不均一裂解，由陆内裂谷-陆间裂谷发展成有限洋盆的，它至少存在两条裂解带，其发育程度是不同的，主带发育成了有限扩张的洋盆，另一条可能只发育成了陆间裂谷。因此，不具备典型的被动陆缘沉积和典型的洋脊型蛇绿岩，多为发育不全的非洋脊(亲岛弧)型。中特提斯(班公错-怒江洋盆)有限扩张的时限为晚三叠世—中侏罗世。晚侏罗世大地构造环境发生了重大转换，开始了中特提斯(班公错-怒江)洋壳对冈-念微陆块的南向俯冲消减。早白垩世这种俯冲消减进一步加剧。同时伴随雅鲁藏布(新特提斯)洋进一步扩张和其洋壳对冈底斯-念青唐古拉微陆块的北向剪切俯冲，造就了冈底斯-念青唐古拉微陆块北、南两条火山-岩浆弧带(在测区的表现就是阿翁错火山-岩浆弧和捷嘎火山岩浆弧带)和复合弧后盆地，即革吉弧后盆地。以竟柱山组(K_2j)与郎山组(K_1l)间的角度不整合为标志的构造运动使测区再次发生了大地构造环境的重大转换，中特提斯(班公

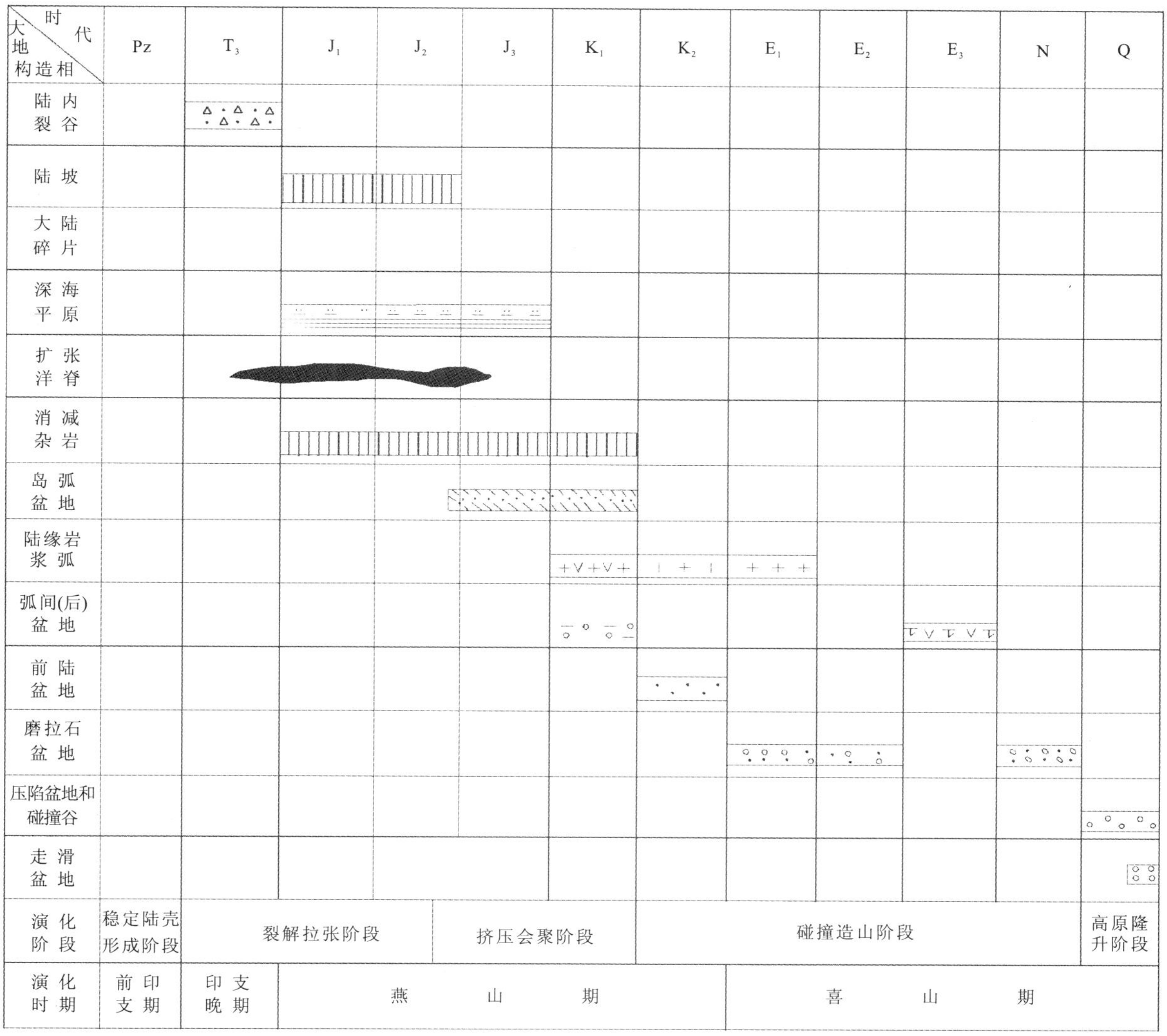

图 5-32　测区大地构造相演化示意图

错-怒江)洋彻底消亡,并被新特提斯(雅鲁藏布)洋取代,区内进入了碰撞大地构造环境,完成了冈底斯-念青唐古拉微陆块与羌南-保山微陆块间和它们之中次级裂块间的逐一拼贴。进入碰撞造山期后,测区除受班公错-怒江结合带的南向剪切俯冲的延续影响,亦受雅鲁藏布洋壳的北向剪切俯冲的影响和古近纪晚期以来喜马拉雅(印度)陆块与冈底斯-念青唐古拉微陆块的碰撞拼贴的影响,陆内改造漫长而复杂。上新世末以来的高原隆升,更使测区造山带进一步复杂化,形成了现今的构造面貌。

第五节　新构造活动与高原隆升

青藏高原的隆升与新构造活动密切相关。现今高原的地貌特征、活动断裂、地震和地热以及第四纪岩浆活动等,都是新构造活动的具体表现。就区域而言,青藏高原是世界屋脊,最年轻的高原,新构造活动表现强烈是其重要特点,测区属其中之一部分,表现亦不例外。然而,不同块、段新构造活动的强弱又存在着差异,也是显而易见的。从空间上讲,测区新构造活动表现较为强烈,地貌分化明显,活动断裂较发育,地震、地热有一定显示,但与区域上表现特别强烈的地域有一定差别。就是测区内,不同块、段表现也是不一致的。从时间上讲,测区新构造活动和青藏高原在第四纪构造演化中的表现一样,是分阶段性的。这就造就了高原的隆升既具整体性,又具差异性和阶段性的特点,从而造就了现今的面貌(图 5－33)。

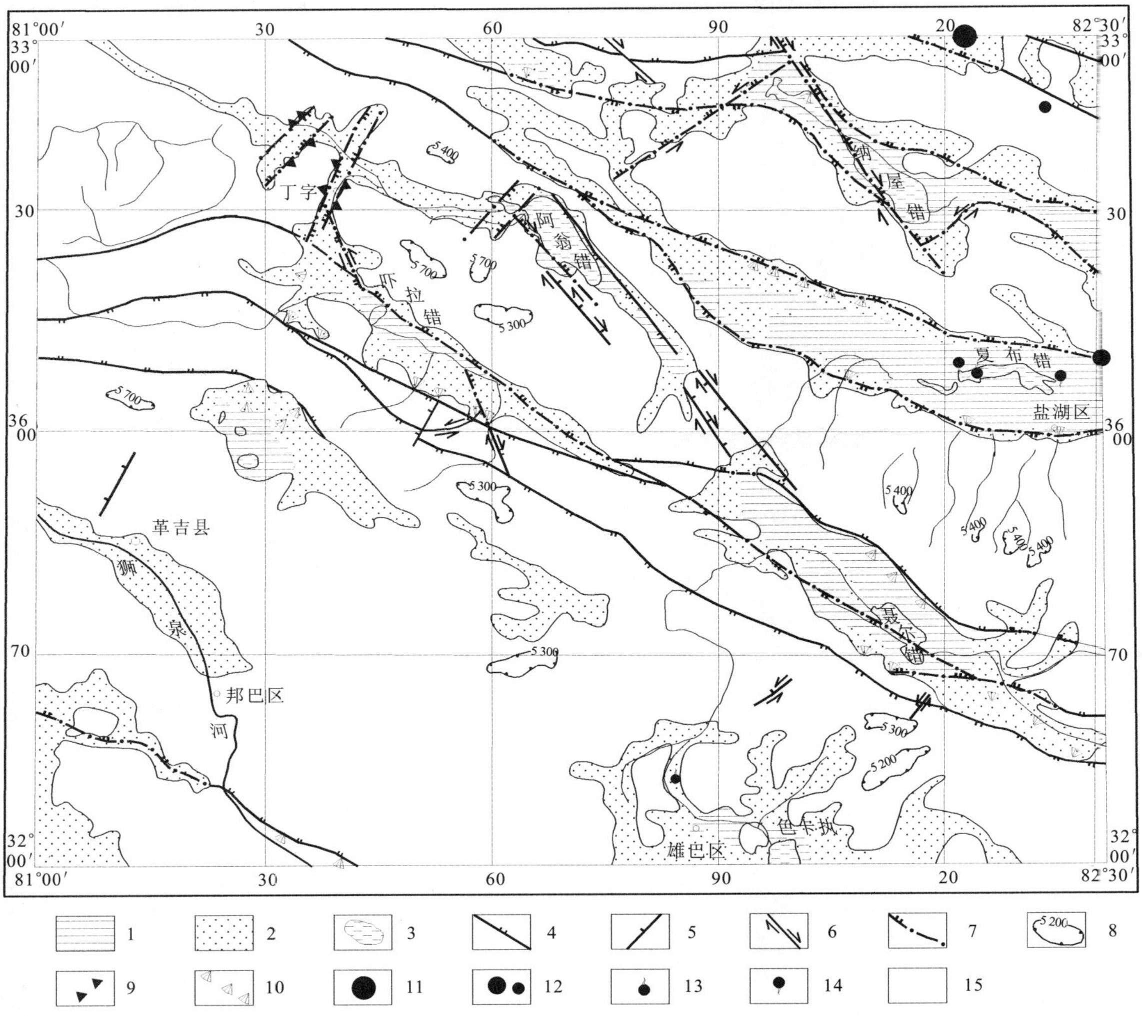

图 5－33　革吉县幅新构造图

1.第四纪湖相沉积;2.第四纪冲洪积;3.现代湖积;4.压性活动断裂;5.张性活动断裂;6.走滑活动断裂;7.隐伏活动断层;8.夷平面及高程;9.断层崖、断层三角面;10.冲击堆、洪积扇;11.地震震中 $M=6\sim6.9$ 级;12.地震震中 $M=5\sim5.9$ 级及 $M=4\sim4.9$ 级;13.温泉上升泉;14.温泉下降泉;15.基岩

一、新构造活动

1. 地貌表现

受测区主要活动断裂的控制，可划分出以下构造地貌单元：两个挤压坳陷带和四个断块隆起区。这就是纳屋错-盐湖挤压坳陷带(Ⅰ)、吓拉错-聂尔错挤压坳陷带(Ⅲ)和昂龙岗日-锦江嘎木断块隆起区(Ⅱ)、革吉断块隆起区(Ⅳ)、邦地尔断块隆起区(Ⅴ)、多札日断块隆起区(Ⅵ)。这些坳陷带和隆起区，受次一级的第四纪构造控制，可进一步划分出次一级的隆起(断隆)和坳陷(断陷)(图 5－34)。这些隆起和坳陷绝大多数北西西向展布，对老构造表现出极大的继承性特点，仅有个别裂堑盆地北北东—北东向展布和少数走滑拉分盆地北北西向展布。它们与测区新构造活动北北东—南南西向挤压的统一构造应力场是协调一致的。

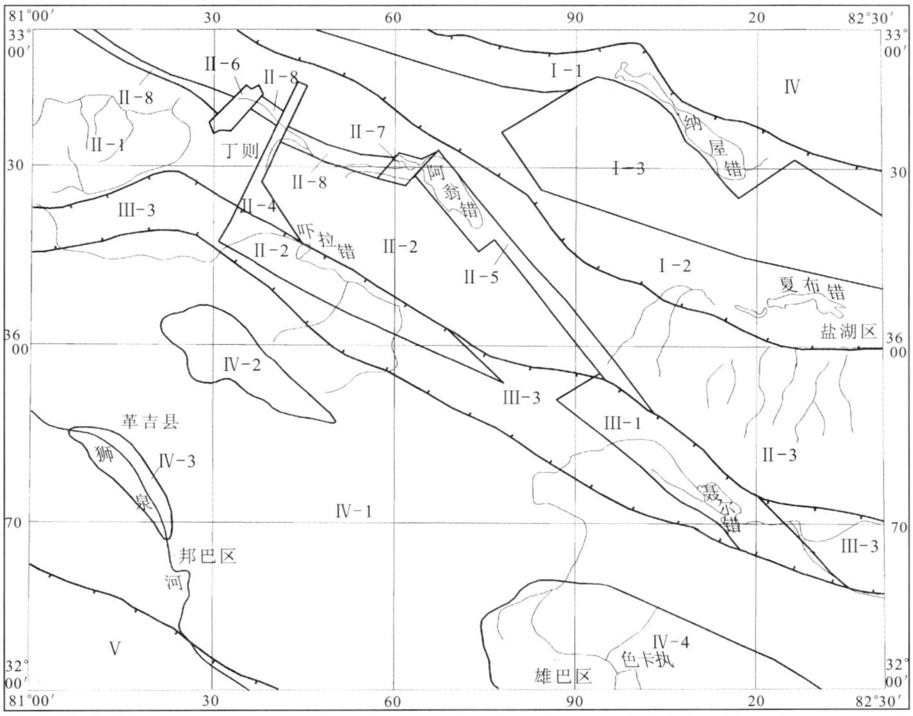

图 5－34　测区第四纪构造地貌单元划分图

Ⅰ. 纳屋错-盐湖压陷区；Ⅰ－1. 纳屋错-采马尔压陷盆地；Ⅰ－2. 盐湖压陷盆地；Ⅰ－3. 字末牛日断块隆起区；Ⅱ. 昂龙岗日-锦江嘎木断块隆起区；Ⅱ－1. 昂龙岗日断块隆起区；Ⅱ－2. 孔弄勒断块隆起区；Ⅱ－3. 锦江嘎木断块隆起区；Ⅱ－4. 丁字藏布裂堑盆地；Ⅱ－5. 阿翁错走滑拉分盆地；Ⅱ－6. 扬沼裂堑盆地；Ⅱ－7. 4427 裂堑盆地；Ⅱ－8. 扎哥拉藏布压陷盆地；Ⅲ. 吓拉错-聂耳错压陷区；Ⅲ－1. 聂耳错压陷盆地；Ⅲ－2. 吓拉错-错如压陷盆地；Ⅲ－3. 广嘎生巴断块隆起区；Ⅳ. 革吉断块隆起区；Ⅳ－1. 达尔举弄玛断块隆起区；Ⅳ－2. 亚美错压陷盆地；Ⅳ－3. 森格藏布压陷盆地；Ⅳ－4. 色卡执压陷盆地；Ⅴ. 邦地尔断块隆起区；Ⅵ. 多扎日断块隆起区

①山链与夷平面特征

区内各断块隆起区山链的走势均北西西向延伸，但地势则表现不一。昂龙岗日-锦江嘎木断块隆起区(Ⅱ)之上山链海拔一般为 5 000～6 674m，表现为南陡北缓西高东低，反映了新构造断裂南向逆冲引起的北向掀斜作用。革吉断块隆起区(Ⅳ)山链海拔一般为 5 100～6 093m，地势则较复杂，西高东低之势减弱，北北东—南南西方向则表现出两侧陡、中间波浪起伏之势，似反映有双向逆冲掀斜的趋势。邦地尔断块隆起区山链海拔在区内一般为 5 000～5 680m，与其北侧邦巴断裂带以北紧邻之同向山链海拔相差 200～300m，似反映了邦巴断裂带新构造活动南向逆冲的特点。多札日断块隆起区(Ⅵ)山链作北西西至近东西向走势，严格受纳屋错断裂带控制，海拔为 5 000～5 250m ，较南侧纳屋错坳陷(Ⅰ－1)中同向延伸的残山链海拔一般高出 300～400m，反映了纳屋错断裂带南向逆冲的新构造活动特征。

测区如同整个青藏高原一样，发育有两级夷平面。区内主夷平面的高度为 5 200～5 400m，大面积分布于测区中部的昂龙岗日-锦江木嘎断块隆起区的锦江木嘎、孔弄勒、百垅等处和革吉断块隆起区的波母顶、窝罗公日、达尔举弄玛、狭弄勒、叉如顶嘎等处，在此海拔高程区间的山顶更是不计其数。该级夷平面削平三叠系、侏罗系、白垩系及燕山期花岗岩和古近系碱性火山岩，面上地势较平坦，起伏一般仅数十米，可见古风化壳或古岩溶等残余地貌。它可与区域上同级夷平面，如安多南山（5 100m）、乌丽（5 000m）等地夷平面对比。主夷平面之上还存在一期老夷平面（山顶面），分布于多仁杂、锦江嘎木、札木嘎和垄巴翁布沟尾山脊、恩昂迥下玛、哑阿爬玛、札那等地，海拔为 5 700～6 600m。该级夷平面切削白垩系和燕山晚期花岗岩，局部发育古岩溶，发育石海，昂龙冈日岩体之上有小冰帽覆盖，局部有末次冰期冰斗，它可与冈底斯山（5 900～6 200m）、绒布寺东西两侧（5 900～6 000m）、念青唐古拉山（5 700～6 000m）等老夷平面对比，时代为渐新世至早中新世（崔之久，1996）。区内夷平面高度差异是受活动断裂影响掀斜的结果。

②水系、盆地特征

区内水系除西南角有印度河的上游——森格藏布（狮泉河）呈北西西向流经测区外，其余均为内陆水系，汇入各坳陷带的湖泊之中。这些内陆水系规模均较小，延伸方向和弯折方向有北西西向、北北东向、北北西向和北东东向。其中北西西向者规模稍大，它们受控于北西西向压性新构造断层或压陷带。北北东向水系最发育，它们受控于北北东向张性新构造断层或裂隙。此外，还发育有北北西向和北东东向水系，它们受控于同向的两组走滑断层，这一配置格局，同样反映了区内新构造活动受控于北北东—南南西向挤压的统一应力场。

区内湖泊主要呈北西西至近东西向延伸，分布在压陷区或次级压陷区，如纳屋错-采马尔、盐湖、聂尔错、吓拉错-错如以及亚美错、色卡执等。它们受控于区内主要北西西向压性活动断裂或次级压陷盆地。仅有一个例外，阿翁错—叉茶卡呈北北西向展布，受控于北北西向阿翁错右行走滑断裂带，为走滑拉分盆地控制的湖泊。

区内第四纪盆地除压陷盆地和北北西向走滑拉分盆地外，尚发育有北北东—北东向的裂堑盆地，最典型的是丁字藏布和扬沼宽谷盆地，其内充填第四纪冲、洪积物；发育于断块隆起带上的北西西向次级压陷盆地，除部分为湖泊盆地外，另一部分为宽阔的河谷盆地，其内充填第四系冲、洪积物，如森格藏布盆地、札哥拉哥藏布盆地。

区内现代湖泊湖面的海拔高程有两组数字，一组为 4 326（盐湖）～4 399m（聂尔错）；另一组为 4 482（阿翁错）～4 714m（亚美错），前者为压陷区内的湖泊，后者为断块隆起区内的湖泊，它们的高差达 156～313m，这是断块的差异隆升和掀斜所致。

区内湖泊属藏北内陆大湖区域，湖积阶地提供了高原间歇性隆升的线索。一般可见 3～5 级阶地，1～3级保存较好，4 级以上阶地多被破坏或掩盖。主要湖泊的湖提环清晰可见，多保存于 1～3 级湖滨阶地，4 级以上的常被破坏或掩盖而不清晰。纳屋错南东湖提环保存最好，最多可数出 52 环，湖提环间距疏密不等亦反映间歇性隆升特点，约 30 环以内明显反映出 3 个最宽间距显示了 1～3 级阶地，其中 2 级阶地阶面最宽。阿翁错南东湖提环亦反映了类似特点。本次在该两处沿湖积阶地采有两条剖面的 ESR 测年样，数据反映湖泊退积年龄变新，间接反映了高原相对隆升。

此外，区内各大湖泊周围湖蚀地貌发育，主要有湖蚀平顶山、湖蚀平台、湖蚀礼帽石等，海拔高度在 4 700～5 000m，可能大致代表了古泛湖面的高度，第四纪晚更新统—全新统冲、洪积物分布的高程亦大体与此相当。这一高度即为区内现代高原面的海拔高度。

2. 构造表现

新构造活动的构造表现在区内主要为继承性活动断裂。测区 5 条主要北西西向逆冲断层带均有新构造活动表现而成为新构造地貌单元的分划性断层。除此之外，尚有北北东向正断层组和北北西向右行走滑断层组、北东东向左行走滑断层组。

①北西西向逆冲断裂

第二节所述之纳屋错断裂带（F_1）、盐湖断裂带（F_2）、吓拉错断裂带（F_3）、聂尔错断裂带（F_4）、邦巴断裂带(F_5)均属区域性的南向或北向逆冲断裂带。除前述已表明,它们是在造山期末,即新近纪末的构造运动,经多次改造最后成型的断裂,除控制了第四纪断块隆起和压陷盆地外,第四纪以来的断块差异隆升进一步强化了这些断裂。除了前述不同断块上山链、湖泊的差异隆升间接反映了断裂的新构造活动外,断裂一侧的第四纪冲积堆或洪积扇的醒目展布亦反映了这种活动。区内最为明显的有:盐湖断裂带主断层北侧分布的近东西向一排冲积堆反映了断层在第四纪时期的北向逆冲,其盐湖北分支断层南侧一排近东西向洪积堆则反映了该断层的南向逆冲活动;吓拉错断裂带主断层在聂尔错北侧一带于该断层南侧分布一排北西向的洪积堆,反映了断层南向逆冲的新构造活动;聂尔错断裂带主断层北侧一排北西西向的洪积堆反映该断层北向逆冲的新构造活动特点;邦巴断裂带南侧分布北西西向展布的一排洪积堆则反映了该断带南向逆冲的新构造活动性质。此外,纳屋错断裂带北侧有北西西向展布的地震震中分布,沿盐湖断裂带有温泉和地震震中分布,沿吓拉错断裂带、聂尔错断裂带和邦巴断裂带测区内虽无地震、地热表现,但延伸出去,在区域上沿带亦有地震、地热表现,因此它们属活动性断裂带应是勿庸置疑的。

②北北东—北东向张断裂带

区内有发育,但不十分强烈,规模较小,仅局限于断块隆起区内,典型的为丁字断裂带(F_{12})以及扬沼断裂带(F_{11})、4427 断裂带(F_{13}),它控制第四纪裂堑盆地(Ⅱ-4、Ⅱ-6、Ⅱ-7)。丁字断裂带由两条平行的正断面层组成,西侧一条断面向东陡倾,东侧一条断面向西陡倾,可见断层三角面。裂堑盆地内充填第四纪冲、洪积砂、砾层。它错断北西西向札哥拉哥藏布第四纪压陷盆地,南段被北西西向右行走滑断层错切,形成复合断陷盆地。其他裂堑盆地与此类似。

此外,在革吉北西、聂尔错断裂带中段尚有小规模(延长仅数千米)北北东向正断层发育,它切错北西西向活动断裂。

③北北西向右行走滑和北东东向左行走滑断裂

区内北北西向右行走滑断裂以阿翁错断裂带(F_8)为代表,控制阿翁错-叉茶卡第四纪右行走滑拉分盆地成生,其内充填第四纪湖积,当属新构造范畴。另一条较重要的断裂为贾个热不嘎断裂带切错纳屋错湖和纳屋错北西西向新构造逆冲断裂带,并作右行位错。在第二节中对它们已有描述,此处不多重复。北东东向的一组左行走滑断层以江玛断层(F_{14})为代表,它错切纳屋错南侧北西西向、北向逆冲活动断层,前面亦已有描述不再重复。这两组断裂相互交切,实为一对共轭剪切断层。

上述 4 组断裂协调地处于统一的构造应力场中,表明测区新构造活动源于北北东—南南西向的挤压。

3. 地震、地热表现

据前人资料,测区内地震、地热有表现,但不十分强烈。

北西西向纳屋错活动断裂北侧,测区内有两个地震震中分布,亦作北西西向展布。一处 $M=6\sim6.9$ 级,震中位于北图边;另一处 $M=4\sim4.9$ 级,震中位于多杂日以东。盐湖断裂带在测区内有一个地震震中分布,$M=5\sim5.9$ 级,震中位于东图边,盐湖北分支断层(活动断裂)上。以上事实间接表明该两断裂带的新构造活动性。关于地震活动的特点,测区内资料甚少,不便深入讨论,但从区域地震分布规律看,除受控于近东西向的区域活动断裂外,还与北北东至近南北向的堑、垒构造以及北西向的右行走滑和北东向的左行走滑有关,震中往往发生在它们与北西西至近东西向的区域性活动断裂的交接部位。尤其是有相当规模的穿切近东西向活动断裂带的北北东至近南北向的堑、垒带是地震活动最强烈的地带。而测区内这种构造虽有发育,但规模甚小,且不穿切近东西向区域性活动断裂带,也许这就是测区虽地处青藏高原,并有重要的近东西向区域性活动断裂带通过,但地震活动并不十分频繁和强烈的原因。

从前人已发现的温泉看,区内地热表现不够强烈,本次亦未有新的泉眼发现。测区内仅有 4 处低温温泉,其中 3 处在盐湖断裂带,1 处在雄巴区附近。

据《西藏温泉志》记述,雄巴温泉(ZGG4(24))位于雄巴区政府驻地北西约 5km 的响曲河宽谷左侧,地理坐标为东经 81°53′48″,北纬 32°05′12″,海拔 4 580m,仅有一小泉坑,温度 37.3℃,流量 3L/s,为 HCO_3-Cl-Na-Mg 型。原资料记述"泉区东侧小山为白垩纪地层",构造控制因素未提及。经本次区调查实,泉眼东、西侧小山均为新发现的中新世陆相喷发中酸性火山岩,以泉眼位于半环状的宽谷水系中的情况判断,可能受控于雄巴组(N_1x)火山岩的环状隐伏张断裂。

又据《西藏温泉志》记述，札仓盐湖——低温温泉系统(ZGG5(31,32,33,34))，“31号位于札仓茶卡Ⅱ湖(现今地形图所标夏布错)湖岸，海拔4 400m，温度12℃；32号，札仓茶卡Ⅰ湖(据现今地形图已入东邻图幅)湖岸，海拔4 400m，温度15℃；33号，朵札，海拔4 400m，温度4.5℃；34号，色格军马场，海拔4 400m，温度5℃。”因未述及坐标位置不能查实，但可肯定32号已出测区，31号位于测区夏布错北岸，33、34号现今地形图上查不到相应地名无法落实。但据其中转述郑绵平等(1989)记述，札仓茶卡5处泉水中，有2处位于Ⅱ湖北东和北西，有1处位于Ⅱ湖小岛(Ⅱ湖小岛低温温泉)，可初步肯定有3处泉眼位置与Ⅱ湖(夏布错)有关，并大致确定了其位置。转述中指出“Ⅱ湖中的129-1号温泉可能为沿深大断裂上升形成的温泉，于温泉口处形成一较大的岩溶洼地，与湖水相通，洼地直径约80m，温泉口处水温33.5℃(受湖水混合影响而偏低)。取混合水样的矿化度为286.84g/L，温泉边部矿化度为305.1g/L。”这是迄今已知札仓茶卡周边测到的温度最高的泉水。下降泉未见温度记录，但指出“这些下降泉也很可能属于地热学温泉”。郑绵平等水化学样表明，Ⅱ湖东北下降泉属Cl-Na-Mg型；Ⅱ湖西北下降泉属HCO_3-Ca-Mg型；Ⅱ湖小岛低温温泉属Cl-Na型。上述尽管资料有限并欠完整，但沿盐湖断裂带有地热活动表现已是不争的事实。《西藏温泉志》中转述成都地质矿产研究所刘振声和王洁民等于1983年考察述及札仓茶卡湖区周围“确实分布有许多古老泉华，但均已垮坍，未见稍完整的泉华柱”。又转述郑绵平等(1989)的论述，“从王洁民惠予的照片上看，札仓茶卡裸露的古湖盆底部布满泉华碎块，中间尚有许多低矮的小泉华丘或锥，但顶部已无泉口可辩，其昔年情景很可能一如今日札布耶茶卡北湖中的钙华丘”。由此可见，第四纪以来，沿盐湖断裂带曾有过更为壮观的地热表现，如今尽管规模已今非昔比，但其水热活动远未止息。地热亦间接提供了盐湖断裂带新构造活动的信息。

二、新构造活动与高原隆升

目前，尽管不同作者对青藏高原急剧隆升的时间认识尚不完全一致，但近期研究动向更趋于认为是自第四纪以来。韩同林在《西藏活动构造》一书中，从地貌学、沉积学、古生态学、构造学等方面有过详细论述，认为青藏高原急剧隆起的时代起自上新世末至更新世初，其隆起的幅度各个时期是不同的，具有整体性、差异性和阶段性的特点。李吉均等亦根据构造、地貌、地层、古脊椎动物、孢粉、古土壤和古雪线等方面资料，将高原隆升的阶段划分为早更新世、中更新世、晚更新世以来3个阶段，不同阶段隆升的幅度和速率是不同的。区域上发现有上新世早期的湖相沉积产森林型三趾马及孢粉化石，推测当时的海拔在1 000m左右，表明此时青藏高原尚未大幅度隆升。李吉均等根据有关资料，估算各时期的上升幅度为早更新世1 000m；中更新世1 000m；晚更新世以来1 700m。原始高原面以1 000m计，自第四纪以来，其整体隆升幅度达3 700m。早更新世、中更新世、晚更新世以来的隆升速率分别为0.40mm/a、18.18mm/a、113.33mm/a。由此表明青藏高原自第四纪以来有总体隆升幅度大，不同阶段隆升速度存在差异，并表现出急剧加速隆升的特征。测区是青藏高原不可分割的一部分，其隆升特点自当具有共性。

前面章节已有叙述，测区东北角出露有中—上新世湖相沉积——唢纳湖组，产淡水腕足、双壳类等化石，其时代可与区域上含森林三趾马的中新世湖相沉积对比，该套沉积现今分布的高度达4 534m，表明测区在唢纳湖组沉积之后，总体隆升幅度应大于3 534m，这与青藏高原的总体隆升幅度是一致的。测区现代高原湖泊分布广泛，其湖面的海拔高度为4 326～4 714m，如果以上新世末的高原与古湖面为1 000m计，第四纪以来的整体隆升幅度亦达3 326～3 714m，其平均值为3 520m，也与这一幅度相一致。由此可见，测区高原隆升的幅度与青藏高原的隆升是协调一致的，具有隆升幅度大、范围广的整体性特点。

亦如前所述，测区普遍发育5 200～5 400m一级夷平面(主夷平面)，其上虽未获得说明其时代的沉积物，但可与区域上有资料说明时代上限为3.6Ma B.P.同级夷平面对比。亦较广泛发育高一级的夷平面，海拔高程为5 700m，与区域上同级夷平面对比，其形成的时间上限为早中新世(19MaBP)。这两级夷平面的高差为300～500m，时间间隔为15.4Ma。显然，在此漫长时间内，隆升的速率是很低的，(仅为0.26mm/a)。然而，自上新世以来，测区总体隆升幅度大于3 534m，用此隆升幅度除以2.6Ma，得出第四纪以来的平均隆升速率为1.436mm/a，比前者高出一个数量级，故此，测区与整个青藏高原的隆升是相一致的，认为自上新世末以来，开始了急剧隆升是符合实际的。

高原隆升是青藏高原新构造活动的主要表现形式，区域性的早更新世末与中更新世的角度不整合反映了新构造活动的阶段性，区内湖积阶地的发育、湖提环的疏密不等，就是这种阶段性跳跃式隆升的更细微的佐证。

还应提到的是，高原隆升在不同地域的差异性也是明显的。当然，这种差异性是相对的、从属的。测区内断块隆起区上的现代湖面和古湖面较之压陷区的现代湖面和古湖面均要分别高出200～300m，但其古湖面与现代湖面高差反映的相对隆升幅度却是一致的。同一夷平面的高程在不同地域海拔高程存在差别，也是差异隆升的表现，这种差异是不同断块间差异升降掀斜的结果。

总之，测区与整个青藏高原一样，具有隆升幅度大、范围广的整体性、断块差异升降、掀斜的普遍性和分阶段、跳跃式、加速隆升的特点。作为地球上最年轻的高原，新构造活动远未止息，隆升尚在继续进行。

第六节 地质发展史

测区主体位于冈底斯-念青唐古拉微陆块西段北部，班公错-怒江结合带从其北东部通过，东北角还跨及了羌南-保山微陆块南缘，其地质发展、演化历史也就反映了中特提斯洋和新特提斯洋发生、发展、消亡和它们之间在时间上的差异和更替，以及与它们消亡相伴的碰撞造山和造山期后的高原隆升的历史。我们试图立足于测区的实际材料并结合区域上已获得的沉积建造、岩浆建造、变形变质、同位素测年等多方面的信息和资料重塑测区地质发展历史。总括来讲，测区的地质构造演化如同整个青藏高原特提斯构造演化一样，曾经历稳定陆壳形成阶段、裂解拉张阶段、挤压会聚阶段和高原隆升阶段等漫长复杂的大地构造演化过程形成而今的构造面貌。不过，测区未涉及古特斯洋的演化，仅讨论中特提斯洋以来的演化历史(图5-35)。

一、稳定—次稳定陆壳形成阶段

古生代时期(P_Z)，测区处于冈瓦纳古陆北缘稳定—次稳定陆壳形成阶段。冈底斯-念青唐古拉微陆块和羌南-保山微陆块南缘中—新生代构造层之下的基底，尽管在测区未有出露，但区域资料表明，普遍发育有一套志留系—二叠系的亲冈瓦纳型滨—浅海相碎屑岩、碳酸盐岩建造，代表了测区当时地处冈瓦纳古陆块的北缘浅水环境的陆表海沉积。由于二叠纪末的华力西期晚幕构造运动，古生界发生强烈褶皱，并整体抬升成陆，成为中—新生代盆地的基底。

二、裂解拉张阶段

晚三叠世—中侏罗世时期(T_3—J_2)，在冈瓦纳古陆板块向欧亚古陆板块逐渐靠拢并最后碰撞拼贴的过程中，冈瓦纳古陆板块北缘进一步裂解出羌南、冈底斯以及其他更小的微陆块，测区处于裂解拉张阶段，纳屋错、盐湖、吓拉错、聂尔错等北西西向张断裂系发生。纳屋错—盐湖一带(即区域上班公错—怒江一带)由陆内裂谷进一步扩张发展为(有限)洋盆地，其间没有明显间断。区域上表现为多岛洋盆地(班戈—八宿一带表现较为明显)。上三叠统确哈拉群(T_3Q)浅海陆棚相复陆屑建造，局部含双峰式火山岩建造，角度不整合在古生代陆表海碎屑岩及碳酸盐岩建造之上，具初始裂谷盆地沉积特征。测区内虽未出露这套沉积，但大量东巧蛇绿岩群基性、超基性岩残片以及深海硅泥质岩的发现，证明该带曾为有限扩张的洋盆，它们形成于扩张的洋脊及深海平原。随着古特提斯洋壳从早—中三叠世以来向北向东的剪切俯冲，特别是晚三叠世羌南-保山微陆块与欧亚大陆板块的碰撞拼贴，古特提斯洋盆消亡，中特提斯洋盆急剧扩展，并取代古特提斯洋盆。此时海域已向南西退至金沙江—可可西里一线南西区域，但只有班公错-怒江海域才是真正意义上的洋，此时羌南-保山微陆块区域已属欧亚大陆板块南缘陆壳性质，仅发育陆表海性质的中生代沉积。测区和区域资料均表明，除蛇绿岩群基性—超基性岩自洋脊不断涌出并不断向外扩展外，与之相伴的还有远洋深海硅泥质沉积。与此同时，在冈底斯-念青唐古拉微陆块北缘形成一套浅海—次深海斜坡相的复理石碎屑岩沉积建造，即测区存在于纳屋错构造混杂岩带中的木嘎岗日(岩)群(JM)(丁青—八宿一带的希湖群($J_{1-2}X$))、罗冬群(JL)亦属相同性质；在羌南微陆块南缘形成被动陆缘斜坡相的浅海—次深海碎屑岩及碳酸盐岩建造，即测区及区域上的日干配错群(T_3R)以及曲色组($J_{1-2}q$)莎巧木组

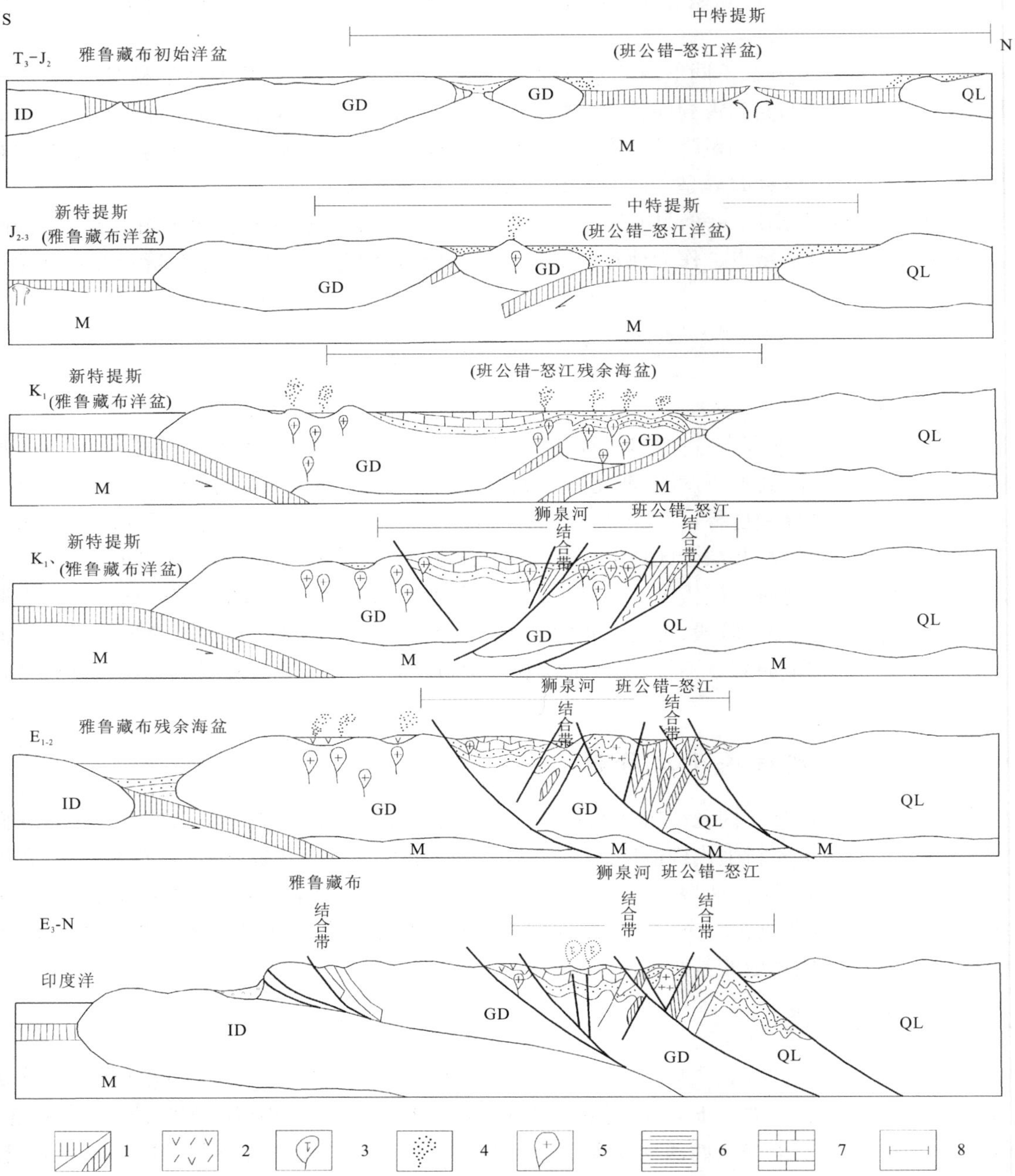

图 5-35　测区构造演化模式图

ID. 印度陆块；GD. 冈底斯微陆块；QL. 羌南-保山微陆块；M. 上部地幔；1. 洋壳残准洋壳及残片；2. 钙碱性火山岩；3. 钾玄岩系列火山岩；4. 中酸性火山岩；5. 中酸性侵入岩；6. 碎屑岩建造；7. 碳酸盐岩建造；8. 测区位置

($J_{2-3}Sq$)。此外测区聂尔错一带(即区域上狮泉河—古昌一带)蛇绿岩或蛇绿混杂岩残片的发现表明，在此阶段测区还存在另一个裂解扩张带。该带是班公错—怒江洋盆的一个分支还是冈底斯—念青唐古拉微陆块北缘的一个弧后次级扩张带，因资料有限尚难定论。但曾一度有过基性—超基性岩沿带涌出是肯定的。其蛇绿岩发育不全，未发现残余地幔岩和远洋硅-泥质沉积，蛇绿岩的构造环境判别属非洋脊(亲岛派)型，其规模也远不及班公错-怒江结合带，故初步认为此带裂解拉张最多只达陆间裂谷(或初始洋盆)阶段。从聂尔错一带狮泉河蛇绿岩中辉石岩所获 $^{39}Ar-^{40}Ar$ 法同位素年龄值为 222Ma 看，其裂解扩张与班公错-怒江结合带可能是同步的，但其发育程度可能没有达到真正意义上的洋。

三、挤压会聚阶段

中晚侏罗世—早白垩世(J_{2-3}—K_1),测区处于挤压会聚阶段。中晚侏罗世以来,随着班公错-怒江洋(中特提斯)壳对冈底斯-念青唐古拉微陆块的南向剪切俯冲,测区构造体制由拉张向挤压转化,这一发展过程大致于早白垩世末(K_1)完成。区域上接奴群($J_{2-3}J$)中钙碱系列中酸性火山岩的存在标志着这一作用的开始。测区阿翁错火山岩浆弧带(即命名地)的沙木罗组(J_3s)中亦含钙碱系列中基性火山岩、火山碎屑岩,与接奴群同处于班公错-怒江结合带主带南侧相同性质的构造单元之中,实为和接奴群相当之岩石地层单位,虽因出露不全,至少部分层位相当。以往资料将沙木罗组与木嘎岗日(岩)群放入同一岩石地层序列实属不妥,它们是不同构造单元不同沉积环境形成的不同岩石地层序列的地层,正确区分它们对构造演化得出切合实际认识是必不可少的。

早白垩世,随着班公错-怒江洋壳对冈底斯微陆块南向俯冲加剧,狮泉河陆间裂谷(弧后)同时南向剪切俯冲,在测区阿翁错火山岩浆弧带形成了去申拉组中大量发育的钙碱系列中基性—中酸性火山岩和早白垩世闪长岩($K_1\delta$)、石英闪长岩($K_1\delta o$);在革吉弧后盆地北缘,多尼组(K_1d)中形成少量钙碱系列中酸性火山岩和早白垩世石英闪长岩($K_1\delta o$)。纳屋错、盐湖、吓拉错、聂尔错等北西西向张断裂系被改造转变为北西西向压性断裂系(韧-脆性北向逆冲断层系)。

测区东北角,羌南-保山微陆块南缘此时没有岩浆活动的痕迹。

一般认为新特提斯洋的裂解扩张稍晚于中特提斯洋,起始于早侏罗世或晚三叠世末,终止于晚侏罗世或侏罗纪末。它的挤压会聚时间亦较中特提斯洋晚一个步调。区域资料表明,冈底斯微陆块南缘的火山岩浆弧形成的时间始于早白垩世,止于始新世末。冈底斯火山-岩浆弧带则弄群(J_3K_1Z)、捷嘎组(J_1jg)中的钙碱系列中基性—中酸性火山岩是早白垩世时雅鲁藏布洋壳对冈底斯-念青唐古拉微陆块北向剪切俯冲的证据。测区西南角邦巴断裂带南西侧的捷嘎组中的火山岩属此表现,革吉弧后盆地南缘多尼组(K_1d)中少量钙碱系列的中基性—中酸性火山岩和侵入多尼组、郎山组中的早白垩世闪长岩($K_1\delta$)、石英闪长岩($K_1\delta o$)亦属此表现。受雅鲁藏布洋壳北向俯冲的影响,区内老的北西西向韧-脆性北向逆冲断层系受到改造,并形成新的南向韧-脆性逆冲断层系。

早白垩世末,班公错-怒江洋壳消减殆尽,冈底斯-念青唐古拉微陆块与羌南-保山微陆块拼贴,海水向南撤出测区,作为班公错-怒江结合带在测区的表现,纳屋错-盐湖构造混杂岩带和狮泉河次级结合带在测区的踪迹——聂尔错构造混杂岩带形成。

四、碰撞造山阶段

晚白垩世至新近纪末(K_2—N)测区地质构造演化属碰撞造山阶段。

随着早白垩世晚期的构造运动,中特提斯洋彻底消亡,并被新特提斯洋完全取代,测区进入了碰撞造山阶段的历史。由于班公错-怒江残余洋壳继续向南剪切,连同羌南-保山微陆块陆壳一起向冈底斯-念青唐古拉微陆块之下插入,在其班公错-怒江结合带南侧的阿翁错火山-岩浆弧带,同碰撞花岗岩系列的早白垩世花岗闪长岩($K_1\delta\beta$)、晚白垩世花岗岩($K_2\gamma$)、黑云母花岗岩($K_2\gamma\beta$)、二长花岗岩($K_2\eta\gamma$)、正长花岗岩($K_2\xi\gamma$)形成。早白垩世晚期的构造运动使测区下白垩统及其老的地层强烈褶皱、断裂,晚白垩世末的构造运动使这些褶皱、断裂强化,并使晚白垩世地层卷入其中,测区北西西向的逆冲推覆构造组合形成,先期构造遭受进一步改造,构造面貌基本成型。其后,在逆冲推覆带的前缘,形成前陆盆地,发育三角洲-河流相的红色磨拉石-复陆屑建造。测区狮泉河结合带上叠的竞柱山组(K_2j)和班公错-怒江结合带北侧展布的阿布山组(K_2a)就属此列。

据区域资料,新特提斯洋的关闭要比中特提斯洋晚一个节拍,喜马拉雅-印度陆块与冈底斯-念青唐古拉微陆块的碰撞始于晚白垩世末—古新世初。由于持续的北向剪切俯冲,在测区南西侧冈底斯火山岩浆弧带中,年龄值在 60～45Ma 的钙碱系列中酸性火山岩和年龄值在 60～35Ma 的钙碱系列中酸性侵入岩大规模发育。受其影响,测区内有始新世的花岗斑岩($E_2\gamma\pi$)、白岗岩($E_2\gamma\tau$)侵入。

碰撞造山过程中,由于逆冲推覆之后的应力松弛,古—始新世生成了测区第四个世代的伸展裂陷构造组合,班公错-怒江结合带和狮泉河次级结合带中,上叠晚白垩世前陆盆地进一步发展形成了山间断陷磨拉石盆地，沉积了牛堡组($E_{1-2}n$)、唢纳湖组(Ns)河湖相红色磨拉石-复陆屑建造，呈北西西向带状展布。

陆-陆碰撞的后期，始新世末至新近纪末，随着印度陆块向北的A型俯冲楔入，使高原地壳加厚、隆升，岩石圈地幔拆离，软流圈地幔上升，导致富集地幔部分熔融和上部地壳裂陷，发生富钾质及碱性岩浆的侵入和喷发。上叠于测区革吉早白垩世弧后盆地和捷嘎火山岩浆弧带之上，呈北西西向带状展布的碱玄岩系列的邦巴组($E_{2-3}b$)陆相碱性火山岩属此列。由于陆内剪切的持续作用，陆壳局部重熔，在某些上部地壳裂陷的区域，还出现壳源型中酸性陆相火山岩浆喷发或A型花岗岩侵入。区内上叠于革吉早白垩世弧后盆地之上，近东西向带状展布的雄巴组陆相中酸性火山岩属此列；侵入于捷嘎组中的始新世白岗岩($E_2\gamma\tau$)亦属此列。

古近纪和新近纪的构造运动，使测区牛堡组($E_{1-2}n$)、邦巴组($E_{2-3}b$)、雄巴组(N_1x)、唢纳湖组(Ns)形成轴向北西西的宽缓的直立-斜歪褶皱，大量老的北西西走向的南向或北向逆冲断层重新活动，并切割这些地层，形成了测区第五个世代的逆冲推覆调整构造组合。

五、高原隆升阶段

新近纪末以来(N末—Q)属此阶段。随着印度陆块向北A型俯冲的加剧，自上新世末以来，测区乃至整个青藏高原进入了急剧隆升时期。

碰撞造山阶段末，由于近南北向的强烈挤压(测区具体表现为北北东-南南西向)，自第四纪以来，区内开始大幅度隆升，导致第四纪北西西向坳陷带和隆起带形成，生成了测区纳屋错-采马尔、盐湖、吓拉错-错如、聂尔错、亚美错、色卡执等第四纪湖盆地，其间为同向展布的隆起区，并向坳陷区提供物源。这一继承性特点在测区表现较为突出。与此同时，这种北北东—南南西向的持续挤压诱发北西西—南东东向的拉张，产生北北东向的裂堑盆地，形成了测区扬沼、丁字、4427等北北东—北东向裂堑盆地。上述便是测区第六个世代北西西—南东东向引张构造组合。其后，形成了测区第七个世代的构造组合——走滑调整构造组合。北北西向断层右行走滑，北东东向断层左行走滑，使先期构造受到不同程度的改造，并形成第四纪走滑拉分盆地，测区阿翁错-叉茶卡第四纪湖盆地便是这一性质的盆地。北西西向断层的右行走滑还使纳屋错发生顺扭位错。

据测区实际并结合区域资料分析，高原隆升的时间始于上新世末—更新世初。实际资料表明，测区自晚白垩世以来就已上升成陆，遭受了长期的剥蚀夷平。众多研究者的成果表明，真正大幅度隆升的时间是早更新世末与中更新世，测区与青藏高原一道发生了一次突变事件，除表现为中更新统与下伏各地层的角度不整合外，还表现在活动断裂的形成，控制了中更新统及以后第四纪沉积及断陷湖盆的发育。中晚更新世处于相对稳定期，即藏北大湖期。晚更新世末，区内又有一次强烈的构造运动，表现为全新统与下伏各地层的不整合，古大湖解体，并快速退缩。

此外，区内地热及地震活动虽不强烈但仍有表现。沿盐湖断裂带和雄巴区附近有温泉分布。沿纳屋错断裂带、盐湖断裂带有地震活动，与区域上的情况也是一致的。吓拉错断裂带、聂尔错断裂带、雄巴断裂带，区内虽未见，但在其区域延伸方向亦有地震或温泉分布，表明这些断裂带均为活动性断裂带，至今构造活动仍未停息。

本区新构造运动的时间与青藏高原强烈隆升的时间是一致的。基于主夷平面发育的上限时间(3.6Ma B.P)、黄土开始堆积(2.6Ma B.P)以及青藏高原进入冰冻圈(0.8Ma B.P)，李吉均等提出高原分别在上述时间达到1 000m、1 500m和3 000m的数字。测区现代高原面海拔4 400～4 700m，据此推算，自更新世以来隆起的幅度就达到了3 400～3 700m。当然，不同时期、不同地域其隆升幅度是不同的，既具有整体性又具有差异性和阶段性，这就是青藏高原隆升的特点。

第六章　遥感地质及资源环境

青藏高原，特别是藏北地区，因其气候恶劣、海拔高、地势险峻、沼泽、冻土发育、通行困难著称于世，被人们称为“生命的禁区”。对青藏高原空白区区域地质调查，在保证调查基本要求的前提下，如何合理减少野外工作量和强度，提高调查质量和精度，是我国地质界面临的必须解决的问题。

通过测区的遥感应用试点工作，我们认为利用遥感技术能合理地减少野外调查路线，提高地质连图的合理性和地质调查精度，能保证区域地质调查的质量。

第一节　区调遥感工作方法

革吉县幅为区域地质调查遥感应用试点图幅，通过遥感工作方法试验研究和测区区调验证，并结合青藏高原空白区其他图幅的遥感应用情况，总结了青藏高原空白区 1∶25 万区域地质调查遥感工作方法，该项成果已在 2003 年新开图幅中参用。本报告仅作简述，详细内容可另见《青藏高原空白区 1∶250 000 区域地质调查遥感工作方法》专题报告。

一、遥感工作程序和内容

区域地质调查遥感工作程序遵循区域地质调查工作 5 大阶段和程序，即设计编写、综合调查、遥感综合解译(资料综合整理)、综合研究与报告编写、资料归档 5 个阶段，其工作流程见图 6-1。

(一)设计编写阶段

本阶段是整个工作的基础，其任务重点在于：建立测区地层层序、填图单元、构造格架的填图标志和遥感解译标志，编制工作部署。本阶段又分为踏勘前、踏勘、设计编审 3 个小阶段。

1. 踏勘前影像解译

(1)资料收集

收集与测区有关的区域地质矿产调查、遥感调查成果、生态环境等资料；收集不同比例尺的地形图(含电子空间数据)；收集较新(最新)、最佳时期和季节的美国陆地资源卫星 7 号星 TM(ETM)遥感数据，必要时，收集法国陆地资源卫星 SPOT 数据、中巴资源卫星数据；对掩盖严重、第四系覆盖较厚的地区还可收集雷达数据。

(2)影像图制作

以美国陆地资源卫星 TM 数据为主要信息源，经图像校正、图像镶嵌、单波段分析、波段相关性分析，选择最佳波段组合，制作完成全区 1∶25 万、1∶10 万及 1∶10 万分幅基础影像图。

(3)1∶25 万遥感影像(构造-岩性)解译

在充分阅读、消化已有地质资料的基础上，初步建立测区地层层序、填图单元、构造格架，开展 1∶25 万遥感地质影像解译，编制 1∶25 万区域地质草图。

解译时，以岩性、构造解译为主，初步总结测区出现的地质影像类型。通过解译，初步了解、总结测区构造-地层单元和分布情况，以及基岩裸露情况，指出存在的地质问题和新认识，推荐踏勘、主干路线及剖面位置，为野外踏勘和填图服务，为建立解译标志打下基础。

(4)根据前人成果资料和遥感解译结果，编制野外工作计划和工作部署

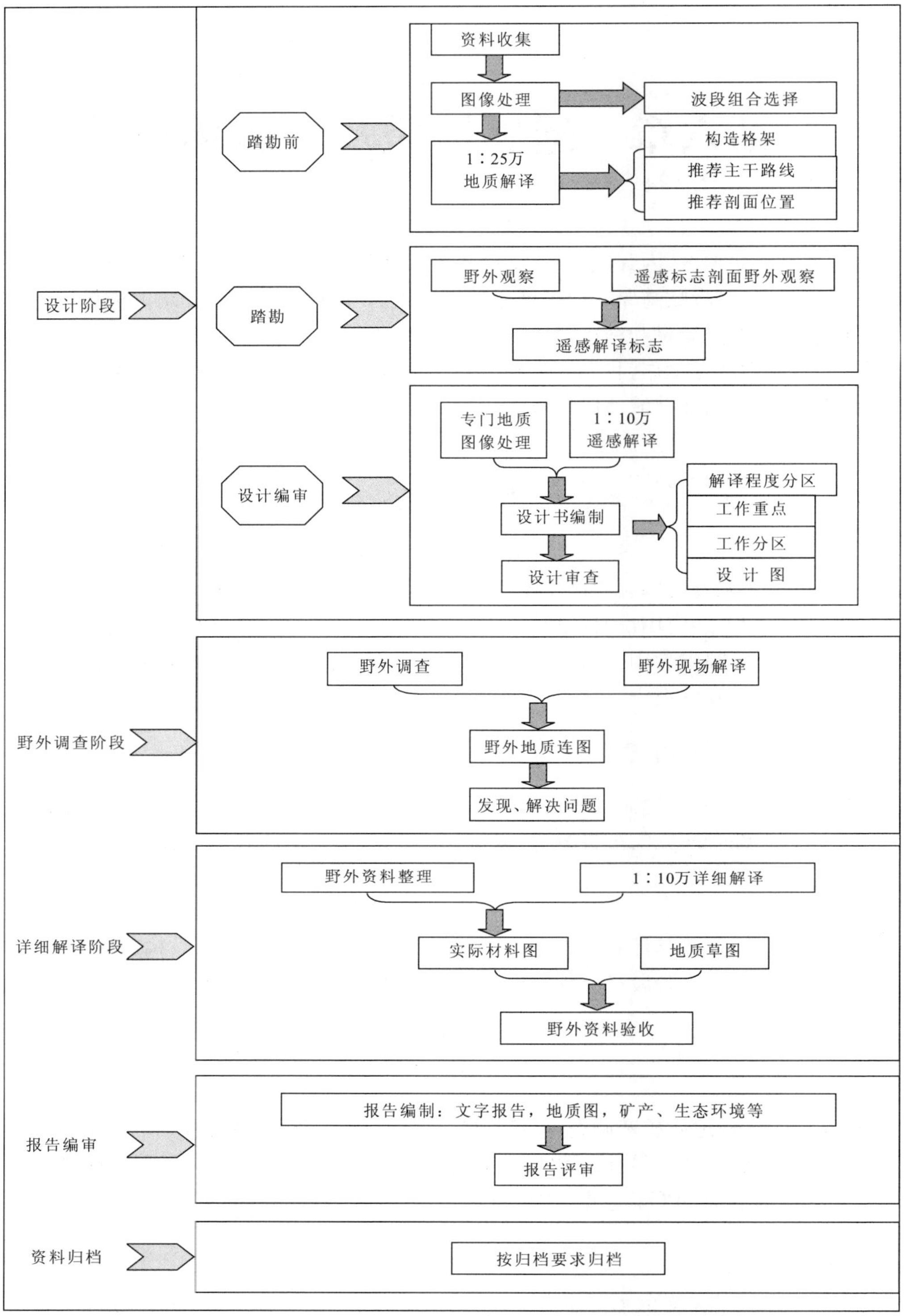

图 6－1　与 1∶25 万区调相对应的遥感工作流程图

2. 野外踏勘

踏勘过程中遥感工作的主要任务是：通过路线地质观察研究与遥感图像中影像特征的宏观对比，初步建立路线上见到的各种地质体、构造等在遥感图像上的一般解译标志。

(1)主干地质路线调查与主要地质剖面测制

根据 1∶25 万遥感地质影像解译、推荐的踏勘路线，开展 3～4 条纵贯全区(垂直构造、地层走向)的主干地质踏勘路线调查工作，按区域地质调查剖面测制要求，测制主要地质剖面。

其任务是：全面收集测区地层层序、填图单元、构造格架等的地质特征和遥感影像特征；总结不同填图单元（正式填图单元、非正式填图单元）的影像特征，现场建立测区地层层序、填图单元、构造格架等的地质填图标志和与之相对应的遥感解译标志，为进一步建立测区的地层层序、填图单元、构造格架和遥感解译标志提供第一手资料。

（2）试验性地质填图

根据收集的不同填图单元（正式填图单元、非正式填图单元）的地质特征和遥感解译影像特征，选择涉及不同的构造单元和填图单元的填测区进行试验性填图；佐证踏勘阶段所建立的测区地层层序、填图单元、构造格架系统和遥感初步解译标志的正确性。

（3）野外现场解译

野外填图期间，进行遥感野外现场解译。根据野外观察结果，核对遥感影像，修正踏勘阶段所建立的遥感解译标志；对试填测区进行解译和连图；发现问题，便于野外及时补遗、检查。对存在的问题阐明引起的遥感解译与填图单元不符的原因，补充必要的地质资料。

通过野外填图，全面总结测区地层层序、填图单元、构造格架等的地质填图标志和与之相对应的遥感解译标志，了解各填图单元的遥感可解译程度，初步划分遥感可解译程度分区，并结合地质复杂程度初步划分工作分区；确定不同工作分区的地质控制路线密度。为遥感解译标志的建立、全区 1∶10 万遥感初步解译和设计编制奠定基础。

3. 设计编审

（1）野外资料整理

除按常规资料整理外，还应整理总结不同地质体的遥感影像特征。

（2）遥感标志剖面解译

开展纵贯全区 1∶25 万或 1∶10 万遥感标志剖面解译，查明剖面上各种岩石单位（沉积岩、火山岩、变质岩、侵入岩、混杂岩等）、断裂、褶皱等的影像特征，解译划分地质单位在影像图上的界线及影像延伸情况，各类地质界线定位精度估计和地质体属性可靠性判断。

（3）遥感地质解译标志建立

遥感地质解译标志是在遥感标志剖面解译基础上建立的。遥感地质解译标志是指遥感图像中可用来区分相邻地质体或确定地质体属性的波谱特征和空间特征，能代表同类地质体的主要遥感影像特征。

（4）1∶25 万遥感地质初译

在充分收集、阅读、消化已有地质、遥感资料和野外勘查的基础上，按照所建立的遥感地质解译标志进行 1∶25 万遥感地质初译，编制 1∶25 万遥感地质初译图和 1∶25 万区域地质草图。并以解译成果为基础，编制项目设计的系列图件。

通过 1∶25 万遥感地质解译，达到以下目的：①验证、完善各类地质体解译标志；②确定影像分类，划分解译程度分区及各类地质要素的可解译程度；③明确指出图幅需解决的主要地质问题和解决的地区；④对各地质及其他信息的解译程度作出初步评价，编制地面调查工作计划；⑤结合野外调查资料，综合编制 1∶25 万区域地质草图。

（5）遥感可解译程度分区

按良好区、中等区、差区 3 种类型划分遥感地质可解译程度分区。

（6）工作分区

根据遥感地质可解译程度、地质复杂程度、地面难进入程度，划分不同的工作分区，制定各工作分区的野外地质路线控制密度，布置项目工作。

（7）设计编审

按区域地质调查规范，结合遥感技术工作要求编制项目设计，提交设计书送审稿。

（二）综合调查阶段

设计审批后，按设计书全面开展遥感地质解译和野外调查工作，系统收集地质资料。

1. 1∶10 万遥感地质解译

在设计评审通过后至野外调查前，开展全区 1∶10 万分幅遥感地质初译，编制 1∶10 万遥感地质解译图。1∶10 万分幅遥感地质初译时，必须布置解译路线、解译点，同时作出详细的解译记录，提出需解决的地质问题和需进一步地质图像处理的区，编制野外详细工作计划。

2. 专门地质图像处理

在全面解译中，图像单一或专门地质问题的深化研究需进行专门图像处理，进一步增强、提取地质信息，有目的、有针对性地进行专门地质图像处理加以解决，并总结不同地质问题的图像处理方法。

根据专门地质处理的子区图像，进行补充解译，并将补充解译结果纳入 1∶10 万解译图和记录表中。

3. 剖面测制

剖面测制中遥感的主要任务是查明剖面上各种岩石（沉积岩、火山岩、变质岩、侵入岩、混杂岩等）单位的影像特征；各种地质填图单位界线在影像上的识别标志。

4. 野外填图和遥感解译查证

填图阶段中遥感的主要任务是检查、验证遥感解译结果，建立新的影像解译标志和影像标志层，地质连图，反证地质填图中地质界线和属性的可靠性。

(1)完善地层层序、填图单元、构造格架

补充测制地质剖面，建立、完善地层层序、填图单元、构造格架，将室内解译图（套合地形图，作为野外手图）及编录资料带到实地检查、验证，并补充地面地质观察内容，以此验证遥感地质解译结果的可靠程度。

(2)野外现场解译

野外现场解译与野外地质填图同步展开，是野外路线调查的必要手段和有效补充。一方面印证、核实野外地质资料，补充地质路线间地质体的圈定；另一方面，结合地面调查开展遥感地质现场解译，充实室内解译成果，校正地质体解译界线，勾绘地质路线间的地质体和地质界线，提高解译的精度和可靠程度。

(3)地质连图

根据遥感室内解译结果、野外现场解译和地质路线调查资料，进行地质连图。解译与野外调查资料相结合，互为印证、检查，互为补充，对存在的问题，及时布置地质路线补遗，对重大地质问题应进行专项重点调查。

5. 野外补遗

对青藏高原空白区填图，由于工作区与工作单位驻地战线长，野外工作不易，为有效节约成本、提高调查质量和研究水平，应及时自行野外补课。

（三）遥感详细解译阶段

1. 遥感专门地质图像处理

根据野外调查发现的有关遥感地质解译问题和阶段检查意见，以及配合地质综合研究的需求，针对地质方面的问题或需求，重点进行遥感图像专题处理和补充解译。有目的地加深地质认识，取得实用成果。

2. 1∶10 万与 1∶25 万遥感地质详细解译

利用野外调查资料和成果，进一步补充、完善遥感地质解译标志。根据野外调查和解译成果的查证，对图幅进行一次全面系统地解译和检查。提交 1∶10 万（分幅）遥感地质解译图、遥感影像和详细解译资料，在 1∶10 万解译的基础上，解译、编制 1∶25 万遥感地质解译图。

1：10 万(分幅)遥感地质补充解译的同时,进行原始资料整理,主要包括剖面制作、野外资料整理、样品测试及其结果整理分析等地质资料的整理。其工作内容与要求和常规一致。

3. 实际材料图与 1：25 万区域地质图编制

根据野外调查资料、遥感图像处理资料、遥感解译资料综合编制全区 1：10 万实际材料图,并以不同的色、符、码区分表示。

根据实际材料图、1：25 万遥感地质解译图,编制 1：25 万区域地质图。

在完成前述各阶段遥感工作后,对所有遥感资料进行整理归档。提交相应的标志剖面、遥感解译点(线)编录资料、野外查证结果、遥感图像处理资料,以及与之相配套的数据、图件;并对遥感工作质量和应用效果作出评价;这些资料作为资料检查、验收的内容之一。

(四)综合研究与报告编写阶段

根据野外验收意见和配合地质综合研究的需要,针对地质问题等进行遥感方面的补充、修改和综合研究工作,进一步深化 1：10 万(分幅)遥感地质解译图的编制,深化 1：25 万区域地质图的编制,以及相应的遥感成果资料与遥感专题性报告的编写。

经野外资料验收合格后,开展编写报告、报告评审、报告出版和资料归档等工作。其要求按相关标准执行。

二、遥感地质调查方法

遥感地质解译是从遥感图像中判别各类地质体或地质现象的存在、属性、分布等特征的过程。其任务是确定地质体的存在和判明它们的性质;判明空间分布范围、圈定其边界;解译各种地质体在时空、成因上的相互关系。

遥感地质调查的内容与地调内容相一致,针对填图单元、地质构造、矿产、环境等内容进行调查。

(一)遥感地质调查总体方法

1. 步骤

遥感地质调查总体遵循“遥感标志剖面解译—建立遥感地质解译标志—遥感地质初步解译—野外检查验证—完善解译标志—遥感地质详细解译”等步骤开展调查。

2. 解译原则

(1)总体观察

总体观察是对总体影像深入研究、思考、认识的过程,从总体上获得地质构造的宏观格架和轮廓,以及各地质体之间的内在关系。如岩石地层单位间、岩性地层与构造间、不同构造单元间、岩体间等的关系和在影像上的差异。

一般来讲,总体观察仅对影像进行宏观的观察和认识,不作具体的解译。

(2)综合分析

根据各种地质现象的影像特征和其内在关系,进行综合分析,去伪存真、由表及里,排除非地质因素的干扰(如沟渠、铁路等在影像上表现为直线状的线性影像),提取、揭示具地质意义的遥感信息。

(3)对比分析

就是利用不同的影像(如 ETM、SPOT、中巴卫星图像)、不同的波段组合(如 ETM741、743)、不同单波段的对比,多方向观察对比,图像资料与地质路线、物探等资料的对比,宏观与微观的观察对比,从多角度、多方面地观察、提取遥感地质信息。

(4)从“已知”到“未知”

从“已知”到“未知”是遥感工作的重要方法,是建立遥感解译标志的必要过程。所谓“已知”就是前人的认识成果、剖面测制、地质路线调查成果，通过对这些成果的遥感信息特征的观察分析和研究，建立遥感解译标志。“未知”就是将开展遥感工作的区域和需解译的地质体，利用建立的解译标志，去观察、认识、对比解译未知的地质特征，识别、界定地质体的边界和属性。

(5)先易后难

先易后难就是不断实践、积累、修正解译标志的过程。

先清楚后模糊：遥感影像受云雪干扰、地质复杂程度影响，不同地质体、同一地质体在不同的地段所表现出的影像清晰程度、可解译程度均存在差异。因此，应先解译影像清楚的地区，后解译模糊的地区。

先山区后平坝(平原)：山区基岩裸露，影像清晰，平原区地形平坦，影像模糊，前者较易解译。

先地表后隐伏：地表信息在遥感图像上反映清楚，隐伏信息比较隐晦、不明显，前者较后者易解译。

先整体后局部：地质构造的总体特征在遥感图像上反映较清楚直观，首先从整体上解译区域性断裂、岩石地层的总体分布和展布，然后才从局部解译地质体、断裂构造的位置、性质、属性。

(6)先第四系后基岩

第四系不同成因类型在遥感图像上清晰明显，边界清楚；基岩区地质内容较复杂，解译难度相对较大。因此，先解译出第四系的边界，然后再开展其他地质现象的解译。

(7)先大类后细分

首先解译第四系松散沉积物与基岩的范围；其次对基岩区解译圈定沉积岩、岩浆岩、变质岩3大岩类的分布范围及区域性断裂构造；最后按填图单元、构造进行详细的解译。

(二)解译标志建立方法

遥感地质解译标志是指遥感图像中可以用来区分相邻物体或确定物体属性的波谱特征和空间特征，能代表同类地质体的主要遥感影像特征。

建立各类地质体的解译标志，是进行遥感地质解译的基础。

1. 遥感影像特征

遥感影像特征包括影像的颜色、色调、纹形、图形等信息。

(1)颜色

在假彩色遥感图像上，地质体表现出不同的颜色，如红色、黑色、蓝色等。一般情况是，遥感图像的颜色深浅与岩石的颜色一致，颜色深的岩石色调深，颜色浅的岩石色调浅。如白、灰、淡黄色的岩石呈白色调，浅黄、灰白、褐黄色的岩石呈灰白色调。

岩石颜色的深浅是由组成岩石的矿物颜色的深浅决定的。长英质和浅色矿物，色调是白的和浅的，铁镁质深色矿物，色调偏深。

(2)纹形

纹形是遥感图像的综合性标志，是一群细小的色调、形状、地貌、水系、植被等多因素的综合图像。纹形是岩性解译的重要标志。纹形一般以点、斑、纹、条、格、链、垅、栅等组合图案特征反映不同岩性的差异。

(3)图形

图形主要表现为地质体的平面展布、地貌、水系特征。

平面展布图形：反映地质体的平面形状和延伸。如侵入岩体呈团块状或圆形，沉积岩多呈条带状。

地貌特征：不同岩性的抗风化和抗溶蚀的能力不同，并表现为不同的地貌特征。如石英砂岩呈正地形，页岩呈负地形。

水系特征：不同岩石类型上发育的水系特征亦不相同。如砂砾岩多发育角状或格状水系，侵入体多发育环状、放射状水系。

2. 遥感解译标志建立方法

解译标志就是从地质体的遥感影像特征中提取出的能代表某一种地质体的遥感影像特征。一般由2～3类影像特征组成。

(1)以地质剖面、主干地质路线划分的岩石地层单位、填图单位、岩石类型、构造特征为依据，并以地质剖面、主干地质路线作为遥感标志剖面进行解译，确定不同地质体的影像特征。

(2)根据遥感标志剖面解译、总结的不同地质体的影像特征，分析研究、总结、归纳能代表地质体的影像特征作为其解译标志。解译标志既代表地质体的影像，又能在一定区域内展开。

(3)解译标志并非影像特征的全部，而是其中有代表性、标志性的影像。如更新统湖积物的解译标志为环状线纹，郎山组灰岩为肉红色块纹块形。

(4)解译标志仅代表一定地区特定地质体的解译标志，不一定适合更广的区域。

(三)沉积岩区遥感调查方法

沉积岩区岩层延伸稳定，遥感影像清楚，岩性、填图单位特征明显，可解译程度普遍较高，通过遥感解译能有效地查明地层的分布和相互叠置关系。

(1)野外踏勘前，对遥感图像进行岩性解译(遥感影像解译)，调查不同岩性、地质体的分布和变化，总结各岩性(段)的遥感影像类型和标志。布置踏勘路线、推荐剖面位置。

(2)踏勘工作中，进行遥感现场解译，结合地面调查，建立不同地质单元、岩性的解译标志。

(3)根据建立的解译标志，开展全区 1∶10 万遥感地质初译，调查各地层单元的分布和相互关系，划分遥感可解译程度分区，确定野外调查、遥感检查路线。

(4)根据野外验证结果，修正遥感解译标志，连接地面调查路线间的地质界线。

(5)根据修正后的遥感解译标志，开展全区 1∶10 万遥感地质详细解译。

(6)沉积岩解译中应注意岩石地层单元内岩性变化。

(四)火山岩区遥感调查方法

重点对大面积出露的火山岩地层进行岩性、岩相、火山机构解译。

(1)首先解译火山岩的分布范围，圈定与其他岩类的界线，初步确定上下叠置关系。

(2)对火山岩分区逐区解译，解译比例尺一般 1∶1 万～1∶5 万，详细解译不同的岩石类型及其分布；根据岩性特征和遥感影像的环形影像、影像结构、微地貌判别火山机构的存在、类型、大小、主次、分布。

(3)根据解译结果，布置野外火山岩十字穿越调查路线和火山岩剖面测制位置，查明火山岩的接触关系、岩石类型、喷发韵律和火山旋回，采集控制性代表性薄片、岩石化学、稀土、微量元素、同位素等样品，为火山岩的研究收集第一手资料。

(4)根据野外调查结果，对火山岩进行详细的解译，查明火山岩的时空分布。

(5)对赋存于地层中的火山岩夹层，要尽力解译出其分布范围。

(五)侵入岩区遥感调查方法

(1)侵入岩应注意热液活动有关的环形影像和蚀变影像的解译；通过解译，圈绘侵入岩体分布范围，确定其岩石类型、与围岩的接触界线。

(2)将深成侵入岩体解剖为单个侵入体，解译岩石类型，圈绘侵入体界线。

(3)对同一岩类中的不同岩石类型，要结合野外观察资料，进行细致的解译，连接其他地质界线。

(4)根据遥感解译结果，结合控制性地面观察路线，确定侵入岩体剖面位置，和野外重点观察的路线和地段，为收集岩石学、矿物学、岩石化学、地球化学、年代学、岩浆侵入序列等资料奠定基础。

(六)变质岩的遥感调查方法

变质岩的解译主要针对中浅变质岩而言，对深变质岩的解译需进一步研究。

1. 接触变质岩(带)

解译接触变质带的范围，根据野外观察资料，确定变质岩类型。

2. 动力变质岩(带)

通过对断裂构造的解译和野外观察资料,解译动力变质带的宽度和分布,为野外收集资料提供帮助。

3. 区域变质岩(带)

主要结合地层和野外观察资料进行解译,力求提供更多的资料。

(七)构造遥感调查方法

1. 解译宏观构造格架

区域断裂构造、地层、岩体分布在遥感图像上历历在目,通过解译,能很好地把握工作区总体地质构造格架,对工作部署和地质分析都有较大作用。

2. 断裂(断层)解译

详细解译断裂的分布、延伸,根据影像延伸、分叉、复合、穿插、交切等关系,判别断裂的主次、期次和相互交切关系。

3. 隐伏构造的解译

野外调查中,对隐伏构造的调查比较困难,应充分利用遥感解译成果。隐伏构造在图像上形成色调异常、色斑、色环、色带,或由斑、环、带组成影像带,边界较模糊、轮廓隐晦。遥感解译中,要注意隐伏信息的提取和解译,除直接影像信息外,应根据地貌、地质分析、水系等间接信息进行解译。

4. 结合带的解译

结合带由基质和岩块组成,带内发育蛇绿岩残片,不同时代、不同类型的岩块相互拼叠,局部有序总体无序。结合带界线在遥感图像上影像比较清楚,带内岩块影像差异明显,通过解译,能比较准确地圈定结合带位置、范围、延伸,能区分带内具一定规模的岩块。重点解译结合带内不同岩块的分布范围、接触关系,为野外调查提供丰富的信息,明确野外解剖重点所在地。

5. 褶皱构造的解译

主要根据地层变化进行解译,注意褶皱转折端的解译,明确褶皱性质、向斜扬起端、背斜倾伏端。

(八)第四系遥感调查方法

青藏高原第四系分布广,成因类型多,有效地开展第四系调查和研究对研究青藏高原隆升意义重大。野外工作中,因有现代松散物覆盖,不易确定第四系类型和边界,遥感在调查第四系类型和分布方面具有独特优势。

(1)以遥感影像的形、纹为主要标志(色作参考),结合地貌,解译不同的第四系成因类型及其分布。

(2)解译第四系阶地。

(3)解译湖泊萎缩变化特征。

(4)解译冰川永久积雪的分布范围,根据冰川形态及叠置关系划分冰期。

(5)根据遥感解译的第四系成因类型、阶地特征,有目的地、有选择地测制第四系剖面,研究第四系成因演化及青藏高原隆升。

(九)不同工作区调查方法

1. 遥感地质可解译程度分区

根据遥感影像对岩石地层单元的岩性、地质界线可识别程度,将测区遥感地质可解译程度划分为良好区、中等区、差区 3 种类型(表 6-1)。目的在于地质调查时,合理地利用遥感解译成果,对解译良好区放稀地质路线,对差区加密地质路线;合理部署野外工作,突出重点,合理放稀地质填图路线,集中精力解决重大地质问题。

表 6-1　遥感地质解译可解译程度划分

级别	影像可解译性
良好区	填图单元顶底界线清楚、岩性标志明显,基本能划分岩性段或非正式填图单元
	填图单元顶或底界线清楚,岩性标志明显,基本能划分岩性段或非正式填图单元
中等区	填图单元顶或底界线基本清楚,岩性标志明显
差区	填图单元顶底界线不清楚,岩性标志不明显
	填图单元界线难解译,岩性标志不明显

2. 不同工作区划分

根据遥感影像解译程度分区,并结合测区地质构造复杂程度和需重点解决的问题,地形、气候条件等因素划分为Ⅰ类工作区、Ⅱ类工作区、Ⅲ类工作区、Ⅳ类工作区 4 种类型(表 6-2),不同工作区采用的路线地质调查网度也不尽相同,总体上路线地质调查以穿越为主,适当布置追索地质调查路线。所有类别地区,均按 5km 间距布置遥感解译的穿越路线予以控制。

表 6-2　不同工作区工作方法

工作区类别	涉及岩类	遥感解译程度分区	地形条件	工作方法
Ⅰ类工作区	沉积岩、岩浆岩、第四系	良好区		遥感解译为主,地质调查为辅
Ⅱ类工作区	构造带、受构造影响区	良好—中等区		遥感与地质相结合
Ⅲ类工作区	蛇绿岩带、火山岩区	中等—差区		地质调查为主,遥感解译为辅
Ⅳ类工作区	岩浆岩、火山岩区	良好—中等区	高海拔(大于 5 500m)、大面积沼泽、冰雪覆盖区	遥感解译加远观

(1)Ⅰ类工作区

Ⅰ类工作区以遥感解译为主、地质调查为辅。重点通过遥感解译,查明各地质体的展布特征;地质调查主要开展地质剖面测制和主干控制地质路线调查,查明各地层单位的地层层序、空间叠置关系,收集相应的野外地质第一手资料。野外调查布置的穿越路线(主干路线、控制地质路线及遥感解译验证路线)不得低于常规区调路线 30%,遥感解译路线间距按 5km 左右控制。

(2)Ⅱ类工作区

该区以遥感与地质相结合的方法开展工作。遥感解译路线间距按 5km 左右控制,野外调查布置的穿越路线(主干路线、控制地质路线及遥感解译验证路线)不得低于常规区调路线的 50%,特殊地段根据情况布置加密穿越路线或追索地质调查路线,该类地区重点解决地层层序、构造带、孤立出露的岩浆岩体、火山岩分布特征及火山机构等问题。

(3)Ⅲ类工作区

Ⅲ类工作区为遥感解译中等—差等区,卫星图像基本清晰,一般能准确地将它们判译;通过野外局部地段的现场判译,也可圈定出该区的岩块及侵入体边界。但地质构造复杂,需要在这类区内解决重大地质问题及大家所关心的热点问题(蛇绿混杂岩带,构造混杂岩带,班公错-怒江断裂特征、狮泉河断裂特征及二者的关系,重点地段的火山岩石学特征以及形成机制与演化等)。

该区以地质调查为主、遥感解译为辅的方法开展工作。路线地质调查间距按 1∶25 万规范要求布置,特殊地段根据情况布置加密穿越路线或短的实测剖面或大比例尺地质填图。

(4)Ⅳ类工作区

Ⅳ类工作区为遥感解译良好—中等区,卫星图像清晰,可见岩性段及侵入体边界,一般能准确地将它们判译;可分出该区的岩性组段、侵入体边界。但由于该类地区海拔高(大于 5 500m),多为大面积沼泽、冰雪覆盖区，一般人员无法进入，也无法进行路线地质调查。

该区以遥感解译为主开展工作。利用遥感图像勾绘地质体、构造带等地质界线，基本地质问题通过邻近地质路线及野外远观予以解决。

三、主要提交的遥感地质资料

1. 遥感影像数据

(1)1∶10 万分幅影像图

(2)1∶25 万影像图

(3)主要子区图像

(4)1∶25 万影像地质图

2. 解译资料

(1)1∶25 万遥感地质初译图

(2)1∶10 万遥感地质解译图

(3)1∶25 万遥感地质解译图

3. 遥感文本资料

(1)图像处理原始资料及小结

(2)遥感标志剖面解译小结

(3)遥感数字剖面分析资料

(4)1∶10 万分幅遥感解译记录表及解译小结

(5)全区遥感解译小结

(6)遥感工作质量评价报告

4. 矿产、生态环境等遥感解译资料(略)

第二节　遥感地质特征

我国幅员辽阔，各地区自然地理条件有别，各大地构造单元及其内部间地质体有异，其在遥感图像上呈不同的影像特征。特别是对青藏高原空白区新一轮地质填图，各图幅都应建立遥感解译标志，提高遥感解译质量和精度。在合理减少野外地质路线后，应加强遥感影像所反映的不同地质体地质特征的认识，确保调查质量。

革吉县幅调查工作中，通过野外踏勘、剖面测制、填图和遥感检查验证，建立了测区内各填图单元、断裂构造的解译标志，为全区遥感解译奠定了扎实的基础。

一、解译标志

根据遥感影像的色、点纹、线纹、块形、环形、微地貌 6 个要素(表 6－3)，从中提取 2～3 个能代表某一地质体的影像特征，作为其解译标志。

表 6－3　1∶25 万革吉县幅岩石地层单元遥感解译要素及编号

颜　色	点　纹	线　形	面　形	环　形	微 地 貌
白、黑	点纹	树枝状	条形	单环	平坦
红色	斑纹	不对称树枝状	条带形	同心环	扇形
绿色	线纹	似平行状	条块形	放射环	坡积裙
蓝色	条纹	羽状	块形	串珠环	谷坡
褐色	块纹	格状	圆形	复合环	浑圆状山脊
黄色	格纹	环状	不规则形	迭置环	尖棱状山脊

二、岩石地层单元影像特征

(一)三叠系—侏罗系

1. 日干配错群

为测区最老的地层，主要为一套碎屑岩，并分为上下两段。下段为变质岩屑石英砂岩夹板岩、千枚岩，在遥感图像上，呈灰—灰白色，中等条带状，延伸较稳定，冲沟短而中等发育，形成浑圆的山地地貌，表面粗糙感强；解译标志为灰白色间淡绿色斑纹条块形(灰白色为脉石英)(表6-4)。上段为板岩、千枚岩夹岩屑石英砂岩，影像上呈灰绿色条带状，线纹细长发育，冲沟中等发育，形成半浑圆状山脊地貌；解译标志为灰绿色线纹条带。

表6-4　革吉县幅三叠系—白垩系填图单元的遥感解译标志和遥感模型

组(群)	岩性特征	解译标志
日干配错群(T_3R)	千枚状板岩夹变岩屑石英砂岩	灰绿色线纹条带
	变岩屑石英砂岩夹千枚状板岩	灰白色间淡绿色斑纹条块形(灰白色为脉石英)
东巧蛇绿岩群(T_3JD)	橄榄岩、滑石菱镁岩	暗绿色间浅红色块纹块形
	玄武岩	褐红色块纹环状块形
	辉石岩、辉长岩	深红色块纹块形
狮泉河蛇绿岩群(T_3JS)	辉石岩、辉长岩	深红色块纹块形
木嘎岗日岩群(JM) 聂耳错岩群(T_3JN)	变质砂岩、板岩互层	墨绿色块纹树枝状块形
	变质砂岩、板岩互层	墨绿色线纹羽状条块形
	变复成分杂砂岩夹板岩	绿褐色点纹羽状条块形
沙木罗组(J_3s)	板岩夹变砂岩	褐绿色块纹树枝状条块形
	变砂岩、板岩	褐绿色斑纹树枝状块形
	角岩化变砂岩、角岩	铁褐色斑纹树枝状块形
	变砂岩夹板岩	绿褐色线纹羽状条块形
	变石英砂岩	铁褐色块纹树枝状块形
捷嘎组(K_1jg)	变砂岩、板岩夹玄武岩、凝灰岩	深褐绿色点纹树枝状条块形
多尼组(K_1d)	砂岩、页岩夹玄武岩	棕褐色条纹条块形
	砂岩、页岩夹灰岩	绿褐色块纹似平行状条块形
郎山组(K_1l)	结晶灰岩、生物碎屑灰岩	肉红色块纹块形
	砂屑灰岩	灰白色块纹块形
去申拉组(K_1q)	安山岩、凝灰岩	蓝色点纹树枝状块形
	变质砂岩、板岩	墨绿色夹土黄色条纹似平行状条形
竟柱山组(K_2j)	紫红、紫灰色砂岩	灰绿色条纹羽状条带形
	砂岩夹泥岩	肉红色块纹羽状条带形
阿布山组(K_2a)	岩屑砂岩、泥岩，局部夹灰岩透镜体	褐绿色间褐红色斑纹条带形
		褐红色条纹条带形
		淡褐色条纹格状条带形

2. 东巧蛇绿岩群

由超基性岩(橄榄岩、辉石岩)、辉长岩、玄武岩组成，在图像上一般仅能解译区分出超基性岩、玄武岩两大类，有时二者呈小规模混杂时，不能区分。超基性岩呈独特的深红色块状，水系、冲沟不发育；遥感解译标志为暗绿色间浅红色块纹块形。玄武岩呈浅红色、灰绿色条带，水系、冲沟中等发育；解译标志为褐红色块纹环状块形。

3. 狮泉河蛇绿岩群

测区仅见零星的辉石岩、玄武岩残片，在图像上呈暗褐红色团块状，水系冲沟不发育。

4. 木嘎岗日岩群、聂耳错岩群

为一套浅变质深水复理石碎屑岩，呈构造岩块产出。在遥感图像上呈灰绿色条带状，线纹发育，密度中等，水系多为树枝状，冲沟中等发育；解译标志为绿色羽状条块形。

5. 沙木罗组

为石英砂岩夹粉砂岩、板岩，影像上呈褐黄色条块状，树枝状水系，冲沟发育；解译标志为铁褐色块纹树枝状块形。上部为碎屑岩夹灰岩及少量玄武岩，影像上呈褐色(接触变质带)、灰绿色、黄色条带，发育中等密度的线纹，水系以树枝状为主，冲沟发育；解译标志为铁褐色斑纹树枝状块形，遥感模型为52[illegible]404(角岩化者)。

(二)白垩系

1. 捷嘎组

为浅变质碎屑岩夹火山碎屑岩组合，影像上呈深褐色块状，线纹不发育，冲沟中等发育，形成半尖陵状山脊地貌。解译标志为深褐绿色点纹树枝状条块形。

2. 多尼组

为碎屑岩局部夹少量酸性火山岩、灰岩透镜体的地层体。碎屑岩呈深褐色间浅绿灰色条带影像，线纹细长密集，冲沟发育，多呈谷坡地貌，解译标志为棕褐色条纹条块形；灰岩透镜体呈灰白色透镜状，延伸短。

3. 郎山组

主要为碳酸盐岩的地质体。影像上呈灰白色、浅肉红色块状特征，由于其产状缓，多呈面状大面积分布，冲沟短而不发育；生物碎屑灰岩、结晶灰岩解译标志为肉红色块纹块；砂屑灰岩解译标志为灰白色块纹块形。

4. 去申拉组

为浅变质碎屑岩、中酸性火山岩，局部夹灰岩的地质体。碎屑岩呈黄褐色条带影像，线纹中等密度，主要形成谷坡山地地貌；解译标志为墨绿色夹土黄色条纹似平行状条形。火山岩呈蓝色块状影像，沿倾向发育短而密集的冲沟；解译标志为蓝色点纹树枝状块形。

5. 竟柱山组

为一套碎屑岩组合，沿狮泉河结合带分布。影像为绿色条带状，发育与走向平行的密集线纹，呈条带状展布，可明显区分其砂岩、泥岩；解译标志为灰绿色条纹羽状条带形。

6. 阿布山组

为岩屑石英砂岩、粉砂岩、泥岩，呈黄色、绿色相间条带影像特征，发育中等密度线纹，冲沟短而中等发育；解译标志为褐绿色间褐红色斑纹条带形。

(三)古近系

1. 牛堡组

为一套碎屑岩组合，分为上下两段。下段为砾岩、岩屑石英砂岩，影像上呈黄色条状特征，线纹中等密度，顺走向稳定延伸；解译标志为黄绿色线纹树枝状条形。上段为岩屑石英砂岩、粉砂岩、泥岩，影像上呈绿色条状特征，线纹密集，顺走向稳定延伸；解译标志为黄色条纹树枝状条形。分布于狮泉河断裂带地区的牛堡组解译标志为灰绿色条纹羽状条带形（表 6-5）。在图像上，可判别牛堡组岩层走向和倾向，并可大致判断倾角。

表 6-5 革吉县幅古近系—第四系填图单元的遥感解译标志和遥感模型

组(群)	岩性特征	解译标志
牛堡组($E_{1-2}n$)	岩屑砂岩、泥岩	黄色条纹树枝状条形
	岩屑砂岩、泥岩(狮泉河带)	灰绿色条纹羽状条带形
	砾岩、砂岩、泥岩	黄绿色线纹树枝状条形
邦巴组($E_{2-3}b$)	酸性粗面岩	浅粉红色块纹环状环形
	中酸性粗面岩、凝灰岩	绿蓝色块纹环状圆形
		灰蓝色块纹环状圆形
	角砾状碱性玄武岩、集块岩	浅兰绿色块纹环状环形
雄巴组(N_1x)	沉凝灰岩、凝灰质砂板岩、灰岩	浅粉红色条纹条块形
	半固结凝灰岩	灰白色块纹环状圆形
	玄武安山岩、英安岩、硅质岩等	粉红色斑纹条块状圆形
	集块岩、浮石岩	红色点纹环状圆形
唢纳湖组(Ns)	砾岩、砂岩、泥岩	褐红色斑纹条带形
第四系	冲积(Qh^{al})	灰白色线纹似平行状条带平地
	洪积(Qh^{pl})	褐色块纹条带扇形
	冲洪积(Qh^{apl})	褐色块纹似平行状条带洪积裙
		红色块纹似平行状条带洪积裙
		灰白色块纹似平行状条带洪积裙
	湖积(Qh^{l})	白色斑纹条块状平地
	湖积(Qp^{l})	灰白色线纹似平行状条带环形

2. 邦巴组

为火山盆地型碱性火山岩组合。碱性玄武岩主要呈灰黑色块状影像特征，环形影像不发育，冲沟不发育；解译标志为浅蓝绿色块纹环状环形。中酸性粗面岩呈蓝色块纹、块状影像特征，局部可见环形影像；解译标志为绿蓝色块纹环状圆形。酸性粗面岩呈浅粉红色环状块纹影像特征，多呈尖陵状山脊地貌，多位于火山口及其附近；解译标志为浅粉红色块纹环状环形。

(四)新近系

1. 雄巴组

为中基性—酸性火山岩组合。玄武安山岩主要呈灰黑色、灰绿色块状影像特征，局部发育稀疏线纹，冲沟短并呈环状分布；解译标志为灰绿色块状。英安岩主要呈浅黄色块纹、块状影像特征，发育中等密度线纹，冲沟较发育，多形成山脊地貌；解译标志为粉红色斑纹条块状圆形。流纹岩多位于火山口一带，红色点状影像、环形影像发育，多呈负地形；雄巴北一带的流纹岩解译标志为红色点纹环状圆形；雄巴以东的流纹岩为浅白色、略带蓝色块状影像特征。

2. 唢纳湖组

为陆相碎屑岩，分布于测区东北角，出露面积小。影像上为褐红色、斑纹、条带状延伸，冲沟发育，地表面状径流强烈；解译标志为褐红色斑纹条带形。

(五)第四系

1. 更新统湖积物

主要沿湖泊四周分布。影像上，主要呈白色，线纹密集发育，并呈弧形、圆圈状绕湖泊分布，多形成平坦的负地形地貌，影像特征明显。解译标志为灰白色线纹似平行状条带环形。

2. 全新统湖积物

主要沿湖岸分布。影像上呈白色，块纹块状，光滑感强，平坦的负地形地貌。解译标志为白色斑纹条块状平地。

3. 全新统冲洪积物

是测区分布最广的第四系沉积物。因堆积物的物源岩性的差异，不同地区的冲洪积物在遥感图像上的颜色差异较大，测区内主要呈褐色、红色、灰白色，但其共性的影像特征为似平行状的线形、条带状沿河流两岸、冲沟下游分布。解译标志为块纹似平行状条带洪积裙。

4. 全新统洪积物

与冲洪积物一样，其影像颜色差异大，主要影像特征为位于沿冲沟下游、块状、扇形地貌。解译标志为块纹条带扇形。

5. 全新统冲积物

因物源差异，影像颜色多样，主要有灰黑色、褐色、灰白色；解译标志为灰白色线纹似平行状条带平地。

6. 全新统坡积物

主要沿斜坡分布，因物源差异而呈不同的影像颜色，总体呈线纹、似平行状的坡积群。其解译标志为呈面状分布的坡积群地貌。

7. 冰川永久积雪

分布于海拔 5 500m 以上，少量分布于海拔较低的“夹皮沟”沟谷中。最明显的影像特征为蓝色影像，图像光滑细腻。

三、岩浆岩影像特征

测区岩浆岩发育，分布广，岩石类型较多。总结、建立测区岩浆岩解译标志，对解剖深成岩体、查清侵入岩的分布和火山岩的赋存部位具有较大作用。

火山岩的遥感特征见表 6－6，其已在地层单元部分进行了阐述，此处不再重复。下面仅就侵入岩的遥感影像特征进行阐述。

表 6-6 革吉县幅岩浆岩遥感解译标志和遥感模型

岩石类型	解译标志
粗面岩	浅粉红色块纹环状环形
粗面岩、凝灰岩	绿蓝色块纹环状圆形
	灰蓝色块纹环状圆形
角砾状碱性玄武岩、集块岩	浅蓝绿色块纹环状环形
玄武安山岩、英安岩、硅质岩等	粉红色斑纹条块状圆形
集块岩、浮石岩	红色点纹环状圆形
安山岩、凝灰岩	蓝色点纹树枝状块形
超镁铁质岩(橄榄岩、滑石菱镁岩)	暗绿色间浅红色块纹块形
玄武岩	褐红色块纹环状块形
辉石岩、辉长岩	深红色块纹块形
闪长岩	暗红色线纹环状条块形
花岗闪长岩	肉红色块纹树枝状块形
花岗岩	微红灰白色块纹环状块形
中—粗粒花岗岩	肉红色块纹树枝状块形
二长花岗岩	浅灰色块纹树枝状块形

1. 闪长岩

闪长岩分布零星，主要见于阿翁错复式岩体北缘。影像上呈暗红色，具线纹纹形，条块状分布，地势浑圆，冲沟为细短的中等开阔的V沟。解译标志为暗红色线纹环状条块形。

2. 花岗闪长岩

是测区分布最多的一类侵入岩岩石类型，分布于阿翁错、昂龙岗日、帕阿、色尔、邦巴等地。影像上呈肉红色、块状纹形、树枝状水系、块状分布、浑圆状山脊地貌和凸形坡，沟谷上游狭窄，下游宽缓。解译标志为肉红色块纹树枝状块形。

3. 二长花岗岩

主要分布于纳屋错、盐湖、雄巴，呈独立侵入体或为复式岩体的一部分。影像上主要呈灰白色块状纹形，一般冲沟、水系不发育，分布于盐湖的二长花岗岩发育树枝状水系。遥感解译标志主要为浅灰色块纹树枝状块形。

4. 花岗岩

主要分布于盐湖、邦巴地区及邦巴南邦地尔一带，分布于盐湖、邦巴的花岗岩为盐湖复式岩体、邦巴复式岩体的组成部分，分布于邦尔地一带的花岗岩呈独立的侵入体产出。总体上，呈灰白色、浅肉红色块状纹形，多形成浑圆状山脊地貌；复式岩体中的花岗岩发育树枝状开阔冲沟水系，构成单一侵入体的花岗岩冲沟，水系不发育。解译标志为微红灰白色块纹环状块形。

5. 花岗斑岩

分布较少，主要见于盐湖岩体、阿翁错岩体中。影像上呈灰白色斑纹图案，冲沟中等发育，多形成尖陵状山脊地貌。

6. 钾长花岗岩

仅见于阿翁错复式岩体中。影像上呈浅白黄色块状图案，条带状分布。

四、接触变质带影像特征

测区侵入岩发育，围岩由于岩浆侵入作用形成了宽窄不一的接触变质带。

1. 盐湖岩体角岩化带

岩体侵入围岩为去申拉组浅变质碎屑岩夹安山玄武岩，围岩因侵入作用形成了1～2km的角岩化带。角岩化带中的角岩化碎屑岩呈暗红褐色斑纹图案，绕岩体南缘不等宽分布，表明岩体与围岩接触面产状存在差别。角岩化带中的玄武岩，因热接触变质作用发生热蚀变，形成褐红色刀砍纹块状图案。

2. 阿翁错岩体接触变质带

岩体侵入围岩为去申拉组浅变质碎屑岩，因接触变质作用形成长英质角岩、堇箐石角岩。角岩呈灰绿色线纹图案。

3. 雄巴二长花岗岩体接触变质带

岩体侵入围岩为多尼组砂、页岩，围岩发生接触变质作用形成了宽约1 000m的长英质角岩带，角岩呈深红色斑块纹图案，绕岩体呈条带分布。

五、构造影像特征

构造的解译亦是区调遥感解译工作的重要内容之一。总体上，断裂构造在测区遥感解译标志明显，主要表现为直线状的影像特征、明显的断裂构造地貌、地层单元的错位、不同地质体的直线状分界线、不同地质体呈透镜状、条带状延伸。局部可解译出褶皱转折端。

（一）断裂构造影像特征

测区断裂构造主要呈北西、北西西向延伸，部分断裂呈东西、北东向展布；区域性、主干断裂有纳屋错断裂、盐湖断裂、聂尔错断裂、吓拉错断裂、邦巴断裂。

1. 班公错-怒江结合带

结合带北界断裂为纳屋错断裂，南界断裂为盐湖断裂，总体走向为北西向，带内由东巧蛇绿岩群残片、木嘎岗日岩群岩块、去申拉组岩块和上三叠统灰岩岩块组成，不同岩块间相互拼叠，呈断层接触。

纳屋错断裂在脚娃一带影像特征异常明显，可明显看见断裂北盘的日干配错群与断层南盘的去申拉组呈不同影像分界，形成弧形陡岩地貌，弧形向南突出，显示由北向南推挤、断层向北倾的特点，该断裂被后期北西向断裂右行错断；该断裂在纳屋错一带因第四系掩盖表现为隐伏断裂，仅在纳屋错北东面见到日干配错群与东巧蛇绿岩群玄武岩岩片呈明显不同的影像特征。

盐湖断裂由测区北西角由得皮桑向南东经泉水沟、谷落玛弄巴、纳勒、吉冻、盐湖延出测区，断裂总体呈北西向展布。在得皮桑一带，因构造热液活动，沙木罗组碎屑岩呈暗红色条带影像特征；断裂带东段（测区）因岩体侵入和牛堡组、第四系掩盖，影像特征不明显，但根据盐湖湖盆的北西西向展布和盐湖岩体、阿翁错岩体的分布，可确定该断裂的大致位置；在麦则、罗岗一带，可见岩体与围岩沙木罗组呈直线状接触影像特征，说明该断裂宽度至少可达3km以上，岩体二长花岗岩、花岗岩沿断裂带侵入导致断裂形迹不明显。

2. 狮泉河（次级）结合带

结合带北边界断裂为吓拉错断裂带，南边界为聂耳错断裂带。断裂带表现为一系列平行的线性密集带影像特征，地质体呈北西向挤压透镜状产出，反映该断裂带为一强烈构造挤压带；在卡拉盲布一带分布有狮泉河蛇绿岩群构造残片；在尼勒，断裂造成多尼组、郎山组地层错位；断裂不仅造成早白垩世及其以前的地层错位，而且还切割了上白垩统竟柱山组，表明断裂在古近纪仍在活动。

3. 扎加果-扎达尔勒断裂

该断裂为遥感解译发现的断裂。该断裂呈东西向延伸，位于测区聂尔错以南扎加果、日阿错勒、扎达尔勒一带。影像上呈直线状线性、陡岩影像特征，造成多尼组、郎山组地层错位，并呈透镜状产出，该断裂在扎加果、日阿错勒一带影像清晰，在扎达尔勒一带呈断续直线状。该断裂可能为火山活动的岩浆通道断裂，控制了邦巴组火山岩的形成和分布。

4. 多杂日断裂带

该断裂带为纳屋错断裂带的北边界断裂，由一系列平行的叠瓦状断层组成的断裂带，宽 3～5km，总体呈北西向展布。在遥感图像上，沿断裂形成与断裂平行的密集的线性影像，导致日干配错群与阿布山组呈断层线性影像，日干配错群内部岩段错位和重复。

5. 扎木嘎断裂带

分布于测区北西角，呈北西向延伸，向南东限制于吓拉错断裂带以北，向北西延出测区。该断层呈明显的线状负地形影像；断层北东盘地层走向近南北向，线形影像长而密集，特征明显，断层南西盘地层走向近东西向，线性影像稀疏，二者产状相抵，反映出明显的断层影像特征，从影像上判断，断层具右行走滑性质。

6. 阿翁错断裂带

该断裂为遥感解译发现的断层，沿扎革勒、叉茶卡、朱仲呈北西向延伸，该断层为第四纪断层。在朱仲，表现为阿翁错早白垩世花岗闪长岩中形成密集的线性影像带（节理带），带内发育延伸数千米的辉绿岩脉；在扎革勒，早白垩世花岗闪长岩与围岩沙木罗组呈直线状断层影像，该断裂控制了叉茶卡-阿翁错第四纪湖盆的形成和展布。

7. 纳屋错断层

该断层分布于纳屋错一带，呈北西向延伸，切错了纳屋错第四纪湖盆。在测区内因第四系掩盖，影像特征不明显，但在测区北部，见呈直线状、白色的线性影像。

（二）褶皱构造

1. 纳屋错复式破背斜

该背斜在测区内由日干配错群构成，其下段为背斜核部，轴线为北西向。影像上表现为灰白间黄绿色条带与灰绿色条带相间的遥感特征，在彩马尔见背斜转折端，形成一系列紧闭褶皱。

2. 泉水沟向斜

向斜由牛堡组组成，向斜核部为古近系牛堡组。该向斜在测区影像特征不明显，但在测区北部，可见明显的褶皱转折端。

3. 唐杂向斜

唐杂向斜由竟柱山组地层组成，核部为竟柱山组。在姜龙垄见明显的向斜转折端。

第三节　遥感解译主要成果

遥感解译经历了建立遥感地质解译标志—遥感地质初译—遥感地质详译等过程，设计阶段的解译是测区区调工作部署、野外剖面测制、地面路线调查部署和选择的重要依据；野外调查前的遥感解译关系到地质调查质量和能否合理减少地面地质调查工作量。测区遥感解译结果均经野外路线查证，解译结果准确度 96.63%，说明解译质量好，并可代替部分地质路线，提高了调查精度和质量。通过遥感解译不仅可帮助圈定各地质体界线、完成地质填图，也可以遥感图像为依据，通过客观区域地质环境、结构的分析，获得新的地质认识与地质成果。

1. 蛇绿岩块

测区蛇绿岩集中分布于阿翁错北字末牛日—纳屋错一带，岩石类型有橄榄岩、辉石岩、辉长岩、玄武岩等。在遥感图像上蛇绿岩带的展布、岩带中各混杂岩块的结构特征从宏观上都反映十分清楚。其中超基性岩主要呈深红色块状块纹，基性岩(玄武岩)主要呈浅红色、灰绿色块纹，对具一定规模的蛇绿岩岩块能勾绘其边界，但要进一步的解译，则比较困难；解译、勾绘了蛇绿岩岩块的分布，对野外进一步深入调查提供了明确的方向。

2. 侵入岩

较准确地解译了各侵入体的边界，确定岩石类型；对盐湖、阿翁错、帕阿、邦巴等复式深成侵入岩体，进一步解译了不同的侵入体。但对规模较小的脉岩类，解译程度低。

对照 1∶100 万资料，对盐湖、阿翁错、昂龙岗日、邦巴岩体进行了重大修改，解剖了岩体，解译出闪长岩、花岗闪长岩、二长花岗岩、花岗岩、花岗斑岩、钾长花岗岩等岩石类型，修正了岩体与围岩的接触边界。

解译增加了帕阿、色尔、邦地尔、雄巴、江玛勒、则翁日、冬木冬等岩体，共增加大小岩体(侵入体)26 个。

总体上，通过对深成复式岩体的解剖和单一侵入体的解译，共解译出 71 个侵入体，查清了花岗岩类的分布。

3. 解译发现始—渐新统邦巴组火山岩

2001 年 3 月(野外踏勘前)，在遥感影像图上发现邦巴地区火山岩覆盖于灰岩之上，与 1∶100 万日土幅地质图上的唯恩组与玉多组的上下叠置关系不一致。工作安排中，将此作为野外工作的重点之一。经野外工作，证明火山岩覆盖于灰岩之上，火山岩为邦巴组碱性火山岩。

邦巴组火山岩在影像图上呈蓝色、蓝绿色、粉红色块状环状圆形，并可较明显区分玄武岩、安山质粗面岩、流纹质粗面岩、凝灰岩，流纹质粗面岩以其明显的环形特征有别于其他的粗面岩。邦巴组火山岩被明显不整合于郎山组灰岩之上(图 6-2)。

4. 雄巴组火山岩及火山机构

雄巴组火山岩为中新世陆相火山岩，主要岩石类型为玄武岩、玄武安山岩、英安岩、流纹岩、火山角砾岩、集块岩，可划分为火山管道相、喷溢相。

在遥感影像图上，流纹岩以红色点纹、块纹环形为主要特征；英安岩以浅红色块纹为主要特征；玄武岩、玄武安山岩以灰绿色线纹块状为主要特征。这些不同岩石类型的火山岩以其明显的影像差异为解译标志，可解译程度较高。

通过解译，并经野外对主要火山口的验证发现雄巴地区火山岩火山机构异常发育(图 6-3)，在遥感图像上表现为环形、圆点特征，呈环形影像者为具有一定规模的火山口，呈圆点影像者为规模很小的火山口；经野外调查，火山口大者 1～2km，小者仅数米，多数火山口规模都很小。

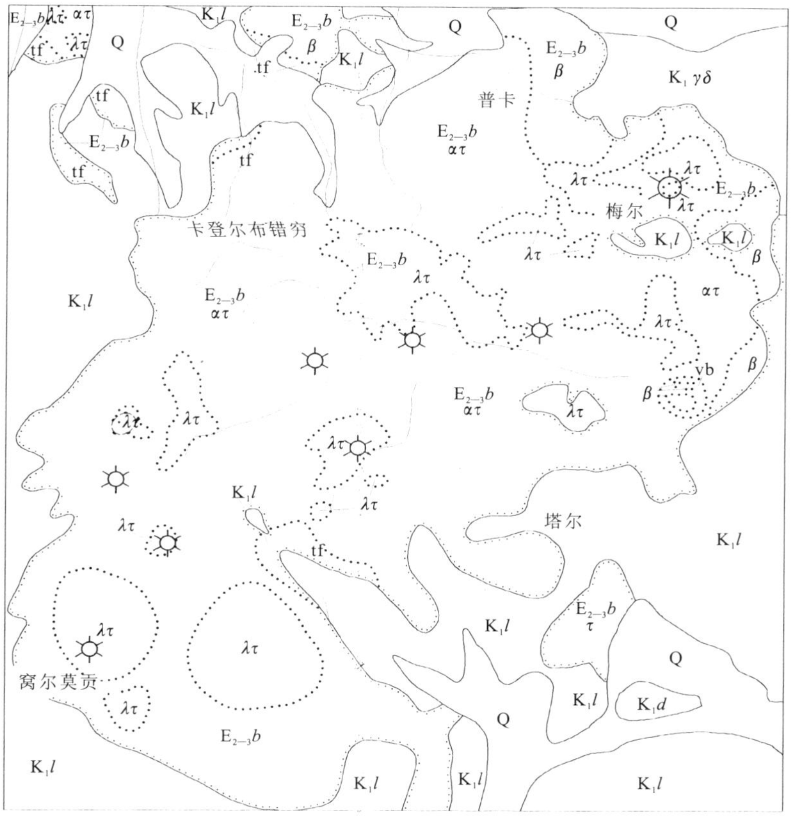

图 6-2　邦巴地区邦巴组火山岩解译图

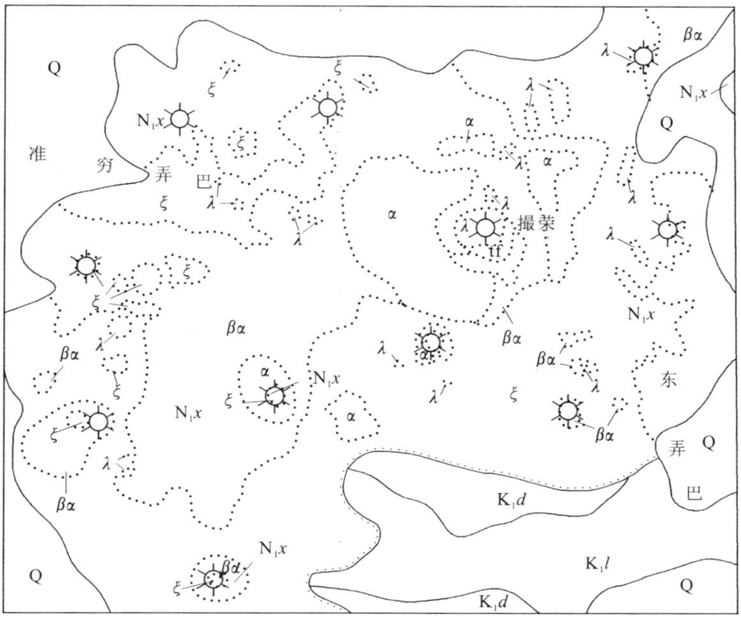

图 6-3　雄巴地区火山岩及火山机构解译图

经解译，雄巴地区火山口达37个之多，实际上，因比例尺的关系，还有许多火山口在图面上无法表示。

5. 结合带

基本能解译结合带的边界和带内不同岩块。蛇绿岩岩块以其独特的红色为解译标志，木嘎岗日岩群深水复理石则呈浅绿色条纹条带状影像，去申拉组构造岩块之碎屑岩为红褐色线纹条带，火山岩为蓝色块纹、线纹，通过这些影像标志能较好地解译结合带内的不同岩块。

6. 扎加果-扎达尔勒断裂

雄巴断裂为遥感解译发现的近东西向断裂，可能为新生代火山岩的岩浆通道。

7. 湖泊萎缩变化

在遥感图像上，湖泊古滨岸留下了极为明显的痕迹，这些痕迹表现为圈层状的线状影像，由此可圈绘古湖泊的湖面范围，在阿翁错、叉茶卡湖泊间，纳屋错、彩马尔间可见湖积物形成的沙堤。通过解译和分析，测区内纳屋错、彩马尔曾为同一湖泊，阿翁错、叉茶卡湖泊曾连成一体，聂耳错、吓拉错湖泊亦曾连成一体。

应该指出的是，青藏高原的湖泊曾经历萎缩—洪泛—再萎缩的过程，才形成现今的状况。

第四节　土地资源

土地是人类活动的最基本场所，土地资源是人类生存和发展的最基本资源。革吉县幅区调工作中，以遥感为主、野外调查为辅，开展了土地利用遥感调查，调查了土地利用类型的分布和面积。

按《土地利用现状调查规程》(1984)，结合遥感解译能识别的类型和可解译精度，将测区土地利用分为4个一级类型、13个二级类型，各类型面积见表6-7。

表6-7　土地利用类型分类表

一级类型及代号	二级类型及代号	面积(km^2)	一级类型及代号	二级类型及代号	面积(km^2)
草地(4)	高寒草原(41)	6 096.14	水域(7)	湖泊(72)	207.76
	高寒荒漠草原(42)	4 152.82		冰川永久积雪(79)	50.51
	高寒盐化草甸(43)	87.91	未利用地(8)	盐碱地(82)	359.87
	低地高寒沼泽化草甸(44)	178.57		裸岩(86)	4 142.21
	低地盐渍化草甸(45)	217.62		高寒苔原(88)	141.89

一、草地

草地是测区分布面积最大的土地资源，一般分布于海拔4 200～5 500m的湖盆、山坡及山前冲洪积扇地带。草地又可分为高寒草原、高寒荒漠草原、高寒盐化草甸、低地高寒沼泽化草甸、低地盐渍化草甸5个亚类。

1. 高寒草原

主要分布于测区中、南部唐杂、色尔、邦巴、雄巴、聂木日，以及测区北东部多扎日、恶穷等地，海拔大于4 500m的山坡及山前低丘地带，分布面积6 096.14km^2。地表土壤以高山草原土为主，土壤发育原始，结构性差，机械组成较粗，土层厚度中等。地表植物主要以紫花针茅、羽柱针茅、沙生针茅、青藏苔草、变色锦鸡儿为主，覆盖度20%～50%。

2. 高寒荒漠草原

主要分布于革吉、亚美错、丁字、阿翁错、纳屋错、盐湖、聂尔错等湖盆及山前与平原过渡地带，海拔一般在4 400～4 500m之间，分布面积4 152.82km^2。地表植被主要为耐旱的沙生针茅、藏沙蒿、固沙草、变色锦鸡儿、驼绒藜等，覆盖度10%～60%不等。

3. 高寒盐化草甸

主要分布于盐湖西的查勒、野马沟、红土坡等地，位于湖盆边缘及萎缩的湖盆低地，海拔在4 300m左右，分布面积87.91km^2。地表植被为青藏苔草、高山嵩草。

4. 低地高寒沼泽化草甸

分布于纳屋错、亚美错、聂尔错湖泊边缘及狮泉河、响曲河岸宽谷地带，分布零星，面积为178.57km^2。由于地势低洼，地表草甸土和沼泽土发育。地表植被有藏北嵩草、高山嵩草。

5. 低地盐渍化草甸

分布零星，主要分布于湖泊边缘和河流宽谷地带，如阿翁错、叉茶卡、吓拉错、聂尔错、昂巴艺布错、色卡执等湖泊的边缘，狮泉河、响曲、阿龙藏布等河流宽谷地段，分布面积217.62km^2。地表植被为赖草。

二、城镇居民用地及交通用地

1. 城镇居民用地

测区人口稀少，城镇仅有革吉县城，占地面积不足100亩(1亩=666.67平方米)；乡级政府用地及牧民冬季牧棚用地很少，较大的盐湖乡政府用地仅数十亩；基本无工矿用地。

2. 交通用地

交通仅有改则—阿里的简易公路和盐湖—革吉次级简易公路，因此交通用地面积极少。

城镇居民用地和交通用地不到测区面积的万分之一，总面积不到1km^2。

三、水域

1. 河流

测区内河流有森格藏布(狮泉河上游)、响曲、弄曲、扎哥拉哥藏布、贡曲、郭藏布、达湾藏布，除狮泉河外，其他河流流程短，一般30～50km，流速低，水量小。次级支流流程不到20km，为季节性河流，在冻期基本断流。

2. 湖泊

测区内有大小湖泊12个，主要有纳屋错、阿翁错、叉茶卡、吓拉错、错如、日阿里错、夏布错、亚美错、聂尔错、昂巴艺布错、色卡执，最大的湖泊为纳屋错。除纳屋错、阿翁错湖泊为咸水湖外，其余均为碱水湖。湖泊总面积为207.76km^2。

3. 冰川永久积雪

分布于测区西部垄巴翁布一带，海拔大于6 000m，面积50.51km^2。另在唐杂南的垄瓦、邦巴东的马儿千等地海拔4 800～5 000m的夹皮沟中亦有规模很小(面积约100m^2)的冰川分布。

四、未利用地

主要有裸岩、盐碱地和高寒苔原3个二级类型，其中以裸岩分布面积最大、出露最广。

1. 裸岩

分布于干果山、嘎尔、热布日、扎拉等地势高亢地区，海拔一般大于5 000m，分布面积4 142.21km^2。该区基岩裸露，植被稀少，多为岩浆岩出露区。

2. 盐碱地

分布于聂尔错、亚美错、吓拉错、错如、夏布错、纳屋错、彩马尔湖泊边缘，为湖泊萎缩、土壤盐分过高形成的，植被稀少，覆盖度小于5%，分布面积359.87km^2。

3. 高寒苔原

亦为高寒冻土带，为冰雪季节性冻融形成的冰川永久积雪与山前的过渡带。在测区分布垄巴翁布一带，海拔在5 500～6 000m之间，有稀疏植被，分布面积141.89km^2。

第五节　草地资源

草地资源是革吉县幅最宝贵的自然资源，是发展本区畜牧业经济的重要物质基础。20世纪80年代曾进行过草地资源的普查与评价，为本区畜牧业的发展作出了积极的贡献。但是，近十多年来，由于过度人为活动和自然环境变化的影响，草地退化、荒漠化(沙漠化)和盐渍化进程加剧，致使草地资源变化现状处于一种不清的状态，严重地影响到本区社会、经济和环境的协调发展。因此，调查和了解本区草地资源的类型、分布及其变化原因和变化现状等，对进一步促进社会经济可持续发展具有极其重要的指导作用。

一、草地资源类型

草地资源类型是草地资源的高度抽象与概括，是了解和研究草地的基本对象。科学的草地分类是人类全面系统地对草地自然特性的认识和总结，是合理开发利用与有效改良草地的基本依据。

区域地质调查的最终目标是服务于工业、农业和畜牧业等行业经济的可持续发展。在测区，草地是其社会经济和生态环境建设得以协调发展的最主要的资源类型之一。课题组根据区域地质调查技术规程的要求，结合草业科学、植被学和生态学等相关学科的理论与方法，对草地资源进行了综合调查。通过对调查资料和有关文献资料的分析研究，现将测区主要草地资源类型分述如下。

1. 紫花针茅-青藏苔草草原

该草地类型以紫花针茅和青藏苔草为共优种，草群发育良好，主要分布于玛那国和广嘎生巴等区域的较缓斜的山坡、山脊及某些宽谷，海拔4 800～5 400m。群落总盖度15%～50%，草层高度10～15cm，紫花针茅分盖度10%～25%，青藏苔草分盖度10%～15%。群落种类组成比较简单，主要伴生植物有羽柱针茅、早熟禾、鹅观草、多头委陵菜、西藏黄芪、风毛菊、垫状蒿和苔状蛋缀等。

2. 紫花针茅草原

紫花针茅草原是高寒草原中最典型的类型，在该区主要分布于中、南部的孔母项、纳布尼哇和扎加果等区域的宽坦高原面、平缓的山坡、宽谷和湖成平原地带，分布海拔4 500～5 100m，群落总盖度20%～40%，生长最好处可达50%，草层高度20cm左右，最高可达40cm。常见的伴生植物有羽柱针茅、沙生针茅、鹅观草、高山早熟禾、垂穗披碱草、固沙草、青藏苔草、垫状藏沙蒿以及各类杂类草异叶青兰、短爪黄芪、密花黄芪、黑苞风毛菊、多头委陵菜、垫状蛋缀和低矮的小灌木变色锦鸡儿等。群落牧草产量(鲜重)每亩20～80斤。

3. 沙生针茅草原

沙生针茅草原是该区的重要草地类型，广泛分布于本区南部的淌曲淌嘎和孔母大勒等地的戈壁滩、低山、宽谷、洪积平原、洪积扇、冰水平台与平缓的高原面及高山下部山坡，是荒漠化草原区的主要代表类型，分布海拔一般在 4 750m 以下。群落总盖度 10%～20%，最高可达 35%～40%，草层高度 10cm 左右。群落组成比较简单，常见伴生植物有驼绒藜、木亚菊、早熟禾、垂穗披碱草、固沙草、鹅观草、异叶青兰、藏沙蒿、拟蒺藜黄芪、二裂委陵菜等。群落产草量每亩 20～60 斤(鲜重)。

4. 固沙草草原

固沙草草原是青藏高原的特有群落类型，多呈斑块状分布于湖盆外缘的平缓阶地、台地、山坡下部和山麓洪积扇上，常与针茅草原呈复合分布，海拔多在 4 600m 以下。固沙草生活力很强、喜沙、耐寒耐旱，株高一般在 20～30cm 之间，草群生长发育良好，覆盖度一般在 25%～40%。群落组成比较简单，除优势种固沙草外，群落的主要伴生植物有紫花针茅、藏白蒿、藏沙蒿、沙生针茅、二裂委陵菜和毛果草等。

固沙草草原可用做放牧，以春季和夏季放牧为宜，亩产鲜草 50～100 斤，但草质粗糙，适口性较差，因而往往利用不充分。

5. 沼泽化蒿草草甸

沼泽化蒿草草甸主要分布于狮泉河流域的河漫滩和湖边局部地段，分布面积较小，海拔 4 600～5 400m。群落优势种主要是扁穗草、小蒿草、西藏蒿草等，群落总盖度一般在 30%～70%，草丛低矮，无层次分化，外貌黄绿色，夏季较华丽。群落组成简单，常见伴生植物有紫花针茅、青藏苔草、早熟禾、簇生柔籽草、多头委陵草、龙胆、黄芪和高山早熟禾等。

6. 藏沙蒿草原

藏沙蒿草原主要分布于砾石质强的干旱山坡、山前洪积扇、冰水平台和湖盆外缘及河流的高阶地，海拔 4 300～4 800m，分布区的气侯干燥、寒冷，土壤为沙壤质的高山草原土，地表常覆盖有碎砾和石块。在生态地理分布上，藏沙蒿草原常与固沙草草原、紫花针茅草原或沙生针茅草原呈复合分布，群落比较稀疏，覆盖度 10%～40%，草层高度 15～30cm，无明显层次分化。常见伴生植物有固沙草、紫花针茅、沙生针茅、木根香青、黄芪、二裂委陵菜、异叶青兰、风毛菊、红景天、垂穗披碱草、早熟禾等。

藏沙蒿草原多用于放牧藏羊，是当地的重要草场类型之一，对该区畜牧业的发展具有一定的意义。

7. 垫形蒿草原

垫型蒿草原分布面积较小，分布于平缓的沙砾质山坡(如淌曲淌嘎等地的戈壁滩)、山顶和鞍形分水岭侧坡及山坡坡麓。海拔多在 4 800～5 300m 之间。群落稀疏，覆盖度 10%～20%，草层低矮，10cm 左右，无层次分化，常见伴生植物有紫花针茅、早熟禾、多头委陵菜、短爪黄芪、青藏苔草、羽柱针茅及垫状驼绒藜等。

垫型蒿草原植被稀疏、低矮、产草量较低，一般亩产鲜草 35 斤左右，可用做夏秋放牧场。

8. 变色锦鸡儿灌丛

变色锦鸡儿灌丛是一种比较抗寒耐旱的群落类型，分布海拔在 4 100～5 100m 之间，多占据山坡、干沟和山麓冰水洪积平台的局部地段(如广嘎生巴等区域)，有时也见于河谷阶地或河漫滩，土壤主要为沙壤质灌丛草原土。有时因变色锦鸡儿积沙、固沙而发展形成沙丘状灌丛。

变色锦鸡儿灌丛群落覆盖度 40%～70%，可分为灌木和草本二层，灌木层以变色锦鸡儿为单优建群种，覆盖度 15%～40%，高度 20～40cm；草本层以紫花针茅、沙生针茅、驼绒藜、族生柔籽草为优势种，其他伴生植物有早熟禾、重穗披碱草、二裂委陵菜以及冰原冻白蒿等，覆盖度 10%～30%，高度 10～30cm。

该草地资源类型是牧区重要的生活薪柴资源，同时又可用于放牧，一般亩产鲜草(包括变色锦鸡儿嫩枝叶)100～300 斤。

9. 驼绒藜-木亚菊荒漠化草原

该群落是以小半灌木驼绒藜和木亚菊为共优种形成的一类常见的荒漠化草地类型，主要分布在该区狮泉河流域的干旱山坡上，也见于砾石质的宽谷、阶地和冰渍台地，分布海拔 4 800～5 200m；群落植物组成简单，生长稀疏，覆盖度较小，一般在 5%～30%，高度 30～50cm；其他伴生草本植物数量很少，仅见有沙生针茅、戈壁针茅、高原芥、细叶还阳参和西藏中麻黄等，群落外貌呈现灰褐色。

该草地类型是当地的重要冬春放牧场，适宜放牧羊群，其鲜草产量（包括小半灌木的幼嫩枝叶）较低，随群落疏密度和盖度大小而变化，亩产鲜草一般在 50 斤左右。此外，驼绒藜和木亚菊还是当地的重要薪柴资源。

10. 风毛菊-红景天流石滩草地植披

该群落以菊科的风毛菊属和红景天科的红景天属植物为优势种，其他常见伴生值物种类有石竹科的蚤缀属、虎耳草科的虎耳草属、报春花科的点地梅属以及雪兔子、囊种草和三指雪莲花等，覆盖度 5%左右，分布海拔 5 300～5 800m。

该草地类型植被稀疏，种类少，而且分布在气候严酷的永久冰雪带以下的陡峭山坡，经济利用价值较低。但是，该草地类型中生长着许多特有的高山经济植物，如珍贵的药用植物藏黄连（兔耳草），具有消炎作用；雪莲花具有祛风、消炎功效，可治疗风湿性关节炎等症状；红景天属植物具有提高记忆力、治疗心血管疾病和抗缺氧等功效，等等。

二、草地资源的生态地理分布

1. 草地资源的水平分布

就草地资源的水平分布来看，本区南部和东南部的扎拉、雄巴和都加日等区域的宽坦高原面、平缓的山坡、宽谷和湖成平原地带，分布着以沙生针茅草原和紫花针茅为主的典型高寒草原类型，局部山地的下部发育有一片片的变色锦鸡儿灌丛；在其北部和西北部如扎果扎弄和日阿等地，由于高寒干旱条件的加强，草地资源出现以紫花针茅和沙生针茅为共优种的草地植被类型，局部地段分布着藏沙蒿草原和垫形蒿草原等类型；再向北部和西北部如广嘎生巴、红山坡和江玛等区域，寒旱化进一步加剧，草地资源也逐渐被高寒荒漠化草原植被类型所替代，主要是沙生针茅荒漠化草原和以驼绒黎与木亚菊等为优势种或共优种组成的高寒荒漠化草原植被类型。总体而言，本区草地资源在生态地理分布上所呈现出的自南至北或自东南至西北的植被分布水平地带性规律，与该水平地带上高原寒旱化程度的加剧趋势相一致，其中水分条件是关键的控制因素。

2. 草地资源的垂直分布

测区草地资源的垂直分布带谱简单（图 6－4），海拔 4 750m 以下为基带植被沙生针茅草原，局部地段

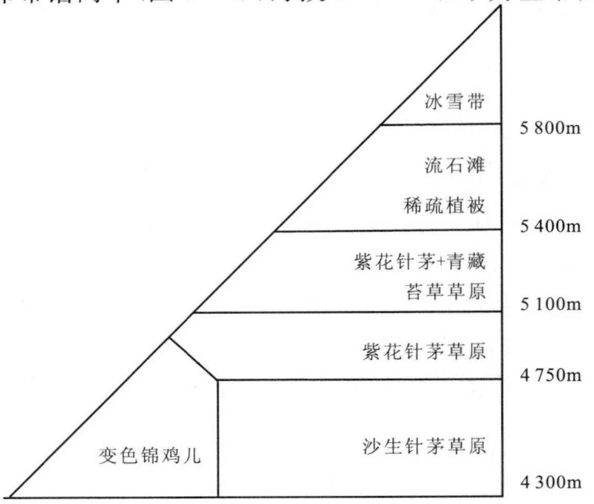

图 6－4　测区草地资源的垂直分布

的山坡、干沟和山麓分布有变色锦鸡儿灌丛；随着海拔的升高，在海拔 4 750～5 100m 的范围内分布着大面积的紫花针茅草原；海拔 5 100～5 400m 的范围内主要分布着紫花针茅-青藏苔草草原；海拔 5 400～5 800m的地带主要发育着高山流石滩稀疏植被；海拔 5 800m 以上为高山亚冰雪带和永久冰雪带。

第六节　生态环境评价

一、草地退化

草地退化是草地在特定生态地理条件下，由于某种或某些因子（自然的和人为的）的作用而引起的逆向演替的结果。

1. 退化草地的主要特征

（1）草地产草量降低

草地第一生产力的降低是草地退化的重要标志，它包括了质和量两个方面的变化。根据本次调查资料的统计分析，并与 20 世纪 80 年代的历史资料比较，本区高寒草原草地平均产草量下降了 30%左右。

（2）草地退化导致草地覆盖度降低

草地中出现大量秃斑和裸地，土壤风蚀、沙化和水土流失加剧。

2. 草地退化原因分析

a. 草地植物连年生长，地下部分生物量大量积累导致土壤结构性变劣，通气不良，并进一步影响了植物的正常生长发育和更新，致使草地板结，草层变矮，并在局部变成秃斑，总的裸地面积增加，水土流失加剧。

b. 受自然因素的影响，尤其是水分条件较差时，高寒草地的草皮层发育受到限制，生态环境的破碎化加剧，风蚀、沙化和水土流失加重。

c. 草地超载严重、草畜矛盾日益突出，草地超载严重，使牧草的“供”与牲畜的“需”之间存在着严重的不平衡现象，造成草畜供需矛盾日益突出。草地的“供需”矛盾主要表现在以下两个方面。

空间不平衡性：从生态学上讲，植物与动物在地理分布上的空间协调性，影响到区域经济发展的可持续性，主要表现在空间应该有最适宜的动物数量，即应有最佳环境容量（或环境承载力），方能获得理想的经济效益和生态效益。但是，由于自然条件、历史和社会经济等因素的限制，草畜空间分布的不平衡性表现十分突出，有些地方牧畜多（如河流两岸、湖海周围草地等），而有些地方牧畜少。

季节不平衡性：革吉县海拔高、环境条件严酷，暖季短暂，冷季寒冷而漫长，牧草青草期 4 个月左右，枯草期长达 7～8 个月。冬春季节高寒草枯，风力强劲，草地不仅产草量低，而且牧草的质量也差。据资料介绍，草地经过漫长的寒冷季节，牧草损失 40%以上，营养价值降低 2/3，蛋白质损失 70%以上，胡萝卜素损失 90%以上。由此可见，冷季草地无论在数量和质量上都不能满足家畜的需求，牧草生长的季节性与牲畜营养需求的相对稳定性之间存在着尖锐的矛盾。

d. 不合理的放牧制度导致草地退化，牲畜承包到户后，草地利用仍在吃“大锅饭”，抢牧现象较严重，优质草地、冬春放牧场、近居民点和饮水点的草地、河流两岸与湖泊周围的草地和沼泽化草地利用时间长、强度大，致使草地退化更加严重。

e. 鼠害导致草地退化，对本区草地危害较大的鼠种主要是高原鼠兔和喜马拉雅旱獭。高原鼠兔具有较强的挖掘洞穴能力，草地洞穴星罗棋布，洞道纵横。对草地的危害主要表现在 3 个方面：一是挖掘的洞穴在牧畜践踏下易毁塌，使草皮层遭到破坏；二是挖掘出的鲜土覆压牧草，在草地上形成众多的土丘，极易造成风蚀和水土流失；三是啃食牧草，所喜食的植物都是草地中优良的牧草（如早熟禾、蒿草、委陵菜、针茅等），而且还采食地下部分，影响牧草的正常生长与发育。据资料介绍，每只鼠兔日食鲜草 77.3g，每年因鼠兔危害造成的牧草损失量相当可观，大约 50 只鼠兔一年吃掉的牧草可饲养一只绵羊。

喜马拉雅旱獭体躯肥胖，四肢强健，是一种典型的啮齿动物，挖掘能力极强，洞穴较高原鼠兔深而大，常将砂砾、石块打于地表，在草地上形成较大的土丘，因此旱獭的危害强度较高原鼠兔大，但面积小，旱獭是鼠疫杆菌的自然宿主，它体外寄生的蚤、虱是鼠疫的传播者，在其栖息地常形成鼠疫的自然疫区，对人类健康威胁极大。旱獭多喜食含水分较多的植物部位（如叶、嫩茎等），日食鲜草量可达 1 500g 左右，3 只喜马拉雅旱獭全年消耗的牧草可饲养一只绵羊。

草地内鼠虫密度的增加，不但啃食牧草影响草地植物的正常生长发育，鼠类打穴翻土覆盖草地，而且洞穴在牛羊践踏下也易蹋陷，形成大面积的鼠荒地，造成草地沙化和水土流失加重。

f. 乱挖药材、无规划的修路取土与车辆随意在草地上辗压等都是造成草地退化的直接因素。修路随意取土，不但破坏基地，而且还影响到周围牧草的生长发育。

g. 土地肥力的下降导致草地退化，长期过牧草地枯落物量降低，牧草生产力自然下降，这也是造成草地退化的重要原因。

i. 草原畜牧业基础设施差、草地培育、优良牧草的选育和草地改良措施跟不上，也造成了草畜供需矛盾的日益突出，其最终结果仍是以草地的退化和荒漠化面积的扩大为代价。

二、草地沙漠化和荒漠化

荒漠化是指在干旱、半干旱及部分半湿润地区生态系统退化，环境发生了类似荒漠条件的变化。它包括风的侵蚀、流水侵蚀和次生盐渍化等内容，很明显荒漠化包括了沙漠化和盐渍化。在本次调查过程中，根据革吉县草地资源的现状及其实际情况，将其草地的荒漠化、沙漠化和盐渍化加以区分（简称草地“三化”），以便于本区草地资源的保护和草地资源环境的整治。草地荒漠化是指草地植被和土壤向着干旱化和生物生产力衰退方向发展，而且是不可逆变化的自然过程；草地沙漠化（沙化）是指在具有一定沙物质基础和干旱大风的动力条件下，由于过度人为活动（包括过度放牧、采集药材等）与资源、环境不相协调下所产生的一种以风沙活动为主要标志的环境退化过程；草地盐渍化是由于降水少、气候干燥、蒸发量大、地下水位高等共同作用的结果。草地荒漠化程度是以草地植被覆盖度的变化界定的，其界定标准为覆盖度在10%～25%之间为中度荒漠化，覆盖度在 10%以下为重度荒漠化；草地沙漠化是以草地植被覆盖度的变化和沙丘分布状况界定的，其标准为覆盖度在 10%～25%之间、沙丘分布较明显为中度沙漠化，覆盖度在10%以下、沙丘分布明显为重度沙漠化。

根据实地调查资料和遥感解译结果（表 6－8 ），目前革吉县幅草地荒漠化面积达 4 105.47km^2，占测区国土面积的 26.26%，其中，中度荒漠化面积占 14.23%，重度荒漠化面积占 12.03%；测区草地沙化面积达 6 140.61km^2，占国土面积的 39.27%，其中中度沙化面积占 35.31%，重度沙化面积占 3.96%。

表 6－8　草地三化面积统计表

类型	面积（km^2）	类型	面积（km^2）
中度荒漠化草地	2 224.82	湖泊	207.76
重度荒漠化草地	1 880.55	冰川永久积雪	50.51
中度沙化草地	5 520.95	盐碱地	359.87
重度沙化草地	6 199.66	裸岩	4 142.21
中度盐碱化草地	257.47	高寒苔原	141.89
重度盐碱化草地	229.61		

测区地处羌塘高原南部的高寒干旱地区，独特的自然地理条件和人为过度放牧活动是导致测区荒漠化草原和沙漠化草原等草地类型并存的最主要原因，如沙生针茅荒漠化草原、驼绒藜和木亚菊草原等。但是，近几十年来，由于全球性的气候变暖，干旱化日趋加剧，也是草地荒漠化面积扩张的重要影响因素，许多过度性荒漠化草原类型增加、面积扩大，如沙生针茅-变色锦鸡儿草原、沙生针茅-驼绒藜荒漠化草原、沙生针茅十木亚菊草原、沙生针茅十紫花针茅草原以及以藏沙蒿和固沙草为优势种或共优种的草原植被类型等。此外，草地的过度放牧导致草地植被退化加剧，是草地沙漠化面积进一步扩张的重要人为因素。

结束语

西藏1∶25万革吉县幅区域地质调查——遥感应用试点图幅，是中国地质调查局“青藏高原空白区基础地质调查计划”的重要组成部分，是遥感技术在空白区区调应用的试点图幅。3年来，项目组在中国地调局、成都地质矿产研究所、四川省地调院的直接领导下，经项目全体同志的团结奋战，抗严寒、高原缺氧，顶风沙、烈日，风餐饮雪，克服重重困难，全面完成了项目任务书和设计书的各项任务；项目组采用先进的地质理论和“3S”技术、Ar－Ar测年等一系列新技术、新方法，对测区的基础地质、环境等方面的认识有了进一步提高和深化，为今后在该区进行地质研究、矿产资源开发、可持续发展规划奠定了基础；通过遥感技术在测区的应用研究，形成了具操作性、实用性的区调遥感工作方法，为后续空白区以及修测区区域地质调查中遥感技术的应用提供了示范和经验。

一、主要成果

（一）地层

1. 完善了测区地层序列

将测区地层归属于3个地层区、4个地层分区，又将措勤-申扎地层分区进一步划分为革吉小区和捷嘎小区，合理调整了地层区划；共划分出5个群级、11个组级和4个段级岩石地层单位，基本查明各地层单位的接触关系，完善了测区岩石地层序列；进行了岩石地层、生物地层、年代地层、层序地层的划分和综合研究，进而对测区上三叠统以来的沉积环境和盆地演化进行了较系统的分析和讨论。

2. 新建中新统雄巴组

分布于测区雄巴一带的大面积火山岩曾被划归为下白垩统唯恩组。本次调查详细测制了剖面，作了火山岩-地层的综合研究，查明该套火山岩为一套玄武安山岩、英安岩、流纹岩、火山角砾岩、集块岩的陆相钙碱性火山岩建造，与下伏下白垩统多尼组、郎山组角度不整合接触，其同位素年龄值为19～20Ma。该套火山岩地层不属早白垩世地层，岩性虽与区域上的林子宗群有相似之处，但其沉积-构造环境有别，形成时代也不一致，据此，新建中新统雄巴组。

3. 新建始新统—渐新统邦巴组

分布于测区邦巴一带的火山岩，在1∶100万日土幅区调中，归属于下白垩统唯恩组，当做赋存于唯恩组地层中的钙碱性火山岩。本次调查详细测制了剖面，作了火山岩-地层的综合研究，查明该火山岩为碱性玄武岩、安山质粗面岩、英安质粗面岩、流纹质粗面岩的一套陆相碱性火山岩，与下伏下白垩统多尼组、郎山组、白垩纪花岗闪长岩不整合接触，同位素年龄值为30～33Ma；其岩石组合虽与鱼鳞山组相似，但时代差异较大(鱼鳞山组不整合于新近系康托组之上，时代为新近纪—第四纪)；二者形成的大地构造环境明显不同，不属同一构造环境下同期次火山活动的产物。据此，新建始新统—渐新统邦巴组。

（二）岩浆岩方面

对测区火山岩、中酸性侵入岩进行了较系统的岩石学、岩相学、矿物学、岩石化学、稀土及微量元素地球化学、同位素地质年代学等方面的系统研究，查明了主要岩石类型、岩石组合、岩石系列特征及其时空分布规律，探讨了形成环境，提高了测区岩浆岩研究程度。

1. 测区蛇绿岩有新的发现

在测区纳屋错—字末牛日、聂耳错以北一带发现了蛇绿岩(构造残片),并划分为两条蛇绿岩带。

分布于字末牛日—纳屋错一带的蛇绿岩分布广,组成单元较齐全,主要为橄榄岩、辉石橄榄岩、辉石岩、堆晶岩、层状辉长岩、枕状和块状玄武岩,为班公错-怒江蛇绿岩带的组成部分,在其玄武岩中获166Ma(K-Ar法)同位素年龄值。

分布于聂耳错一带的蛇绿岩为狮泉河蛇绿岩带的组成部分。主要为辉石岩、辉长岩、玄武岩,零星出露,在辉石岩中获同位素年龄值222.51Ma(Ar-Ar法)。

2. 发现了邦巴组碱性火山岩

在测区邦巴地区新发现了渐新世陆相碱性火山岩,其岩石类型为碱性玄武岩、安山质粗面岩、英安质粗面岩、流纹质粗面岩,形成于板内环境。其发现对研究青藏高原壳幅过程具有重要意义。

3. 发现了雄巴火山口群

雄巴地区的火山岩为中新世钙碱性中酸性火山岩,形成于板内环境。在该火山岩分布区,发育、保存了大量的火山口,形成极为壮观的火山口群。火山口多达37个,大者直径达2km,小者仅几米。

4. 解剖了深成复式岩体,发现了新的岩体

测区共解译、圈定了大小岩体15个,对盐湖、阿翁错、邦巴、帕阿复式岩体进行了解体,共圈定76个侵入体;进一步查明了各岩体的岩石类型及其分布。基本查明各侵入体间、岩体与围岩的接触关系,建立3期7次侵入序次,确定了岩体形成时代为早白垩世—始新世,探讨了岩浆成因和演化规律。

新发现帕阿、色尔、邦地尔、纳屋错、雄巴等岩体,丰富了测区及青藏高原区岩浆岩资料。

(三)变质岩

基本查明测区变质岩石类型和特征,划分了区域变质、接触变质、碎裂(动力)变质等变质作用类型及其岩石,重点对接触变质岩进行了调查和研究。

(四)构造

1. 查明了测区构造格局和空间展布规律

将测区划分为羌南-保山微陆块、班公错-怒江结合带、冈底斯-念青唐古拉微陆块3个二级构造单元,在二级单元的基础上进一步划分了三级构造单元,总结了各单元的建造和构造变形特征。并在此基础上进行了构造层次、构造序列以及大地构造相的综合分析,重塑了测区构造演化历史,提高了测区构造研究程度。

2. 界定了班公错-怒江结合带的边界

识别和划分了纳屋错构造混杂岩带,发现一系列东巧蛇绿岩群各层序的构造岩块,识别和区分了去申拉组、日干配错群等各种外来岩块,确切界定了边界,丰富了班公错-怒江结合带在测区的构造内容,提高了对该带的认识。

3. 狮泉河(次级)结合带

在狮泉河(次级)结合带中,于测区新发现6处蛇绿岩或蛇绿混杂岩残片,对狮泉河结合带的性质及构造演化提出了初步认识。

4. 对测区新构造活动进行了较系统的分析、总结(略)

(五)资源与环境

1. 矿产

新发现了铜矿点2处,金矿化点3处,矿化线索4处,与矿化有关的蚀变多处。唐杂、西崖垄地区竟柱山组含金矿层位的发现为唐杂—叉茶卡一带砂金矿的物源及寻找砂金矿提供了新的思路和线索。

2. 开展土地资源及草地三化调查,拓宽了区调服务领域

测区土地资源单调,按《土地利用现状调查规程》划分为草地、城镇居民用地、交通建设用地、水域、未利用地5大一级类、12个二级类型;对草地进一步划分为高寒草原、高寒荒漠草原、高寒盐化草甸、低地高寒沼泽化草甸、低地盐渍化草甸5个二级类;编制了土地资源分布图。

3. 草地资源

将草地资源划分为10个植被资源类型,阐明了草地资源的水平分带性,探讨了其垂直分带性。

4. 草地三化调查,为地方经济发展服务提供了基础资料

对草地的荒漠化、沙化、盐碱化进行了解译和调查,编制了草地三化分布图及其面积。初步认为,测区荒漠化、沙化、盐碱化严重,强度达到中级以上。草地三化的调查为地方政府宏观决策提供了新资料,拓宽了区域地质调查内容和服务领域。

(六)遥感工作

1. 首次建立测区各类地质体的解译标志

建立了各岩石地层单元、火山岩、侵入岩、构造、接触变质的遥感解译标志,为全区遥感地质解译奠定了基础,提高了遥感解译结果的可靠性和解译精度。

2. 首次提出遥感标志剖面、遥感地质解译路线、遥感地质解译点等一套适合区调工作的遥感解译工作方法和质量监控办法

遥感标志剖面解译是建立解译标志的基础,是地面观察和遥感的有机结合形式。

3. 首次论证TM741假彩色合成图像是青藏高原区最佳TM图像

前人一般使用TM743或543图像作为工作基础图像。通过统计分析,并经革吉幅解译论证,TM741图像为最佳图像,它能反映更丰富的地质信息。TM741图像已在改则、日干配错等新开图幅中得到印证,并得到广大工作者的认可。

4. 总结编写了《青藏高原空白区1∶250 000区域地质调查遥感工作方法》

阐述了青藏高原空白区区域地质调查中遥感技术的工作程序、遥感调查方法,为后续空白区以及修测区区域地质调查中遥感技术的应用提供了示范和经验。

二、存在问题

(1)上三叠统日干配错群在测区无顶、无底,岩性为岩屑石英砂岩、粉砂岩、板岩,受后期构造改造强烈,发生强烈变形,未发现化石,其时代归属有待进一步探讨。

(2)沙木罗组、多尼组、捷嘎组、阿布山组在测区未见底,是否还有老地层,值得今后工作注意。

(3)测区化石保存较差,给地层时代划分和生物地层对比带来困难。

(4)目前,测区内班公错-怒江结合带和狮泉河(次级)结合带中尚未发现高压低温变质矿物,值得今后注意。

项目组全体工作人员有幸参加青藏高原空白区的区调工作，特别是开展遥感技术在区调工作中的应用试点工作，将是我们一生中一段难忘的记忆。尽管我们克服各种困难，完成了项目任务，取得了一定的成果，但还是存在某些不足，某些重要的地质问题和工作方法还需进一步深入工作和研究。在此，我们诚恳地请领导、专家、同行批评指正。

参考文献

西藏地矿局.西藏自治区区域地质志.北京:地质出版社,1995.
西藏地矿局.西藏自治区岩石地层.北京:地质出版社,1995.
西藏地矿局.1:100万日土幅区域地质报告.北京:地质出版社,1986.
西藏地矿局.1:100万日土幅区域矿产报告.北京:地质出版社,1986.
郭铁鹰,梁定益,等.西藏阿里地质.武汉:中国地质大学出版社,1991.
王思恩,等.中国地层(11)中国的侏罗纪.北京:地质出版社,1985.
郝诒纯,苏德英,等.中国地层(12)中国的白垩纪.北京:地质出版社,1986.
李云通,等.中国地层(13)中国的第三纪.北京:地质出版社,1984.
徐钰林,等.西藏侏罗、白垩、第三纪生物地层.武汉:中国地质大学出版社,1989.
中国科学院青藏高原综合科学考察队.西藏地层.北京:科学出版社,1984.
中国科学院青藏高原综合科学考察队.西藏第四系地质.北京:科学出版社,1984.
杨遵义,等.西藏阿里古生物.武汉:中国地质大学出版社,1990.
寥志杰,赵平,等.滇藏地热带——地热资源和典型地热系统.北京:科学出版社,1999.
佟伟,廖志杰,流时彬,等.西藏温泉志.北京:科学出版社,1980.
区域地质矿产地质司.火山岩地区区域地质调查方法指南.北京:地质出版社,1987.
喜玛拉雅地质文集编辑委员会.喜玛拉雅地质(Ⅱ).北京:地质出版社,1984.
地质矿产部青藏高原地质文集编委会.青藏高原地质文集(1)—(17)册.北京:地质出版社,1983—1985.
地质矿产部直属单位管理局.变质岩区1:5万区域地质填图方法指南.武汉:中国地质大学出版社,1991.
庄逢甘,陈述彭.卫星遥感与政府决策.北京:宇航出版社,1997.
王碧香泽.国际火成岩分类图表.北京:地质出版社,1990.
中国地质调查局花岗岩地质教研室.花岗岩研究思维与方法.北京:地质出版社,2002.
地质矿产部直属单位管理局.花岗岩类区1:5万区域地质填图方法指南.武汉:中国地质大学出版社,1991.
陈智梁.特提斯地质一百年.北京:地质出版社,1994.
赵政璋,永铁.青藏高原大地构造特征及盆地演化.北京:科学出版社,2001.
张理刚,等.稳定同位素在地质科学中的应用.西安:陕西科学技术出版社,1985.
李炳元,等.西藏第四纪地质.北京:科学出版社,1983.
李昌年.火成岩微量元素岩石学.武汉:中国地质大学出版社,1992.
李春昱,等.板块构造基本问题.北京:地震出版社,1985.
李天福,等.青藏高原岩石圈演化与地球动力学过程.地质学报,1998(3):133—143.
李兴振,许效松,等.泛华厦大陆群与东特提斯构造演化.岩相古地理,1996,15(1):373—378.
李继亮.碰撞造山带的大地构造相.南京:南京大学出版社,1992.
李光明,冯孝良,黄志英,等.西藏岗底斯中段中生代多岛弧-盆系及其大地构造演化.沉积与特提斯地质,2000,21(4):38—46.
张双全,等.西冈底斯中段中、新生代火山岩的大地构造意义.地学前缘,1998(3):85.
刘本培,等.滇西古特提斯多岛洋构造古地理格局.地球科学,1991,18(5):529—538.
刘宝田,李光明.冈底斯地块中新生代构造演化//中国西部特提斯演化及成矿作用学术讨论会文集.成都:电子科技大学出版社,1991.
刘振声,洁民.青藏高原南部花岗岩地质地球化学.成都:四川科学出版社,1994.
刘宝君、李文汉,等.层序地层研究与应用.成都:四川科技出版社,1994.
鲁兵,李永铁,雷振宇.青藏高原构造研究进展.地学工程进展,1999,16(2):1—6.
罗建宁,王小龙,李永铁,等.青藏特提斯沉积地质演化.沉积与特提地质,2002,22(1):7—15.
莫宣学,沈上越,等.三江中南段火山岩-蛇绿岩与成矿.北京:地质出版社,1998.

潘桂棠. 球洋-陆转换中的特提斯演化,特提斯地质. 北京:地质出版社,1994.
陶奎元,等. 火山岩相构造学. 南京:江苏科学技术出版社,1994.
王中刚,等. 稀有元素地球化学. 北京:科学出版社,1989.
王乃文. 藏北湖区中生代地层发育及其板块构造含义//青藏高原地质文集(8). 北京:地质出版社,1983.
王希斌,鲍佩声,等. 西藏蛇绿岩. 北京:地质出版社,1987.
王洁民,雍永源. 藏北-念青唐古拉花岗岩成因及构造环境类型//中国西部特提斯演化及成矿作用学术讨论会文集. 成都:电子科技术大学出版社,1991.
夏代祥. 班公湖-怒江、中段演化历程剖析//青藏高原地质文集(9). 北京:地质出版社,1983.
肖序常,王军. 青藏高原构造演化及隆升的简要评述. 地质论评,1998,44(4):372—381.
肖序常,李廷栋,李光岑,等. 喜马拉雅岩石圈构造演化总论. 北京:地质出版社,1988.
肖庆辉,李晓波,等. 当代地质科学前沿. 武汉:中国地质大学出版社,1993.
许志琴,等. 中国松潘-甘孜造山带的造山过程. 北京:地质出版社,1992.
许靖华,崔可锐,等. 一种新型的大地构造相模式和弧后碰撞造山. 南京大学学报,1994,30(3):381—388.
许效松,刘宝珺,等. 中国西部大型盆地分析及地球动力学. 北京:地质出版社,1997.
朱占祥,腾云. 西藏北喜马拉雅侏罗、白垩系岩石地层时空关系的新认识. 西藏地质,1995,13(1):17—27.
宋全右. 措勤盆地林子宗群火山岩地球化学特征. 地质力学学报,1999,5(2):65—70.
黄汲青,陈炳蔚. 中国及邻区特提斯海的演化. 北京:地质出版社,1987.
周详,曹佑功,朱明玉,等. 西藏板块构造-建造图(1∶150 万). 北京:地质出版社,1998.
胡亨生,莫宣学,等. 西藏江达古沟-弧-盆体系中的岩浆岩带及其成因标志//青藏高原地质文集(20). 北京:地质出版社,1990.
姜耀辉,杨万志. 青藏高原西部燕山晚期花岗岩地球化学特征及其大地构造意义. 成都理工学院学报,2000,27(3):226—231.
杨巍然,等. 造山带结构与演化的现代理论和研究方法——东秦岭造山带剖析,武汉:中国地质大学出版社,1991.
汪友明. 白玉县迥隆寺-阿吉森多岩体成因分析. 四川地质学报,1993(3):209—216.
汪友明. 白玉县热加地区脉岩特征及其地质意义. 四川地质学报,1995(1):23—26.
汪友明,尹显科,徐韬,等. 遥感技术在高寒山区 1∶25 万区域地质调查中的应用研究. 四川地质学报,2003, 23(2):120—122.
汪友明. 西藏革吉地区古近纪碱性火山岩的发现及其地质特征. 四川地质学报,2005(2):72—74.
杨日红,董建乐,等. 藏北新生代火山岩主要造岩矿物特征及温压条件. 现代地质,2002,16(2) :153—158.
杨子赓,等. 中国第四纪地层与国际对比. 北京:地质出版社,1994.
钟大赉,等,大型走滑断层碰撞后陆内变形的重要形式. 科学通报,1989(7):526—529.
孟祥化,葛铭,和政军. 沉积盆地与建造层序. 北京:地质出版社,1993.
杜恒俭,等. 地貌学及第四纪地质学. 北京:地质出版社,1980.
董国臣,莫宣学,等. 西藏林周盆地林子宗火山岩研究近况. 地学前缘,2002,9(1):153—153.
谭富文,潘桂棠. 羌塘腹地新生代火山岩的地球化学特征与青藏高原隆升. 岩石矿物学杂志,2000,19(2):131—130.
魏家庸,卢重明,等. 沉积岩区 1∶5 万区域地质填图方法指南. 武汉:中国地质大学出版社,1991.
顾知微,杨遵义,等. 中国标准化石(1—5 分册). 北京:地质出版社,1957.
施雅风,等. 青藏高原晚新生代隆升与环境变化. 广州:广东科技出版社,1998.
单文琅,宁鸿林,等. 构造变形分析的理论方法和实践. 武汉:中国地质大学出版社,1991.
房立民,杨振升,等. 变质岩区 1∶5 万区域地质填图方法指南. 武汉:中国地质大学出版社,1991.
都城秋穗. 变质作用与变质带. 北京:地质出版社,1979.
Acharyya S K. Pan-Ineia Gondwana plate break-up and evolutikn of the northern and eastern collision margins of the India plate. Journal of Himalayan Geology,1990(1):75-91.
Li Guangming, Feng Xiaolian, Pan Guitang. Pmultiple lsland Arc-Basin System and Its Evolution in Gangdz Tectonic Belt, Tibet. Earth Science Frontiers,2000(7):167.

图版说明及图版

图版Ⅰ

1. 多尼组生物碎屑灰岩中的有孔虫(单偏光,×80)
2. 多尼组生物碎屑鲕粒灰岩中的有孔虫、棘屑(正交偏光,×30)
3. 郎山组灰岩中的圆笠虫(单偏光,×30)
4. 郎山组泥晶灰岩中的珊瑚(单偏光,×30)
5. 去申拉组鲕粒灰岩(单偏光,×30)
6. 多尼组砂砾质泥晶鲕粒灰岩(正交偏光,×30)
7. 多尼组石英砂岩(正交偏光,×30)
8. 班公错—怒江结合带灰岩岩块地貌

图版Ⅱ

1. 牛堡组地貌特征
2. 牛堡组砾岩
3. 交错层理(牛堡组)
4. 重荷模(木嘎岗日岩群)
5. 狮泉河蛇绿岩群构造岩块
6. 东巧蛇绿岩群构造岩块(白色为变质橄榄岩,变质橄榄岩右侧为基性熔岩,中间夹席状岩墙,左侧为砂板岩)
7. 东巧蛇绿岩群中的层状堆晶岩
8. 东巧蛇绿岩群中的席状岩墙(右为斜辉橄榄岩,左为基性熔岩)

图版Ⅲ

1. 东巧蛇绿岩群中的块状玄武岩
2. 东巧蛇绿岩群中的角砾状玄武岩
3. 闪长岩
4. 花岗闪长岩
5. 中粒黑云母花岗岩
6. 中粒二长花岗岩
7. 中粒似斑状花岗岩
8. 花岗斑岩

图版Ⅳ

1. 辉绿辉长岩脉
2. 去申拉组玄武安山岩地貌景观
3. 雄巴组安山质凝灰岩
4. 雄巴组集块岩
5. 雄巴组角砾岩、集块岩

6. 雄巴组浮岩
7. 字末牛日火山锥
8. 雄巴火山机构

图版Ⅴ

1. 去申拉组蚀变玄武岩(单偏光,×30)
2. 木嘎岗日岩群片理化碎裂岩屑石英砂岩(正交偏光,×30)
3. 多尼组岩屑石英砂岩中石英次生加大边(正交偏光,×30)
4. 多尼组蚀变安山岩中碳酸盐交代辉石(正交偏光,×30)
5. 多尼组蚀变安山岩中碳酸盐交代辉石(正交偏光,×30)
6. 木嘎岗日岩群片理化复成分砾岩(正交偏光,×30)
7. 牛堡组片理化碎裂岩屑石英砂岩(单偏光,×30)
8. 去申拉组蚀变玄武安山岩(单偏光,×30)

图版Ⅵ

1. 日干配错群板岩中的漆褶特征
2. 去申拉组褶皱形态
3. 日干配错群板岩中向斜褶皱及层劈理
4. 沙木罗组强烈揉皱变形
5. 狮泉河结合带中聂耳错岩群强烈变形
6. 班公错—怒江结合带中的灰岩岩块地貌景观
7. 班公错—怒江结合带中的玄武岩岩块地貌景观
8. 聂耳错断裂带,郎山组灰岩逆冲于竟柱山组之上

图版Ⅶ

1. 冰川永久积雪影像特征(ETM741)
2. 第四系全新统坡积物、冲洪积物影像特征(ETM741)
3. 第四系全新统冲积物影像特征(ETM741)
4. 第四系全新统洪积物影像特征(ETM741)
5. 第四系更新统冲洪积物影像特征(ETM741)
6. 第四系更新统湖积物影像特征(ETM741)
7. 唢纳湖组影像特征(ETM741)
8. 雄巴组火山岩及火山口影像特征(ETM741)

图版Ⅷ

1. 邦巴组火山岩影像特征(ETM741)
2. 牛堡组影像特征(ETM741)
3. 竟柱山组影像特征(ETM741)
4. 东巧蛇绿岩群影像特征(ETM741)
5. 郎山组影像特征(ETM741)
6. 多尼组影像特征(ETM741)
7. 捷嘎组影像特征(ETM741)
8. 沙木罗组、去申拉组影像特征(ETM741)

图版Ⅸ

1. 木嘎岗日岩群影像特征(ETM741)

2. 日干配错群影像特征(ETM741)
3. 盐湖岩体黑云母花岗岩影像特征(ETM741)
4. 花岗岩与围岩侵入接触界线影像特征(ETM741)
5. 阿翁错岩体闪长岩、花岗闪长岩影像特征(ETM741)
6. 东巧蛇绿岩群玄武岩岩块与木嘎岗日群岩块断层接触影像特征(ETM741)
7. 狮泉河蛇绿岩群影像特征(ETM741)
8. 接触变质带(暗红色)影像特征(ETM741)

图版X

1. A. 小湖泊或泉水点呈串珠状线性分布,B. 陡坎呈直线状分布,C. 两侧岩性段走向直交
2. D. 断层两侧地层分布错位,E. 延伸较长的直线状沟谷
3. F. 岩层走向错位,G. 牛堡组(左)与木嘎岗日群(右)斜交,形成线性负地形,其间发育线性分布长轴湖泊群,H. 湖泊具一定长度的直线状边界

图版Ⅰ

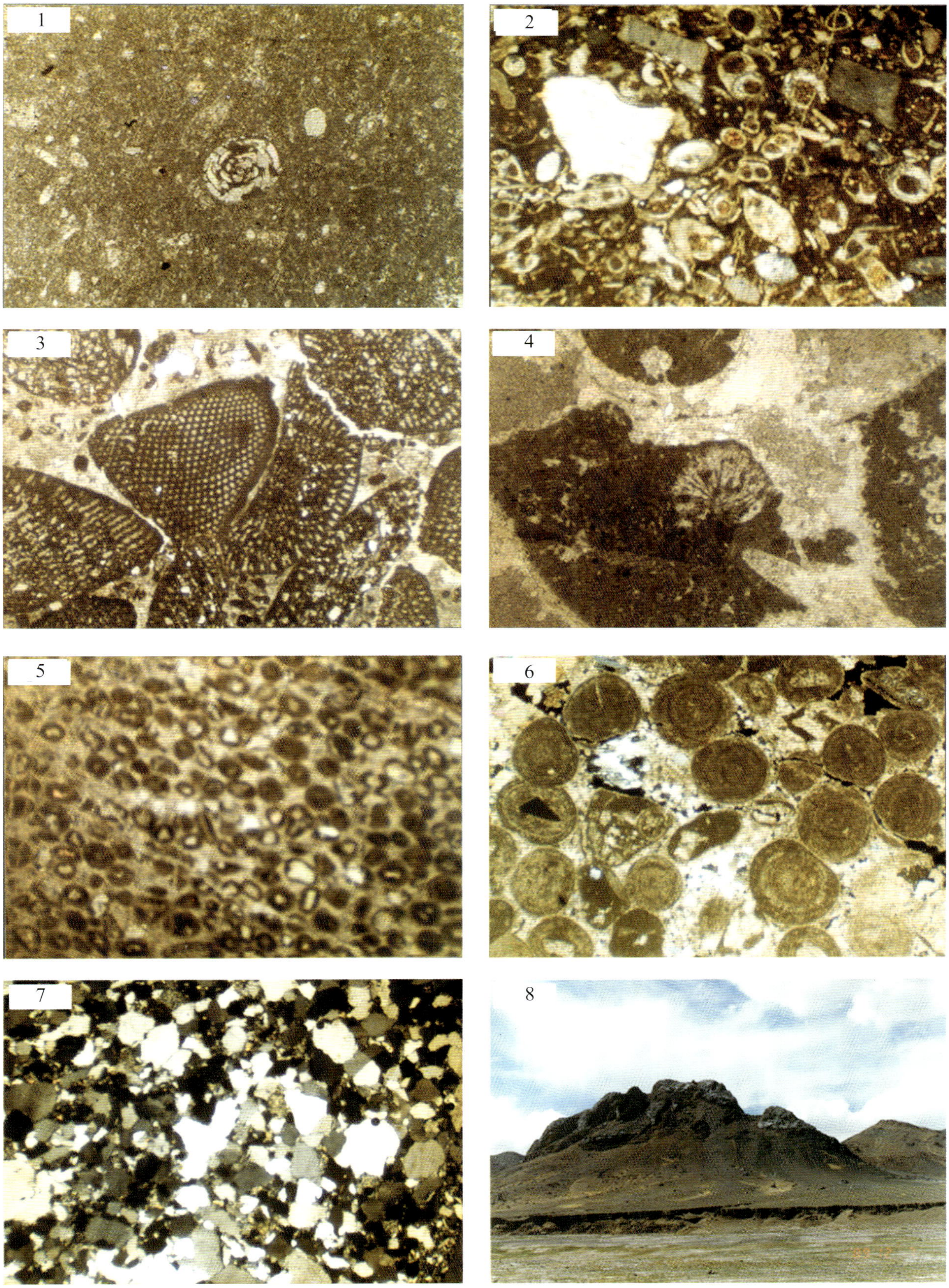

图版Ⅱ

图版Ⅲ

1

2

3

4

5

6

7

8

图版Ⅳ

图版Ⅴ

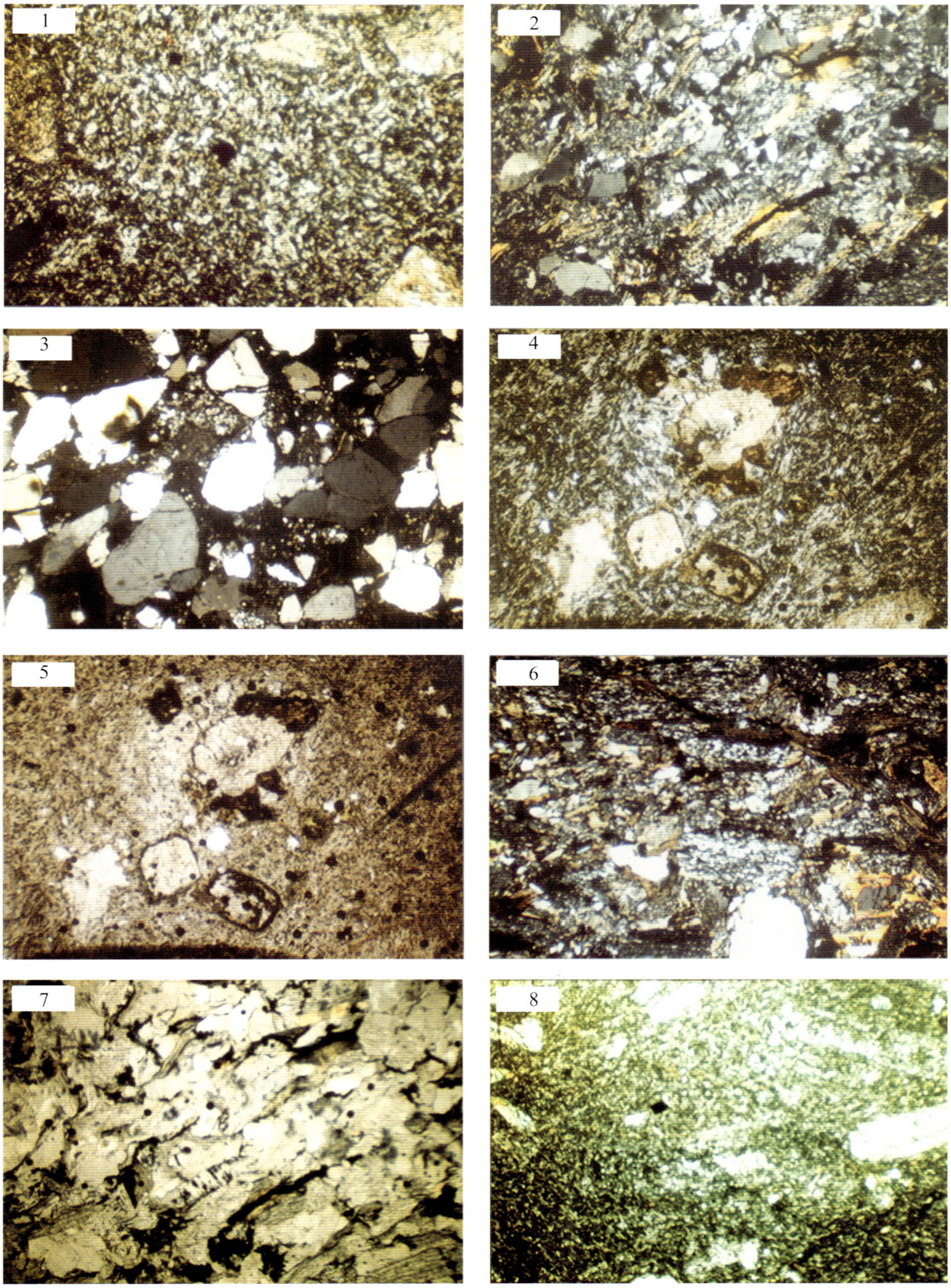

图版Ⅵ

1

2

3

4

5

6

7

8

图版Ⅶ

1

2

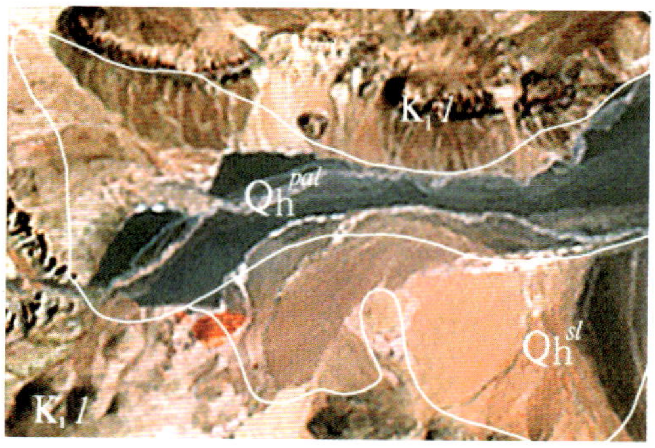

3

4

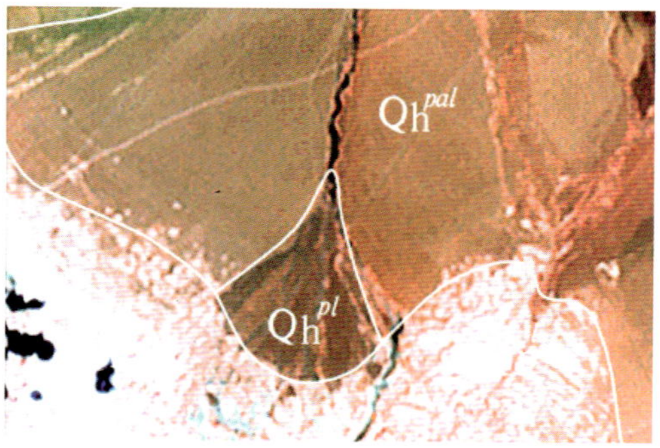

5

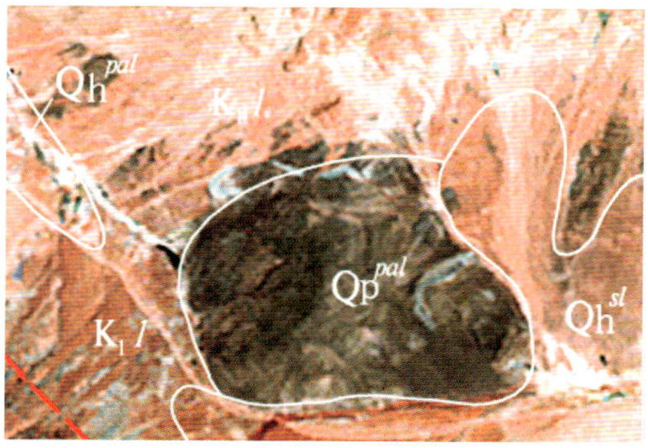

6

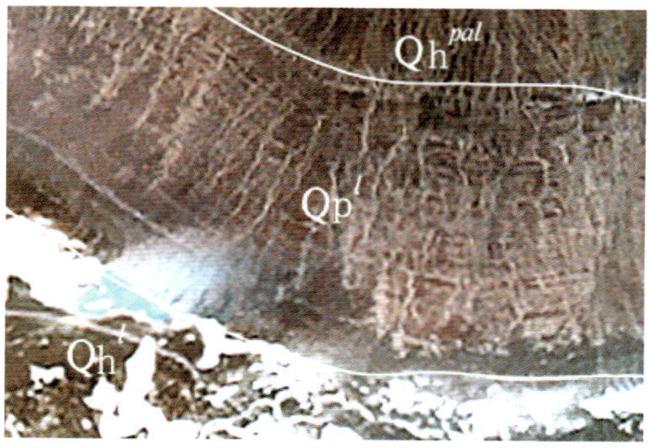

7

8

图版Ⅷ

1

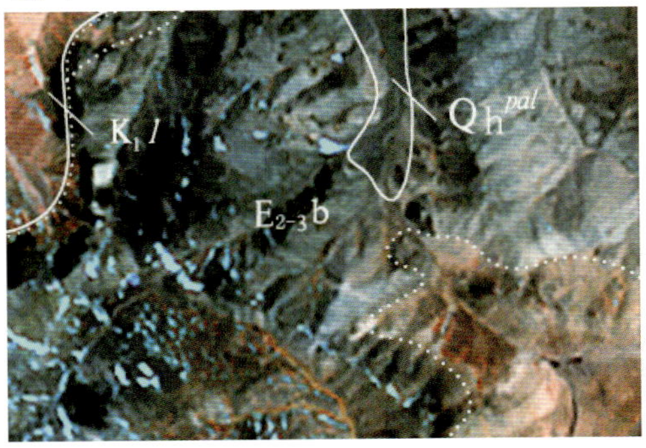

2

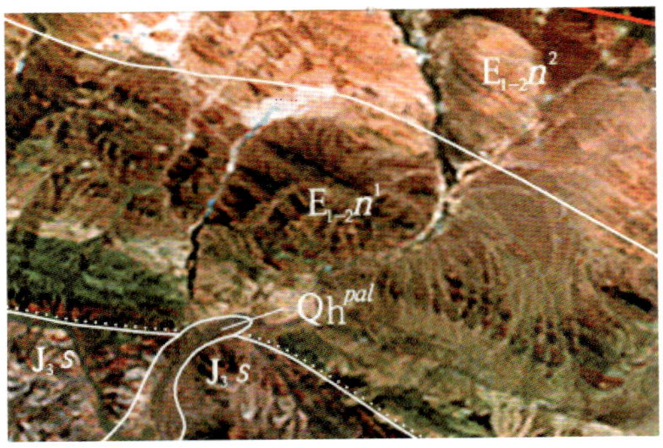

3

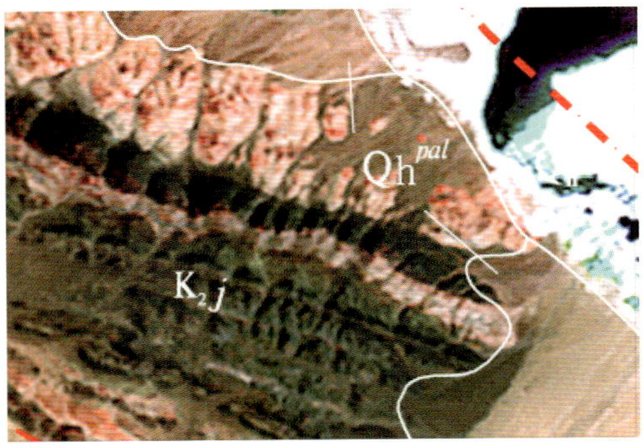

4

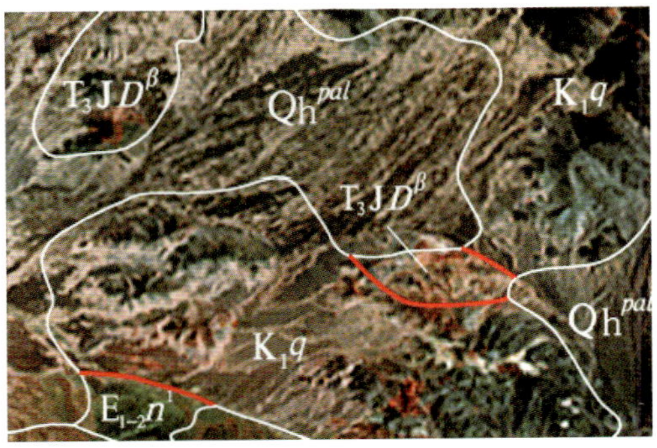

5

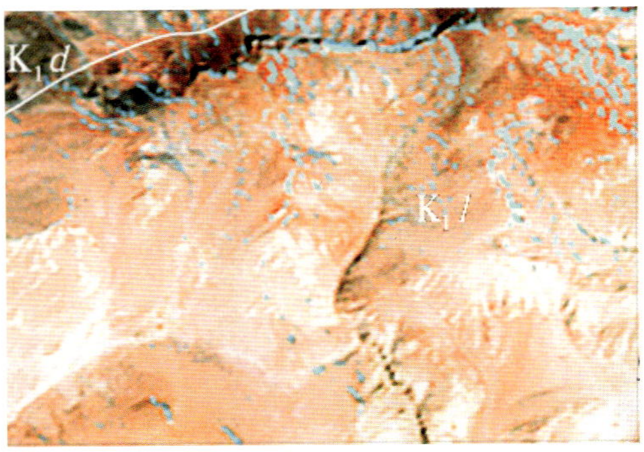

6

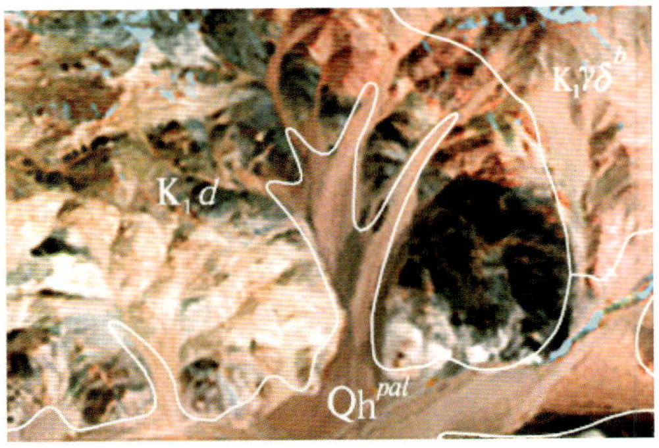

7

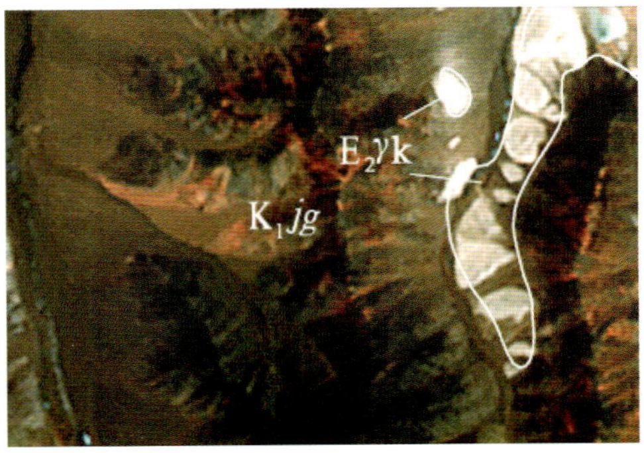

8

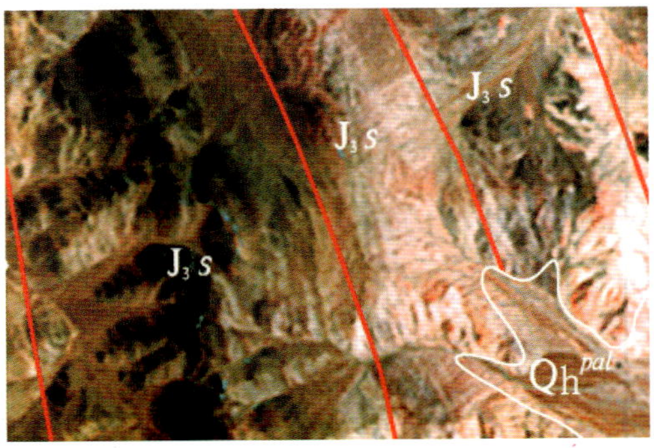

图版Ⅸ

1

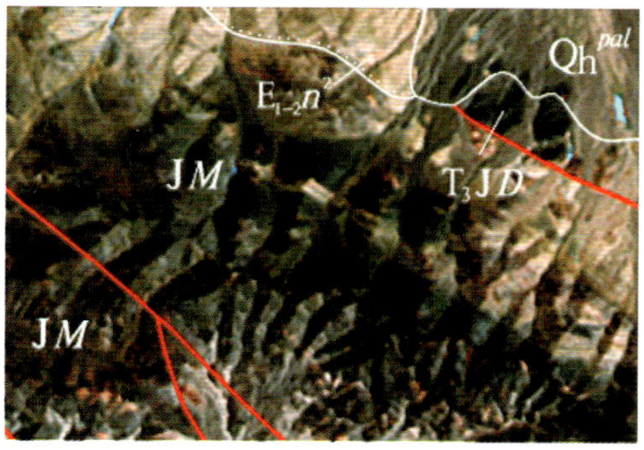

2

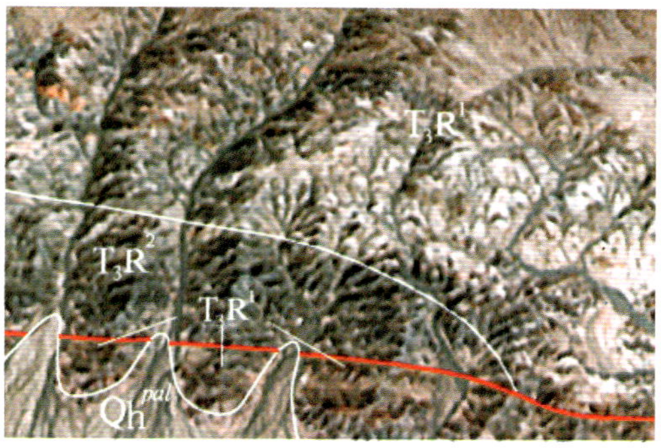

3

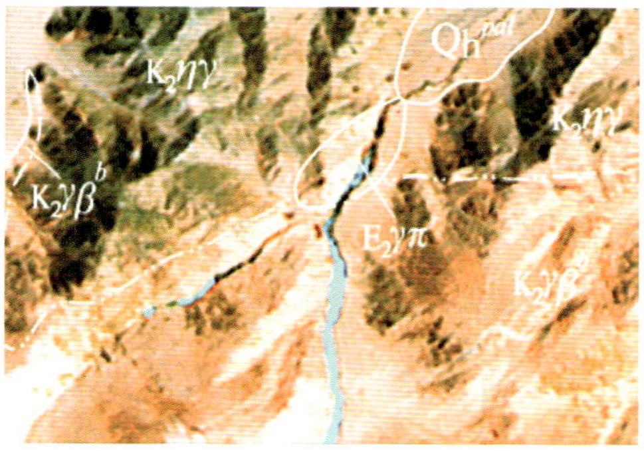

4

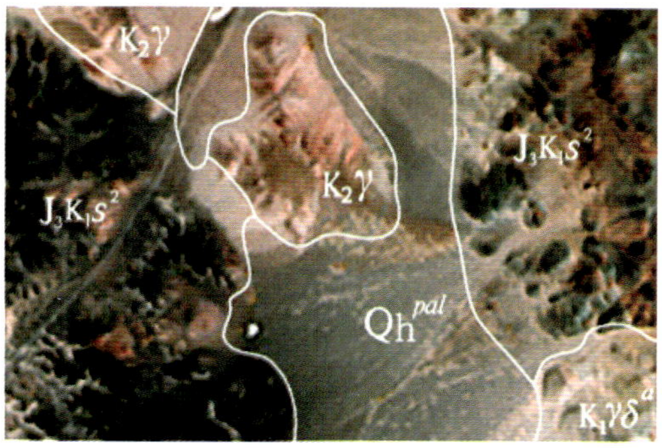

5

6

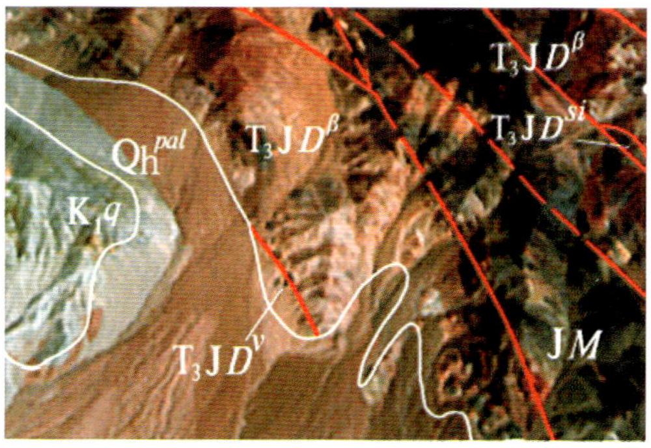

7

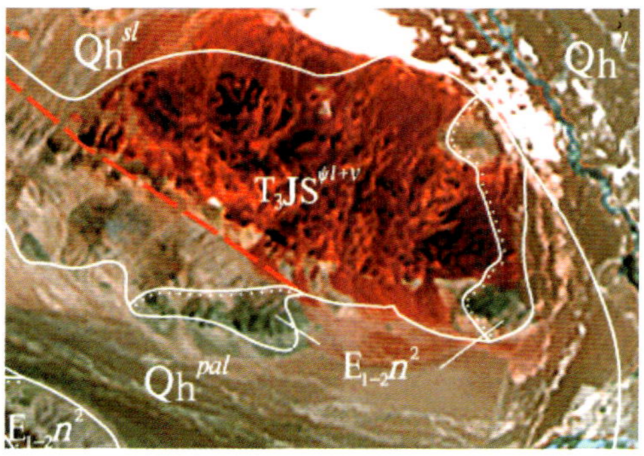

8

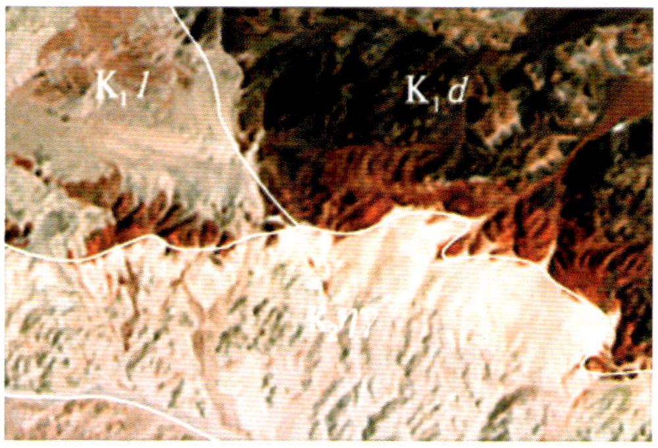

图版 X

1

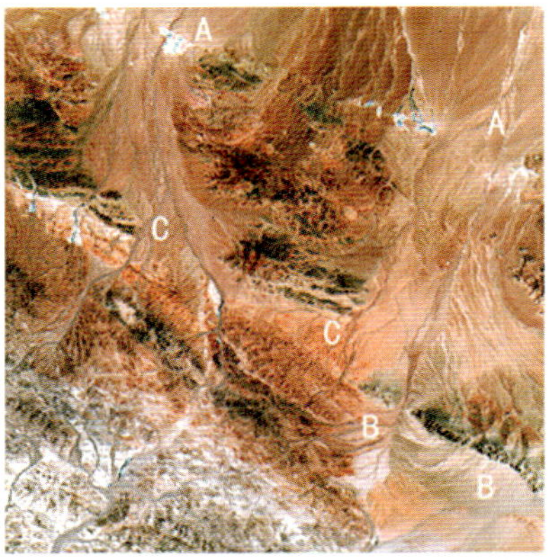

2

3

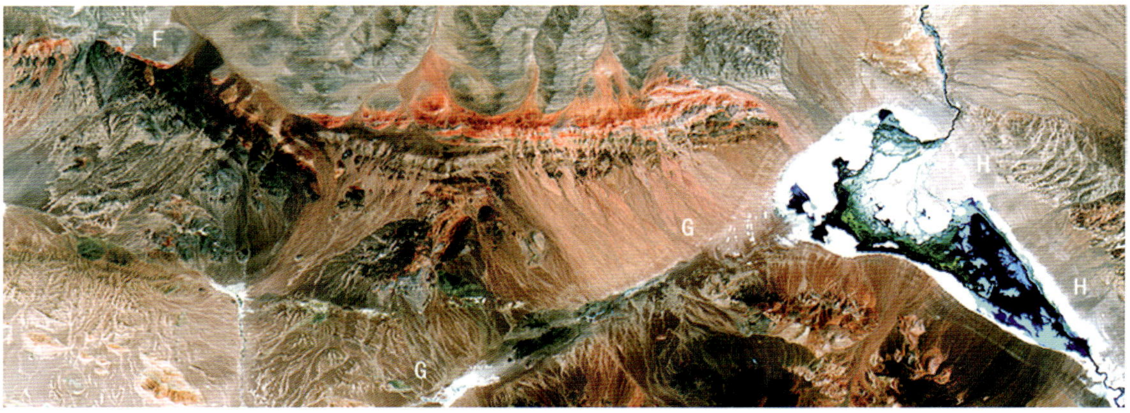